Deepen Your Mind

Deepen Your Mind

洪錦魁簡介

一位跨越電腦作業系統與科技時代的電腦專家，著作等身的作家。

❑ DOS 時代他的代表作品是 IBM PC 組合語言、C、C++、Pascal、資料結構。

❑ Windows 時代他的代表作品是 Windows Programming 使用 C、Visual Basic。

❑ Internet 時代他的代表作品是網頁設計使用 HTML。

❑ **大數據時代**他的代表作品是 R 語言邁向 Big Data 之路。

❑ **人工智慧時代**他的代表作品是機器學習基礎數 / 微積分 + Python 實作。

作品曾被翻譯為**簡體中文、馬來西亞文**，英文，近年來作品則是在**北京清華大學**和**台灣深智**同步發行：

1：C、Java、**Python、C#、R** 最強入門邁向頂尖高手之路王者歸來

2：**OpenCV** 影像創意邁向 AI 視覺王者歸來

3：**Python** 網路爬蟲：大數據擷取、清洗、儲存與分析王者歸來

4：演算法邏輯思維 + Python 程式實作王者歸來

5：**matplotlib** 從 2D 到 3D 資料視覺化

6：網頁設計 **HTML+CSS+JavaScript+jQuery+Bootstrap+Google Maps** 王者歸來

7：機器學習彩色圖解 + 基礎數學、基礎微積分 + Python 實作王者歸來

8：**Excel** 完整學習、**Excel** 函數庫、**Excel VBA** 應用王者歸來

9：Python 操作 Excel 最強入門邁向辦公室自動化之路王者歸來

10：**Power BI** 最強入門 – 大數據視覺化 + 智慧決策 + 雲端分享王者歸來

他的多本著作皆曾登上天瓏、博客來、Momo 電腦書類暢銷排行榜第 1 名，他的著作最大的特色是，所有程式語法或是功能解說會依特性分類，同時以實用的程式範例做解說，不賣弄學問，讓整本書淺顯易懂，讀者可以由他的著作事半功倍輕鬆掌握相關知識。

Python + ChatGPT
零基礎 + 高效率
學程式設計與運算思維
第 3 版
序

相較於第 2 版，第 3 版新增與修訂下列內容：

❑ 解說 ChatGPT/GPT-4

❑ 每一章節皆有 ChatGPT 輔助學習解說與實作

❑ 在 Google Colab 環境完整解說

❑ 培養程式設計的好習慣，從零開始解說 Python 程式設計風格

❑ 迴歸分析基礎觀念

❑ 更完整的數據科學與機器學習知識

❑ 機器學習使用 scikit-learn 入門

❑ 用 ChatGPT 語言模型設計「線上 AI 客服中心」

❑ 小細節修訂約 150 處

這是一本用 ChatGPT 輔助學習 Python 的著作，Python 語法非常活，筆者嘗試將 Python 語法各種用法用實例完整解說，以協助學生未來可以更靈活使用 Python。

本書用約 700 個一般實例與程式實例，同時使用 ChatGPT 輔助學習，講解了下列知識：

❑ 科技與人工智慧知識融入內容

❑ 完整 Python 語法

- ❏ 串列、元組、字典、集合
- ❏ 經緯度計算城市間的距離
- ❏ 數學方法計算圓週率
- ❏ 生成式 generator
- ❏ 函數與類別設計
- ❏ 設計與使用自己的模組、使用外部模組
- ❏ 中文 Windows 預設 cp950 與國際通用 utf-8 格式的檔案讀寫
- ❏ 程式除錯與異常處理
- ❏ 正則表達式
- ❏ 影像處理
- ❏ Numpy
- ❏ CSV 文件
- ❏ Matplotlib 中英文靜態與動態圖表繪製
- ❏ 網路爬蟲
- ❏ 人工智慧破冰之旅
- ❏ 迴歸分析
- ❏ 機器學習使用 scikit-learn 入門
- ❏ 使用 ChatGPT 語言模型設計「線上 AI 客服中心」

　　寫過許多的電腦書著作，本書沿襲筆者著作的特色，程式實例豐富，相信讀者只要遵循本書內容必定可以在最短時間精通 Python 設計，編著本書雖力求完美，但是學經歷不足，謬誤難免，尚祈讀者不吝指正。

洪錦魁 2023-03-30

jiinkwei@me.com

教學資源說明

本書所有習題實作題約 199 題均有習題解答，如果您是學校老師同時使用本書教學，歡迎與本公司聯繫，本公司將提供完整的習題解答。

另外，本書也有教學簡報檔案供教師教學使用。

讀者資源說明

請至本公司網頁 www.deepmind.com.tw 下載本書程式實例，以及電子書檔案，此檔案內容如下：

附錄 A：安裝與執行 Python(電子書)

附錄 B：安裝 Anaconda 與使用 Spider 整合環境 (電子書)

附錄 C 與 D 可以參考書籍內容

附錄 E：安裝第三方模組 (電子書)

附錄 F：RGB 色彩表 (電子書)

附錄 G：Python 運算思維前 20 章是非題與選擇題檔案第 3 版 (電子書)

附錄 H：ASCII 碼值表 (電子書)

另外，讀者也可以從「讀者資源」獲得本書的偶數題習題解答。

目錄

第 7 章　迴圈設計

第 13 章　設計與應用模組

第 14 章　檔案讀取與寫入

第 0 章
註冊與使用
ChatGPT/GPT-4

0-1　進入網頁與註冊

初次使用請輸入下列網址進入 ChatGPT：

　　https://openai.com/blog/chatgpt/

在主視窗可以看到 TRY CHATGPT 功能鈕。

admit its mistakes, challenge incorrect premises, and reject inappropriate requests. ChatGPT is a sibling model to InstructGPT, which is trained to follow an instruction in a prompt and provide a detailed response.

TRY CHATGPT ↗

可以看到下列畫面。

Welcome to ChatGPT
Log in with your OpenAI account to continue

Log in　Sign up

如果已有帳號，可以直接點選 Log in 就可以進入 ChatGPT 環境了。

0-1-1　註冊

使用 ChatGPT 前需要註冊，第一次使用請先點選 Sign up 鈕，如果已經註冊則可以直接點選 Log in 鈕。

註冊最簡單的方式是使用 Gmail 或是 Microsoft 帳號。

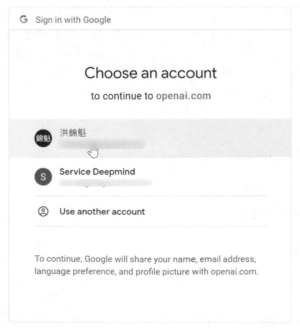

例如：筆者有 Google 帳號，可以直接點選 Continue with Google，可以看到下列畫面。

當點選 Google 帳號後，會要求你輸入手機號碼，然後會傳送驗證碼到你的手機，內容如下：

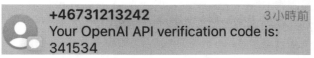

以上述為例，驗證碼是 341534，收到後請輸入驗證碼，未來就可以使用 ChatGPT 了。

0-1-2　Upgrade to Plus

因為實用、熱門，特別是在下午時段往往無法進入 ChatGPT 的使用模式，這時建議可以購買升級版本，每個月花費 20 美金，如下所示：

點選上述 Upgrade to Plus 後，將看到下列對話方塊。

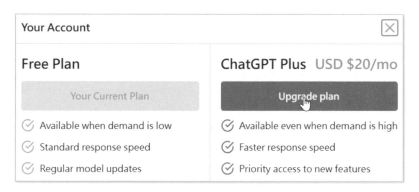

上述左邊方塊列出目前筆者是免費使用，特色如下：

❑ 當需求低時，可以使用此功能。

❑ 回應速度是標準速度。

❑ 定期模型更新。

右邊方塊則是列出 ChatGPT Plus(這就是付費的升級版名稱) 每月 20 美金的活動，特色如下：

❑ 即使需求高峰期時，仍可以使用。

❑ 回應速度比較快。

❑ 優先獲得新功能的訪問權限。

在此筆者點選 Upgrade plan 鈕，可以看到下列畫面。

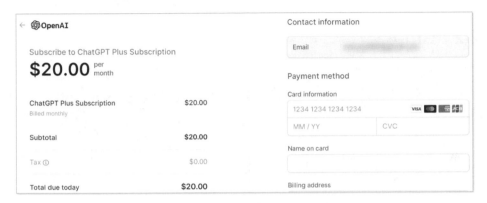

接著會要求輸入信用卡帳號和帳單地址，輸入完後可以得到下列結果。

Payment received! Click continue to begin using your ChatGPT Plus account.

上述按 Continue 鈕後，就可以進入 ChatGPT Plus 模式，每次使用新的會話介面，可以看到 ChatGPT PLUS 的畫面，如下，未來可以使用 ChatGPT 沒有阻礙。

ChatGPT PLUS

0-2 認識 ChatGPT/GPT-4

0-2-1 認識 ChatGPT

ChatGPT 是 OpenAI 公司所開發的一系列基於 GPT 的語言生成模型，目前已經推出了多個不同的版本，包括 GPT-1、GPT-2、GPT-3 等，讀者可以將**編號**想成是版本。2022 年 11 月 30 日正式發佈與公開 GPT-3，ChatGPT 的全名是 "Generative Pre-trained Transformer 3"，簡稱 GPT-3，3 是代表版本，更精確的說版本是 3.5。

註 GPT-3 有 1750 億個參數，需要 800GB 來儲存。

Generative Pre-trained Transformer 如果依照字面翻譯，可以翻譯為**生成式預訓練轉換器**。整體意義是指，自然語言處理模型，它是基於 Transformers（一種深度學習模型）架構進行訓練的。GPT 能夠透過閱讀大量的文字，學習到自然語言的結構、語法和語意，然後生成高質量的文本、回答問題、進行翻譯等多種任務。

0-2-2　GPT-4

2023 年 GPT-4 正式上市，這個版本有 10 萬億個參數，新版的 GPT 功能更強大，除了可以理解文字輸入，也可以解讀圖片輸出文字，目前優先供給 ChatGPT Plus 付費的用戶使用。

0-3　ChatGPT 使用環境

0-3-1　Free Plan 免費使用

進入 ChatGPT 後，可以看到下列使用環境：

上述視窗幾個功能如下：

輸入文字框：位於視窗下方的方框，這是你輸入文字的地方。

　　New chat：可以建立新的聊天會話紀錄，第一次使用時即使沒有點選此鈕，系統會自動建立聊天會話紀錄。

　　Upgrade to Plus：可以進入升級環境。

　　Dark mode：可以進入暗黑色的使用環境，點選後的暗黑色介面如下，同時 Dark mode 變成 Light mode，點選 Light mode 可以返回 Dark mdoe：

　　Updates & FAQ：更新和常見問題解答。

　　Log out：目前階段結束使用 ChatGPT。

0-3-2　Upgrade to Plus 付費升級

　　當讀者 Upgrade to Plus 付費升級後，此標籤功能變為 My account ，點選此 My account，可以看到你目前帳號是 ChatGPT Plus 的訊息，目前是每個月 20 美元的付費機制。

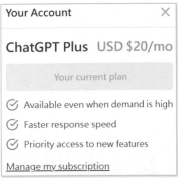

　　近期許多網站皆有刷卡付費機制，刷卡付費使用網站內容，這是應該被鼓勵的行為。但是許多人對於這類機制最大的疑問是，未來不想使用時，是否容易取消付費，所以這一節除了說明購買升級版本，也特別了解取消使用時，是否很容易取消付費。

　　上述點選 Manage my subscription 超連結可以進入管理我的訂單訊息。

　　對讀者而言最重要的是 **Cancel plan** 圖示，未來不想使用只要按此圖示即可。

　　上述可以看到訂閱 ChatGPT Plus 的日期、時間和刷卡訊息，點選 Return to OpenAI, LLC 可以返回 ChatGPT 會話環境，如果上述畫面往下捲動可以看到下列視窗畫面。

　　上述主要是信用卡的訊息和帳單地址。

0-3-3　GPT-4

如果你是 ChatGPT Plus 的訂閱戶,可以有 3 種使用模式的選擇。

❏　GPT-4 模式

推理 (Reasoning) 和簡明 (Conciseness) 能力表現非常好,但是速度比較慢,這是預設模式。

❏　Default(GPT-3.5)

這個模式速度比較好,但是推理 (Reasoning) 和簡明 (Conciseness) 能力表現比較弱。

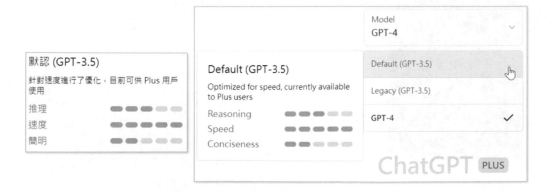

❏　**Legacy(GPT-3.5)**

從 Open AI 公布可以看到舊版的 GPT-3.5 效能與 GPT-4 相較，的確比較弱。

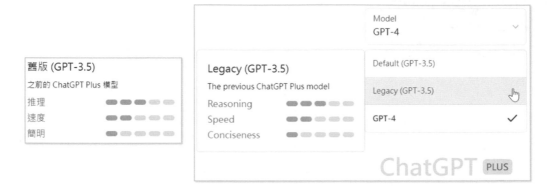

0-4　第一次使用 ChatGPT

0-4-1　第一次與 ChatGPT 的會話

第一次請參考下圖輸入你的會話內容。

上述輸入完請按 Enter 鍵，這就是你的第一次 ChatGPT 初體驗，可以得到下列結果。

從上述可以看到第一次使用時，會產生一個會話標題，此標題內容會記錄你和 ChatGPT 之間的會話。在 ChatGPT 下方有 **Regenerate response** 鈕，如果你對於 ChatGPT 的內容不了解，可以點選此 Regenerate response 鈕，ChatGPT 會重新產新的內容，下列是點選 Regenerate response 鈕的結果。

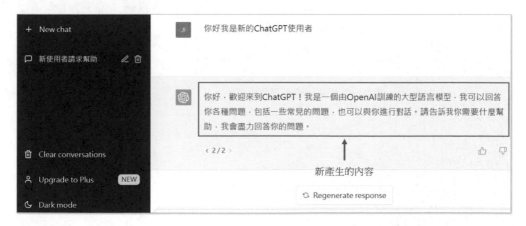

0-4-2　回饋給 OpenAI 公司會話內容

在 ChatGPT 的回應訊息下方可以看到下列圖示：

👍 圖示

　　如果對於 ChatGPT 的回應有**更好的想法**，可以點選 👍 圖示，可以看到下列對話方塊。

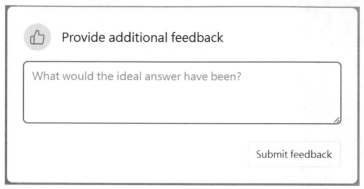

　　你可以在上述對話方塊輸入更好的解答，然後按 Submit feedback 鈕，回傳給 OpenAI 公司。

👎 圖示

　　如果對於 ChatGPT 的回應，你覺得有**傷害 / 不安全、不是事實、沒有幫助**，可以點選 👎 圖示，可以看到下列對話方塊。

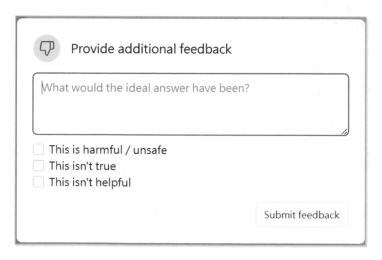

　　你可以勾選項目，輸入自己的想法，然後按 Submit feedback 鈕，回傳給 OpenAI 公司。

0-4-3 繼續使用目前 ChatGPT 會話

如果要繼續目前對話內容,可以在輸入框繼續輸入即可。

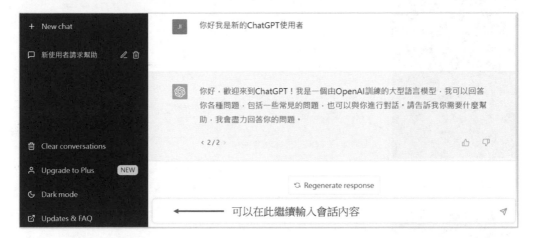

0-4-4 輸入圖示

在輸入框右邊可以看到 圖示,如下所示:

上述圖示有按 Enter 鍵的效果,相當於可以將所輸入的訊息傳遞給 ChatGPT。

0-5 建立新的會話

如果一段會話結束,想要啟動新的會話,可以點選 New chat 圖示。

然後可以在下方對話框輸入新的對話,如下所示:

請按 Enter 鍵可以得到下列結果。

可以看到第 2 次輸入的會話內容和 ChatGPT 的回應是在新的會話標題內。

0-6　管理 ChatGPT 會話紀錄

使用 ChatGPT 久了以後，在左邊欄位會有許多會話紀錄標題，如下所示：

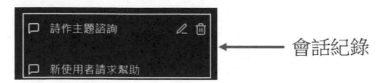

　　ChatGPT 有一個很重要的特色是可以記錄和你的會話，為了方便管理自己和 ChatGPT 的會話，可以為會話加上有意義的標題，未來類似的會話，可以回到此標題的會話中重新交談。

0-6-1　編輯會話標題

　　第一次使用 ChatGPT 時，ChatGPT 會依據你輸入會話內容自行為標題命名。如果你覺得標題不符想法，可以點選此標題，重新命名。當選擇一個標題時，此標題右邊可以看到 ✐ 圖示，可以將滑鼠游標移到此圖示，如下所示：

按一下，再輸入新的標題名稱即可，下列是按一下的畫面：

筆者輸入 " 我的 AI 體驗 "。

　　可以直接按 Enter 鍵即可。或是標題右邊可以看到 ✔ 圖示，請點選此圖示，可以得到下列結果。

0-6-2　刪除特定會話段落

　　使用 ChatGPT 久了會產生許多會話段落，如果想刪除特定會話段落，可以使用會話標題右邊的 🗑 圖示。假設現在想要刪除 " 我的 AI 體驗 " 會話段落，請將滑鼠游標移到此圖示：

點選此圖示後，可以看到下列畫面。

請將滑鼠游標移向✅圖示。

點選✅圖示，就可以刪除 " 我的 AI 體驗 " 會話段落，得到下列結果。

0-6-3　刪除所有會話段落 Clear conversations

Clear conversations 可以刪除所有會話段落，假設目前有 2 個會話段落，如下所示：

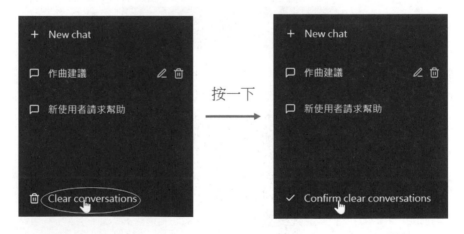

請 點 選 Clear conversations， 可 以 參 考 上 方 左 圖， 此 字 串 變 成 Confirm clear conversations，請參考上方右圖，然後點選 Confirm clear conversations 字串，就可以刪除上述所有會話紀錄段落。

在**命令提示字元**視窗環境使用電腦時,可以看到**提示訊息** (Prompt),如下所示:

稱Prompt

　　上述 Prompt 我們必須明確告訴作業系統指令,作業系統才可以依據我們的指示執行工作。在與 ChatGPT 會話過程,使用者是一個輸入框,其實我們也可以**稱**在此輸入框輸入的文字是 Prompt。

|　　⊲|

　　輸入文字時,必須明確,給予足夠的資料,ChatGPT 才可以快速、完整的給我們完整的資料。例如:下列是 3 個 Prompt 內容:

1： 請協助我建立履歷表應徵軟體工程師。

2： 我有 Python 基礎,我會 OpenCV、Tensor Flow,請協助我寫履歷表應徵軟體工程師。

3： 我有美國 U. of Mississippi 電腦碩士,我會 OpenCV、Tensor Flow,請協助我寫履歷表應徵軟體工程師。

　　上述第 1 個 Prompt 是模糊的,因為 ChatGPT 不知道你的背景,只能模糊地寫基本訊息。第 2 個 Prompt 你有列出所會的程式語言,ChatGPT 可以比較完整的陳述你的強項。第 3 個 Prompt 你增加了學歷訊息,ChatGPT 可以更完整的描述你的特質。

　　我們要將與 ChatGPT 對話視為與一般人對話,如果可以給明確的詢問,ChatGPT 就可以針對你的詢問回應,這樣就會有一個美好的會話體驗。另外,ChatGPT 雖然是 AI 智慧的結晶,與他對話必須注意,不要有不雅文句、辱罵、種族歧視的句子,同時 ChatGPT 仍在不斷學習中,它也像人類一樣會出錯,我們也可以給予正確訊息,相信 ChatGPT 會越來越強大。

0-8　ChatGPT 回應的語言

即便我們人在台灣，使用繁體中文和 ChatGPT 會話過程，ChatGPT 許多時候會用簡體中文回應，如果我們期待 ChatGPT 使用繁體中文回應我們的訊息，可以在對話過程告知 ChatGPT **使用繁體中文**和我們對話，如下所示：

如果想要 ChatGPT 使用其他語言回應我們的問題，例如，請 ChatGPT 協助翻譯時，我們可以事先告知，請使用 XX 語言回答。

0-9　ChatGPT 繼續回答與快捷鍵

0-9-1　請 ChatGPT 繼續未來的會話

在與 ChatGPT 聊天過程，有時候會發現 ChatGPT 回應一半就停止，同時好像回應結束了，這時可以告知**請繼續**，ChatGPT 就會繼續回答。

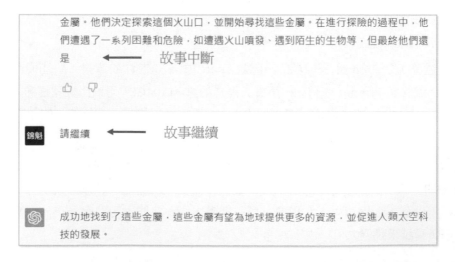

0-9-2　請繼續 - 快捷鍵

下列是筆者設定 c 代表請繼續。

下列是筆者請求用 3000 個字講解月球冒險故事，中間暫時中止，然後用快捷鍵 c，繼續故事的實例。

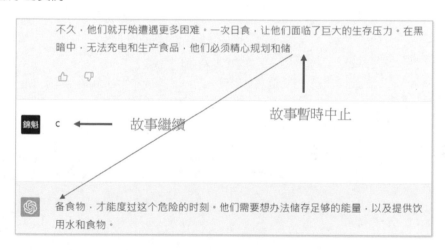

第 1 章

基本觀念

1-0　運算思維 (Computational Thinking)

21 世紀的今天全球進入了**運算思維** (Computational Thinking) 的時代，世界各國為了提升國家競爭力，紛紛在不同級別的教育領域推展運算思維，我國教育部也在各級學校推廣運算思維課程。

運算思維 (Computational Thinking，簡稱 CT)，其實就是將問題清晰表達、使用計算機解決問題的技能與過程，期待可以像**閱讀**、**算術**一樣成為每個人的基本技能。

根據 IEEE Spectrum(Institute of Electrical and Electronics Engineers) 發布 2022 年計算機程式語言排名，Python 維持 2021 年時的排名，保持第一名，而這個程式語言也是本書將運算思維精神導入內容的程式語言。

資料來源：https://spectrum.ieee.org/top-programming-languages-2022

註　IEEE Spectrum 是美國電機和電子工程師協會發行的旗艦雜誌。

其實在 1950 年代電腦展初期，就已經有了**運算思維**的雛形，但是真正為世人重視是 2006 年 3 月當時美國**卡內基美隆大學**計算機系周以真 (Jeannette M. Wing) 主任在美國權威期刊 Communications of the ACM 發表並定義了計算思維 Computational Thinking 的文章，內容是講述計算思維是一種普通的思維方法與基本技能然後使用計算機解決，所有人應該積極學習，就像是**閱讀**、**算術**一樣，而非僅是計算機科學家，下列是運算思維的過程。

1：**問題拆解** (Decomposition)：將問題拆解成更小的問題，方便了解與維護。

2：**模式識別 (Pattern Recognition)**：觀察資料模式，檢視思考問題類似之處。

3：**抽象 (Abstraction)**：這是重點摘要，忽略不重要的細節。

4：**演算法 (Algorithm)**：設計解決問題的步驟。

本著作也將在此原則指導讀者使用 Python 處理與解決問題。

1-1　認識 Python

Python 是 一 種 **直 譯 式** (Interpreted language)、 **物 件 導 向** (Object Oriented Language) 的程式語言，它擁有完整的函數庫，可以協助輕鬆的完成許多常見的工作。

所謂的**直譯式語言**是指，**直譯器 (Interpretor)** 會將程式碼一句一句直接執行，不需要經過**編譯** (compile) 動作，將語言先轉換成**機器碼**，再予以執行。目前它的直譯器是 CPython，這是由 C 語言編寫的一個直譯程式，與 Python 一樣目前是由 Python 基金會管理使用。

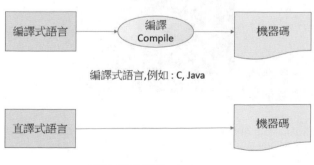

編譯式語言,例如 : C, Java

直譯式語言,例如 : Python

　　Python 也算是一個動態的高階語言，具有垃圾回收 (garbage collection) 功能，所謂的垃圾回收是指程式執行時，直譯程式會主動收回不再需要的動態記憶體空間，將記憶體集中管理，這種機制可以減輕程式設計師的負擔，當然也就減少了程式設計師犯錯的機會。

　　由於 Python 是一個**開放的原始碼** (Open Source)，每個人皆可免費使用或為它貢獻，除了它本身有許多內建的**套件** (package) 或稱**模組** (module)，許多單位也為它開發了更多的**套件**，促使它的功能可以持續擴充，因此 Python 目前已經是全球最熱門的程式語言之一，這也是本書的主題。

　　Python 是一種跨平台的程式語言，幾乎主要作業系統，例如：Windows、Mac OS、UNIX/LINUX … 等，皆可以安裝和使用。當然前提是這些作業系統內有 Python 直譯器，在 Mac OS、UNIX/LINUX 皆已經有直譯器，Windows 則須自行安裝。

1-2　Python 的起源

　　Python 的最初設計者是吉多‧范羅姆蘇 (Guido van Rossum)，他是荷蘭人 1956 年出生於荷蘭哈勒姆，1982 年畢業於阿姆斯特丹大學的數學和計算機系，獲得碩士學位。

本圖片取材自下列網址
https://upload.wikimedia.org/wikipedia/commons/thumb/6/66/Guido_van_Rossum_OSCON_2006.jpg/800px-Guido_van_Rossum_OSCON_2006.jpg

　　吉多‧范羅姆蘇 (Guido van Rossum) 在 1996 年為一本 O Reilly 出版社作者 Mark Lutz 所著的 "Programming Python" 的序言表示：6 年前，1989 年我想在聖誕節期間思考設計一種程式語言打發時間，當時我正在構思一個新的腳本 (script) 語言的解譯器，它是 ABC 語言的後代，期待這個程式語言對 UNIX C 的程式語言設計師會有吸引力。基於我是蒙提派森飛行馬戲團 (Monty Python's Flying Circus) 的瘋狂愛好者，所以就以 Python 為名當作這個程式的標題名稱。

　　在一些 Python 的文件或有些書封面喜歡用蟒蛇代表 Python，從吉多‧范羅姆蘇的上述序言可知，Python 靈感的來源是馬戲團名稱而非蟒蛇。不過 Python 英文是大蟒蛇，所以許多文件或 Python 基金會也就以大蟒蛇為標記。

　　1999 年他向美國國防部下的國防高等研究計劃署 DARPA(Defense Advanced Research Projects Agency) 提出 Computer Programming for Everybody 的研發經費申請，他提出了下列 Python 的目標。

❏ 這是一個簡單直覺式的程式語言，可以和主要程式語言一樣強大。

❏ 這是開放原始碼 (Open Source)，每個人皆可自由使用與貢獻。

❏ 程式碼像英語一樣容易理解與使用。

❏ 可在短期間內開發一些常用功能。

　　現在上述目標皆已經實現了，Python 已經與 C/C++、Java 一樣成為程式設計師必備的程式語言，然而它卻比 C/C++ 和 Java 更容易學習。目前 Python 語言是由 Python 軟體基金會 (www.python.org) 管理，有關新版軟體下載相關資訊可以在這個基金會取得，可參考附錄 A。

1-3　Python 語言發展史

　　在 1991 年 Python 正式誕生，當時的作業系統平台是 Mac。儘管吉多‧范羅姆蘇 (Guido van Rossum) 坦承 Python 是構思於 ABC 語言，但是 ABC 語言並沒有成功，吉多‧范羅姆蘇本人認為 ABC 語言並不是一個開放的程式語言，是主要原因。因此，在 Python 的推廣中，他避開了這個錯誤，將 Python 推向開放式系統，而獲得了很大的成功。

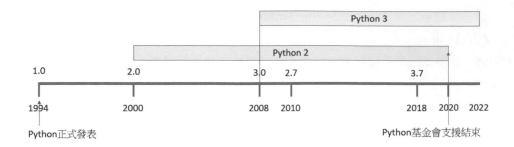

❏　Python 2.0 發表

2000 年 10 月 16 日 Python 2.0 正式發表，主要是增加了**垃圾回收**的功能，同時支援 Unicode。

所謂的 Unicode 是一種適合多語系的編碼規則，主要精神是使用可變長度位元組方式儲存字元，以節省記憶體空間。例如，對於英文字母而言是使用 1 個位元組 (byte) 空間儲存即可，對於含有附加符號的希臘文、拉丁文或阿拉伯文 … 等則用 2 個位元組空間儲存字元，兩岸華人所使用的中文字則是以 3 個位元組空間儲存字元，只有極少數的平面輔助文字需要 4 個位元組空間儲存字元。也就是說這種編碼規則已經包含了全球所有語言的字元了，所以採用這種編碼方式設計程式時，其他語系的程式只要有支援 Unicode 編碼皆可顯示。例如：法國人即使使用法文版的程式，也可以正常顯示中文字。

❏　Python 3.0 發表

2008 年 12 月 3 日 Python 3.0 正式發表。一般程式語言的發展會考慮到相容特性，但是 Python 3 在開發時為了不要受到先前 2.x 版本的束縛，因此沒有考慮相容特性，所以許多早期版本開發的程式是無法在 Python 3.x 版上執行，筆者撰寫此書時間點是 2023 年 3 月，目前最新版本是 3.11。

1-4　Python 的應用範圍

儘管 Python 是一個非常適合初學者學習的程式語言，在國外有許多兒童程式語言教學也是以 Python 為工具，然而它卻是一個功能強大的程式語言，下列是它的部分應用。

　　❏　設計動畫遊戲。

❑ 支援圖形使用者介面 (GUI, Graphical User Interface) 開發。

❑ 資料庫開發與設計動態網頁。

❑ 科學計算與大數據分析。

❑ 人工智慧與機器學習。

❑ Google、Yahoo!、YouTube、NASA、Dropbox(檔案分享服務)、Reddit(社交網站)在內部皆大量使用 Python 做開發工具。

❑ 網路爬蟲、駭客攻防。

目前 Google 搜尋引擎、紐約股票交易所、NASA 航天行動的關鍵任務執行,皆是使用 Python 語言。

1-5　變數 - 靜態語言與動態語言

變數 (variable) 是一個語言的核心,由變數的設定可以知道這個程式所要完成的工作。

有些程式語言的**變數**在使用前需要先宣告它的資料型態,這樣**編譯程式** (compile) 可以在記憶體內預留空間給這個變數。這個變數的資料型態經過宣告後,未來無法再改變它的資料型態,這類的程式語言稱**靜態語言** (static language)。例如:C、C++、Java … 等。其實宣告變數可以協助電腦捕捉可能的錯誤,同時也可以讓程式執行速度更快,但是程式設計師需要花更多的時間打字與思考程式的規劃。

有些程式語言的變數在使用前不必宣告它的資料型態,這樣可以用比較少的程式碼完成更多工作,增加程式設計的便利性,這類程式在執行前不必經過**編譯** (compile) 過程,而是使用**直譯器** (interpreter) 直接**直譯** (interpret) 與**執行** (execute),這類的程式語言稱**動態語言** (dynamic language),有時也可稱這類語言是**文字碼語言** (scripting language)。例如:Python、Perl、Ruby。動態語言執行速度比經過編譯後的靜態語言執行速度慢,所以有相當長的時間動態語言只適合作短程式的設計,或是將它作為準備資料供靜態語言處理,在這種狀況下也有人將這種動態語言稱**膠水碼** (glue code),但是隨著軟體技術的進步直譯器執行速度越來越快,已經可以用它執行複雜的工作了。如果讀者懂 Java、C、C++,未來可以發現,Python 相較於這些語言除了便利性,程式設計效率已經遠遠超過這些語言了,這也是 Python 成為目前最熱門程式語言的原因。

1-6　系統的安裝與執行

1-6-1　系統安裝與執行

有關 Python 的安裝或是執行常見的環境有：

❑ 在 Python 內建的 idle 環境執行，可參考附錄 A。這是最原始最陽春的環境，Python 有許多內建模組，可以直接導入引用，碰上外部模組則需安裝，安裝過程可以認識模組的意義，整體而言也是簡單好用。

❑ 安裝 Anaconda，可以使用 Spider 整合環境和 Jupyter Notebook，可以參考附錄 B。這個軟體有免費的個人版，也有商業版和企業版，建議使用免費的個人版即可。在這個軟體中，已經包含許多我們學習數據科學需要安裝的外部模組，因此可以省略安裝步驟，使用上非常便利。

❑ 使用 Google Colab(Google Colaboratory 的縮寫，未來會用 Colab 稱呼) 雲端開發環境，可以參考附錄 C，這也是本書撰寫的主要環境。這是 Google 公司開發的 Python 虛擬機器，讀者可以使用瀏覽器 (建議是使用 Chrome) 在此環境內設計 Python 程式，在這個環境內可以不需設定，設計複雜的深度學習程式時可以免費使用 GPU(Graphics Processing Unit，圖形處理器)，同時所開發的程式可以和朋友共享。

本書大部分程式皆有在上述環境測試與執行。

1-6-2　程式設計與執行

Python 是直譯式程式語言，簡單的功能可以直接使用直譯方式設計與執行。要設計比較複雜的功能，建議是將指令依據語法規則組織成程式，然後再執行，這也是本書籍的重點。例如：print( ) 是輸出函數，單引號 (或是雙引號) 內的字串可以輸出，若是使用 1-6-1 節所述 3 個執行環境，可以得到下列輸出畫面。註：下列 # 是註解符號，會在 1-7-1 節做更完整解說解釋。

❑ Python 內建 idle

```
>>> print('Hello Python')      # 字串的輸出
    Hello Python
```

❑ Anaconda 的 Spyder 視窗環境右下方的 Ipython 加強交互式環境

```
In [1]: print('Hello Python')     # 字串的輸出
Hello Python
```

❏ Google Colab

```
1 print('Hello! Python')    # 字串的輸出
Hello! Python
```

其實 print( ) 函數在上述 Google Colab 環境需按 ▶ 鈕才可執行。

1-7 程式註解 (comments)

　　程式**註解** (comments) 主要功能是讓你所設計的程式可讀性更高，更容易瞭解。在企業工作，一個實用的程式可以很輕易超過幾千或上萬列，此時你可能需設計好幾個月，程式加上註解，可方便你或他人，未來較便利瞭解程式內容。

1-7-1　註解符號

　　Python 程式文件中，"#" 符號右邊的文字，皆是稱**程式註解**，Python 語言的直譯器會忽略此符號右邊的文字。

程式實例 ch1_1.ipynb：為程式增加註解的實例。

```
1 # ch1_1.py
2 print('Python運算思維')    # 列印字串
Python運算思維
```

註1 註解可以放在程式敘述的最左邊。

註2 print( ) 函數內的字串輸出可以使用**單引號**(可以參考上述實例)，或是雙引號包夾(可以參考下列實例)，下列可以得到相同結果。

print("Python 運算思維 ")

註3 Python 程式左邊是沒有列號，為了讀者閱讀方便加上去的。

註4 一般來說 Python 的副檔名是 py，但是在 Google Colab 環境下 Python 的副檔名是 ipynb。

1-7-2　三個單引號或雙引號

如果要進行大段落的註解，可以用三個單引號或雙引號將註解文字包夾。

程式實例 ch1_2.ipynb：以三個單引號包夾 (第 1 和 5 列)，當作註解標記。

```
1 '''
2 程式實例ch1_2.ipynb
3 作者:洪錦魁
4 使用三個單引號當作註解
5 '''
6 print('Python運算思維')    # 列印字串
```

Python運算思維

　　上述前 5 列是程式註解，也可以將第 1 和 5 列改為使用三個雙引號，當作註解標記，讀者可以自行練習，筆者將此實例放在 ch1 資料夾的 ch1_2_1.ipynb。

1-8　Python 彩蛋 (Easter Eggs)

　　Python 核心程序開發人員在軟體內部設計了彩蛋 (Easter Eggs)，彩蛋包含 2 部份，一個是經典名句又稱 **Python 之禪**，一個是**漫畫搞笑網站**。這是其它軟體沒有見過的，非常有趣。

❑　Python 之禪

　　可以在 Python Shell 環境輸入 "**import this**" 即可看到 Python 開發哲學的經典名句，其實這些經典名句也是代表研讀 Python 的意境。

```
>>> import this
The Zen of Python, by Tim Peters

Beautiful is better than ugly.
Explicit is better than implicit.
Simple is better than complex.
Complex is better than complicated.
Flat is better than nested.
Sparse is better than dense.
Readability counts.
Special cases aren't special enough to break the rules.
Although practicality beats purity.
Errors should never pass silently.
Unless explicitly silenced.
In the face of ambiguity, refuse the temptation to guess.
There should be one-- and preferably only one --obvious way to do it.
Although that way may not be obvious at first unless you're Dutch.
Now is better than never.
Although never is often better than *right* now.
If the implementation is hard to explain, it's a bad idea.
If the implementation is easy to explain, it may be a good idea.
Namespaces are one honking great idea -- let's do more of those!
```

❑ Python 搞笑網站

可以在 Python Shell 環境輸入 "import antigravity" 即可連上下列網址，讀者可以欣賞 Python 趣味內容，這些內容是蒙提派森 (Monty Python) 的漫畫頁面。

https://xkcd.com/353/

1-9 ChatGPT 輔助學習

1：說明 Python 最初開發者。

> 錦魁　請說明Python最初開發者
>
> Python最初的開發者是Guido van Rossum（吉多·范羅蘇姆），他是一位荷蘭計算機科學家，現在在Dropbox公司工作。他於1989年在荷蘭創造了Python語言，並持續領導開發工作，直到2018年退休。Python的命名是受他喜歡的電視節目《Monty Python's Flying Circus》的影響。在他的領導下，Python已成為一種廣泛使用的編程語言，應用於各種領域，包括數據科學、機器學習、人工智能、網絡編程和Web開發等。

2：　建議一種大學生必須學習的程式語言。

> 錦魁　請建議一種大學生必須學習的程式語言
>
> 　作為一位大學生，學習一種程式語言是非常重要的，可以增加你的專業技能，擴展你的職業
> 發展選擇，也能幫助你更好地處理和解決問題。我建議你學習Python程式語言。以下是我建
> 議學習Python的原因：
>
> 1. 易於學習：Python具有簡單明瞭的語法和結構，並且不需要太多的背景知識，因此容易學
>   習。
> 2. 應用廣泛：Python應用廣泛，涉及領域包括Web開發、數據分析、機器學習、人工智
>   能、自然語言處理等等，學習Python可以讓你更有彈性的選擇未來的職業發展方向。
> 3. 社區支持強大：Python擁有一個龐大的社區，你可以在其中獲得幫助、解答問題、分享代
>   碼和學習資源等。
>
> 總的來說，學習Python程式語言可以讓你更好地理解計算機科學，增強你的問題解決能力和
> 創造力，並且有助於你在未來的職業生涯中更具競爭力。

3：　請說明 Python 的應用範圍。

> 錦魁　請說明Python的應用範圍
>
> 　Python可以應用於各種領域，包括但不限於以下幾個方面：
>
> 1. 網路開發：Python可以用來開發Web應用程序、網站、API等。它支持多種框架和庫，例
>   如Django、Flask、Pyramid等，這些框架和庫可以幫助你更快地開發Web應用程序。
> 2. 資料科學和人工智能：Python在資料科學和人工智能領域中的應用越來越廣泛。Python
>   的機器學習庫如TensorFlow、Scikit-learn等可以幫助你建立和訓練機器學習模型。此
>   外，Python也是一個很好的數據分析工具，擁有豐富的數據分析庫，例如Pandas、
>   Numpy等。
> 3. 自動化：Python可以幫助你編寫自動化腳本，例如自動化測試、文件處理、數據提取等
>   等。
> 4. 遊戲開發：Python可以用來開發2D和3D遊戲，例如Pygame、PyOpenGL等庫。
> 5. 系統管理：Python也可以用來系統管理，例如創建和維護自動化任務、創建腳本來管理系
>   統配置、創建和管理網絡服務等等。

4：　請說明 Python 註解的意義。

> 錦魁　請說明Python註解的意義
>
> Python的註解是指在代碼中使用特定的符號或字符來標識和說明代碼，而這些註解並不會被解譯器當作代碼來執行。Python的註解可以幫助程式設計師更好地理解代碼，以及維護和修改代碼。以下是Python註解的一些意義：
>
> 1. 說明代碼：註解可以用來解釋代碼的含義，特別是當代碼很複雜或難以理解時，註解可以讓其他人更好地理解代碼。
> 2. 提醒程式設計師：註解可以用來提醒自己或其他程式設計師需要注意的事項，例如需要修復的問題、待完成的代碼等等。
> 3. 隱藏代碼：有時候，你可能希望隱藏代碼，例如某些特定的演算法或敏感資訊，這時可以使用註解把代碼隱藏起來。
>
> 在Python中，單行註解可以使用"#"符號，多行註解可以使用三個單引號或三個雙引號。例如：

註　上述沒有列出全部內容，往下捲動可以看到含有註解的程式碼實例，讀者可以自行測試。

習題實作題

ex1_1.ipynb：設計程式分成 4 列輸出，就讀學校、科系、年級、姓名。(1-7 節)

```
明志工專
機械系
一年級
洪錦魁
```

ex1_2.ipynb：輸出下列三角形資料。(1-7 節)

ex1_3.ipynb：輸出下列**倒三角形資料**。(1-7 節)

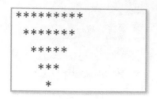

```
********
 *******
  *****
   ***
    *
```

4： 參考 1-0 節觀念，去網站搜尋 IEEE Spectrum 最新年度前 10 名電腦語言排行榜，**註**：由於不同時間點的結果不一樣，所以筆者不附解答。(1-0 節)

5： 請 ChatGPT 推薦給你，學生應該學習的 5 個程式語言。(1-9 節)

第 2 章

認識變數與基本數學運算

本章將從基本數學運算開始，一步一步講解變數的使用與命名，接著介紹 Python 的算數運算。

2-1 用 Python 做計算

假設讀者到麥當勞打工，一小時可以獲得 120 元**時薪**，如果想計算一天工作 8 小時，可以獲得多少工資？我們可以用計算機執行 "**120 * 8**"，可以參考下方左圖。

```
>>> 120 * 8          >>> 120 * 8 * 300
960                  288000
```

註 上述是在 Python Shell 視窗輸入所見的內容。在 Python Colab 環境使用可以看到下列內容，因為效果相同，同時 Python Shell 視窗所看到的結果比較簡潔易懂。所以未來類似上述指令所採用的是 Python Shell 的內容顯示。

 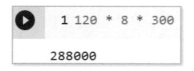

如果一年實際工作天數是 300 天，可以用上方右圖方式計算一年所得。如果讀者一個月花費是 9000 元，可以用下列方式計算一年可以儲存多少錢。

```
>>> 9000 * 12
108000
>>> 288000 - 108000
180000
```

上述先計算一年的花費，再將一年的收入減去一年的花費，可以得到所儲存的金額。本章將一步一步推導應如何以程式觀念，處理類似的運算問題。

2-2 認識變數 (variable)

在此先複習一下 1-5 節內容，Python 程式在設計**變數** (variable) 時，不用先宣告，當我們設定變數內容時，變數自身會由所設定的內容決定自己的資料型態。

2-2-1　基本觀念

變數是一個暫時儲存資料的地方，對於 2-1 節的內容而言，如果你今天獲得了調整時薪，時薪從 120 元調整到 125 元，如果想要重新計算一年可以儲蓄多少錢，你將發現所有的計算將要重新開始。為了解決這個問題，我們可以考慮將**時薪**設為一個**變數**，未來如果有調整薪資，可以直接更改**變數**內容即可。

在 Python 中可以用 "=" 等號設定變數的內容，在這個實例中，我們建立了一個變數 x，然後用下列方式設定時薪，如果想要用 Python 列出時薪資料可以使用 x 或是 print(x) 函數。

```
>>> x = 120          >>> x = 120
>>> x                >>> print(x)
120                  120
```

如果今天已經調整薪資，時薪從 120 元調整到 150 元，那麼我們可以用下列方式表達。

```
>>> x = 150
>>> x
150
```

一個程式是可以使用多個變數的，如果我們想計算一天工作 8 小時，一年工作 300 天，可以賺多少錢，假設用變數 y 儲存一年工作所賺的錢，可以用下列方式計算。

```
>>> x = 150
>>> y = x * 8 * 300
>>> y
360000
```

如果每個月花費是 9000 元，我們使用變數 z 儲存每個月花費，可以用下列方式計算每年的花費，我們使用 a 儲存每年的花費。

```
>>> z = 9000
>>> a = z * 12
>>> a
108000
```

如果我們想計算每年可以儲存多少錢，我們使用 b 儲存每年所儲存的錢，可以使用下列方式計算。

```
>>> x = 150
>>> y = x * 8 * 300
>>> z = 9000
>>> a = z * 12
>>> b = y - a
>>> b
252000
```

　　從上述我們很順利的計算了每年可以儲蓄多少錢的訊息了，可是上述使用 Python Shell 視窗做運算潛藏最大的問題是，只要過了一段時間，我們可能忘記當初所有設定的變數是代表什麼意義。因此在設計程式時，如果可以為變數取個有意義的名稱，未來看到程式時，可以比較容易記得。下列是筆者重新設計的變數名稱：

❑ 時薪：hourly_salary，用此變數代替 x，每小時的薪資。

❑ 年薪：annual_salary，用此變數代替 y，一年工作所賺的錢。

❑ 月支出：monthly_fee，用此變數代替 z，每個月花費。

❑ 年支出：annual_fee，用此變數代替 a，每年的花費。

❑ 年儲存：annual_savings，用此變數代替 b，每年所儲存的錢。

　　如果現在使用上述變數重新設計程式，可以得到下列結果。

```
>>> hourly_salary = 150
>>> annual_salary = hourly_salary * 8 * 300
>>> monthly_fee =  9000
>>> annual_fee = monthly_fee * 12
>>> annual_savings = annual_salary - annual_fee
>>> annual_savings
252000
```

　　相信經過上述說明，讀者應該了解變數的基本意義了。

2-2-2　認識變數位址意義

　　Python 是一個**動態語言**，它處理變數的觀念與一般靜態語言不同。對於靜態語言而言，例如：C 或 C++，當宣告變數時記憶體就會預留空間儲存此變數內容，例如：若是宣告與定義 x=10, y=10 時，記憶體內容如下所示：**可參考下方左圖。**

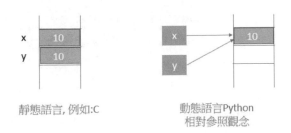

靜態語言, 例如:C　　　　動態語言Python
　　　　　　　　　　　　相對參照觀念

對於 Python 而言，變數所使用的是**參照 (reference) 位址**的觀念，設定一個變數 x 等於 10 時，Python 會在記憶體某個位址儲存 10，此時我們建立的變數 x 好像是一個**標誌 (tags)**，標誌內容是儲存 10 的記憶體位址。如果有另一個變數 y 也是 10，則是將變數 y 的標誌內容也是儲存 10 的記憶體位址。相當於變數是名稱，不是位址，相關觀念可以參考上方右圖。

使用 Python 可以使用 id( ) 函數，獲得變數的位址，可參考下列語法。

實例 1：列出變數的位址，相同內容的變數會有相同的位址。

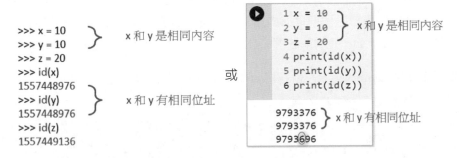

上方左圖是 Python Shell 視窗環境，讀者可以看到 >>> 提示訊息。上方右圖是 Google Colab 環境所執行的結果。儘管本書是以 Google Colab 為主要教學環境說明，不過部分執行畫面使用 Python 基金會的 Python Shell 視窗做解說，畢竟讀者未來進入企業實戰，主要還是會遇到需使用 Python Shell 視窗。

2-3　認識程式的意義

延續上一節的實例，如果我們時薪改變、工作天數改變或每個月的花費改變，所有輸入與運算皆要重新開始，而且每次皆要重新輸入程式碼，這是一件很費勁的事，同時很可能會常常輸入錯誤，為了解決這個問題，我們可以開啟一個檔案，將上述運算儲存在檔案內，這個檔案就是所謂的**程式**。未來有需要時，再開啟重新運算即可。

程式實例 ch2_1.ipynb：使用程式計算每年可以儲存多少錢。

```
1 # ch2_1.ipynb
2 hourly_salary = 125
3 annual_salary = hourly_salary * 8 * 300
4 monthly_fee = 9000
5 annual_fee = monthly_fee * 12
6 annual_savings = annual_salary - annual_fee
7 print(annual_savings)

192000
```

　　未來我們時薪改變、工作天數改變或每個月的花費改變，只要適度修改變數內容，就可以獲得正確的執行結果。

2-4　認識註解的意義

　　上一節的程式 ch2_1.ipynb，儘管我們已經為變數設定了有意義的名稱，其實時間一久，常常還是會忘記各個指令的內涵。所以筆者建議，設計程式時，適度的為程式碼加上註解。在 1-7 節已經講解註解的方法，下列將直接以實例說明。

程式實例 ch2_2.ipynb：重新設計程式 ch2_1.ipynb，為程式碼加上註解。

```
1 # ch2_2.ipynb
2 hourly_salary = 125                        # 設定時薪
3 annual_salary = hourly_salary * 8 * 300    # 計算年薪
4 monthly_fee = 9000                         # 設定每月花費
5 annual_fee = monthly_fee * 12              # 計算每年花費
6 annual_savings = annual_salary - annual_fee # 計算每年儲存金額
7 print(annual_savings)                      # 列出每年儲存金額
```

　　相信經過上述註解後，即使再過 10 年，只要一看到程式應可輕鬆瞭解整個程式的意義。

2-5　變數的命名原則

　　Python 對於變數的命名，在使用時有一些規則要遵守，否則會造成程式錯誤。

❑ 必須由英文字母、_(底線) 或中文字開頭，建議使用英文字母。

❑ 變數名稱只能由英文字母、數字、_(底線) 或中文字所組成，底線開頭的變數會被特別處理，下一小節會做說明。

❑ 英文字母大小寫是敏感的，例如：Name 與 name 被視為不同變數名稱。

❑ Python 系統保留字 (或稱關鍵字) 不可當作變數名稱，例如：if 和 while，會讓程式產生錯誤，Python 內建**函數名稱**不建議當作變數名稱，因為會造成**函數失效**。

註 雖然變數名稱可以用中文字，不過筆者不建議使用中文字，也許是怕將來有相容性的問題。

實例 1：可以使用 help('**keywords**') 列出所有 Python 的保留字。

```
  1 help('keywords')

Here is a list of the Python keywords.  Enter any keyword to get more help.

False           class           from            or
None            continue        global          pass
True            def             if              raise
and             del             import          return
as              elif            in              try
assert          else            is              while
async           except          lambda          with
await           finally         nonlocal        yield
break           for             not
```

為了方便程式設計，Python 將許多常用功能設計成內建函數，例如：極大值 max( )、極小值 min( )、 … 等，這些**內建函數**是不建議當作變數名稱的，若是不小心將系統內建函數名稱當作變數，程式本身不會錯誤，但是原先函數功能會喪失。

實例 1：下列是一些不合法的變數名稱。

sum,1	# 變數名稱不可有","
3y	# 變數名稱不可由阿拉伯數字開頭
x$2	# 變數名稱不可有"$"符號
and	# 這是**系統保留字**不可當作變數名稱

實例 2：下列是一些合法的變數名稱。

SUM
_fg
x5
a_b_100
總和

❑　Python 寫作風格 (Python Enhancement Proposals) - PEP 8

　　吉多・范羅姆蘇 (Guido van Rossum) 被尊稱 Python 之父，他有編寫 Python 程式設計的風格，一般人將此稱 Python 風格 PEP(Python Enhancement Proposals)，常看到有些文件稱此風格為 PEP 8，這個 8 不是版本編號，PEP 有許多文件提案，其中編號 8 是講 Python 程式設計風格，所以一般人又稱 Python 寫作風格為 PEP 8。在這個風格下，**變數名稱**建議是用**小寫字母**，如果變數名稱需用 2 個英文字表達時，建議此文字間用**底線**連接。例如 2-2-1 節的**年薪**變數，英文是 annual salary，我們可以用 **annual_salary** 當作變數。

　　在執行運算時，在運算符號左右兩邊增加空格，例如：

x = y + z	# 符合Python風格
x = (y + z)	# 符合Python風格
x = y+z	# 不符合Python風格
x = (y+z)	# 不符合Python風格

　　完整的 Python 寫作風格可以參考下列網址：

　　www.python.org/dev/peps/pep-0008

　　上述僅將目前所學做說明，未來筆者還會逐步解說。**註**：程式設計時如果不採用 Python 風格，程式仍可以執行，不過 Python 之父吉多・**范羅姆蘇**認為寫程式應該是給人看的，所以更應該寫讓人易懂的程式，符合 PEP 8 風格的程式稱 **Pythonic** 程式。

2-6　基本數學運算

2-6-1　賦值

　　從內文開始至今，已經使用許多次**賦值**(=)的觀念了，所謂賦值是一個等號的運算，將一個**右邊值**或是**變數**或是**運算式**設定給一個左邊的變數，稱**賦值**(=) 運算。

實例 1：賦值運算，將 5 設定給變數 x，設定 y 是 x - 3。

```
>>> x = 5
>>> y = x - 3
>>> y
2
```

2-6-2　四則運算

Python 的四則運算是指加 (+)、減 (-)、乘 (*) 和除 (/)。

實例 1：下列是加法與減法運算實例。

```
>>> x = 5 + 6
>>> x
11
>>> y = x - 10
>>> y
1
```

註 再次強調，上述 5+6 等於 11 設定給變數 x，在 Python 內部運算中 x 是標誌，指向內容是 11。

實例 2：乘法與除法運算實例。

```
>>> x = 5 * 9          >>> y = 9 / 5
>>> x                  >>> y
45                     1.8
```

2-6-3　餘數和整除

餘數 (mod) 所使用的符號是 "%"，可計算出除法運算中的餘數。整除所使用的符號是 "//"，是指除法運算中只保留整數部分。

實例 1：餘數和整除運算實例。

```
>>> x = 9 % 5          >>> y = 9 // 2
>>> x                  >>> y
4                      4
```

其實在程式設計中求餘數是非常有用，例如：如果要判斷數字是奇數或偶數可以用 %，將數字 "num % 2"，如果是奇數所得結果是 1，如果是偶數所得結果是 0。

註 % 字元還有其他用途，第 4 章輸入與輸出章節會再度應用此字元。

2-6-4　次方

次方的符號是 " ** "。

實例 1：平方、次方的運算實例。

```
>>> x = 3 ** 2              >>> y = 3 ** 3
>>> x                       >>> y
9                           27
```

2-6-5　Python 語言控制運算的優先順序

Python 語言碰上計算式同時出現在一個指令內時，除了括號 "( )" 內部運算最優先外，其餘計算優先次序如下。

1：次方。

2：乘法、除法、求餘數 (%)、求整數 (//)，彼此依照出現順序運算。

3：加法、減法，彼此依照出現順序運算。

實例 1：Python 語言控制運算的優先順序的應用。

```
>>> x = (5 + 6) * 8 - 2     >>> y = 5 + 6 * 8 - 2      >>> z = 2 * 3**3 * 2
>>> x                       >>> y                      >>> z
86                          51                         108
```

2-7　指派運算子

常見的指派運算子如下，下方是 x = 10 的實例：

運算子	語法	說明	實例	結果
+=	a += b	a = a + b	x += 5	15
-=	a -= b	a = a - b	x -= 5	5
*=	a *= b	a = a * b	x *= 5	50
/=	a /= b	a = a / b	x /= 5	2.0
%=	a %= b	a = a % b	x %= 5	0
//=	a //= b	a = a // b	x //= 5	2
**=	a **= b	a = a ** b	x **= 5	100000

2-8 Python 的多重指定 (Multiple Assignment)

使用 Python 時，可以一次設定多個變數等於某一數值。

實例 1：設定多個變數等於某一數值的應用。

```
>>> x = y = z = 10
>>> x
10
>>> y
10
>>> z
10
```

Python 也允許多個變數同時指定不同的數值。

實例 2：設定多個變數，每個變數有不同值。

```
>>> x, y, z = 10, 20, 30
>>> print(x, y, z)
10 20 30
```

當執行上述多重設定變數值後，甚至可以執行更改變數內容。

實例 3：將 2 個變數內容交換。

```
>>> x, y = 10, 20
>>> print(x, y)
10 20
>>> x, y = y, x        ← 資料交換
>>> print(x, y)
20 10
```

上述原先 x, y 分別設為 10, 20，但是經過多重設定後變為 20, 10。其實我們可以使用多重指定觀念更靈活應用 Python，在 2-6-3 節有求商和餘數的實例，我們可以使用 divmod( ) 函數一次獲得商和餘數，可參考下列實例。

```
>>> x = 9 // 5         ← 整數除法
>>> x
1
>>> y = 9 % 5          ← 求餘數
>>> y
4
>>> z = divmod(9, 5)   ← 計算整數除法和餘數
>>> z
(1, 4)
>>> x, y = z
>>> x
1
>>> y
4
```

上述我們使用了 divmod(9, 5) 方法一次獲得了**元組**值 (1, 4)，第 8 章會解說**元組** (tuple)，然後使用**多重指定**將此元組 (1, 4) 分別設定給 x 和 y 變數。

2-9　Python 的列連接 (Line Continuation)

在設計大型程式時，常會碰上一個敘述很長，需要分成 2 列或更多列撰寫，此時可以在敘述後面加上反斜線 ("\") 符號，這個符號也可稱**繼續符號**，Python 直譯器會將下一列的敘述視為這一列的敘述。特別注意，在 "\" 符號右邊不可加上任何符號或文字，即使是註解符號也是不允許。

另外，也可以在敘述內使用小括號，如果使用小括號，就可以在敘述右邊加上註解符號。

程式實例 ch2_3.ipynb 和 ch2_4.ipynb：將一個敘述分成多列的應用，下方右圖是符合 PEP 8 的 Python 風格設計，也就是運算符號必須放在運算元左邊。

```
1  # ch2_3.ipynb                          1  # ch2_4.ipynb
2  a = b = c = 10                         2  a = b = c = 10
3  x = a + b + c + 12                     3  x = a + b + c + 12
4  print(x)                               4  print(x)
5  # 續行方法1                             5  # 續行方法1        # PEP 8風格
6  y = a +\                               6  y = a \
7      b +\                               7      + b \
8      c +\            運算符號在運算元左邊 →  8      + c \
9      12                                 9      + 12
10 print(y)                               10 print(y)
11 # 續行方法2                            11 # 續行方法2        # PEP 8風格
12 z = ( a +     # 此處可以加上註解         12 z = ( a       # 此處可以加上註解
13       b +                              13       + b
14       c +                              14       + c
15       12 )                             15       + 12 )
16 print(z)                               16 print(z)
```

執行結果　ch2_3.ipynb 和 ch2_4.ipynb 可以得到相同的結果。

```
42
42
42
```

2-10 專題：複利計算 / 計算圓面積與圓周長

2-10-1 銀行存款複利的計算

程式實例 ch2_5.ipynb：銀行存款複利的計算，假設目前銀行年利率是 1.5%，複利公式如下：

> 本金和 = 本金 * (1 + 年利率)^n # n是年

你有一筆 5 萬元，請計算 5 年後的本金和。

```
1  # ch2_5.ipynb
2  money = 50000 * (1 + 0.015) ** 5
3  print("本金和是")
4  print(money)
```

執行結果

```
本金和是
53864.20019421873
```

2-10-2 價值衰減的計算

程式實例 ch2_6.ipynb：有一個品牌車輛，前 3 年每年價值衰減 15% ，請問原價 100 萬的車輛 3 年後的殘值是多少。

```
1  # ch2_6.ipynb
2  car = 1000000 * (1 - 0.15) ** 3
3  print("車輛殘值是")
4  print(car)
```

執行結果

```
車輛殘值是
614124.9999999999
```

2-10-3 數學運算 - 計算圓面積與周長

程式實例 ch2_7.ipynb：假設圓半徑是 5 公分，圓面積與圓周長計算公式分別如下：

> 圓面積 = PI * r * r   # PI = 3.14159, r是半徑
> 圓周長 = 2 * PI * r

```
1  # ch2_7.ipynb
2  PI = 3.14159
3  r = 5
4  print("圓面積:單位是平方公分")
5  area = PI * r * r
6  print(area)
7  circumference = 2 * PI * r
8  print("圓周長:單位是公分")
9  print(circumference)
```

執行結果

圓面積:單位是平方公分
78.53975
圓周長:單位是公分
31.4159

　　在程式語言的設計中，有一個觀念是**具名常數** (named constant)，這種常數是不可更改內容。上述我們計算圓面積或圓周長所使用的 PI 是圓周率，這是一個固定的值，由於 Python 語言沒有提供此**具名常數** (names constant) 的語法，上述程式筆者用大寫 **PI** 當作是**具名常數的**變數，這是一種約定成俗的習慣，其實這也是 PEP 8 程式風格，未來讀者可以用這種方式處理固定不會更改內容的變數。

2-11　ChatGPT 輔助學習

1：　認識 Python 變數的命名規則。

 錦魁　Python變數的命名規則

 在Python中，變數的命名規則主要有以下幾點：

1. 變數名稱只能包含字母、數字和底線（_），不能以數字開頭。
2. 變數名稱區分大小寫，因此foo、Foo和FOO被視為三個不同的變數。
3. 建議使用有意義的變數名稱，便於閱讀和理解代碼。
4. Python中的保留關鍵字不能作為變數名稱，例如if、else、while等。
5. 變數名稱應該盡量短小精悍，但同時也要能夠描述其含義。
6. 對於多個單詞構成的變數名稱，可以使用下劃線（_）或者駝峰命名法（camelCase）來區分單詞，建議使用下劃線命名法。
7. 對於常量，通常使用全大寫字母來表示，例如PI = 3.14159。

總之，在Python中，良好的變數命名可以提高代碼的可讀性和可維護性。

2：請舉例說明變數的定義，讀者可以看到一系列 ChatGPT 列出的變數定義。

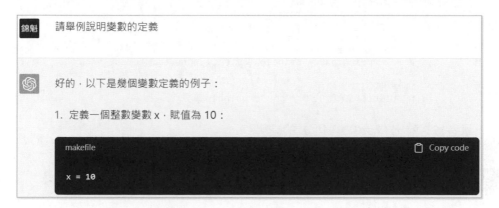

註 上述按 Copy code 可以複製程式碼，然後貼至 Python 的編輯程式環境。

3： 請說明 Pythonic 程式。**註**：下列只列出部分內容。

4： 銀行存款複利計算，假設年利率是 1.5%，有一筆存款 10000 元，請用 Python 設計一個程式計算 5 年後的本金和。

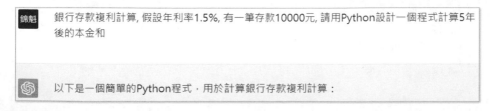

```
1   # 設定初始本金和年利率
2   principal = 10000
3   annual_interest_rate = 0.015
4
5   # 計算5年後的本金和
6   for i in range(5):
7       principal = principal * (1 + annual_interest_rate)
8
9   # 輸出計算結果
10  print("5年後的本金是：", principal)
```

筆者省略輸出 ChatGPT 對程式的註解。

習題實作題

ex2_1.ipynb：請重新設計 ch2_1.py，將每小時打工時薪改為 160 元。(2-1 至 2-3 節)

```
每年存款金額
276000
```

ex2_2.ipynb：重新設計 ch2_5.py，假設是單利率，利息每年領取，5 年期間可以領多少利息。(2-4 至 2-6 節)

```
利息總和
3750.0
```

ex2_3.ipynb：重新設計 ch2_5.py，假設期初本金是 100000 元，假設年利率是 2%，這是複利計算，請問 10 年後本金總和是多少。(2-4 至 2-10 節)

```
10年後本金和
121899.44199947573
```

ex2_4.ipynb：一個幼稚園買了 100 個蘋果給學生當營養午餐，學生人數是 23 人，每個人午餐可以吃一顆，請問這些蘋果可以吃幾天，然後第幾天會產生蘋果不夠供應，同時列出少了幾顆。(2-4 至 2-10 節)

```
蘋果可以吃的天數
4
第幾天產生蘋果不足供應
5
不足數量
15
```

ex2_5.ipynb：地球和月球的距離是 384400 公里，假設火箭飛行速度是每分鐘 400 公里，請問從地球飛到月球需要多少分鐘。(2-4 至 2-10 節)

```
地球到月球所需分鐘總數
961.0
```

ex2_6.ipynb：假設圓柱半徑是 20 公分，高度是 30 公分，請計算此圓柱的體積。圓柱體積計算公式是圓面積乘以圓柱高度。(2-4 至 2-10 節)

```
圓柱體積:單位是立方公分
37699.08
```

ex2_7.ipynb：圓周率 PI 是一個數學常數，常常使用希臘字 π 表示，在計算機科學則使用 PI 代表。它的物理意義是圓的周長和直徑的比率。歷史上第一個無窮級數公式稱萊布尼茲公式，它的計算公式如下：(2-4 至 2-10 節)

$$PI = 4 * (1 - \frac{1}{3} + \frac{1}{5} - \frac{1}{7} + \frac{1}{9} - \frac{1}{11} + \cdots)$$

請分別設計下列級數的執行結果。

(a)：$PI = 4 * (1 - \frac{1}{3} + \frac{1}{5} - \frac{1}{7} + \frac{1}{9})$

(b)：$PI = 4 * (1 - \frac{1}{3} + \frac{1}{5} - \frac{1}{7} + \frac{1}{9} - \frac{1}{11})$

(c)：$PI = 4 * (1 - \frac{1}{3} + \frac{1}{5} - \frac{1}{7} + \frac{1}{9} - \frac{1}{11} + \frac{1}{13})$

註　上述級數要收斂到我們熟知的 3.14159 要相當長的級數計算。

```
計算PI的公式 = 4 * (1 - 1/3 + 1/5 - 1/7 + 1/9)
3.3396825396825403
計算PI的公式 = 4 * (1 - 1/3 + 1/5 - 1/7 + 1/9 - 1/11)
2.9760461760461765
計算PI的公式 = 4 * (1 - 1/3 + 1/5 - 1/7 + 1/9 - 1/11 + 1/13)
3.2837384837384844
```

　　萊布尼茲 (Leibniz)(1646 - 1716 年) 是德國人，在世界數學舞台佔有一定份量，他本人另一個重要職業是律師，許多數學公式皆是在各大城市通勤期間完成。數學歷史有一個 2 派說法的無解公案，有人認為他是微積分的發明人，也有人認為發明人是牛頓 (Newton)。

ex2_8.ipynb：尼拉卡莎級數也是應用於計算圓周率 PI 的級數，此級數收斂的數度比萊布尼茲級數更好，更適合於用來計算 PI，它的計算公式如下：**(2-4 至 2-10 節)**

$$PI = 3 + \frac{4}{2*3*4} - \frac{4}{4*5*6} + \frac{4}{6*7*8} - \cdots$$

請分別設計下列級數的執行結果。

(a)：$PI = 3 + \frac{4}{2*3*4} - \frac{4}{4*5*6} + \frac{4}{6*7*8} - \cdots$

(b)：$PI = 3 + \frac{4}{2*3*4} - \frac{4}{4*5*6} + \frac{4}{6*7*8} - \frac{4}{8*9*10} \cdots$

```
計算PI的公式 = 3 + 4/(2*3*4) - 4/(4*5*6) + 4/(6*7*8)
3.145238095238095
計算PI的公式 = 3 + 4/(2*3*4) - 4/(4*5*6) + 4/(6*7*8) - 4/(8*9*10)
3.1396825396825396
```

ex2_9.ipynb：假設病毒繁殖速度是每小時以 0.2 倍速度成長，假設原病毒數量是 100，1 天後病毒數量是多少，請捨去小數位。**(2-4 至 2-10 節)**

```
1天後病毒數量
7949.0
```

第 3 章

Python 的基本資料型態

Python 的基本資料型態有下列幾種:

❑ **數值**資料型態 (numeric type):常見的數值資料又可分成**整數** (int) (第 3-2-1 節)、**浮點數** (float) (第 3-2-2 節)、**複數** (complex number)。

❑ **布林值** (Boolean) 資料型態 (第 3-3 節):也被視為**數值資料型態**。

❑ **文字序列型態** (text sequence type):也就是**字串** (string) 資料型態 (第 3-4 節)。

❑ **位元組** (bytes,有的書稱**字節**) 資料型態 (第 3-6 節):這是二進位的資料型態,長度是 8 個位元。

❑ **bytearray** 資料型態 (第 8-15-4 節)。

❑ **序列**型態 (sequence type):list(第 6 章)、tuple(第 8 章)。

❑ **對映**型態 (mapping type):dict(第 9 章)。

❑ **集合**型態 (set type):集合 set(第 10 章)、**凍結集合** (frozenset)。

其中 list、tuple、dict、set 又稱作是**容器** (container),未來在計算機科學中,讀者還會學習許多不同的容器與相關概念。

3-1 　type( ) 函數

在正式介紹 Python 的資料型態前,筆者想介紹一個函數 type( ),這個函數可以列出變數的資料型態類別。這個函數在各位未來進入 Python 實戰時非常重要,因為變數在使用前不需要宣告,同時在程式設計過程變數的資料型態會改變,我們常常需要使用此函數判斷目前的變數資料型態。或是在進階 Python 應用中,我們會呼叫一些**函數** (function) 或方法 (method),這些**函數**或方法會傳回一些資料,可以使用 type( ) 獲得所傳回的資料型態。

實例 1:列出整數、浮點數、字串變數的資料型態。

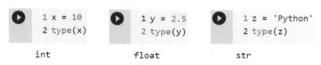

```
1 x = 10          1 y = 2.5          1 z = 'Python'
2 type(x)         2 type(y)          2 type(z)

int              float              str
```

從上述執行結果可以看到,變數 x 的內容是 10,資料型態是**整數** (int)。變數 y 的內容是 2.5,資料型態是**浮點數** (float)。變數 z 的內容是 'Python',資料型態是**字串** (str)。下一節會說明,為何是這樣。

3-2 數值資料型態

3-2-1 整數 int

整數的英文是 integer，在電腦程式語言中一般用 int 表示。如果你學過其它電腦語言，在介紹整數時老師一定會告訴你，該電腦語言使用了多少空間儲存整數，所以設計程式時整數大小必須是在某一區間之間， 否則會有**溢位** (overflow) 造成資料不正確。例如：如果儲存整數的空間是 32 位元，則整數大小是在 -2147483648 和 2147483647 之間。在 Python 3 已經將整數可以儲存空間大小的限制拿掉了，所以沒有 long 了，也就是說 int 可以是任意大小的數值。

英文 googol 是指自然數 10^{100}，這是 1938 年美國數學家**愛德華・卡斯納** (Edward Kasner) 9 歲的侄子**米爾頓・西羅蒂** (Milton Sirotta) 所創造的。下列是筆者嘗試使用整數 int 顯示此 googol 值。

```
>>> googol = 10 ** 100
>>> googol
10000000000000000000000000000000000000000000000000000000000000000
00000000000000000000000
```

其實 Google 公司原先設計的搜尋引擎稱 BackRub，登記公司想要以 googol 為域名，這代表網路上無邊無際的資訊，由於在登記時拼寫錯誤，所以有了現在我們了解的 Google 搜尋引擎與公司。

整數使用時比較特別的是，可以在數字中加上**底線** (_)，這些底線會被忽略，如下方左圖所示：

```
>>> x = 1_1_1           >>> x = 1_000_000
>>> x                   >>> x
111                     1000000
```

有時候處理很大的數值時，適當的使用底線可以讓數字更清楚表達，例如：上方右圖是設定 100 萬的整數變數 x。

3-2-2 浮點數

浮點數的英文是 float，既然整數大小沒有限制，浮點數大小當然也是沒有限制。在 Python 語言中，帶有小數點的數字我們稱之為**浮點數**。例如：

```
x = 10.3
```

表示 x 是**浮點數**。

3-2-3　整數與浮點數的運算

Python 程式設計時不相同資料型態也可以執行運算，程式設計時常會發生整數與浮點數之間的資料運算，Python 具有簡單自動轉換能力，在計算時會將整數轉換為浮點數再執行運算。此外，某一個變數如果是整數，但是如果最後所儲存的值是浮點數，Python 也會將此變數轉成浮點數。

程式實例 ch3_1.ipynb：整數轉換成浮點數的應用。

```
1  # ch3_1.ipynb
2  x = 10
3  print(x)
4  print(type(x))      # 加法前列出x資料型態
5  x = x + 5.5
6  print(x)
7  print(type(x))      # 加法後列出x資料型態
```

執行結果

```
10
<class 'int'>
15.5
<class 'float'>
```

原先變數 x 所儲存的值是整數 10，所以列出是整數。經過運算儲存了浮點數 15.5，所以列出是浮點數，相當於資料型態也改變了。

3-2-4　不同進位數的整數

在整數的使用中，除了我們熟悉的 10 進位整數運算，還有下列不同進位數的整數制度。

❑　2 進位整數

Python 中定義凡是「0b」或「0B」開頭的數字，代表這是 2 進位的整數。例如：0, 1。bin( ) 函數可以將一般整數數字轉換為 2 進位。

❑　8 進位整數

Python 中定義凡是「0o」或「0O」開頭的數字，代表這是 8 進位的整數。例如：0, 1, 2, 3, 4, 5, 6, 7。oct( ) 函數可以將一般數字轉換為 8 進位。

❏　16 進位整數

　　Python 中定義凡是「0x」或「0X」開頭的數字，代表這是 16 進位的整數。例如：0, 1, 2, 3, 4, 5, 6, 7, 8, 9, A, B, C, D, E, F，英文字母部分也可用小寫 a, b, c, d, e, f 代表。hex( ) 函數可以將一般數字轉換為 16 進位。

程式實例 ch3_2.ipynb：2 進位整數、8 進位整數、16 進位整數的運算。

```
1   # ch3_2.ipynb
2   print('2 進位整數運算')
3   x = 0b1101              # 這是2進位整數
4   print(x)               # 列出10進位的結果
5   y = 13                 # 這是10進位整數
6   print(bin(y))          # 列出轉換成2進位的結果
7   print('8 進位整數運算')
8   x = 0o57               # 這是8進位整數
9   print(x)               # 列出10進位的結果
10  y = 47                 # 這是10進位整數
11  print(oct(y))          # 列出轉換成8進位的結果
12  print('16 進位整數運算')
13  x = 0x5D               # 這是16進位整數
14  print(x)               # 列出10進位的結果
15  y = 93                 # 這是10進位整數
16  print(hex(y))          # 列出轉換成16進位的結果
```

執行結果

```
2 進位整數運算
13
0b1101
8 進位整數運算
47
0o57
16 進位整數運算
93
0x5d
```

3-2-5　強制資料型態的轉換

　　有時候我們設計程式時，可以自行強制使用下列函數，轉換變數的資料型態。

　　int( )：將資料型態強制轉換為**整數**。

　　float( )：將資料型態強制轉換為**浮點數**。

程式實例 ch3_3.ipynb：將浮點數強制轉換為整數的運算。

```
1   # ch3_3.ipynb
2   x = 10.5
3   print(x)
4   print(type(x))         # 加法前列出x資料型態
5   y = int(x) + 5
6   print(y)
7   print(type(y))         # 加法後列出y資料型態
```

執行結果

```
10.5
<class 'float'>
15
<class 'int'>
```

程式實例 ch3_4.ipynb：將整數強制轉換為浮點數的運算。

```
1   # ch3_4.ipynb
2   x = 10
3   print(x)
4   print(type(x))        # 加法前列出x資料型態
5   y = float(x) + 10
6   print(y)
7   print(type(y))        # 加法後列出y資料型態
```

執行結果

```
10
<class 'int'>
20.0
<class 'float'>
```

3-2-6　數值運算常用的函數

下列是數值運算時常用的函數。

❑ abs( )：計算絕對值。

❑ pow(x,y)：返回 x 的 y 次方。

❑ round( )：這是採用演算法則的 Bankers Rounding 觀念，如果處理位數左邊是**奇數則使用四捨五入**，如果處理位數左邊是**偶數則使用五捨六入**，例如：round(1.5)=2，round(2.5)=2。

處理小數時，**第 2 個參數**代表取到小數第幾位，小數位數的下一個小數位數採用 "5" 以下捨去，"51" 以上進位，例如：round(2.15,1)=2.1，round(2.25,1)=2.2，round(2.151,1)=2.2，round(2.251,1)=2.3。

程式實例 ch3_5.ipynb：abs( )、pow( )、round( )、round(x,n) 函數的應用。

```
1   # ch3_5.py
2   x = -10
3   print("以下輸出abs( )函數的應用")
4   print('x = ', x)                        # 輸出x變數
5   print('abs(-10) = ', abs(x))            # 輸出abs(x)
6   x = 5
7   y = 3
8   print("以下輸出pow( )函數的應用")
```

```
 9  print('pow(5,3) = ', pow(x, y))              # 輸出pow(x,y)
10  x = 47.5
11  print("以下輸出round(x)函數的應用")
12  print('x = ', x)                             # 輸出x變數
13  print('round(47.5) = ', round(x))            # 輸出round(x)
14  x = 48.5
15  print('x = ', x)                             # 輸出x變數
16  print('round(48.5) = ', round(x))            # 輸出round(x)
17  x = 49.5
18  print('x = ', x)                             # 輸出x變數
19  print('round(49.5) = ', round(x))            # 輸出round(x)
20  print("以下輸出round(x,n)函數的應用")
21  x = 2.15
22  print('x = ', x)                # 輸出x變數
23  print('round(2.15,1) = ', round(x,1))        # 輸出round(x,1)
24  x = 2.25
25  print('x = ', x)                             # 輸出x變數
26  print('round(2.25,1) = ', round(x,1))        # 輸出round(x,1)
27  x = 2.151
28  print('x = ', x)                             # 輸出x變數
29  print('round(2.151,1) = ', round(x,1))       # 輸出round(x,1)
30  x = 2.251
31  print('x = ', x)                             # 輸出x變數
32  print('round(2.251,1) = ', round(x,1))       # 輸出round(x,1)
```

執行結果

```
以下輸出abs( )函數的應用
x =   -10
abs(-10) =  10
以下輸出pow( )函數的應用
pow(5,3) =  125
以下輸出round(x)函數的應用
x =  47.5
round(47.5) =  48
x =  48.5
round(48.5) =  48
x =  49.5
round(49.5) =  50
以下輸出round(x,n)函數的應用
x =  2.15
round(2.15,1) =  2.1
x =  2.25
round(2.25,1) =  2.2
x =  2.151
round(2.151,1) =  2.2
x =  2.251
round(2.251,1) =  2.3
```

　　需留意的是，使用上述 abs( )、pow( ) 或 round( ) 函數，儘管可以得到運算結果，但是原先變數的值是沒有改變的。

3-2-7　科學記號表示法

所謂的科學記號觀念如下，一個數字轉成下列數學式：

$$a * 10^n$$

a 是浮點數，例如：**123456** 可以表示為 "**1.23456 * 10^5**"，這時底數是 10 我們用 E 或 e 表示，**指數部分則轉為一般數字**，然後省略 "*****" 符號，最後表達式如下：

　　1.23456E+5　　　或　　　　**1.23456e+5**

如果是碰上小於 1 的數值，則 E 或 e 右邊是負值 "-"。例如：0.000123 轉成科學記號，最後表達式如下：

　　1.23E-4　　或　　　**1.23e-4**

下列是示範輸出。

```
>>> x = 1.23456E+5          >>> y = 1.23e-4
>>> x                       >>> y
123456.0                    0.000123
```

下一章 4-2-2 節和 4-2-3 節筆者會介紹將一般數值轉成科學記號輸出的方式，以及格式化輸出方式。

3-3　布林值資料型態

3-3-1　基本觀念

Python 的**布林值** (Boolean) 資料型態的值有兩種，**True**(真) 或 **False**(偽)，它的資料型態代號是 bool。

這個布林值一般是應用在程式流程的控制，特別是在條件運算式中，程式可以根據這個布林值判斷應該如何執行工作。如果將布林值資料型態用 int( ) 函數強制轉換成整數，如果原值是 True，將得到 1。如果原值是 False，將得到 0。

程式實例 ch3_6.ipynb：列出布林值 True/False、強制轉換、布林值 True/False 的資料型態。

```
1  # ch3_6.ipynb
2  x = True
3  print(x)              # 列出 x 資料
4  print(int(x))         # 列出強制轉換 int(x)
5  print(type(x))        # 列出 x 資料型態
6  y = False
7  print(y)              # 列出 y 資料
8  print(int(y))         # 列出強制轉換 int(y)
9  print(type(y))        # 列出 y 資料型態
```

執行結果

```
True
1
<class 'bool'>
False
0
<class 'bool'>
```

3-3-2　bool( )

這個 bool( ) 函數可以將所有資料轉成 True 或 False，我們可以將資料放在此函數得到布林值，數值如果是 0 或是空的資料會被視為 False。

布林值 False

整數 0

浮點數 0.0

空字串 ' '

空串列 [ ]

空元組 ( )

空字典 { }

空集合 set( )

None

```
>>> bool(0)          >>> bool(0.0)        >>> bool(None)
False                False                False

>>> bool(( ))        >>> bool([ ])        >>> bool({ })
False                False                False
```

至於其它的皆會被視為 True。

>>> bool(1)　　　　　>>> bool(-1)　　　　　>>> bool([1,2,3])
True　　　　　　　　True　　　　　　　　True

3-4　字串資料型態

所謂的**字串** (string) 資料是指**兩個單引號** (') 之間或是**兩個雙引號** (") 之間任意個數字元符號的資料，它的資料型態代號是 str。在英文字串的使用中常會發生某字中間有單引號，其實這是文字的一部份，如下所示：

This is James's ball

如果我們用單引號去處理上述字串將產生錯誤，如下所示：

>>> x = 'This is John's ball'
SyntaxError: invalid syntax

碰到這種情況，我們可以用雙引號解決，如下所示：

>>> x = "This is John's ball"
>>> x
"This is John's ball"

程式實例 ch3_7.ipynb：使用單引號與雙引號設定與輸出字串資料的應用。

```
1  # ch3_7.ipynb
2  x = "Deepmind means deepen your mind"      # 雙引號設定字串
3  print(x)
4  print(type(x))                              # 列出x字串資料型態
5  y = '深智數位 - Deepen your mind'           # 單引號設定字串
6  print(y)
7  print(type(y))                              # 列出y字串資料型態
```

執行結果

```
Deepmind means deepen your mind
<class 'str'>
深智數位 - Deepen your mind
<class 'str'>
```

3-4-1　字串的連接

數學的運算子 "+"，可以執行兩個字串相加，產生新的字串。

程式實例 ch3_8.ipynb：字串連接的應用。

```
 1  # ch3_8.ipynb
 2  num1 = 222
 3  num2 = 333
 4  num3 = num1 + num2
 5  print("這是數值相加")
 6  print(num3)
 7  numstr1 = "222"
 8  numstr2 = "333"
 9  numstr3 = numstr1 + " + " + numstr2
10  print("這是由數值組成的字串相加")
11  print(numstr3)
12  str1 = "Deepmind : "
13  str2 = "Deepen your mind"
14  str3 = str1 + str2
15  print("這是一般字串相加")
16  print(str3)
```

執行結果

```
這是數值相加
555
這是由數值組成的字串相加
222 + 333
這是一般字串相加
Deepmind : Deepen your mind
```

3-4-2　處理多於一列的字串

　　程式設計時如果字串長度多於一列，可以使用三個單引號 (或是 3 個雙引號) 將字串包夾即可。另外須留意，如果字串多於一列我們常常會使用按 Enter 鍵方式處理，造成字串間多了分列符號。如果要避免這種現象，可以在列末端增加 "\" 符號，這樣可以避免字串內增加分列符號。

　　另外，也可以使用「 " 」符號定義字串，但同時在列末端增加"\"(可參考下列程式 8-9 列)，或是使用小括號定義字串 (可參考下列程式 11-12 列)。

程式實例 ch3_9.ipynb：使用三個單引號處理多於一列的字串，str1 的字串內增加了分列符號，str2 字串是連續的沒有分列符號。

```
1  # ch3_9.ipynb
2  str1 = '''Silicon Stone Education is an unbiased organization
3  concentrated on bridging the gap ... '''
4  print(str1)                      # 字串內有分列符號
5  str2 = '''Silicon Stone Education is an unbiased organization \
6  concentrated on bridging the gap ... '''
7  print(str2)                      # 字串內沒有分列符號
8  str3 = "Silicon Stone Education is an unbiased organization " \
```

```
 9          "concentrated on bridging the gap ... "
10 print(str3)                    # 使用\符號
11 str4 = ("Silicon Stone Education is an unbiased organization "
12         "concentrated on bridging the gap ... ")
13 print(str4)                    # 使用小括號
```

執行結果

```
Silicon Stone Education is an unbiased organization
concentrated on bridging the gap ...
Silicon Stone Education is an unbiased organization concentrated on bridging the gap ...
Silicon Stone Education is an unbiased organization concentrated on bridging the gap ...
Silicon Stone Education is an unbiased organization concentrated on bridging the gap ...
```

此外，讀者可以留意第 2 列 Silicon 左邊的 3 個單引號和第 3 列末端的 3 個單引號，另外，上述第 2 列若是少了 "str1 = "，3 個單引號間的跨列字串就變成了程式的註解。

上述第 8 列和第 9 列看似 2 個字串，但是第 8 列增加 "\" 字元，換列功能會失效所以這 2 列會被連接成 1 列，所以可以獲得一個字串。最後第 11 和 12 列小括號內的敘述會被視為 1 列，所以第 11 和 12 列也將建立一個字串。

3-4-3　逸出字元

在字串使用中，如果字串內有一些特殊字元，例如：單引號、雙引號 … 等，必須在此特殊字元前加上 "\"(反斜線)，才可正常使用，這種含有 "\" 符號的字元稱**逸出字元** (Escape Character)。

逸出字元	Hex 值	意義	逸出字元	Hex 值	意義
\'	27	單引號	\n	0A	換行
\"	22	雙引號	\o		8 進位表示
\\	5C	反斜線	\r	0D	游標移至最左位置
\a	07	響鈴	\x		16 進位表示
\b	08	BackSpace 鍵	\t	09	Tab 鍵效果
\f	0C	換頁	\v	0B	垂直定位

字串使用中特別是碰到字串含有單引號時，如果你是使用單引號定義這個字串時，必須要使用此**逸出字元**，才可以順利顯示，可參考 ch3_10.ipynb 的第 3 列。如果是使用雙引號定義字串則可以不必使用**逸出字元**，可參考 ch3_10.ipynb 的第 6 列。

程式實例 ch3_10.ipynb：逸出字元的應用，這個程式第 9 列增加 "\t" 字元，所以 "can't" 跳到下一個 Tab 鍵位置輸出。同時有 "\n" 字元，這是換列符號，所以 "loving" 跳到下一列輸出。

```
1   # ch3_10.ipynb
2   #以下輸出使用單引號設定的字串，需使用\'
3   str1 = 'I can\'t stop loving you.'
4   print(str1)
5   #以下輸出使用雙引號設定的字串，不需使用\'
6   str2 = "I can't stop loving you."
7   print(str2)
8   #以下輸出有\t和\n字元
9   str3 = "I \tcan't stop \nloving you."
10  print(str3)
```

執行結果

```
I can't stop loving you.
I can't stop loving you.
I       can't stop
loving you.
```

3-4-4　str( )

str( ) 函數有好幾個用法：

❑ 可以設定空字串。

```
>>> x = str( )
>>> x
"
>>> print(x)

>>>
```

❑ 設定字串。

```
>>> x = str('ABC')
>>> x
'ABC'
```

❑ 可以強制將數值資料轉換為字串資料。

```
>>> x = 123
>>> type(x)
<class 'int'>
>>> y = str(x)
>>> type(y)
<class 'str'>
>>> y
'123'
```

程式實例 ch3_11.ipynb：使用 str( ) 函數將數值資料強制轉換為字串的應用。

```
1  # ch3_11.ipynb
2  num1 = 3
3  num2 = 11
4  str1 = 'ch' + str(num1) + '_' + str(num2)
5  print(str1)
```

執行結果

```
ch3_11
```

3-4-5　將字串轉換為整數

　　int( ) 函數可以將字串轉為整數，在未來的程式設計中也常會發生將字串轉換為整數資料，此函數的語法如下：

　　int(str, b)

　　上述參數 str 是字串，b 是底數，當省略 b 時預設是將 10 進位的數字字串轉成整數，如果是 2、8、或 16 進位，則需要設定 b 參數註明數字的進位。

程式實例 ch3_12.ipynb：將不同進位數字字串資料轉換為整數資料的應用。

```
1  # ch3_12.ipynb
2  x1 = "22"
3  x2 = "33"
4  x3 = x1 + x2
5  print("type(x3) = ", type(x3))
6  print("x3 = ", x3)              # 列印字串相加
7  x4 = int(x1) + int(x2)
8  print("type(x4) = ", type(x4))
9  print("x4 = ", x4)              # 列印整數相加
10 x5 = '1100'
11 print("2進位  '1100' = ", int(x5,2))
12 print("8進位  '22'   = ", int(x1,8))
13 print("16進位 '22'   = ", int(x1,16))
14 print("16進位 '5A'   = ", int('5A',16))
```

執行結果

```
type(x3) =  <class 'str'>
x3 =  2233
type(x4) =  <class 'int'>
x4 =  55
2進位  '1100' =  12
8進位  '22'   =  18
16進位 '22'   =  34
16進位 '5A'   =  90
```

　　上述執行結果 55 是整數資料，2233 則是一個字串。

3-4-6　字串與整數相乘產生字串複製效果

在 Python 可以允許將字串與整數相乘，結果是字串將重複該整數的次數。

程式實例 ch3_13.ipynb：字串與整數相乘的應用。

```
1  # ch3_13.ipynb
2  x1 = "A"
3  x2 = x1 * 10
4  print(x2)          # 列印字串乘以整數
5  x3 = "ABC"
6  x4 = x3 * 5
7  print(x4)          # 列印字串乘以整數
```

執行結果

```
AAAAAAAAAA
ABCABCABCABCABC
```

3-4-7　聰明的使用字串加法和換列字元 \n

有時設計程式時，想將字串分列輸出，可以使用字串加法功能，在加法過程中加上換列字元 "\n" 即可產生字串分列輸出的結果。

程式實例 ch3_14.ipynb：將資料分列輸出的應用。

```
1  # ch3_14.py
2  str1 = "洪錦魁著作"
3  str2 = "機器學習基礎微積分王者歸來"
4  str3 = "Python程式語言王者歸來"
5  str4 = str1 + "\n" + str2 + "\n" + str3
6  print(str4)
```

執行結果

```
洪錦魁著作
機器學習基礎微積分王者歸來
Python程式語言王者歸來
```

3-4-8　字串前加 r

在使用 Python 時，如果在字串前加上 r，可以防止**逸出字元** (Escape Character) 被轉譯，可參考 3-4-3 節的逸出字元表，相當於可以取消逸出字元的功能。

程式實例 ch3_15.ipynb：字串前加上 r 的應用。

```
1  # ch3_15.ipynb
2  str1 = "Hello!\nPython"
3  print("不含r字元的輸出")
4  print(str1)
5  str2 = r"Hello!\nPython"
6  print("含r字元的輸出")
7  print(str2)
```

執行結果

```
不含r字元的輸出
Hello!
Python
含r字元的輸出
Hello!\nPython
```

3-5　字串與字元

在 Python 沒有所謂的字元 (character) 資料，如果字串含一個字元，我們稱這是含一個字元的字串。

3-5-1　ASCII 碼

計算機內部最小的儲存單位是位元 (bit)，這個位元只能儲存是 0 或 1。一個英文字元在計算機中是被儲存成 8 個位元的一連串 0 或 1 中，儲存這個英文字元的編碼我們稱 ASCII(American Standard Code for Information Interchange，美國資訊交換標準程式碼) 碼，有關 ASCII 碼的內容可以參考附錄 H。

在這個 ASCII 表中由於是用 8 個位元定義一個字元，所以使用了 0- 127 定義了 128 個字元，在這個 128 字元中有 33 個字元是無法顯示的控制字元，其它則是可以顯示的字元。不過有一些應用程式擴充了功能，讓部分控制字元可以顯示，例如：樸克牌花色、笑臉 … 等。至於其它可顯示字元有一些符號，例如：+、-、、=、0 … 9、大寫 A … Z 或小寫 a … z 等。這些每一個符號皆有一個編碼，我們稱這編碼是 ASCII 碼。

我們可以使用下列執行資料的轉換。

❏ chr(x)：可以傳回函數 x 值的 ASCII 或 Unicode 字元。

例如：從 ASCII 表可知，字元 a 的 ASCII 碼值是 97，可以使用下列方式印出此字元。

```
>>> x = 97
>>> print(chr(x))
a
```

英文小寫與英文大寫的碼值相差 32，可參考下列實例。

```
>>> x = 97
>>> x -= 32
>>> print(chr(x))
A
```

3-5-2　Unicode 碼

電腦是美國發明的，因此 ASCII 碼對於英語系國家的確很好用，但是地球是一個多種族的社會，存在有幾百種語言與文字，ASCII 所能容納的字元是有限的，只要隨便一個不同語系的外來詞，例如：café，含重音字元就無法顯示了，更何況有幾萬中文字或其它語系文字。為了讓全球語系的使用者可以彼此用電腦溝通，因此有了 Unicode 碼的設計。

Unicode 碼的基本精神是，所有的文字皆有一個碼值，我們也可以將 Unicode 想成是一個字符集，可以參考下列網頁：

http://www.unicode.org/charts

目前 Unicode 使用 16 位元定義文字，2^{16} 等於 65536，相當於定義了 65536 個字元，它的定義方式是以 "\u" 開頭後面有 4 個 16 進位的數字，所以是從 "\u0000" 至 "\uFFFF" 之間。在上述的網頁中可以看到不同語系表，其中 East Asian Scripts 欄位可以看到 CJK，這是 Chinese、Japanese 與 Korean 的縮寫，在這裡可以看到漢字的 Unicode 碼值表，CJK 統一**漢字的編碼**是在 **4E00 – 9FBB** 之間。

至於在 Unicode 編碼中，前 128 個碼值是保留給 ASCII 碼使用，所以對於原先存在 ASCII 碼中的英文大小寫、標點符號 … 等，是可以正常在 Unicode 碼中使用，在應用 Unicode 編碼中我們很常用的是 ord( ) 函數。

❏ ord(x)：可以傳回函數字元參數 x 的 Unicode 碼值，如果是中文字也可傳回 Unicode 碼值。如果是英文字元，Unicode 碼值與 ASCII 碼值是一樣的。有了這個函數，我們可以很輕易獲得自己名字的 Unicode 碼值。

程式實例 ch3_16.ipynb：這個程式首先會將整數 97 轉換成英文字元 'a'，然後將字元 'a' 轉換成 Unicode 碼值，最後將中文字 ' 魁 ' 轉成 Unicode 碼值。

```
1   # ch3_16.ipynb
2   x1 = 97
3   x2 = chr(x1)
4   print(x2)              # 輸出數值97的字元
5   x3 = ord(x2)
6   print(x3)              # 輸出字元x3的Unicode(10進位)碼值
7   x4 = '魁'
8   print(hex(ord(x4)))    # 輸出字元'魁'的Unicode(16進位)碼值
```

執行結果

```
a
97
0x9b41
```

3-6 專題：地球到月球時間計算 / 計算座標軸 2 點之間距離

3-6-1　計算地球到月球所需時間

馬赫 (Mach number) 是音速的單位，主要是紀念奧地利科學家恩斯特馬赫 (Ernst Mach)，一馬赫就是一倍音速，它的速度大約是每小時 1225 公里。

程式實例 ch3_17.ipynb：從地球到月球約是 384400 公里，假設火箭的速度是一馬赫，設計一個程式計算需要多少天、多少小時才可抵達月球。這個程式省略分鐘數。

```
1   # ch3_17.ipynb
2   dist = 384400                    # 地球到月亮距離
3   speed = 1225                     # 馬赫速度每小時1225公里
4   total_hours = dist // speed      # 計算小時數
5   days = total_hours // 24         # 商 = 計算天數
6   hours = total_hours % 24         # 餘數 = 計算小時數
7   print("總共需要天數")
8   print(days)
9   print("小時數")
10  print(hours)
```

執行結果

```
總共需要天數
13
小時數
1
```

　　由於筆者尚未介紹完整的格式化變數資料輸出，所以使用上述方式輸出，下一章筆者會改良上述程式。Python 之所以可以成為當今的最流行的程式語言，主要是它有豐富的函數庫與方法，上述第 5 列求商，第 6 列求餘數，在 2-8 節筆者有說明 divmod（）函數，其實可以用 divmod( ) 函數一次取得商和餘數。觀念如下：

商, 餘數 = divmod(被除數, 除數)   # 函數方法
days, hours = divmod(total_hours, 24) # 本程式應用方式

建議讀者可以自行練習，筆者將使用 divmod( ) 函數重新設計的結果儲存在 ch3_17_1.ipynb。

3-6-2　計算座標軸 2 個點之間的距離

有 2 個點座標分別是 (x1, y1)、(x2, y2)，求 2 個點的距離，其實這是畢氏定理，基本觀念是直角三角形兩邊長的平方和等於斜邊的平方。

$$a^2 + b^2 = c^2$$

所以對於座標上的 2 個點我們必需計算相對直角三角形的 2 個邊長，假設 a 是 (x1-x2) 和 b 是 (y1-y2)，然後計算斜邊長，這個斜邊長就是 2 點的距離，觀念如下：

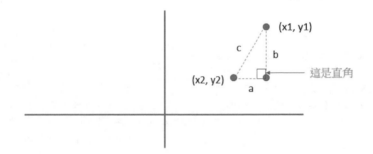

計算公式如下：

$$\sqrt{(x1 - x2)^2 + (y1 - y2)^2}$$

可以將上述公式轉成下列電腦數學表達式。

$dist = ((x1 - x2)^2 + (y1 - y2)^2) ** 0.5$ # ** 0.5相當於開根號

在人工智慧的應用中，我們常用點座標代表某一個物件的**特徵** (feature)，計算 2 個點之間的距離，相當於可以了解物體間的相似程度。如果距離越短代表相似度越高，距離越長代表相似度越低。

程式實例 ch3_18.ipynb：有 2 個點座標分別是 (1, 8) 與 (3, 10)，請計算這 2 點之間的距離。

```
1  # ch3_18.ipynb
2  x1 = 1
3  y1 = 8
4  x2 = 3
5  y2 = 10
6  dist = ((x1 - x2) ** 2 + (y1 - y2) ** 2) ** 0.5
7  print("2點的距離是")
8  print(dist)
```

執行結果

```
2點的距離是
2.8284271247461903
```

3-7 ChatGPT 輔助學習

1：　Python 的基本資料型態有哪些。

 Python基本資料型態有哪些

Python基本資料型別主要包括以下幾種：

1. 整數（int）：表示整數，例如 0、1、-3 等。
2. 浮點數（float）：表示帶小數點的實數，例如 3.14、2.0、-1.5 等。
3. 字符串（str）：表示一個字符序列，例如 "Hello World"、"Python" 等。
4. 布爾值（bool）：表示 True 和 False 兩個值，用於表示邏輯真假。
5. 空值（NoneType）：表示空值，用於表示變量沒有值。

這些基本資料型別在Python中是內置的，可以直接使用。在Python中，變量的資料型別可以通過 type() 函數來查詢，例如：

```
1  x = 10
2  y = 3.14
3  z = "Hello World"
4  is_ok = True
5  print(type(x))      # <class 'int'>
6  print(type(y))      # <class 'float'>
7  print(type(z))      # <class 'str'>
8  print(type(is_ok))     # <class 'bool'>
```

2：　請說明 Python 不同進位數的整數。

```
1  a = 0b1010     # 十進制數字10的二進制表示
2  b = 0b1111     # 十進制數字15的二進制表示
3  print(a)       # 10
4  print(b)       # 15
```

　　往下捲動可以看到 8 進位 (制)、10 進位和 16 進位的說明。

3：　請說明 Unicode 碼。

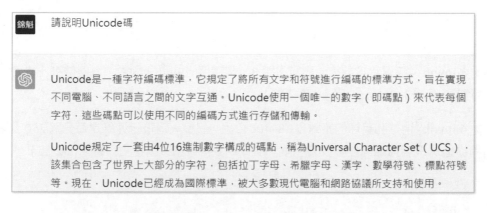

習題實作題

ex3_1.ipynb：假設 a 是 10，b 是 8，c 是 5，請計算下列執行結果，取整數結果。(3-2 節)

(a) s = a + b − c　　　　　　　(b) s = 2 * a + 3 − c　　　　　　(c) s = b * c + 20 / b

(d) s = a % c * b + 10　　　　　(e) s = a ** c − a * b * c

```
a + b - c =  13
2 * a + 3 - c =  18
b * c + 20 / b =  42
a % c * b + 10 =  10
a ** c - a * b * c =  99600
```

ex3_2.ipynb：請重新設計第 2 章實作題 3，請使用 int( ) 函數，以整數列出本金和。(3-2 節)

```
10年後本金和
121899
```

ex3_3.ipynb：請重新設計第 2 章實作題 3，請使用 round( ) 函數，以整數列出本金和，執行結果與 ex3_2.ipynb 相同。(3-2 節)

ex3_4.ipynb：地球和月球的距離是 384400 公里，假設火箭飛行速度是每分鐘 250 公里，請問從地球飛到月球需要多少天、多少小時、多少分鐘，請捨去秒鐘。(3-2 節)

```
天總數
1
小時數
25
分鐘數
37
```

ex3_5.ipynb：請列出你自己名字 10 進位的 Unicode 碼值。(3-5 節)

```
洪
27946
錦
37670
魁
39745
```

ex3_6.ipynb：請列出你自己名字 16 進位的 Unicode 碼值。(3-5 節)

```
洪
0x6d2a
錦
0x9326
魁
0x9b41
```

ex3_7.ipynb：重新設計 ch3_17.ipynb：需計算至分鐘與秒鐘數。(3-6 節)

```
總供需要天數
13.0
小時數
1.7959183673469283
分鐘數
47
秒鐘數
45
```

ex3_8.ipynb：請修改 ch3_18.ipynb，請計算這 2 個點座標 (1, 8) 與 (3, 10)，距座標原點 (0, 0) 的距離。(3-6 節)

```
座標(1, 8)點與座標原點(0, 0)的距離是
8.06225774829855
座標(3, 10)點與座標原點(0, 0)的距離是
10.44030650891055
```

第 4 章

基本輸入與輸出

本章基本上將介紹如何在螢幕上做輸入與輸出。

4-1　Python 的輔助說明 help( )

help( ) 函數可以列出某一個 Python 的指令或函數的使用說明。

實例 1：列出輸出函數 print( ) 的使用說明。

```
>>> help(print)
Help on built-in function print in module builtins:

print(...)
    print(value, ..., sep=' ', end='\n', file=sys.stdout, flush=False)

    Prints the values to a stream, or to sys.stdout by default.
    Optional keyword arguments:
    file:  a file-like object (stream); defaults to the current sys.stdout.
    sep:   string inserted between values, default a space.
    end:   string appended after the last value, default a newline.
    flush: whether to forcibly flush the stream.
```

當然程式語言是全球化的語言，所有說明是以英文為基礎，要有一定的英文能力才可徹底了解，不過，筆者在本書會詳盡用中文引導讀者入門。

4-2　格式化輸出資料使用 print( )

相信讀者經過前三章的學習，讀者使用 print( ) 函數輸出資料已經非常熟悉了，該是時候完整解說這個輸出函數的用法了。這一節將針對格式化字串做說明。基本上可以將字串格格式化分為下列 3 種：

1：　使用 %：適用 Python 2.x ~ 3.x，將在 **4-2-2 ~ 4-2-3** 節解說。

2：　使用 {} 和 format( )：適用 Python 2.6 ~ 3.x，將在 **4-2-4** 節解說。

3：　使用 f-strings：適用 Python 3.6(含) 以上，這是主流，將在 **4-2-5** 節解說。

這些字串格式化雖可以單獨輸出，不過一般更重要是配合 print( ) 函數輸出，這也是本節的重點，最後為了讀者可以熟悉上述輸出，未來所有程式會交替使用，方便讀者可以全方面應付未來職場的需求。

4-2-1　函數 print( ) 的基本語法

它的基本語法格式如下：

```
print(value, … , sep=" ", end="\n", file=sys.stdout, flush=False)
```

❑　value

表示想要輸出的資料，可以一次輸出多筆資料，各資料間以逗號隔開。

❑　sep

當輸出多筆資料時，可以插入各筆資料的分隔字元，預設是一個空白字元。

❑　end

當資料輸出結束時所插入的字元，預設是插入換行字元，所以下一次 print( ) 函數的輸出會在下一列輸出。如果想讓下次輸出不換列，可以在此設定空字串，或是空格或是其它字串。

❑　file

資料輸出位置，預設是 sys.stdout，也就是螢幕。也可以使用此設定，將輸出導入其它檔案、或設備。

❑　flush

是否清除資料流的緩衝區，預設是不清除。

程式實例 ch4_1.ipynb：第 4 列是數值相加，第 6 列是字串相加，其中在第二個 print( )，2 筆輸出資料的分隔字元是 " $$$ "。

```
1  # ch4_1.ipynb
2  num1 = 222
3  num2 = 333
4  num3 = num1 + num2
5  print("這是數值相加", num3)
6  str1 = str(num1) + str(num2)
7  print("強制轉換為字串相加", str1, sep=" $$$ ")
```

執行結果

```
這是數值相加 555
強制轉換為字串相加 $$$ 222333
```

程式實例 ch4_2.ipynb：重新設計 ch4_1.ipynb，將 2 筆資料在同一列輸出，除了用 $$$ 符號，同時彼此之間使用 Tab 鍵的距離隔開。

```
1  # ch4_2.ipynb
2  num1 = 222
3  num2 = 333
4  num3 = num1 + num2
5  print("這是數值相加", num3, end="\t")   # 以Tab鍵分隔
6  str1 = str(num1) + str(num2)
7  print("強制轉換為字串相加", str1, sep=" $$$ ")
```

執行結果

```
這是數值相加 555 強制轉換為字串相加 $$$ 222333
```

4-2-2　使用 % 格式化字串同時用 print( ) 輸出

在使用 % 字元格式化輸出時，基本使用格式如下：

　　print(" …輸出格式區… " % (變數系列區, …))

在上述**輸出格式區**中，可以放置**變數系列區**相對應的格式化字元，這些格式化字元的基本意義如下：

❑ **%d**：格式化整數輸出。

❑ **%f**：格式化浮點數輸出。

❑ **%x**：格式化 16 進位整數輸出。

❑ **%X**：格式化大寫 16 進位整數輸出。

❑ **%o**：格式化 8 進位整數輸出。

❑ **%s**：格式化字串輸出。

❑ **%e**：格式化科學記號 e 的輸出。

❑ **%E**：格式化科學記號大寫 E 的輸出。

下列是基本輸出的應用：

```
>>> '%s' % '洪錦魁'
'洪錦魁'
>>> '%d' % 90
'90'
>>> '%s你的月考成績是%d' % ('洪錦魁', 90)
'洪錦魁你的月考成績是90'
```

下列是程式解說。

程式實例 ch4_3.ipynb：格式化輸出的應用。

```
1  # ch4_3.ipynb
2  score = 90
3  name = "洪錦魁"
4  count = 1
5  print("%s你的第 %d 次物理考試成績是 %d" % (name, count, score))
```

執行結果

```
洪錦魁你的第 1 次物理考試成績是 90
```

程式實例 ch4_4.ipynb：格式化 16 進位和 8 進位輸出的應用。

```
1  # ch4_4.ipynb
2  x = 100
3  print("100的16進位 = %x\n100的 8進位 = %o" % (x, x))
```

執行結果

```
100的16進位 = 64
100的 8進位 = 144
```

下列是有關使用 %x 和 %X 格式化資料輸出的實例。

```
>>> x = 27
>>> print("%x" % x)
1b
>>> print("%X" % x)
1B
```

下列是有關使用 %e 和 %E 格式化科學記號資料輸出的實例。

```
>>> x = 10000000          >>> y = 0.000123
>>> print("%e" % x)       >>> print("%e" % y)
1.000000e+07              1.230000e-04
>>> print("%E" % x)       >>> print("%E" % y)
1.000000E+07              1.230000E-04
```

4-2-3　精準控制格式化的輸出

在 print( ) 函數在格式化過程中，有提供功能可以讓我們設定保留多少格的空間讓資料做輸出，此時格式化的語法如下：

❏ %(+|-)nd：格式化整數輸出。

❏ %(+|-)m.nf：格式化浮點數輸出。

❏ %(+|-)nx：格式化 16 進位整數輸出。

❏ %(+|-)no：格式化 8 進位整數輸出。

❏ %(-)ns：格式化字串輸出。

- ❑ %(-)m.ns：m 是輸出字串寬度，n 是顯示字串長度，n 小於字串長度時會有裁減字串的效果。
- ❑ %(+|-)e：格式化科學記號 e 輸出。
- ❑ %(+|-)E：格式化科學記號大寫 E 輸出。

　　上述對浮點數而言，m 代表保留多少格數供輸出 (包含小數點)，n 則是小數資料保留格數。至於其它的資料格式 n 則是保留多少格數空間，如果保留格數空間不足將完整輸出資料，如果保留格數空間太多則資料靠右對齊。

　　如果是格式化數值資料或字串資料有加上負號 (-)，表示保留格數空間有多時，資料將靠左輸出。如果是格式化數值資料有加上正號 (+)，表示輸出資料是正值時，將在左邊加上正值符號。

程式實例 ch4_5.ipynb：格式化輸出的應用。

```
1   # ch4_5.ipynb
2   x = 100
3   print("x=/%6d/" % x)
4   y = 10.5
5   print("y=/%6.2f/" % y)
6   s = "Deep"
7   print("s=/%6s/" % s)
8   print("以下是保留格數空間不足的實例")
9   print("x=/%2d/" % x)
10  print("y=/%3.2f/" % y)
11  print("s=/%2s/" % s)
```

執行結果

```
x=/   100/
y=/ 10.50/
s=/  Deep/
以下是保留格數空間不足的實例
x=/100/
y=/10.50/
s=/Deep/
```

程式實例 ch4_6.ipynb：格式化輸出，靠左對齊的實例。

```
1   # ch4_6.ipynb
2   x = 100
3   print("x=/%-8d/" % x)
4   y = 10.5
5   print("y=/%-8.2f/" % y)
6   s = "Deep"
7   print("s=/%-8s/" % s)
```

執行結果

```
x=/100     /
y=/10.50   /
s=/Deep    /
```

程式實例 ch4_7.ipynb：格式化輸出，正值資料將出現正號 (+)。

```
1  # ch4_7.ipynb
2  x = 10
3  print("x=/%+8d/" % x)
4  y = 10.5
5  print("y=/%+8.2f/" % y)
```

執行結果

```
x=/      +10/
y=/   +10.50/
```

對於格式化字串有一個特別的是使用 "%m.n" 方式格式化字串，這時 m 是保留顯示字串空間，n 是顯示字串長度，如果 n 的長度小於實際字串長度，會有裁減字串的效果。

程式實例 ch4_8.ipynb：格式化科學記號 e 和 E 輸出，和格式化字串輸出造成裁減字串的效果。

```
1  # ch4_8.ipynb
2  x = 12345678
3  print("/%10.1e/" % x)
4  print("/%10.2E/" % x)
5  print("/%-10.2E/" % x)
6  print("/%+10.2E/" % x)
7  print("="*60)
8  string = "abcdefg"
9  print("/%10.3s/" % string)
```

執行結果

```
/   1.2e+07/
/   1.23E+07/
/1.23E+07   /
/  +1.23E+07/
============================================================
/       abc/
```

4-2-4　{ } 和 format( ) 函數

大括號 { } 和 format( ) 函數是 Python 增強版的格式化輸出功能，它的精神是字串使用 format 方法做格式化的動作，它的基本語法如下：

　　str1.format(v1, v2, …)

上述 str1 是字串，相當於使用 format( ) 格式化 str1 的字串內容，我們常將此應用到 print( ) 輸出資料，這時使用語法如下：

　　print(" …輸出格式區… ".format(變數系列區, …))

在輸出格式區內的變數使用 "{ }" 表示，這個大括號稱 placeholder，可以想成預留變數位置，然後將變數放在 format( ) 函數內。

程式實例 ch4_9.ipynb：使用 { } 和 format( ) 函數重新設計 ch4_3.ipynb。

```
1  # ch4_9.ipynb
2  score = 90
3  name = "洪錦魁"
4  count = 1
5  print("{}你的第 {} 次物理考試成績是 {}".format(name, count, score))
```

執行結果　與 ch4_3.ipynb 相同。

在使用 { } 代表變數時，也可以在 { } 內增加編號 n，此時 n 將是 format( ) 內變數的順序，變數多時方便你了解變數的順序。

程式實例 ch4_10.ipynb：重新設計 ch4_9.ipynb，在 { } 內增加編號。

```
1  # ch4_10.ipynb
2  score = 90
3  name = "洪錦魁"
4  count = 1
5  # 以下鼓勵使用
6  print("{0}你的第 {1} 次物理考試成績是 {2}".format(name,count,score))
7
8  # 以下語法對但不鼓勵使用
9  print("{2}你的第 {1} 次物理考試成績是 {0}".format(score,count,name))
```

執行結果

```
洪錦魁你的第 1 次物理考試成績是 90
洪錦魁你的第 1 次物理考試成績是 90
```

我們也可以將 4-2-2 節所述格式化輸出資料的觀念應用在 format( )，例如：d 是格式化整數、f 是格式化浮點數、s 是格式化字串 … 等。傳統的格式化輸出是使用 % 配合 d、s、f，使用 format 則是使用 ":"，可參考下列實例第 5 列。

程式實例 ch4_11.ipynb：計算圓面積，同時格式化輸出。

```
1  # ch4_11.ipynb
2  r = 5
3  PI = 3.14159
4  area = PI * r ** 2
5  print("/半徑{0:3d} 圓面積是{1:10.2f}/".format(r,area))
```

1 是變數的順序

0 是變數的順序

執行結果

```
/半徑   5  圓面積是       78.54/
```

在使用格式化輸出時預設是靠右輸出，也可以使用下列參數設定輸出對齊方式。

> ：靠右對齊

< ：靠左對齊

^ ：置中對齊

程式實例 ch4_12.ipynb：輸出對齊方式的應用。

```
1  # ch4_12.ipynb
2  r = 5
3  PI = 3.14159
4  area = PI * r ** 2
5  print("/半徑{0:3d}圓面積是{1:10.2f}/".format(r,area))
6  print("/半徑{0:>3d}圓面積是{1:>10.2f}/".format(r,area))
7  print("/半徑{0:<3d}圓面積是{1:<10.2f}/".format(r,area))
8  print("/半徑{0:^3d}圓面積是{1:^10.2f}/".format(r,area))
```

執行結果

```
/半徑  5圓面積是      78.54/
/半徑  5圓面積是      78.54/
/半徑5 圓面積是78.54      /
/半徑 5 圓面積是 78.54    /
```

在使用 format 輸出時也可以使用填充字元，字元是放在：後面，在 "<、^、>" 或指定寬度之前。

程式實例 ch4_13.ipynb：填充字元的應用。

```
1  # ch4_13.ipynb
2  title = "南極旅遊講座"
3  print("/{0:*^20s}/".format(title))
```

執行結果

```
/*******南極旅遊講座*******/
```

4-2-5　f-strings 格式化字串

在 Python 3.6x 版後有一個改良 format 格式化方式，稱 f-strings，這個方法以 f 為字首，在大括號 { } 內放置變數名稱和運算式，下列以實例解說。

```
>>> city = '北京'
>>> country = '中國'
>>> f'{city} 是 {country} 的首都'
'北京 是 中國 的首都'
```

本書未來主要是使用此最新型的格式化字串做資料的輸出。

程式實例 ch4_14.ipynb：f-strings 格式化字串應用。

```
1   # ch4_14.ipynb
2   score = 90
3   name = "洪錦魁"
4   count = 1
5   print(f"{name}你的第 {count} 次物理考試成績是 {score}")
```

執行結果

> 洪錦魁你的第 1 次物理考試成績是 90

　　讀者可以發現將變數放在 { } 內，使用上非常方便，如果要做格式化輸出，與先前的觀念一樣，只要在 { } 內設定輸出格式即可。

程式實例 ch4_15.ipynb：使用 f-strings 觀念重新設計 ch4_12.ipynb。

```
1   # ch4_15.ipynb
2   r = 5
3   PI = 3.14159
4   area = PI * r ** 2
5   print(f"/半徑{r:3d}圓面積是{area:10.2f}/")
6   print(f"/半徑{r:>3d}圓面積是{area:>10.2f}/")
7   print(f"/半徑{r:<3d}圓面積是{area:<10.2f}/")
8   print(f"/半徑{r:^3d}圓面積是{area:^10.2f}/")
```

執行結果

> ```
> /半徑  5圓面積是     78.54/
> /半徑  5圓面積是     78.54/
> /半徑5  圓面積是78.54     /
> /半徑 5 圓面積是   78.54  /
> ```

註　也可以直接使用 {area:.2f} 表示保留 2 位小數。

4-3　資料輸入 input( )

　　這個 input( ) 函數功能與 print( ) 函數功能相反，這個函數會從螢幕讀取使用者從鍵盤輸入的資料，它的使用格式如下：

　　value = input("prompt: ")

　　value 是變數，所輸入的資料會儲存在此變數內，特別需注意的是所輸入的資料不論是字串或是數值資料回傳到 value 時一律字串資料，如果要執行數學運算需要用 int( ) 或 float( ) 函數轉換為**整數**或浮點數。

程式實例 ch4_16.ipynb：基本資料輸入與運算。

```
1   # ch4_16.ipynb
2   print("歡迎使用成績輸入系統")
3   name = input("請輸入姓名：")
4   engh = input("請輸入英文成績：")
5   math = input("請輸入數學成績：")
6   total = int(engh) + int(math)
7   print(f"{name} 你的總分是 {total}")
8   print("="*60)
9   print(f"name資料型態是 {type(name)}")
10  print(f"engh資料型態是 {type(engh)}")
```

執行結果

```
歡迎使用成績輸入系統
請輸入姓名：洪錦魁
請輸入英文成績：98
請輸入數學成績：99
洪錦魁 你的總分是 197
============================================================
name資料型態是 <class 'str'>
engh資料型態是 <class 'str'>
```

4-4　處理字串的數學運算 eval( )

　　Python 內有一個非常好用的計算數學表達式的函數 eval( )，這個函數可以直接傳回字串內數學表達式的計算結果。

　　　　result = eval(expression)　　　　　　# expression是公式運算字串

程式實例 ch4_17.ipynb：輸入公式，本程式可以列出計算結果。

```
1   # ch4_17.ipynb
2   numberStr = input("請輸入數值公式 : ")
3   number = eval(numberStr)
4   print(f"計算結果 : {number:5.2f}")
```

執行結果

```
請輸入數值公式 : 5 * 9 + 10
計算結果 : 55.00
```

```
請輸入數值公式 : 5*9+10.5
計算結果 : 55.50
```

　　由上述執行結果應可以發現，在第一個執行結果中輸入是 "5 * 9 + 10" 字串，eval( ) 函數可以處理此字串的數學表達式，然後將計算結果傳回，同時也可以發現即使此數學表達式之間有空字元也可以正常處理。從第 2 個執行結果可以看到，eval( ) 函數也可以處理浮點數的計算。

　　Windows 作業系統有小算盤程式，其實當我們使用小算盤輸入運算公式時，就可以將所輸入的公式用字串儲存，然後使用此 eval( ) 方法就可以得到運算結果。在 ch4_16.ipynb 我們知道 input( ) 所輸入的資料是字串，當時我們使用 int( ) 將字串轉成整數處理，其實我們也可以使用 eval( ) 配合 input( )，可以直接傳回整數資料。

程式實例 ch4_18.ipynb：使用 eval( ) 重新設計 ch4_16.ipynb。

```
1  # ch4_18.ipynb
2  print("歡迎使用成績輸入系統")
3  name = input("請輸入姓名：")
4  engh = eval(input("請輸入英文成績："))
5  math = eval(input("請輸入數學成績："))
6  total = engh + math
7  print(f"{name} 你的總分是 {total}")
```

執行結果　可以參考 ch4_16.ipynb 的執行結果。

　　一個 input( ) 可以讀取一個輸入字串，我們可以靈活運用多重指定在 eval( ) 與 input( ) 函數上，然後產生一列輸入多個數值資料的效果。

程式實例 ch4_19.ipynb：輸入 3 個數字，本程式可以輸出平均值，注意輸入時各數字間要用 "," 隔開。

```
1  # ch4_19.ipynb
2  n1, n2, n3 = eval(input("請輸入3個數字："))
3  average = (n1 + n2 + n3) / 3
4  print(f"3個數字平均是 {average:6.2f}")
```

執行結果

```
請輸入3個數字：2, 4, 8
3個數字平均是    4.67
```

註　eval( ) 也可以應用在計算數學的多項式，可以參考下列實例。

```
>>> x = 10
>>> y = '5 * x**2 + 6 * x + 10'
>>> print(eval(y))
570
```

4-5　列出所有內建函數 dir( )

　　閱讀至此，相信讀者已經使用了許多 Python 內建的函數了，例如：help( )、print( )、input( ) … 等，讀者可能想了解到底 Python 有提供那些內建函數可供我們在設計程式時使用，可以使用下列方式列出 Python 所提供的內建函數。

　　dir(_ _ builtins _ _)　　# 列出Python內建函數

實例 1：列出 Python 所有內建函數。

```
>>> dir(__builtins__)
['ArithmeticError', 'AssertionError', 'AttributeError', 'BaseException', 'BlockingIOError', 'BrokenPipeE
rror', 'BufferError', 'BytesWarning', 'ChildProcessError', 'ConnectionAbortedError', 'ConnectionError',
'ConnectionRefusedError', 'ConnectionResetError', 'DeprecationWarning', 'EOFError', 'Ellipsis', 'Environ
mentError', 'Exception', 'False', 'FileExistsError', 'FileNotFoundError', 'FloatingPointError', 'FutureW
arning', 'GeneratorExit', 'IOError', 'ImportError', 'ImportWarning', 'IndentationError', 'IndexError', '
InterruptedError', 'IsADirectoryError', 'KeyError', 'KeyboardInterrupt', 'LookupError', 'MemoryError', '
ModuleNotFoundError', 'NameError', 'None', 'NotADirectoryError', 'NotImplemented', 'NotImplementedError'
, 'OSError', 'OverflowError', 'PendingDeprecationWarning', 'PermissionError', 'ProcessLookupError', 'Rec
ursionError', 'ReferenceError', 'ResourceWarning', 'RuntimeError', 'RuntimeWarning', 'StopAsyncIteration
', 'StopIteration', 'SyntaxError', 'SyntaxWarning', 'SystemError', 'SystemExit', 'TabError', 'TimeoutErr
or', 'True', 'TypeError', 'UnboundLocalError', 'UnicodeDecodeError', 'UnicodeEncodeError', 'UnicodeError
', 'UnicodeTranslateError', 'UnicodeWarning', 'UserWarning', 'ValueError', 'Warning', 'WindowsError', 'Z
eroDivisionError', '__build_class__', '__debug__', '__doc__', '__import__', '__loader__', '__name__', '_
_package__', '__spec__', 'abs', 'all', 'any', 'ascii', 'bin', 'bool', 'bytearray', 'bytes', 'callable',
'chr', 'classmethod', 'compile', 'complex', 'copyright', 'credits', 'delattr', 'dict', 'dir', 'divmod',
'enumerate', 'eval', 'exec', 'exit', 'filter', 'float', 'format', 'frozenset', 'getattr', 'globals', 'ha
sattr', 'hash', 'help', 'hex', 'id', 'input', 'int', 'isinstance', 'issubclass', 'iter', 'len', 'license
', 'list', 'locals', 'map', 'max', 'memoryview', 'min', 'next', 'object', 'oct', 'open', 'ord', 'pow', '
print', 'property', 'quit', 'range', 'repr', 'reversed', 'round', 'set', 'setattr', 'slice', 'sorted', '
staticmethod', 'str', 'sum', 'super', 'tuple', 'type', 'vars', 'zip']
>>>
```

在本書，筆者會依功能分類將常用的內建函數分別融入各章節主題中，如果讀者想特別先了解某一個內建函數的功能，可參考 4-1 節使用 help( ) 函數。

4-6　專題：溫度轉換 / 房貸問題 / 經緯度距離 / 雞兔同籠

4-6-1　設計攝氏溫度和華氏溫度的轉換

攝氏溫度 (Celsius，簡稱 C) 的由來是在標準大氣壓環境，純水的凝固點是 0 度、沸點是 100 度，中間劃分 100 等份，每個等份是攝氏 1 度。這是紀念瑞典科學家安德斯‧攝爾修斯 (Anders Celsius) 對攝氏溫度定義的貢獻，所以稱攝氏溫度 (Celsius)。

華氏溫度 (Fahrenheit，簡稱 F) 的由來是在標準大氣壓環境，水的凝固點是 32 度、水的沸點是 212 度，中間劃分 180 等份，每個等份是華氏 1 度。這是紀念德國科學家丹尼爾‧加布里埃爾‧華倫海特 (Daniel Gabriel Fahrenheit) 對華氏溫度定義的貢獻，所以稱華氏溫度 (Fahrenheit)。

攝氏和華氏溫度互轉的公式如下：

攝氏溫度 = (華氏溫度 – 32) * 5 / 9
華氏溫度 = 攝氏溫度 * (9 / 5) + 32

程式實例 ch4_20.ipynb：請輸入華氏溫度，這個程式會輸出攝氏溫度。

```
1  # ch4_20.ipynb
2  f = input("請輸入華氏溫度：")
3  c = ( int(f) - 32 ) * 5 / 9
4  print(f"華氏 {f} 等於攝氏 {c:4.1f}")
```

執行結果

```
請輸入華氏溫度：104
華氏 104 等於攝氏 40.0
```

4-6-2 房屋貸款問題實作

每個人在成長過程可能會經歷買房子，第一次住在屬於自己的房子是一個美好的經歷，大多數的人在這個過程中可能會需要向銀行貸款。這時我們會思考需要貸款多少錢？貸款年限是多少？銀行利率是多少？然後我們可以利用上述已知資料計算每個月還款金額是多少？同時我們會好奇整個貸款結束究竟還了多少貸款本金和利息。在做這個專題實作分析時，我們已知的條件是：

貸款金額：用 loan 當變數

貸款年限：用 year 當變數

年利率：用 rate 當變數

然後我們需要利用上述條件計算下列結果：

每月還款金額：用 monthlyPay 當變數

總共還款金額：用 totalPay 當變數

處理這個貸款問題的數學公式如下：

$$\text{每月還款金額} = \frac{\text{貸款金額} * \text{月利率}}{1 - \dfrac{1}{(1 + \text{月利率})^{\text{貸款年限}*12}}}$$

在銀行的貸款術語習慣是用年利率，所以碰上這類問題我們需將所輸入的利率先除以 100，這是轉成百分比，同時要除以 12 表示是月利率。可以用下列方式計算月利率，筆者用 monthrate 當作變數。

```
monthrate = rate / (12*100)                    # 第5列
```

為了不讓求每月還款金額的數學式變得複雜，筆者將分子 (第 8 列) 與分母 (第 9 列) 分開計算，第 10 列則是計算每月還款金額，第 11 列是計算總共還款金額。

```
1   # ch4_21.ipynb
2   loan = eval(input("請輸入貸款金額："))
3   year = eval(input("請輸入年限："))
4   rate = eval(input("請輸入年利率："))
5   monthrate = rate / (12*100)              # 改成百分比以及月利率
6
7   # 計算每月還款金額
8   molecules = loan * monthrate
9   denominator = 1 - (1 / (1 + monthrate) ** (year * 12))
10  monthlyPay = molecules / denominator     # 每月還款金額
11  totalPay = monthlyPay * year * 12        # 總共還款金額
12
13  print(f"每月還款金額 {int(monthlyPay)}")
14  print(f"總共還款金額 {int(totalPay)}")
```

執行結果

```
請輸入貸款金額：6000000
請輸入年限：20
請輸入年利率：2.0
每月還款金額 30353
總共還款金額 7284720
```

4-6-3　使用 math 模組與經緯度計算地球任意兩點的距離

math 是標準函數庫模組，由於沒有內建在 Python 直譯器內，所以使用前需要匯入此模組，匯入方式是使用 import，可以參考下列語法。

import math

當匯入模組後，我們可以在 Python 的 IDLE 環境使用 dir(math) 了解此模組提供哪些屬性或函數 (或稱方法) 可以呼叫使用。

```
>>> import math
>>> dir(math)
['__doc__', '__loader__', '__name__', '__package__', '__spec__', 'acos', 'acosh'
, 'asin', 'asinh', 'atan', 'atan2', 'atanh', 'ceil', 'copysign', 'cos', 'cosh',
'degrees', 'e', 'erf', 'erfc', 'exp', 'expm1', 'fabs', 'factorial', 'floor', 'fm
od', 'frexp', 'fsum', 'gamma', 'gcd', 'hypot', 'inf', 'isclose', 'isfinite', 'is
inf', 'isnan', 'ldexp', 'lgamma', 'log', 'log10', 'log1p', 'log2', 'modf', 'nan'
, 'pi', 'pow', 'radians', 'remainder', 'sin', 'sinh', 'sqrt', 'tan', 'tanh', 'ta
u', 'trunc']
```

下列是常用 math 模組的屬性與函數，在使用上述 math 模組時必須在前面加 math，例如：math.pi 或 math.ceil(3.5) 等，此觀念應用在上述所有模組函數操作。

pi：PI 值 (3.14152653589753)，直接設定值稱屬性。

e：e 值 (2.718281828459045)，直接設定值稱屬性。

inf：極大值，直接設定值稱屬性。

```
>>> import math
>>> math.pi
3.141592653589793
>>> math.e
2.718281828459045
>>> math.inf
inf
```

ceil(x)：傳回大於 x 的最小整數，例如：ceil(3.5) = 4。

floor(x)：傳回小於 x 的最大整數，例如：floor(3.9) = 3。

trunc(x)：刪除小數位數。例如：trunc(3.5) = 3。

pow(x,y)：可以計算 x 的 y 次方，相當於 x**y。例如：pow(2,3) = 8.0。

sqrt(x)：開根號，相當於 x**0.5，例如：sqrt(4) = 2.0。

radians( )：將角度轉成弧度，常用在三角函數運作。

degrees( )：將弧度轉成角度。

三角函數：正弦函數 sin( )、餘弦函數 cos( )、正切函數 tan( )、反正弦函數 asin( )、反餘弦函數 acos( )、反正切函數 atan( ) …等，參數是弧度。假設 x 是角度，則弧度計算方式如下：

弧度 = x * 2 * pi / 360　　　# 建議使用math模組內建的radians( )函數即可

前面筆者介紹了計算圓周率的數列，例如：萊布尼茲或是尼拉卡莎級數，其實反餘弦函數 acos(-1) 也是可以得到圓周率。

```
>>> math.acos(-1)
3.141592653589793
```

指數函數：math 模組有提供不同底數的指數 log( )、log2( )、log10( ) …等。

```
>>> math.log(math.e)
1.0
>>> math.log10(100)
2.0
>>> math.log2(8)
3.0
```

地球是圓的，我們使用經度和緯度單位瞭解地球上每一個點的位置。有了 2 個地點的經緯度後，可以使用下列公式計算彼此的距離。

distance = r*acos(sin(x1)*sin(x2)+cos(x1)*cos(x2)*cos(y1-y2))

　　上述 r 是地球的半徑約 6371 公里，由於 Python 的三角函數參數皆是**弧度**(radians)，我們使用上述公式時，需使用 math.radian( ) 函數將**經緯度角度轉成弧度**。上述公式西經和北緯是**正值**，東經和南緯是**負值**。

　　經度座標是介於 -180 和 180 度間，緯度座標是在 -90 和 90 度間，雖然我們是習慣稱經緯度，在用小括號表達時 (緯度，經度)，也就是第一個參數是放**緯度**，第二個參數放**經度**。

　　最簡單獲得經緯度的方式是開啟 Google 地圖，其實我們開啟後 Google 地圖後就可以在網址列看到我們目前所在地點的經緯度，點選地點就可以在網址列看到所選地點的經緯度資訊，可參考下方左圖：

　　由上圖可以知道台北車站的經緯度是 (**25.0452909, 121.5168704**)，以上觀念可以應用查詢世界各地的經緯度，上方右圖是**香港紅磡車站**的經緯度 (**22.2838912, 114.173166**)，程式為了簡化筆者小數取 4 位。

程式實例 ch4_22.ipynb：香港紅磡車站的經緯度資訊是 (22.2839, 114.1731)，台北車站的經緯度是 (25.0452, 121.5168)，請計算台北車站至香港紅磡車站的距離。

```
1  # ch4_22.ipynb
2  import math
3
4  r = 6371                           # 地球半徑
5  x1, y1 = 22.2838, 114.1731         # 香港紅磡車站經緯度
6  x2, y2 = 25.0452, 121.5168         # 台北車站經緯度
7
8  d = r*math.acos(math.sin(math.radians(x1))*math.sin(math.radians(x2))+
9                  math.cos(math.radians(x1))*math.cos(math.radians(x2))*
10                 math.cos(math.radians(y1-y2)))
11
12 print(f"distance = {d:6.1f}")
```

執行結果　　　　　　　　　　　　　distance =　808.3

4-6-4　雞兔同籠 – 解聯立方程式

古代孫子算經有一句話，" 今有雞兔同籠，上有三十五頭，下有百足，問雞兔各幾何？ "，這是古代的數學問題，表示有 35 個頭，100 隻腳，然後籠子裡面有幾隻雞與幾隻兔子。雞有 1 隻頭、2 隻腳，兔子有 1 隻頭、4 隻腳。我們可以使用基礎數學解此題目，也可以使用迴圈解此題目，這一小節筆者將使用基礎數學的聯立方程式解此問題。

如果使用基礎數學，將 x 代表 chicken，y 代表 rabbit，可以用下列公式推導。

chicken + rabbit = 35	相當於---- >　　$x + y = 35$
2 * chicken + 4 * rabbit = 100	相當於---- >　　$2x + 4y = 100$

經過推導可以得到下列結果：

x(chicken) = 20　　　　# 雞的數量
y(rabbit) = 15　　　　 # 兔的數量

整個公式推導，假設 f 是腳的數量，h 代表頭的數量，可以得到下列公式：

x(chicken) = 2h – f / 2
y(rabbit) = f / 2 – h

程式實例 ch4_23.ipynb：請輸入頭和腳的數量，本程式會輸出雞的數量和兔的數量。

```
1  # ch4_23.ipynb
2  h = int(input("請輸入頭的數量："))
3  f = int(input("請輸入腳的數量："))
4  chicken = int(2 * h - f / 2)
5  rabbit = int(f / 2 - h)
6  print(f'雞有 {chicken} 隻，兔有 {rabbit} 隻')
```

執行結果

```
請輸入頭的數量：35
請輸入腳的數量：100
雞有 20 隻，兔有 15 隻
```

註　並不是每個輸入皆可以獲得解答，必須是合理的數字。

4-7 ChatGPT 輔助學習

1: 請說明浮點數的用法。

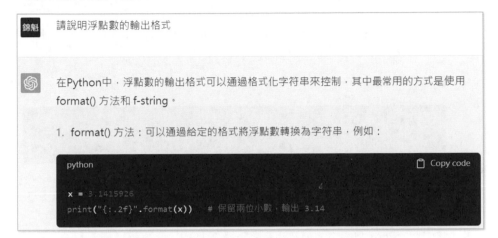

在上面的程式中，"{:.2f}" 表示格式化輸出為浮點數，並保留兩位小數。format(x) 將 x 轉換為一個字符串，然後根據給定的格式進行輸出。

2. f-string：也稱為格式化字串字面量，它是Python 3.6版本引入的一種新的輸出方式，使用方法如下：

在上面的程式中，f"{x:.2f}" 表示使用 f-string 進行輸出，並在大括號內使用冒號後接的格式指示符":.2f"，表示將 x 格式化為浮點數，並保留兩位小數。

2：　請說明 eval( ) 的用法。

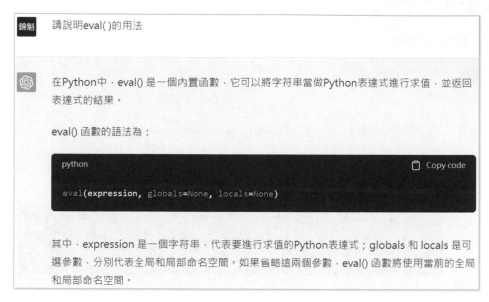

```
1  x = 10
2  y = 20
3  z = eval("x + y")      # 將字符串 "x + y" 轉換為表達式進行求值
4  print(z)               # 輸出 30
5
6  expr = input("Enter an expression: ")
7  result = eval(expr)    # 從用戶輸入的字符串中提取表達式並求值
8  print(result)
```

習題實作題

ex4_1.ipynb：請重新設計第 2 章的實作習題 4，請將輸出方式改為下列方式。(4-2 節)

```
蘋果可以吃 4 天
第 5 天產生蘋果不足供應
不足 15 顆
```

ex4_2.ipynb：有 4 個學生考試成績資料，請輸出考試成績 (可以參考下列執行結果)、
總分和平均分數欄位，平均欄位的格式化方式是 %4.1f 相當於取到小數第一位。(4-2 節)

姓名	國文	英文	總分	平均
洪冰儒	98	90	188	94.0
洪雨星	96	95	191	95.5
洪冰雨	92	88	180	90.0
洪星宇	93	97	190	95.0

ex4_3.ipynb：寫一個程式要求使用者輸入 3 位數數字，最後捨去個位數字輸出，例如輸入是 777 輸出是 770，輸入是 879 輸出是 870。(4-3 節)

```
請輸入3位數數字：777
執行結果: 770
```
```
請輸入3位數數字：879
執行結果: 870
```

ex4_4.ipynb：請重新設計 ch4_20.ipynb，改為輸入攝氏溫度，轉成華氏溫度輸出，輸出溫度格式化到小數第 1 位。(4-3 節)

```
請輸入攝氏溫度：31
攝氏 31 等於華氏 87.8
```

ex4_5.ipynb：輸入房屋坪數，轉成平方公尺輸出，輸出格式化到小數第 1 位。提示：一坪約是 3.305 平方公尺。(4-3 節)

```
請輸入坪數：100
坪數 100 等於平方公尺 330.5
```

ex4_6.ipynb：輸入房屋平方公尺，轉成坪數輸出，輸出格式化到小數第 1 位。提示：一坪約是 3.305 平方公尺。(4-3 節)

```
請輸入平方公尺：100
平方公尺 100 等於坪數 30.3
```

ex4_7.ipynb：請重新設計 ch2_5.ipynb，請將**年利率**和**存款年數**改為從螢幕輸入，輸出金額捨去小數相當於單位是元。(4-3 節)

```
請輸入年利率%為單位：1.5
請輸入年數         ：5
5 年後本金和是 53864
```

ex4_8.ipynb：請重新設計第 2 章的實作習題 5，請將**火箭飛行速度**改為從螢幕輸入，輸出捨去小數。(4-3 節)

```
請輸入火箭速度每分鐘公里數：400
地球到月球所需分鐘總數 961
```

ex4_9.ipynb：請重新設計 ch3_17.ipynb，請將速度 speed，改為從螢幕輸入**馬赫數**，程式會將速度馬赫數轉為公里 / 小時，然後才開始運算。(4-3 節)

```
請輸入火箭速度馬赫數：1
總供需要 13 天，1 小時
```

```
請輸入火箭速度馬赫數：3
總供需要 4 天，8 小時
```

ex4_10.ipynb：請重新設計程式實例 ch3_18.ipynb，計算 2 個點之間的距離，但是將點的座標改為從螢幕輸入，每一列需輸入 x 和 y 座標，輸出到小數第 2 位。(4-4 節)

```
請輸入第 1 個點的 x,y 座標：1, 8
請輸入第 2 個點的 x,y 座標：3, 10
2點的距離是：2.83
```

ex4_11.ipynb：前一個習題觀念的擴充，平面任意 3 個點可以產生三角形，請輸入任意 3 個點的座標，可以使用下列公式計算此三角形的面積。假設三角形各邊長是 dist1、dist2、dist3：(4-4 節)

$$p = (dist1 + dist2 + dist3) / 2$$

$$area = \sqrt{p(p\text{-}dist1)(p\text{-}dist2)(p\text{-}dist3)}$$

```
請輸入第1個點的 x,y 座標：1.5, 5.5
請輸入第2個點的 x,y 座標：-2.1, 4
請輸入第3個點的 x,y 座標：-8, -3.2
三角形面積是：8.54
```

ex4_12.ipynb：正多邊形面積計算，如下所示，下列 n 是多邊形數：(4-6 節)

$$area = \frac{n*s^2}{4*\tan\left(\frac{\pi}{n}\right)}$$

```
請輸入正多邊形邊數：4
請輸入正多邊形邊長：4
area = 16.00
```

```
請輸入正多邊形邊數：5
請輸入正多邊形邊長：5
area = 43.01
```

```
請輸入正多邊形邊數：6
請輸入正多邊形邊長：6
area = 93.53
```

ex4_13.ipynb：請擴充 ch4_22.ipynb，將程式改為輸入 2 個地點的經緯度，本程式可以計算這 2 個地點的距離。(4-6 節)

```
請輸入第一個地點的經緯度：22.0652, 114.3457
請輸入第二個地點的經緯度：24.7667, 121.5966
distance = 798.35
```

ex4_14.ipynb：假設一架飛機起飛的速度是 v，飛機的加速度是 a，下列是飛機起飛時所需的跑道長度公式。(4-6 節)

$$distance = \frac{v^2}{2a}$$

請輸入飛機時速 (公尺 / 秒) 和加速速 (公尺 / 秒)，然後列出所需跑道長度 (公尺)。

```
請輸入加速度 a 和速度 v : 3, 80
所需跑道長度 1066.7 公尺
```

ex4_15.ipynb：北京故宮博物院的經緯度資訊大約是 (39.9196, 116.3669)，法國巴黎羅浮宮的經緯度大約是 (48.8595, 2.3369)，請計算這 2 博物館之間的距離。(4-6 節)

```
distance = 8214.09公里
```

ex4_16.ipynb：高斯數學之等差數列運算，請輸入等差數列起始值、終點值與差值，這個程式可以計算數列總和。(4-6 節)

```
請輸入數列起始值 : 1
請輸入數列終點值 : 99
請輸入數列的差值 : 2
1 到 99 差值是 2 的數列總和是 2500
```

```
請輸入數列起始值 : 2
請輸入數列終點值 : 100
請輸入數列的差值 : 2
2 到 100 差值是 2 的數列總和是 2550
```

```
請輸入數列起始值 : 1
請輸入數列終點值 : 10
請輸入數列的差值 : 3
1 到 10 差值是 3 的數列總和是 22
```

ex4_17.ipynb：使用 print( ) 函數設計信件排版，可以得到下列結果。(4-6 節)

```
                                    1231 Delta Rd
                                    Oxford, Mississippi
                                    USA



Dear Ivan
I am pleased to inform you that your application for fall 2020 has
been favorably reviewed by the Electrical and Computer Engineering
Office.


Best Regards
Peter Malong
```

第 5 章

程式的流程控制

　　一個程式如果是按部就班從頭到尾，中間沒有轉折，其實是無法完成太多工作。程式設計過程難免會需要轉折，這個轉折在程式設計的術語稱**流程控制**，本章將完整講解有關 if 敘述的流程控制。另外，與程式流程設計有關的**關係運算子**與**邏輯運算子**也將在本章做說明，因為這些是 if 敘述流程控制的基礎。

5-1　關係運算子

　　Python 語言所使用的關係運算子表：

關係運算子	說明	實例	說明
>	大於	a > b	檢查是否 a 大於 b
>=	大於或等於	a >= b	檢查是否 a 大於或等於 b
<	小於	a < b	檢查是否 a 小於 b
<=	小於或等於	a <= b	檢查是否 a 小於或等於 b
==	等於	a == b	檢查是否 a 等於 b
!=	不等於	a != b	檢查是否 a 不等於 b

　　上述運算如果是**真會傳回 True**，如果是**偽會傳回 False**。

實例 1：下列會傳回 True。

```
>>> x = 10 > 8          >>> x = 8 <= 10
>>> x                   >>> x
True                    True
```

實例 2：下列會傳回 False。

```
>>> x = 10 > 20         >>> x = 10 < 5
>>> x                   >>> x
False                   False
```

5-2　邏輯運算子

　　Python 所使用的邏輯運算子：

❑ and 　--- 相當於邏輯符號 AND

❑ or 　　--- 相當於邏輯符號 OR

❑ not 　--- 相當於邏輯符號 NOT

下列是邏輯運算子 and 的圖例說明。

and	True	False
True	True	False
False	False	False

實例 1：下列會傳回 True。

```
>>> x = (10 > 8) and (20 >= 10)
>>> x
True
```

實例 2：下列會傳回 False。

```
>>> x = (10 > 8) and (10 > 20)
>>> x
False
```

下列是邏輯運算子 or 的圖例說明。

or	True	False
True	True	True
False	True	False

實例 3：下列會傳回 True。

```
>>> x = (10 > 8) or (20 > 10)
>>> x
True
```

實例 4：下列會傳回 False。

```
>>> x = (10 < 8) or (10 > 20)
>>> x
False
```

下列是邏輯運算子 not 的圖例說明。

not	True	False
	False	True

如果是 True 經過 not 運算會傳回 False，如果是 False 經過 not 運算會傳回 True。

實例 1：下列會傳回 True。

```
>>> x = not(10 < 8)
>>> x
True
```

實例 2：下列會傳回 False。

```
>>> x = not(10 > 8)
>>> x
False
```

5-3 if 敍述

這個 if 敍述的基本語法如下：

```
if (條件判斷):            # 條件判斷外的小括號可有可無
    程式碼區塊
```

上述觀念是如果**條件判斷**是 **True**，則**執行程式碼區塊**，如果**條件判斷**是 **False**，則**不執行程式碼區塊**。如果程式碼區塊只有一道指令，可將上述語法寫成下列格式。

註 條件判斷的小括號可有可無。

```
if (條件判斷): 程式碼區塊
```

可以用下列流程圖說明這個 if 敍述：

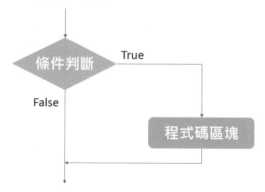

Python 是使用**內縮方式**區隔 if 敍述的程式碼區塊，編輯程式時可以用 **Tab 鍵內縮**，表示這是 if 敍述的程式碼區塊。

```
if ( age < 20 ):                          # 程式碼區塊 1
    print( '你年齡太小' )                   # 程式碼區塊 2
    print( '須年滿20歲才可購買菸酒' )        # 程式碼區塊 2
```

在 Python 中內縮程式碼是有意義的，相同的程式碼區塊，必須有相同的內縮格數，否則會產生錯誤。

實例 1：正確的 if 敘述程式碼。

插入點在此時請按Enter鍵

實例 2：不正確的 if 敘述程式碼，下列因為任意內縮造成錯誤。

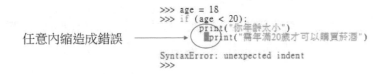

任意內縮造成錯誤

每一種編輯程式對於內縮格數可能不一樣，只要內縮格數一致即可。

程式實例 ch5_1.ipynb：if 敘述的基本應用。

```
1  # ch5_1.ipynb
2  age = input("請輸入年齡: ")
3  if (int(age) < 20):
4      print("你年齡太小")
5      print("需年滿20歲才可以購買菸酒")
```

執行結果

```
請輸入年齡: 18
你年齡太小
需年滿20歲才可以購買菸酒
```

```
請輸入年齡: 21
```

程式實例 ch5_2.ipynb：輸出絕對值的應用。

```
1  # ch5_2.ipynb
2  print("輸出絕對值")
3  num = input("請輸入任意整數值: ")
4  x = int(num)
5  if (int(x) < 0): x = -x
6  print(f"絕對值是 {x}")
```

執行結果

```
輸出絕對值
請輸入任意整數值: -50
絕對值是 50
```

```
輸出絕對值
請輸入任意整數值: 98
絕對值是 98
```

對於上述 ch5_2.ipynb 而言，由於 if 敘述只有一道指令，所以可以將第 5 列的 if 敘述用一列表示。

5-4　if … else 敘述

程式設計時更常用的功能是條件判斷為 True 時執行某一個程式碼區塊，當條件判斷為 False 時執行另一段程式碼區塊，此時可以使用 if … else 敘述，它的語法格式如下：

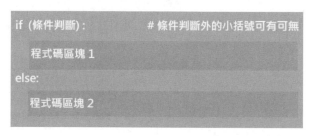

上述觀念是如果條件判斷是 True，則執行程式碼區塊 1，如果條件判斷是 False，則執行程式碼區塊 2。可以用下列流程圖說明這個 if … else 敘述：

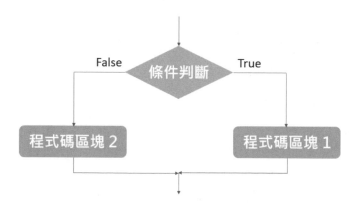

程式實例 ch5_3.ipynb：重新設計 ch5_1.ipynb，多了年齡滿 20 歲時的輸出。

```
1  # ch5_3.ipynb
2  age = input("請輸入年齡: ")
3  if (int(age) < 20):
4      print("你年齡太小")
5      print("需年滿20歲才可以購買菸酒")
6  else:
7      print("歡迎購買菸酒")
```

執行結果

```
請輸入年齡: 18
你年齡太小
需年滿20歲才可以購買菸酒
```

```
請輸入年齡: 30
歡迎購買菸酒
```

❑ Python 寫作風格 (Python Enhancement Proposals) - PEP 8

Python 風格建議不使用 if xx == true 判斷 True 或 False，可以直接使用 if xx。

程式實例 ch5_4.ipynb：奇數偶數的判斷，下列第 5-8 列是傳統用法，第 10-13 列是符合 PEP 8 用法，第 15 列是 Python 高手用法。

```
1   # ch5_4.ipynb
2   print("奇數偶數判斷")
3   num = eval(input("請輸入任意整值: "))
4   rem = num % 2
5   if (rem == 0):
6       print(f"{num} 是偶數")
7   else:
8       print(f"{num} 是奇數")
9   # PEP 8
10  if rem:
11      print(f"{num} 是奇數")
12  else:
13      print(f"{num} 是偶數")
14  # 高手用法
15  print(f"{num} 是奇數" if rem else f"{num} 是偶數")
```

執行結果

```
奇數偶數判斷
請輸入任意整值: 2
2 是偶數
2 是偶數
2 是偶數
```

```
奇數偶數判斷
請輸入任意整值: 5
5 是奇數
5 是奇數
5 是奇數
```

Python 精神可以簡化上述 if 語法，例如：下列是求 x, y 之最大值或最小值。

```
max_ = x if x > y else y          # 取x, y之最大值
min_ = x if x < y else x          # 取x, y之最小值
```

Python 是非常靈活的程式語言，上述也可以使用內建函數寫成下列方式：

```
max_ = max(x, y)                  # max是內建函數，變數用後面加底線區隔
min_ = min(x, y)                  # min是內建函數，變數用後面加底線區隔
```

註 max 是內建函數，當變數名稱與內建函數名稱相同時，可以在變數用後面加底線做區隔。

程式實例 ch5_5.ipynb：請輸入 2 個數字，這個程式會用 Python 精神語法，列出最大值與最小值。

```
1  # ch5_5.ipynb
2  x, y = eval(input("請輸入2個數字："))
3  max_ = x if x > y else y
4  print(f"方法 1 最大值是 : {max_}")
5  max_ = max(x, y)
6  print(f"方法 2 最大值是 : {max_}")
7
8  min_ = x if x < y else y
9  print(f"方法 1 最小值是 : {min_}")
10 min_ = min(x, y)
11 print(f"方法 2 最小值是 : {min_}")
```

執行結果

```
請輸入2個數字：8, 3
方法 1 最大值是 : 8
方法 2 最大值是 : 8
方法 1 最小值是 : 3
方法 2 最小值是 : 3
```

5-5　if … elif … else 敘述

這是一個多重判斷，程式設計時需要多個條件作比較時就比較有用，例如：在美國成績計分是採取 A、B、C、D、F … 等，通常 90-100 分是 A，80-89 分是 B，70-79 分是 C，60-69 分是 D，低於 60 分是 F。若是使用 Python 可以用這個敘述，很容易就可以完成這個工作。這個敘述的基本語法如下：

```
if (條件判斷 1):          # 條件判斷外的小括號可有可無

    程式碼區塊 1

elif( 條件判斷 2 ):

    程式碼區塊 2

…
else:

    程式碼區塊 n
```

上述觀念是，如果**條件判斷 1** 是 True 則**執行程式碼區塊 1**，然後離開條件判斷。否則檢查**條件判斷 2**，如果是 True 則**執行程式碼區塊 2**，然後離開條件判斷。如果**條件判斷**是 False 則持續進行檢查，上述 elif 的條件判斷可以不斷擴充，如果所有條件判斷是 False 則**執行程式碼 n 區塊**。下列流程圖是假設只有 2 個條件判斷說明這個 if … elif … else 敘述。

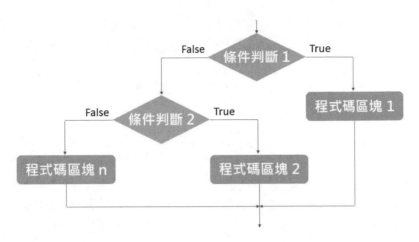

程式實例 ch5_6.ipynb：請輸入數字分數，程式將回應 A、B、C、D 或 F 等級。

```
1   # ch5_6.ipynb
2   print("計算最終成績")
3   score = input("請輸入分數 : ")
4   sc = int(score)
5   if (sc >= 90):
6       print(" A")
7   elif (sc >= 80):
8       print(" B")
9   elif (sc >= 70):
10      print(" C")
11  elif (sc >= 60):
12      print(" D")
13  else:
14      print(" F")
```

`執行結果`

```
計算最終成績
請輸入分數 : 97
A
```
```
計算最終成績
請輸入分數 : 74
C
```
```
計算最終成績
請輸入分數 : 58
F
```

5-6　專題：BMI / 猜數字 / 方程式 / 火箭升空 / 閏年

5-6-1　設計人體體重健康判斷程式

　　BMI(Body Mass Index) 指數又稱**身高體重指數**（也稱身體質量指數），是由比利時的科學家**凱特勒** (Lambert Quetelet) 最先提出，這也是世界衛生組織認可的健康指數，它的計算方式如下：

　　BMI = 體重(Kg) / 身高^2(公尺)

如果 BMI 在 18.5 – 23.9 之間，表示這是健康的 BMI 值。請輸入自己的身高和體重，然後列出是否在健康的範圍，國際健康組織針對 BMI 指數公布更進一步資料如下：

分類	BMI
體重過輕	BMI < 18.5
正常	18.5 <= BMI and BMI < 24
超重	24 <= BMI and BMI < 28
肥胖	BMI >= 28

程式實例 ch5_7.ipynb：人體健康體重指數判斷程式，這個程式會要求輸入身高與體重，然後計算 BMI 指數，同時列印 BMI，由這個 BMI 指數判斷體重是否正常。

```
1   # ch5_7.ipynb
2   height = eval(input("請輸入身高(公分)："))
3   weight = eval(input("請輸入體重(公斤)："))
4   BMI = weight / (height / 100) ** 2
5   if BMI >= 18.5 and BMI < 24:
6       print(f"{BMI = :5.2f}體重正常")
7   else:
8       print(f"{BMI = :5.2f}體重不正常")
```

執行結果

```
請輸入身高(公分)：170
請輸入體重(公斤)：80
BMI = 27.68體重不正常
```

```
請輸入身高(公分)：170
請輸入體重(公斤)：60
BMI = 20.76體重正常
```

上述專題程式可以擴充為輸入身高體重，然後程式輸出國際健康組織公佈的各 BMI 分類敘述，這將是讀者的習題 ex5_10.ipynb。

5-6-2　猜出 0 ~ 7 之間的數字

程式實例 ch5_8.ipynb：讀者心中先預想一個 0-7 之間的一個數字，這個專題會問讀者 3 個問題，請讀者真心回答，然後這個程式會回應讀者心中的數字。

```
1   # ch5_8.ipynb
2   ans = 0                              # 讀者心中的數字
3   print("猜數字遊戲,請心中想一個 0 - 7之間的數字，然後回答問題")
4
5   truefalse = "輸入y或Y代表有，其它代表無 : "
6   # 檢測2進位的第1位是否含1
7   q1 = "有沒有看到心中的數字 : \n" + \
8       "1, 3, 5, 7 \n"
9   num = input(q1 + truefalse)
10  print(num)
11  if num == "y" or num == "Y":
12      ans += 1
```

```
13  # 檢測2進位的第2位是否含1
14  truefalse = "輸入y或Y代表有，其它代表無 : "
15  q2 = "有沒有看到心中的數字 : \n" + \
16      "2, 3, 6, 7 \n"
17  num = input(q2 + truefalse)
18  if num == "y" or num == "Y":
19      ans += 2
20  # 檢測2進位的第3位是否含1
21  truefalse = "輸入y或Y代表有，其它代表無 : "
22  q3 = "有沒有看到心中的數字 : \n" + \
23      "4, 5, 6, 7 \n"
24  num = input(q3 + truefalse)
25  if num == "y" or num == "Y":
26      ans += 4
27
28  print("讀者心中所想的數字是 : ", ans)
```

執行結果

```
猜數字遊戲,請心中想一個 0 - 7之間的數字，然後回答問題
有沒有看到心中的數字 :
1, 3, 5, 7
輸入y或Y代表有，其它代表無 : n
n
有沒有看到心中的數字 :
2, 3, 6, 7
輸入y或Y代表有，其它代表無 : y
有沒有看到心中的數字 :
4, 5, 6, 7
輸入y或Y代表有，其它代表無 : y
讀者心中所想的數字是 :  6
```

0 – 7 之間的數字基本上可用 3 個 2 進位表示，000 – 111 之間。其實所問的 3 個問題，基本上只是了解特定位元是否為 1。

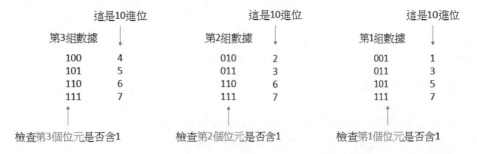

了解了以上觀念，我們可以再進一步擴充上述實例猜測一個人的生日日期，這將是讀者的習題。

5-6-3　求一元二次方程式的根

在國中數學中，我們可以看到下列一元二次方程式：

$$ax^2 + bx + c = 0$$

上述可以用下列方式獲得根。

$$r1 = \frac{-b + \sqrt{b^2 - 4ac}}{2a} \qquad r2 = \frac{-b - \sqrt{b^2 - 4ac}}{2a}$$

上述方程式有 3 種狀況，如果上述 $b^2 - 4ac$ 是**正值**，那麼這個一元二次方程式有 2 個實數根。如果上述 $b^2 - 4ac$ 是 0，那麼這個一元二次方程式有 1 個實數根。如果上述 $b^2 - 4ac$ 是**負值**，那麼這個一元二次方程式沒有實數根。

實數根的幾何意義是與 x 軸交叉點的座標。

程式實例 ch5_9.ipynb：有一個一元二次方程式如下：

$$3x^2 + 5x + 1 = 0$$

求這個方程式的根。

```
1  # ch5_9.ipynb
2  a = 3
3  b = 5
4  c = 1
5
6  r1 = (-b + (b**2-4*a*c)**0.5)/(2*a)
7  r2 = (-b - (b**2-4*a*c)**0.5)/(2*a)
8  print(f"{r1 = :6.4f},    {r2 = :6.4f}")
```

執行結果

```
r1 = -0.2324,    r2 = -1.4343
```

5-6-4　火箭升空

地球的天空有許多人造衛星，這些人造衛星是由火箭發射，由於地球有地心引力、太陽也有引力，火箭發射要可以到達人造衛星繞行地球、脫離地球進入太空，甚至脫離太陽系必須要達到**宇宙速度**方可脫離，所謂的**宇宙速度**觀念如下：

❑　**第一宇宙速度**

　　所謂的**第一宇宙速度**可以稱**環繞地球速度**，這個速度是 7.9km/s，當火箭到達這個速度後，人造衛星即可環繞著地球做**圓形移動**。當火箭速度超過 7.9km/s，但是小於 11.2km/s，人造衛星可以環繞著地球做橢圓形移動。

❑　**第二宇宙速度**

　　所謂的**第二宇宙速度**可以稱**脫離速度**，這個速度是 11.2km/s，當火箭到達這個速度尚未超過 16.7km/s 時，人造衛星可以**環繞太陽**，成為一顆類似地球的人造行星。

❑　**第三宇宙速度**

　　所謂的**第三宇宙速度**可以稱**脫逃速度**，這個速度是 16.7km/s，當火箭到達這個速度後，就可以脫離太陽引力到太陽系的外太空。

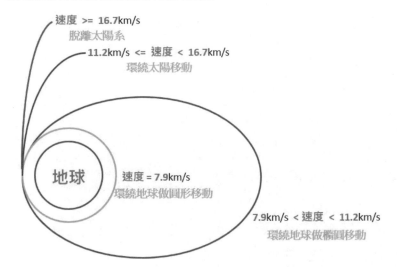

程式實例 ch5_10.ipynb：請輸入火箭速度 (km/s)，這個程式會輸出人造衛星飛行狀態。

```
1  # ch5_10.ipynb
2  v = eval(input("請輸入火箭速度 : "))
3  if (v < 7.9):
4      print("人造衛星無法進入太空")
5  elif (v == 7.9):
6      print("人造衛星可以環繞地球作圓形移動")
7  elif (v > 7.9 and v < 11.2):
8      print("人造衛星可以環繞地球作橢圓形移動")
9  elif (v >= 11.2 and v < 16.7):
10     print("人造衛星可以環繞太陽移動")
11 else:
12     print("人造衛星可以脫離太陽系")
```

執行結果

```
請輸入火箭速度 ： 7.9
人造衛星可以環繞地球作圓形移動
```
```
請輸入火箭速度 ： 9.9
人造衛星可以環繞地球作橢圓形移動
```
```
請輸入火箭速度 ： 11.8
人造衛星可以環繞太陽移動
```
```
請輸入火箭速度 ： 16.7
人造衛星可以脫離太陽系
```
```
請輸入火箭速度 ： 7.5
人造衛星無法進入太空
```

5-6-5　計算閏年程式

有時候在設計程式時會在 if 敘述內有其他 if 敘述，我們可以稱之為巢狀 if 敘述，下列將直接用實例解說。

程式實例 ch5_11.ipynb：測試某一年是否閏年，閏年的條件是首先可以被 4 整除 (相當於沒有餘數)，這個條件成立時，還必須符合，它除以 100 時餘數不為 0 或是除以 400 時餘數為 0，當 2 個條件皆符合才算閏年。

```
1   # ch5_11.ipynb
2   print("判斷輸入年份是否閏年")
3   year = input("請輸入年份: ")
4   rem4 = int(year) % 4
5   rem100 = int(year) % 100
6   rem400 = int(year) % 400
7   if rem4 == 0:
8       if rem100 != 0 or rem400 == 0:
9           print(f"{year} 是閏年")
10      else:
11          print(f"{year} 不是閏年")
12  else:
13      print(f"{year} 不是閏年")
```

執行結果

```
判斷輸入年份是否閏年
請輸入年份: 2023
2023 不是閏年
```
```
判斷輸入年份是否閏年
請輸入年份: 2024
2024 是閏年
```

其實 Python 允許加上許多層，不過層次一多時，未來程式維護會變得比較困難，所以未來在實務上必須考量。

5-7　ChatGPT 輔助學習

1：　請說明 Python 的關係運算子。註：下列僅列出部分輸出。

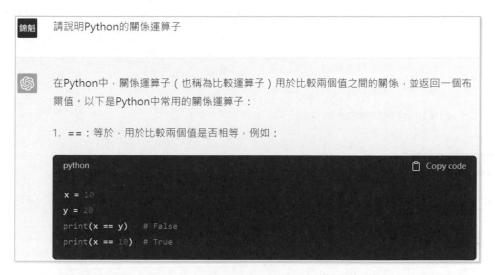

2： 請用 Python 程式設計可以計算 BMI 指數的程式。

```
1  height = float(input("請輸入您的身高（公尺）："))
2  weight = float(input("請輸入您的體重（公斤）："))
3
4  # 計算BMI指數
5  bmi = weight / (height ** 2)
6
7  # 輸出結果
8  print("您的BMI指數為：{:.2f}".format(bmi))
9
10 # 判斷BMI範圍並輸出分析結果
11 if bmi < 18.5:
12     print("您的體重過輕。")
13 elif bmi < 24:
```

```
14        print("您的體重正常。")
15 elif bmi < 27:
16        print("您的體重過重。")
17 elif bmi < 30:
18        print("您的體重輕度肥胖。")
19 elif bmi < 35:
20        print("您的體重中度肥胖。")
21 else:
22        print("您的體重重度肥胖。")
```

習題實作題

ex5_1.ipynb：請輸入 3 個數字，本程式可以將數字由大到小輸出。(5-3 節)

```
請輸入3個整數值 : 3, 6, 5        請輸入3個整數值 : 2, 8, 10
大到小分別是  6 5 3              大到小分別是  10 8 2
```

ex5_2.ipynb：有一個圓半徑是 20，圓中心在座標 (0,0) 位置，請輸入任意點座標，這個程式可以判斷此點座標是不是在圓內部。(5-4 節)

　　提示：可以計算點座標距離圓中心的長度是否小於半徑。

```
請輸入點座標 : 10, 10          請輸入點座標 : 21, 21
點座標 10, 10 在圓內部          點座標 21, 21 不在圓內部
```

ex5_3.ipynb：請設計一個程式，如果輸入是負值則將它改成正值輸出，如果輸入是正值則將它改成負值輸出，如果輸入 0 則輸出 0。(5-4 節)

```
輸入數字判斷程式      輸入數字判斷程式      輸入數字判斷程式
請輸入任意整數值 : -9  請輸入任意整數值 : 0   請輸入任意整數值 : 5
9                    0                    -5
```

ex5_4.ipynb：使用者可以先選擇華氏溫度與攝氏溫度轉換方式，然後輸入一個溫度，可以轉換成另一種溫度。(5-5 節)

```
溫度轉換選擇           溫度轉換選擇
1:華氏溫度轉成攝氏溫度   1:華氏溫度轉成攝氏溫度
2:攝氏溫度轉華氏溫度     2:攝氏溫度轉華氏溫度    溫度轉換選擇
= 2                  = 1                  1:華氏溫度轉成攝氏溫度
請輸入攝氏溫度 : 31     請輸入華氏溫度 : 104    2:攝氏溫度轉華氏溫度
攝氏 31 等於華氏 87.8   華氏 104 等於攝氏 40.0  = 3
                                          輸入錯誤
```

ex5_5.ipynb：有一地區的票價收費標準是 100 元。(5-5 節)

　　❏ 但是如果小於等於 6 歲或大於等於 80 歲，收費是打 2 折。

❑ 但是如果是 7-12 歲或 60-79 歲，收費是打 5 折。

請輸入歲數，程式會計算票價。

```
計算票價
請輸入年齡 : 6
票價是: 20.0
```
```
計算票價
請輸入年齡 : 77
票價是: 50.0
```
```
計算票價
請輸入年齡 : 12
票價是: 50.0
```
```
計算票價
請輸入年齡 : 13
票價是: 100
```
```
計算票價
請輸入年齡 : 81
票價是: 20.0
```

ex5_6.ipynb：假設麥當勞打工每週領一次薪資，工作基本時薪是 150 元，其它規則如下：

❑ 小於 40 小時 (週)，每小時是基本時薪的 0.8 倍。

❑ 等於 40 小時 (週)，每小時是基本時薪。

❑ 大於 40 至 50(含) 小時 (週)，每小時是基本時薪的 1.2 倍。

❑ 大於 50 小時 (週)，每小時是基本時薪的 1.6 倍。

請輸入工作時數，然後可以計算週薪。(5-5 節)

```
請輸入本週工作時數 : 40
本週薪資 : 6000
```
```
請輸入本週工作時數 : 45
本週薪資 : 8100.0
```
```
請輸入本週工作時數 : 60
本週薪資 : 14400.0
```
```
請輸入本週工作時數 : 20
本週薪資 : 2400.0
```

ex5_7.ipynb：假設今天是星期日，請輸入天數 days，本程式可以回應 days 天後是星期幾。(5-5 節)

```
今天是星期日
請輸入天數 : 5
5 天後是星期五
```
```
今天是星期日
請輸入天數 : 10
10 天後是星期三
```

ex5_8.ipynb：這個程式會要求輸入字元，然後會告知所輸入的字元是大寫字母、小寫字母、阿拉伯數字或特殊字元。(5-5 節)

```
判斷輸入字元類別
請輸入字元 : a
這是小寫字元
```
```
判斷輸入字元類別
請輸入字元 : 9
這是數字
```
```
判斷輸入字元類別
請輸入字元 : K
這是大寫字元
```

ex5_9.ipynb：在中國除了使用西元年份代號，也使用鼠、牛、虎、兔、龍、蛇、馬、羊、猴、雞、狗、豬，當作十二生肖，每 12 年是一個週期，1900 年是鼠年。請輸入你出生的西元年 19xx 或 20xx，本程式會輸出相對應的生肖年。(5-6 節)

```
請輸入西元出生年 : 1961
你是生肖是 : 牛
```
```
請輸入西元出生年 : 1990
你是生肖是 : 馬
```

ex5_10.ipynb：擴充設計 ch5_7.ipynb，列出中國 BMI 指數區分的結果表。(5-6 節)

```
請輸入身高(公分)：170
請輸入體重(公斤)：80
BMI = 27.68 超重
```
```
請輸入身高(公分)：170
請輸入體重(公斤)：90
BMI = 31.14 肥胖
```
```
請輸入身高(公分)：170
請輸入體重(公斤)：49
BMI = 16.96 體重過輕
```
```
請輸入身高(公分)：170
請輸入體重(公斤)：62
BMI = 21.45 正常
```

ex5_11.ipynb：請參考 ch5_9.ipynb，但是修改為在螢幕輸入 a, b, c 等 3 個數值，彼此用逗號隔開，然後計算此一元二次方程式的根，先列出有幾個根。如果有實數根則列出根值，如果沒有實數根則列出沒有實數根，然後程式結束。(5-6 節)

```
請輸入一元二次方程式的係數 ： 1, 2, 8
沒有實數根
```
```
請輸入一元二次方程式的係數 ： 1, 2, 1
有1個實數根
r1 = -1.0000
```
```
請輸入一元二次方程式的係數 ： 3, 5, 1
有2個實數根
r1 = -0.2324,     r2 = -1.4343
```

ex5_12.ipynb：猜測一個人的生日日期，對於 1-31 之間的數字可以用 5 個 2 進位的位元表示，所以我們可以使用詢問 5 個問題，每個問題獲得一個位元是否為 1，經過 5 個問題即可獲得一個人的生日日期，筆者心中想的數據是 12。(5-6 節)

```
猜生日日期遊戲,請回答下列5個問題,這個程式即可列出你的生日
有沒有看到自己的生日日期 ：
1, 3, 5, 7, 9, 11, 13, 15, 17, 19, 21, 23, 25, 27, 29, 31
輸入y或Y代表有, 其它代表無 ： n
n
有沒有看到自己的生日日期 ：
2, 3, 6, 7, 10, 11, 14, 15, 18, 19, 22, 23, 26, 27, 30, 31
輸入y或Y代表有, 其它代表無 ： n
有沒有看到自己的生日日期 ：
4, 5, 6, 7, 12, 13, 14, 15, 20, 21, 22, 23, 28, 29, 30, 31
輸入y或Y代表有, 其它代表無 ： y
有沒有看到自己的生日日期 ：
8, 9, 10, 11, 12, 13, 14, 15, 24, 25, 26, 27, 28, 29, 30, 31
輸入y或Y代表有, 其它代表無 ： y
有沒有看到自己的生日日期 ：
16, 17, 18, 19, 20, 21, 22, 23, 24, 25, 26, 27, 28, 29, 30, 31
輸入y或Y代表有, 其它代表無 ： n
讀者的生日日期是 ： 12
```

ex5_13.ipynb：三角形邊長的要件是 2 邊長加起來大於第三邊，請輸入 3 個邊長，如果這 3 個邊長可以形成三角形則輸出三角形的周長。如果這 3 個邊長無法形成三角形，則輸出這不是三角形的邊長。(5-6 節)

```
請輸入3邊長 ： 3, 3, 3
三角形周長是 ：  9
```
```
請輸入3邊長 ： 3, 3, 9
這不是三角形的邊長
```

第 6 章

串列 (List)

　　串列 (list) 是 Python 一種可以更改內容的資料型態，它是由一系列元素所組成的序列。如果現在我們要設計班上同學的成績表，班上有 50 位同學，可能需要設計 50 個變數，這是一件麻煩的事。如果學校單位要設計所有學生的資料庫，學生人數有 1000 人，需要 1000 個變數，這似乎是不可能的事。Python 的**串列**資料型態，可以只用一個變數，解決這方面的問題，要存取時可以用**串列名稱**加上**索引值**即可，這也是本章的主題。

　　相信閱讀至此章節，讀者已經對 Python 有一些基礎知識了，這章筆者也將講解簡單的**物件導向** (Object Oriented) 觀念，同時教導讀者學習利用 Python 所提供的內建資源，未來將一步一步帶領讀者邁向高手之路。

6-1　認識串列 (list)

　　其實在其它程式語言，相類似的功能是稱**陣列** (array)，例如：C 語言。不過，Python 的**串列**功能除了可以儲存相同資料型態，例如：**整數、浮點數、字串**，我們將每一筆資料稱**元素**。一個串列也可以儲存不同資料型態，例如：**串列**內同時含有**整數、浮點數**和**字串**。甚至一個**串列**也可以有其它**串列、元組** (tuple，第 8 章內容) 或是**字典** (dict，第 9 章內容) … 等當作是它的元素，因此，Python 可以工作的能力，將比其它程式語言強大。

mylist[0]　　mylist[1]　　mylist[2]　　mylist[3]　　mylist[4]

索引

串列可以有不同元素, 可以用索引取得串列元素內容

6-1-1　串列基本定義

　　定義串列的語法格式如下：

　　x = [元素1, … , 元素n,]　　　　# x是假設的串列名稱

　　基本上串列的每一筆資料稱**元素**，這些元素放在中括號 [ ] 內，彼此用逗號 "," 隔開，上述最後一個元素，**元素 n** 右邊的 "," 可有可無，這是 Python 設計編譯程式的人員的

貼心設計，因為當元素內容資料量夠長時，我們可能會一列放置一個元素，如下所示：

```
sc = [['洪錦魁', 80, 95, 88, 0],
      ['洪冰儒', 98, 97, 96, 0],] ← 可有可無
     ]
```

　　有的設計師設計對於比較長的元素，習慣是一列放置一個元素，同時習慣元素末端加上 "," 符號，處理最後一個元素 n 時有時也習慣加上此逗號，這個觀念可以應用在 Python 的其它類似的資料結構，例如：元組 (第 8 章)、字典 (第 9 章)、集合 (第 10 章)。

　　如果要列印串列內容，可以用 print( ) 函數，將串列名稱當作變數名稱即可。

實例 1：NBA 球員 James 前 5 場比賽得分，分別是 23、19、22、31、18，可以用下列方式定義串列。

```
james = [23, 19, 22, 31, 18]
```

實例 2：為所銷售的水果，apple、banana、orange 建立串列元素，可以用下列方式定義串列。註：在定義串列時，元素內容也可以使用中文。

```
fruits = ['apple', 'banana', 'orange']
```

或是

```
fruits = ['蘋果', '香蕉', '橘子']
```

實例 3：串列內可以有不同的資料型態，例如：修改實例 1 的 james 串列，最開始的位置，增加 1 筆元素，放他的全名。

```
James = ['Lebron James', 23, 19, 22, 31, 18]
```

程式實例 ch6_1.ipynb：定義串列同時列印，最後使用 type( ) 列出**串列資料型態**。

```
1  # ch6_1.ipynb
2  james = [23, 19, 22, 31, 18]                      # 定義james串列
3  print("列印james串列", james)
4  James = ['Lebron James',23, 19, 22, 31, 18] # 定義James串列
5  print("列印James串列", James)
6  fruits = ['apple', 'banana', 'orange']            # 定義fruits串列
7  print("列印fruits串列", fruits)
8  cfruits = ['蘋果', '香蕉', '橘子']                  # 定義cfruits串列
9  print("列印cfruits串列", cfruits)
10 # 列出串列資料型態
11 print("串列james資料型態是: ",type(james))
```

執行結果

```
列印james串列 [23, 19, 22, 31, 18]
列印James串列 ['Lebron James', 23, 19, 22, 31, 18]
列印fruits串列 ['apple', 'banana', 'orange']
列印cfruits串列 ['蘋果', '香蕉', '橘子']
串列james資料型態是: <class 'list'>
```

6-1-2　讀取串列元素

　　我們可以用串列名稱與索引讀取串列元素的內容，在 Python 中元素是從索引值 0 開始配置。所以如果是串列的第一筆元素，索引值是 0，第二筆元素索引值是 1，其它依此類推，如下所示：

　　　x[i]　　　　　　　　　　　　# 讀取索引i的串列元素

程式實例 ch6_2.ipynb：讀取串列元素的應用。

```
1  # ch6_2.ipynb
2  james = [23, 19, 22, 31, 18]          # 定義james串列
3  print("列印james第1場得分", james[0])
4  print("列印james第2場得分", james[1])
5  print("列印james第3場得分", james[2])
6  print("列印james第4場得分", james[3])
7  print("列印james第5場得分", james[4])
```

執行結果

```
列印james第1場得分 23
列印james第2場得分 19
列印james第3場得分 22
列印james第4場得分 31
列印james第5場得分 18
```

　　上述程式經過第 2 列的定義後，串列索引值的觀念如下：

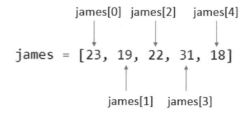

　　所以程式第 3 列至第 7 列，可以得到上述執行結果。其實我們也可以將 2-8 節等號多重指定觀念應用在串列。

程式實例 ch6_3.ipynb：一個傳統處理串列元素內容方式，與 Python 多重指定觀念的應用。

```
1  # ch6_3.ipynb
2  james = [23, 19, 22, 31, 18]            # 定義james串列
3  # 傳統設計方式
4  game1 = james[0]
5  game2 = james[1]
6  game3 = james[2]
7  game4 = james[3]
8  game5 = james[4]
9  print("列印james各場次得分", game1, game2, game3, game4, game5)
10 # Python高手好的設計方式
11 game1, game2, game3, game4, game5 = james
12 print("列印james各場次得分", game1, game2, game3, game4, game5)
```

執行結果

```
列印james各場次得分 23 19 22 31 18
列印james各場次得分 23 19 22 31 18
```

上述程式第 11 列讓整個 Python 設計簡潔許多，這是 Python 高手常用的程式設計方式，這個方式又稱**串列解包**，在上述設計中第 11 列的多重指定變數的數量需與串列元素的個數相同，否則會有錯誤產生。其實懂得用這種方式設計，才算是真正了解 Python 語言的基本精神。

❏ Python 風格

在處理索引時，上述程式第 4 列是好語法。

    james[0]   # 變數名與左中括號間沒有空格，**好語法**

下列是不好的語法。

    james [0]   # 變數名與左中括號間有空格，**不好語法**

6-1-3 串列切片 (list slices)

在設計程式時，常會需要取得串列**前幾個元素、後幾個元素、某區間元素**或是**依照一定規則排序的元素**，所取得的系列元素稱子串列，這個觀念稱串列切片 (list slices)，用串列切片取得元素內容的公式觀念如下。

    [start : end : step]

上述 start、end 是索引值，此索引值可以是正值或是負值，下列是正值或是負值的索引說明圖。

```
正值索引  0  1  2  3  4  5  6  7  8  9
陣列內容  0  1  2  3  4  5  6  7  8  9
負值索引 -10 -9 -8 -7 -6 -5 -4 -3 -2 -1
```

切片的參數意義如下：

❏ start：起始索引，如果省略表示從 0 開始的所有元素。

❏ end：終止索引，如果省略表示到末端的所有元素，如果有索引則是不含此索引的元素。

❏ step：用 step 作為每隔多少區間再讀取。

在上述觀念下，假設串列名稱是 x，相關的應用解說如下：

```
x[start:end]        # 讀取從索引start到end-1索引的串列元素
x [:end]            # 取得串列最前面到end-1名
x [:-n]             # 取得串列前面，不含最後n名
x [start:]          # 取得串列索引start到最後
x [-n:]             # 取得串列後n名
x [:]               # 取得所有元素，可以參考下列程式實例第11列
x[::-1]             # 反向排序串列元素
```

下列是讀取區間，但是用 step 作為每隔多少區間再讀取。

```
x [start:end:step]  # 每隔step，讀取從索引start到(end-1)索引的串列
```

程式實例 ch6_4.ipynb：串列切片的應用。

```
1   # ch6_4.ipynb
2   x = [0, 1, 2, 3, 4, 5, 6, 7, 8, 9]
3   print(f"串列元素如下： {x} ")
4   print(f"x[2:]       = {x[2:]}")
5   print(f"x[:2]       = {x[:3]}")
6   print(f"x[0:3]      = {x[0:3]}")
7   print(f"x[1:4]      = {x[1:4]}")
8   print(f"x[0:9:2]    = {x[0:9:2]}")
9   print(f"x[::2]      = {x[::2]}")
10  print(f"x[2::3]     = {x[2::3]}")
11  print(f"x[:]        = {x[:]}")
12  print(f"x[::-1]     = {x[::-1]}")
13  print(f"x[-3:-7:-1] = {x[-3:-7:-1]}")
14  print(f"x[-1]       = {x[-1]}")          # 這是取單一元素
```

執行結果

```
串列元素如下 : [0, 1, 2, 3, 4, 5, 6, 7, 8, 9]
x[2:]        = [2, 3, 4, 5, 6, 7, 8, 9]
x[:2]        = [0, 1, 2]
x[0:3]       = [0, 1, 2]
x[1:4]       = [1, 2, 3]
x[0:9:2]     = [0, 2, 4, 6, 8]
x[::2]       = [0, 2, 4, 6, 8]
x[2::3]      = [2, 5, 8]
x[:]         = [0, 1, 2, 3, 4, 5, 6, 7, 8, 9]
x[::-1]      = [9, 8, 7, 6, 5, 4, 3, 2, 1, 0]
x[-3:-7:-1] = [7, 6, 5, 4]
x[-1]        = 9
```

　　上述實例為了方便解說，所以串列元素使用 0 ～ 9，實務應用元素可以是任意內容。此外。程式第 14 列是讓讀者了解負索引的意義，回傳是單一元素。

程式實例 ch6_5.ipynb：列出球隊前 3 名隊員、從索引 1 到最後隊員與後 3 名隊員子串列。

```
1  # ch6_5.ipynb
2  warriors = ['Curry','Durant','Iquodala','Bell','Thompson']
3  first3 = warriors[:3]
4  print("前3名球員",first3)
5  n_to_last = warriors[1:]
6  print("球員索引1到最後",n_to_last)
7  last3 = warriors[-3:]
8  print("後3名球員",last3)
```

執行結果

```
前3名球員 ['Curry', 'Durant', 'Iquodala']
球員索引1到最後 ['Durant', 'Iquodala', 'Bell', 'Thompson']
後3名球員 ['Iquodala', 'Bell', 'Thompson']
```

6-1-4　串列統計資料函數

　　Python 有內建一些執行統計運算的函數，如果串列內容全部是數值則可以使用這個函數：

　　max( ) 函數：獲得串列的最大值。

　　min( ) 函數：可以獲得串列的最小值。

　　sum( ) 函數：可以獲得串列的總和。

　　len( ) 函數：回傳串列元素個數。

如果串列內容全部是字元或字串則可以使用 max( ) 函數獲得串列的 unicode 碼值的最大值，min( ) 函數可以獲得串列的 unicode 碼值最小值。sum( ) 則不可使用在串列元素為非數值情況。

程式實例 ch6_6.ipynb：計算 james 球員本季至今比賽場次，這些場次的最高得分、最低得分和得分總計。

```
1  # ch6_6.ipynb
2  james = [23, 19, 22, 31, 18]    # 定義james的得分
3  print(f"James比賽場次 = {len(james)}")
4  print(f"最高得分 = {max(james)}")
5  print(f"最低得分 = {min(james)}")
6  print(f"得分總計 = {sum(james)}")
```

執行結果

```
James比賽場次 = 5
最高得分 = 31
最低得分 = 18
得分總計 = 113
```

上述我們很快的獲得了統計資訊，各位可能會想，如果我們在串列內含有字串，例如：程式實例 ch6_1.ipynb 的 James 串列，這個串列索引 0 元素是字串，如果這時仍然直接用 max(James) 會有錯誤的。

```
>>> James = ['Lebron James', 23, 19, 22, 31, 18]
>>> x = max(James)
Traceback (most recent call last):
  File "<pyshell#83>", line 1, in <module>
    x = max(James)
TypeError: '>' not supported between instances of 'int' and 'str'
>>>
```

碰上這類的字串我們可以使用切片方式處理，如下所示。

程式實例 ch6_7.ipynb：重新設計 ch6_6.ipynb，但是使用含字串元素的 James 串列。

```
1  # ch6_7.ipynb
2  James = ['Lebron James', 23, 19, 22, 31, 18]    # 比賽得分
3  print(f"James比賽場次 = {len(James[1:])}")
4  print(f"最高得分 = {max(James[1:])}")
5  print(f"最低得分 = {min(James[1:])}")
6  print(f"得分總計 = {sum(James[1:])}")
```

執行結果

```
James比賽場次 = 5
最高得分 = 31
最低得分 = 18
得分總計 = 113
```

6-1-5　更改串列元素的內容

可以使用串列名稱和索引值更改串列元素的內容，這個觀念可以用在更改整數資料也可以修改字串資料。

程式實例 ch6_8.ipynb：一家汽車經銷商原本可以銷售 Toyota、Nissan、Honda，現在 Nissan 銷售權被回收，改成銷售 Ford，可用下列方式設計銷售品牌。

```
1  # ch6_8.ipynb
2  cars = ['Toyota', 'Nissan', 'Honda']
3  print("舊汽車銷售品牌", cars)
4  cars[1] = 'Ford'              # 更改第二筆元素內容
5  print("新汽車銷售品牌", cars)
```

執行結果

```
舊汽車銷售品牌 ['Toyota', 'Nissan', 'Honda']
新汽車銷售品牌 ['Toyota', 'Ford', 'Honda']
```

6-1-6　串列的相加

Python 是允許 "+" 和 "+=" 執行串列相加，相當於將串列元素結合，如果有相同的元素內容，則元素會重複出現。

程式實例 ch6_9.ipynb：一家汽車經銷商原本可以銷售 Toyota、Nissan、Honda，現在併購一家銷售 Audi、BMW 的經銷商，可用下列方式設計銷售品牌。

```
1  # ch6_9.ipynb
2  cars1 = ['Toyota', 'Nissan', 'Honda']
3  print("舊汽車銷售品牌", cars1)
4  cars2 = ['Audi', 'BMW']
5  cars1 += cars2
6  print("新汽車銷售品牌", cars1)
```

執行結果

```
舊汽車銷售品牌 ['Toyota', 'Nissan', 'Honda']
新汽車銷售品牌 ['Toyota', 'Nissan', 'Honda', 'Audi', 'BMW']
```

程式實例 ch6_10.ipynb：整數串列相加，結果元素重複出現實例。

```
1  # ch6_10.ipynb
2  num1 = [1, 3, 5]
3  num2 = [1, 2, 4, 6]
4  num3 = num1 + num2
5  print(num3)
```

執行結果

```
[1, 3, 5, 1, 2, 4, 6]
```

6-1-7　串列乘以一個數字

如果將串列乘以一個數字，這個數字相當於是串列元素重複次數。

程式實例 ch6_11.ipynb：將串列乘以數字的應用。

```
1  # ch6_11.ipynb
2  cars = ['Benz', 'BMW', 'Honda']
3  nums = [1, 3, 5]
4  carslist = cars * 3          # 串列乘以數字
5  print(carslist)
6  numslist = nums * 5          # 串列乘以數字
7  print(numslist)
```

執行結果
```
['Benz', 'BMW', 'Honda', 'Benz', 'BMW', 'Honda', 'Benz', 'BMW', 'Honda']
[1, 3, 5, 1, 3, 5, 1, 3, 5, 1, 3, 5, 1, 3, 5]
```

註　Python 的串列不支援串列加上數字，例如：第 6 列改成下列：

　　numslist = nums + 5　　　　　　　　# 串列加上數字將造成**錯誤**

6-1-8　刪除串列元素與串列

可以使用下列方式刪除指定索引的串列元素：

　　del x[i]　　　　　　　　　　　# 刪除索引i的元素

下列是刪除串列區間元素。

　　del x[start:end]　　　　　　　　# 刪除從索引start到(end-1)索引的元素

下列是刪除區間，但是用 step 作為每隔多少區間再刪除。

　　del x[start:end:step]　　　　　　# 每隔step刪除索引start到(end-1)索引的元素

Python 也允許我們刪除整個串列，串列一經刪除後就無法復原，同時也無法做任何操作了，下列是刪除串列的方式：

　　del x　　　　　　　　　　　# 刪除串列x

程式實例 ch6_12.ipynb：如果 NBA 勇士隊主將陣容有 5 名，其中一名隊員 Bell 離隊了，可用下列方式設計。

```
1  # ch6_12.ipynb
2  warriors = ['Curry','Durant','Iquodala','Bell','Thompson']
3  print("2025年初NBA勇士隊主將陣容", warriors)
4  del warriors[3]                # 不明原因離隊
5  print("2025年末NBA勇士隊主將陣容", warriors)
```

執行結果

```
2025年初NBA勇士隊主將陣容 ['Curry', 'Durant', 'Iquodala', 'Bell', 'Thompson']
2025年末NBA勇士隊主將陣容 ['Curry', 'Durant', 'Iquodala', 'Thompson']
```

程式實例 ch6_13.ipynb：刪除串列元素的應用。

```
1   # ch6_13.ipynb
2   nums1 = [1, 3, 5]
3   print(f"刪除nums1串列索引1元素前    = {nums1}")
4   del nums1[1]
5   print(f"刪除nums1串列索引1元素後    = {nums1}")
6   nums2 = [1, 2, 3, 4, 5, 6]
7   print(f"刪除nums2串列索引[0:2]前    = {nums2}")
8   del nums2[0:2]
9   print(f"刪除nums2串列索引[0:2]後    = {nums2}")
10  nums3 = [1, 2, 3, 4, 5, 6]
11  print(f"刪除nums3串列索引[0:6:2]前 = {nums3}")
12  del nums3[0:6:2]
13  print(f"刪除nums3串列索引[0:6:2]後 = {nums3}")
```

執行結果

```
刪除nums1串列索引1元素前    = [1, 3, 5]
刪除nums1串列索引1元素後    = [1, 5]
刪除nums2串列索引[0:2]前    = [1, 2, 3, 4, 5, 6]
刪除nums2串列索引[0:2]後    = [3, 4, 5, 6]
刪除nums3串列索引[0:6:2]前 = [1, 2, 3, 4, 5, 6]
刪除nums3串列索引[0:6:2]後 = [2, 4, 6]
```

　　以這種方式刪除串列元素最大的缺點是，元素刪除後我們無法得知刪除的是什麼內容。有時我們設計網站時，可能想將某個人從 VIP 客戶降為一般客戶，採用上述方式刪除元素時，我們就無法再度取得所刪除的元素資料，未來筆者在 6-4-3 節會介紹另一種方式刪除資料，刪除後我們還可善加利用所刪除的資料。又或者你設計一個遊戲，敵人是放在串列內，採用上述方式刪除所殺死的敵人時，我們就無法再度取得所刪除的敵人元素資料，如果我們可以取得的話，可以在殺死敵人座標位置也許放置慶祝動畫 … 等。

6-1-9 串列為空串列的判斷

如果想建立一個串列，可是暫時不放置元素，可使用下列方式宣告。

    x = [ ]   # 這是空的串列

程式實例 ch6_14.ipynb：刪除串列元素的應用，這個程式基本上會用 len( ) 函數判斷串列內是否有元素資料，如果有則刪除索引為 0 的元素，如果沒有則列出串列內沒有元素了。讀者可以比較第 4 和 12 列的 if 敘述寫法，第 12 列是比較符合 PEP 8 風格。

```
1  # ch6_14.ipynb
2  cars = ['Toyota', 'Nissan', 'Honda']
3  print(f"cars串列長度是 = {len(cars)}")
4  if len(cars) != 0:                # 一般寫法
5      del cars[0]
6      print("刪除cars串列元素成功")
7      print(f"cars串列長度是 = {len(cars)}")
8  else:
9      print("cars串列內沒有元素資料")
10  nums = []
11  print(f"nums串列長度是 = {len(nums)}")
12  if len(nums):                     # 更好的寫法
13      del nums[0]
14      print("刪除nums串列元素成功")
15  else:
16      print("nums串列內沒有元素資料")
```

執行結果

```
cars串列長度是 = 3
刪除cars串列元素成功
cars串列長度是 = 2
nums串列長度是 = 0
nums串列內沒有元素資料
```

6-2 Python 物件導向觀念與方法

在物件導向的程式設計 (Object Oriented Programming) 觀念裡，所有資料皆算是一個物件 (Object)，例如，整數、浮點數、字串或是本章所提的串列皆是一個物件。我們可以為所建立的物件設計一些方法 (method)，供這些物件使用，在這裡所提的方法表面是函數，但是這函數是放在類別 (第 12 章會介紹類別) 內，我們稱之為方法，它與函數呼叫方式不同。目前 Python 有為一些基本物件，提供預設的方法，要使用這些方法可以在物件後先放小數點，再放方法名稱，基本語法格式如下：

    物件.方法( )

上述呼叫方法的原理，未來第 12 章會解說。

❑　**串列內容是字串的常用方法**

- lower( )：將字串轉成小寫字。(6-3-1 節)
- upper( )：將字串轉成大寫字。(6-3-1 節)
- title( )：將字串轉成第一個字母大寫，其它是小寫。(6-3-1 節)
- swapcase( )：將字串所有大寫改小寫，所有小寫改大寫。(6-3-1 節)
- rstrip( )：刪除字串尾端多餘的空白。(6-3-2 節)
- lstrip( )：刪除字串開始端多餘的空白。(6-3-2 節)
- strip( )：刪除字串頭尾兩邊多餘的空白。(6-3-2 節)
- center( )：字串在指定寬度置中對齊。(6-3-3 節)
- rjust( )：字串在指定寬度靠右對齊。(6-3-3 節)
- ljust( )：字串在指定寬度靠左對齊。(6-3-3 節)
- zfill( )：可以設定字串長度，原字串靠右對齊，左邊多餘空間補 0。(6-3-3 節)

❑　**增加與刪除串列元素方法**

- append( )：在串列末端直接增加元素。(6-4-1 節)
- insert( )：在串列任意位置插入元素。(6-4-2 節)
- pop( )：刪除串列末端或是指定的元素。(6-4-3 節)
- remove( )：刪除串列指定的元素。(6-4-4 節)

❑　**串列的排序**

- reverse( )：顛倒排序串列元素。(6-5-1 節)
- sort( )：將串列元素排序。(6-5-2 節)
- sorted( )：新串列儲存新的排序串列。(6-5-3 節)

❑　**進階串列操作**

- index( )：傳回特定元素內容第一次出現的索引值。(6-6-1 節)
- count( )：傳回特定元素內容出現的次數。(6-6-2 節)

6-2-1　取得串列的方法

如果想獲得字串串列的方法，可以使用 dir( ) 函數。

實例 1：列出串列元素是數字的方法。

```
>>> x = [1, 2, 3]
>>> dir(x)
['__add__', '__class__', '__contains__', '__delattr__', '__delitem__', '__dir__'
, '__doc__', '__eq__', '__format__', '__ge__', '__getattribute__', '__getitem__'
, '__gt__', '__hash__', '__iadd__', '__imul__', '__init__', '__init_subclass__',
 '__iter__', '__le__', '__len__', '__lt__', '__mul__', '__ne__', '__new__', '__r
educe__', '__reduce_ex__', '__repr__', '__reversed__', '__rmul__', '__setattr__'
, '__setitem__', '__sizeof__', '__str__', '__subclasshook__', 'append', 'clear',
 'copy', 'count', 'extend', 'index', 'insert', 'pop', 'remove', 'reverse', 'sort
']
```

實例 2：列出串列元素是字串的方法。

```
>>> x = "ABC"
>>> dir(x)
['__add__', '__class__', '__contains__', '__delattr__', '__dir__', '__doc__', '_
_eq__', '__format__', '__ge__', '__getattribute__', '__getitem__', '__getnewargs
__', '__gt__', '__hash__', '__init__', '__init_subclass__', '__iter__', '__le__'
, '__len__', '__lt__', '__mod__', '__mul__', '__ne__', '__new__', '__reduce__',
'__reduce_ex__', '__repr__', '__rmod__', '__rmul__', '__setattr__', '__sizeof__'
, '__str__', '__subclasshook__', 'capitalize', 'casefold', 'center', 'count', 'e
ncode', 'endswith', 'expandtabs', 'find', 'format', 'format_map', 'index', 'isal
num', 'isalpha', 'isascii', 'isdecimal', 'isdigit', 'isidentifier', 'islower', '
isnumeric', 'isprintable', 'isspace', 'istitle', 'isupper', 'join', 'ljust', 'lo
wer', 'lstrip', 'maketrans', 'partition', 'replace', 'rfind', 'rindex', 'rjust',
 'rpartition', 'rsplit', 'rstrip', 'split', 'splitlines', 'startswith', 'strip',
 'swapcase', 'title', 'translate', 'upper', 'zfill']
```

6-2-2　了解特定方法的使用說明

看到前一小節密密麻麻的方法，不用緊張，也不用想要一次學會，需要時再學即可。如果想要了解上述特定方法可以使用 4-1 節所介紹的 help( ) 函數，可以用下列方式：

help(物件.方法名稱)

實例 1：列出物件 x，內建 isupper 方法的使用說明。

```
>>> x = "ABC"
>>> help(x.isupper)
Help on built-in function isupper:

isupper() method of builtins.str instance
    Return True if the string is an uppercase string, False otherwise.

    A string is uppercase if all cased characters in the string are uppercase and
    there is at least one cased character in the string.
```

由上述說明可知，isupper( ) 可以傳回物件是否是大寫，如果字串物件全部是大寫將傳回 True，否則傳回 False。在上述實例，由於 x 物件的內容是 "ABC"，全部是大寫，所以傳回 True。

上述觀念同樣可以延伸應用在查詢整數物件的方法。

實例 2：列出整數物件的方法，同樣可以先設定一個**整數變數**，再列出此**整數變數**的方法 (method)。

```
>>> num = 5
>>> dir(num)
['__abs__', '__add__', '__and__', '__bool__', '__ceil__', '__class__', '__delattr
__', '__dir__', '__divmod__', '__doc__', '__eq__', '__float__', '__floor__', '__f
loordiv__', '__format__', '__ge__', '__getattribute__', '__getnewargs__', '__gt_
_', '__hash__', '__index__', '__init__', '__init_subclass__', '__int__', '__invert
__', '__le__', '__lshift__', '__lt__', '__mod__', '__mul__', '__ne__', '__neg__',
'__new__', '__or__', '__pos__', '__pow__', '__radd__', '__rand__', '__rdivmod__',
'__reduce__', '__reduce_ex__', '__repr__', '__rfloordiv__', '__rlshift__', '__rmo
d__', '__rmul__', '__ror__', '__round__', '__rpow__', '__rrshift__', '__rshift__'
, '__rsub__', '__rtruediv__', '__rxor__', '__setattr__', '__sizeof__', '__str__',
'__sub__', '__subclasshook__', '__truediv__', '__trunc__', '__xor__', 'bit_length
', 'conjugate', 'denominator', 'from_bytes', 'imag', 'numerator', 'real', 'to_byt
es']
```

上述 bit_length 是可以計算出要多少位元以 2 進位方式儲存此變數。

實例 3：列出需要多少位元，儲存整數變數 num。

```
>>> num = 5
>>> y = num.bit_length( )
>>> y
3
>>> num = 31
>>> y = num.bit_length( )
>>> y
5
```

6-3 串列元素是字串的常用方法

6-3-1 更改字串大小寫 lower( )/upper( )/title( )/swapcase( )

如果串列內的元素字串資料是小寫，例如：輸出的車輛名稱是 "benz"，其實我們可以使用前一小節的 title( ) 讓車輛名稱的第一個字母大寫，可能會更好。

程式實例 ch6_15.ipynb：將 upper( ) 和 title( ) 應用在字串。

```
1  # ch6_15.ipynb
2  cars = ['bmw', 'benz', 'audi']
3  carF = "我開的第一部車是 " + cars[1].title( )
4  carN = "我現在開的車子是 " + cars[0].upper( )
5  print(carF)
6  print(carN)
```

執行結果

```
我開的第一部車是 Benz
我現在開的車子是 BMW
```

上述第 3 列是將 benz 改為 Benz，第 4 列是將 bmw 改為 BMW。下列是使用 lower( ) 將字串改為小寫的實例。

```
>>> x = 'ABC'
>>> x.lower()
'abc'
```

使用 title( ) 時需留意，如果字串內含多個單字，所有的單字均是第一個字母大寫，可以參考下方左圖。下方右圖是 swapcase( ) 的實例。

```
>>> x = "i love python"        >>> x = 'DeepMind'
>>> x.title()                  >>> x.swapcase()
'I Love Python'                'dEEPmIND'
```

6-3-2　刪除空白字元 rstrip( )/lstrip( )/strip( )

刪除字串開始或結尾多餘空白是一個很好用的方法 (method)，特別是系統要求讀者輸入資料時，一定會有人不小心多輸入了一些空白字元，此時可以用這個方法刪除多餘的空白。

程式實例 ch6_16.ipynb：刪除開始端與結尾端多餘空白的應用。

```
1  # ch6_16.ipynb
2  strN = " DeepStone        "
3  strL = strN.lstrip( )        # 刪除字串左邊多餘空白
4  strR = strN.rstrip( )        # 刪除字串右邊多餘空白
5  strB = strN.strip( )         # 一次刪除頭尾端多餘空白
6  print(f"/{strN}/")
7  print(f"/{strL}/")
8  print(f"/{strR}/")
9  print(f"/{strB}/")
```

執行結果

```
/ DeepStone        /
/DeepStone        /
/ DeepStone/
/DeepStone/
```

刪除前後空白字元常常應用在讀取螢幕輸入，下列是使用 input( ) 函數時，直接呼叫 strip( ) 和 title( ) 方法的實例。

程式實例 ch6_17.ipynb：活用 Python 的應用。

```
1  # ch6_17.ipynb
2  name = input("請輸入英文名字 ：")
```

```
3   print(f"/{name}/")
4   name = input("請輸入英文名字 : ").strip()
5   print(f"/{name}/")
6   name = input("請輸入英文名字 : ").strip().title()
7   print(f"/{name}/")
```

執行結果

```
請輸入英文名字 : peter
/peter/
請輸入英文名字 :        peter
/peter/
請輸入英文名字 :                peter
/Peter/
```

6-3-3　格式化字串位置 center( )/ljust( )/rjust( )/zfill( )

這幾個算是格式化字串功能，我們可以給一定的字串長度空間，然後可以看到字串分別置中 (center)、靠左 (ljust)、靠右 rjust( ) 對齊。

程式實例 ch6_18.ipynb：格式化字串位置的應用。

```
1   # ch6_18.ipynb
2   title = "Ming-Chi Institute of Technology"
3   print(f"/{title.center(50)}/")
4   dt = "Department of ME"
5   print(f"/{dt.ljust(50)}/")
6   site = "JK Hung"
7   print(f"/{site.rjust(50)}/")
8   print(f"/{title.zfill(50)}/")
```

執行結果

```
/          Ming-Chi Institute of Technology          /
/Department of ME                                    /
/                                            JK Hung/
/000000000000000000Ming-Chi Institute of Technology/
```

6-4　增加與刪除串列元素

6-4-1　在串列末端增加元素 append( )

Python 為串列內建了新增元素的方法 append( )，這個方法可以在串列末端直接增加元素。

　　x.append('新增元素')

程式實例 ch6_19.ipynb：先建立一個空串列，然後分別使用 append( ) 增加 2 筆元素內容。

```
1  # ch6_19.ipynb
2  cars = []
3  print(f"目前串列內容 = {cars}")
4  cars.append('Honda')
5  print(f"目前串列內容 = {cars}")
6  cars.append('Toyota')
7  print(f"目前串列內容 = {cars}")
```

執行結果

```
目前串列內容 = []
目前串列內容 = ['Honda']
目前串列內容 = ['Honda', 'Toyota']
```

　　有時候在程式設計時需預留串列空間，未來再使用**賦值**方式將數值存入串列，可以使用下列方式處理。

```
>>> x = [None] * 3
>>> x[0] = 1
>>> x[1] = 2
>>> x[2] = 3
>>> x
[1, 2, 3]
```

6-4-2　插入串列元素 insert( )

　　append( ) 方法是固定在串列末端插入元素，insert( ) 方法則是可以在任意位置插入元素，它的使用格式如下：

　　　　insert(索引, 元素內容)　　　　　　# 索引是插入位置，元素內容是插入內容

程式實例 ch6_20.ipynb：使用 insert( ) 插入串列元素的應用。

```
1  # ch6_20.ipynb
2  cars = ['Honda','Toyota','Ford']
3  print(f"目前串列內容 = {cars}")
4  print("在索引1位置插入Nissan")
5  cars.insert(1,'Nissan')
6  print(f"新的串列內容 = {cars}")
7  print("在索引0位置插入BMW")
8  cars.insert(0,'BMW')
9  print(f"最新串列內容 = {cars}")
```

執行結果

```
目前串列內容 = ['Honda', 'Toyota', 'Ford']
在索引1位置插入Nissan
新的串列內容 = ['Honda', 'Nissan', 'Toyota', 'Ford']
在索引0位置插入BMW
最新串列內容 = ['BMW', 'Honda', 'Nissan', 'Toyota', 'Ford']
```

6-4-3　刪除串列元素 pop( )

　　6-1-8 節筆者有介紹使用 del 刪除串列元素,在該節筆者同時指出最大缺點是,資料刪除了就無法取得相關資訊。使用 pop( ) 方法刪除元素最大的優點是,刪除後將回傳所刪除的值,使用 pop( ) 時若是未指明所刪除元素的位置,一律刪除串列末端的元素。pop( ) 的使用方式如下:

```
value = x.pop( )        # 沒有索引是刪除串列末端元素
value = x.pop(i)        # 是刪除指定索引值i位置的串列元素
```

程式實例 ch6_21.ipynb:使用 pop( ) 刪除串列元素的應用,這個程式第 5 列未指明刪除的索引值,所以刪除了串列的最後一個元素。程式第 9 列則是刪除索引 1 位置的元素。

```
1   # ch6_21.ipynb
2   cars = ['Honda','Toyota','Ford','BMW']
3   print("目前串列內容 = ",cars)
4   print("使用pop( )刪除串列元素")
5   popped_car = cars.pop( )            # 刪除串列末端值
6   print(f"所刪除的串列內容是 : {popped_car}")
7   print("新的串列內容 = ",cars)
8   print("使用pop(1)刪除串列元素")
9   popped_car = cars.pop(1)            # 刪除串列索引為1的值
10  print(f"所刪除的串列內容是 : {popped_car}")
11  print("新的串列內容 = ",cars)
```

執行結果

```
目前串列內容 =  ['Honda', 'Toyota', 'Ford', 'BMW']
使用pop( )刪除串列元素
所刪除的串列內容是 : BMW
新的串列內容 =  ['Honda', 'Toyota', 'Ford']
使用pop(1)刪除串列元素
所刪除的串列內容是 : Toyota
新的串列內容 =  ['Honda', 'Ford']
```

6-4-4　刪除指定的元素 remove( )

　　在刪除串列元素時,有時可能不知道元素在串列內的位置,此時可以使用 remove( ) 方法刪除指定的元素,它的使用方式如下:

```
x.remove(想刪除的元素內容)
```

　　如果串列內有相同的元素,則只刪除第一個出現的元素,如果想要刪除所有相同的元素,必須使用迴圈,下一章將會講解迴圈的觀念。

程式實例 ch6_22.ipynb：刪除串列中第一次出現的元素 bmw，這個串列有 2 筆 bmw 字串，最後只刪除索引 1 位置的 bmw 字串。。

```
1  # ch6_22.ipynb
2  cars = ['Honda','bmw','Toyota','Ford','bmw']
3  print(f"目前串列內容 = {cars}")
4  print("使用remove( )刪除串列元素")
5  expensive = 'bmw'
6  cars.remove(expensive)          # 刪除第一次出現的元素bmw
7  print(f"所刪除的內容是 : {expensive.upper()} 因為重複了")
8  print(f"新的串列內容 = {cars}")
```

執行結果
```
目前串列內容 = ['Honda', 'bmw', 'Toyota', 'Ford', 'bmw']
使用remove( )刪除串列元素
所刪除的內容是 : BMW 因為重複了
新的串列內容 = ['Honda', 'Toyota', 'Ford', 'bmw']
```

6-5　串列的排序

6-5-1　顛倒排序 reverse( )

reverse( ) 可以顛倒排序串列元素，它的使用方式如下：

x.reverse( )　　　　　　# 顛倒排序x串列元素

串列經顛倒排放後，就算永久性更改了，如果要復原，可以再執行一次 reverse( ) 方法。

其實在 6-1-3 節的切片應用中，也可以用 [::-1] 方式取得串列顛倒排序，這個方式會傳回新的顛倒排序串列，原串列順序未改變。

程式實例 ch6_23.ipynb：使用 2 種方式執行顛倒排序串列元素。

```
1  # ch6_23.ipynb
2  cars = ['Honda','bmw','Toyota','Ford','bmw']
3  print(f"目前串列內容 = {cars}")
4  # 直接列印cars[::-1]顛倒排序,不更改串列內容
5  print(f"列印使用[::-1]顛倒排序\n{cars[::-1]}")
6  # 更改串列內容
7  print("使用reverse( )顛倒排序串列元素")
8  cars.reverse()              # 顛倒排序串列
9  print(f"新的串列內容 = {cars}")
```

執行結果
```
目前串列內容 = ['Honda', 'bmw', 'Toyota', 'Ford', 'bmw']
列印使用[::-1]顛倒排序
['bmw', 'Ford', 'Toyota', 'bmw', 'Honda']
使用reverse( )顛倒排序串列元素
新的串列內容 = ['bmw', 'Ford', 'Toyota', 'bmw', 'Honda']
```

6-5-2 sort( ) 排序

sort( ) 方法可以對串列元素由小到大排序，這個方法可以同時對純數值元素與純英文字串元素有非常好的效果。要留意的是，經排序後原串列的元素順序會被永久更改。它的使用格式如下：

> x.sort(reverse=False)   # 由小到大排序x串列

如果是排序英文字串，建議先將字串英文字元全部改成小寫或全部改成大寫，上述參數 reverse 預設是 False，可以從小排到大。如果設定參數 reverse=True，可以從大排到小。

程式實例 ch6_24.ipynb：數字與英文字串元素排序的應用。

```
1   # ch6_24.ipynb
2   cars = ['honda','bmw','toyota','ford']
3   print(f"目前串列內容 = {cars}")
4   print("使用sort()由小排到大")
5   cars.sort()
6   print(f"排序串列結果 = {cars}")
7   print("使用sort()由大排到小")
8   cars.sort(reverse=True)
9   print(f"排序串列結果 = {cars}")
10  print("="*60)
11  nums = [5, 3, 9, 2]
12  print("目前串列內容 = ",nums)
13  print("使用sort()由小排到大")
14  nums.sort()
15  print(f"排序串列結果 = {nums}")
16  print("使用sort()由大排到小")
17  nums.sort(reverse=True)
18  print(f"排序串列結果 = {nums}")
```

執行結果

```
目前串列內容 = ['honda', 'bmw', 'toyota', 'ford']
使用sort()由小排到大
排序串列結果 = ['bmw', 'ford', 'honda', 'toyota']
使用sort()由大排到小
排序串列結果 = ['toyota', 'honda', 'ford', 'bmw']
============================================================
目前串列內容 =  [5, 3, 9, 2]
使用sort()由小排到大
排序串列結果 = [2, 3, 5, 9]
使用sort()由大排到小
排序串列結果 = [9, 5, 3, 2]
```

6-5-3　sorted( ) 排序

前一小節的 sort( ) 排序將造成串列元素順序永久更改，如果你不希望更改串列元素順序，可以使用另一種排序 sorted( )，使用這個排序可以獲得想要的排序結果，我們可以用新串列儲存新的排序串列，同時原先串列的順序將不更改。它的使用格式如下：

　　　newx = sorted(x, reverse=False)　　　# 用新串列儲存排序，原串列序列不更改

上述參數 reverse 預設是 False，可以從小排到大。如果設定參數 reverse=True，可以從大排到小。

程式實例 ch6_25.ipynb：sorted( ) 排序的應用，這個程式使用 car_sorted 新串列儲存 car 串列的排序結果，同時使用 num_sorted 新串列儲存 num 串列的排序結果。

```
1   # ch6_25.ipynb
2   cars = ['honda','bmw','toyota','ford']
3   print(f"目前串列car內容 = {cars}")
4   print("使用sorted()由小排到大")
5   cars_sorted = sorted(cars)
6   print(f"從小排到大的排序串列結果 = {cars_sorted}")
7   print("-"*60)
8   print(f"原先串列car內容 = {cars}")
9   cars_sorted = sorted(cars,reverse=True)
10  print(f"從大排到小的排序串列結果 = {cars_sorted}")
11  print(f"原先串列car內容不變 = {cars}")
12  print("="*60)
13  nums = [5, 3, 9, 2]
14  print(f"目前串列num內容 = {nums}")
15  print("使用sorted()由小排到大")
16  nums_sorted = sorted(nums)
17  print(f"從小排到大的排序串列結果 = {nums_sorted}")
18  print("-"*60)
19  print(f"原先串列num內容 = {nums}")
20  nums_sorted = sorted(nums,reverse=True)
21  print(f"從大排到小的排序串列結果 = {nums_sorted}")
22  print(f"原先串列num內容不變 = {nums}")
```

執行結果

```
目前串列car內容 = ['honda', 'bmw', 'toyota', 'ford']
使用sorted()由小排到大
從小排到大的排序串列結果 = ['bmw', 'ford', 'honda', 'toyota']
------------------------------------------------------------
原先串列car內容 = ['honda', 'bmw', 'toyota', 'ford']
從大排到小的排序串列結果 = ['toyota', 'honda', 'ford', 'bmw']
原先串列car內容不變 = ['honda', 'bmw', 'toyota', 'ford']
============================================================
目前串列num內容 = [5, 3, 9, 2]
使用sorted()由小排到大
從小排到大的排序串列結果 = [2, 3, 5, 9]
------------------------------------------------------------
原先串列num內容 = [5, 3, 9, 2]
從大排到小的排序串列結果 = [9, 5, 3, 2]
原先串列num內容不變 = [5, 3, 9, 2]
```

6-6 進階串列操作

6-6-1　index( )

這個方法可以傳回特定元素內容第一次出現的索引值，它的使用格式如下：

　　索引值 = 串列名稱.index(搜尋值)

如果**搜尋值不存在**串列會出現錯誤。

程式實例 ch6_26.ipynb：傳回搜尋索引值的應用。

```
1  # ch6_26.ipynb
2  cars = ['toyota', 'nissan', 'honda']
3  search_str = 'nissan'
4  i = cars.index(search_str)
5  print(f"所搜尋元素 {search_str} 第一次出現位置索引是 {i}")
6  nums = [7, 12, 30, 12, 30, 9, 8]
7  search_val = 30
8  j = nums.index(search_val)
9  print(f"所搜尋元素 {search_val} 第一次出現位置索引是 {j}")
```

執行結果

```
所搜尋元素 nissan 第一次出現位置索引是 1
所搜尋元素 30 第一次出現位置索引是 2
```

如果搜尋值不在串列會出現錯誤，所以在使用前建議可以先使用 in 運算式 (可參考 6-10 節)，先判斷搜尋值是否在串列內，如果是在串列內，再執行 index( ) 方法。

程式實例 ch6_27.ipynb：使用 ch6_7.ipynb 的串列 James，這個串列有 Lebron James 一系列比賽得分，由此串列請計算他在第幾場得最高分，同時列出所得分數。

```
1  # ch6_27.ipynb
2  James = ['Lebron James',23, 19, 22, 31, 18]  # 定義James串列
3  games = len(James)                           # 求元素數量
4  score_Max = max(James[1:games])              # 最高得分
5  i = James.index(score_Max)                   # 場次
6  print(f"{James[0]} 在第 {i} 場得最高分 {score_Max}")
```

執行結果

```
Lebron James 在第 4 場得最高分 31
```

6-6-2 count( )

這個方法可以傳回特定元素內容出現的次數，如果搜尋值不在串列會傳回 0，它的使用格式如下：

次數 = 串列名稱.count(搜尋值)

程式實例 ch6_28.ipynb：傳回搜尋值出現的次數的應用。

```
1   # ch6_28.ipynb
2   cars = ['toyota', 'nissan', 'honda']
3   search_str = 'nissan'
4   num1 = cars.count(search_str)
5   print(f"所搜尋元素 {search_str} 出現 {num1} 次")
6   nums = [7, 12, 30, 12, 30, 9, 8]
7   search_val = 30
8   num2 = nums.count(search_val)
9   print(f"所搜尋元素 {search_val} 出現 {num2} 次")
```

執行結果

```
所搜尋元素 nissan 出現 1 次
所搜尋元素 30 出現 2 次
```

如果搜尋值不在串列會傳回 0。

```
>>> x = [1,2,3]
>>> x.count(4)
0
```

6-7 串列內含串列

6-7-1 基礎觀念與實作

串列內含串列的基本精神如下：

num = [1, 2, 3, 4, 5, [6, 7, 8]]

對上述而言，num 是一個串列，在這個串列內有另一個串列 [7, 8, 9]，因為內部串列的索引值是 5，所以可以用 num[5]，獲得這個元素串列的內容。

```
>>> num = [1, 2, 3, 4, 5, [6, 7, 8]]
>>> num[5]
[6, 7, 8]
>>>
```

如果想要存取串列內的串列元素，可以使用下列格式：

num[索引1][索引2]

索引 1 是元素串列原先索引位置，索引 2 是元素串列內部的索引。

實例 1：列出串列內的串列元素值。

```
>>> num = [1, 2, 3, 4, 5, [6, 7, 8]]
>>> print(num[5][0])
6
>>> print(num[5][1])
7
>>> print(num[5][2])
8
>>>
```

串列內含串列主要應用是，例如：可以用這個資料格式儲存 NBA 球員 Lebron James 的數據如下所示：

James = [['Lebron James', 'SF','12/30/1984'], 23, 19, 22, 31, 18]

其中第一個元素是串列，用於儲存 Lebron James 個人資料，其它則是儲存每場得分資料。

程式實例 ch6_29.ipynb：擴充 ch6_27.ipynb 先列出 Lebron James 個人資料再計算那一個場次得到最高分。程式第 2 列 'SF' 全名是 Small Forward 小前鋒。

```
1   # ch6_29.ipynb
2   James = [['Lebron James','SF','12/30/84'],23,19,22,31,18]  # 定義James串列
3   games = len(James)                                          # 求元素數量
4   score_Max = max(James[1:games])                             # 最高得分
5   i = James.index(score_Max)                                  # 場次
6   name, position, born = James[0]
7   print("姓名     : ", name)
8   print("位置     : ", position)
9   print("出生日期 : ", born)
10  print(f"在第 {i} 場得最高分 {score_Max}")
```

執行結果

```
姓名     :  Lebron James
位置     :  SF
出生日期 :  12/30/84
在第 4 場得最高分 31
```

上述程式關鍵是第 6 列，這是精通 Python 工程師常用方式，相當於下列指令：

name = James[0][0]

position = James[0][1]

born = James[0][2]

6-7-2　二維串列

所謂的二維串列 (two dimension list) 可以想成是二維空間，也可以說是二維陣列，下列是一個考試成績系統的表格：

姓名	國文	英文	數學	總分
洪錦魁	80	95	88	0
洪冰儒	98	97	96	0
洪雨星	91	93	95	0
洪冰雨	92	94	90	0
洪星宇	92	97	80	0

上述總分先放 0，筆者會教導讀者如何處理這個部分，假設串列名稱是 sc，在 Python 我們可以用下列方式記錄成績系統。

```
sc = [['洪錦魁', 80, 95, 88, 0],
      ['洪冰儒', 98, 97, 96, 0],
      ['洪雨星', 91, 93, 95, 0],
      ['洪冰雨', 92, 94, 90, 0],
      ['洪星宇', 92, 97, 80, 0],
     ]
```

上述最後一筆串列元素 [' 洪星宇 ', 92, 97, 90, 0] 右邊的 "," 可有可無，6-1-1 節已有說明。假設我們先不考慮表格的標題名稱，當我們設計程式時可以使用下列方式處理索引。

姓名	國文	英文	數學	總分
[0][0]	[0][1]	[0][2]	[0][3]	[0][4]
[1][0]	[1][1]	[1][2]	[1][3]	[1][4]
[2][0]	[2][1]	[2][2]	[2][3]	[2][4]
[3][0]	[3][1]	[3][2]	[3][3]	[3][4]
[4][0]	[4][1]	[4][2]	[4][3]	[4][4]

上述表格最常見的應用是，我們使用迴圈計算每個學生的總分，這將在下一章補充說明，在此我們將用現有的知識處理總分問題，為了簡化筆者只用 2 個學生姓名為實例說明。

程式實例 ch6_30.ipynb：二維串列的成績系統總分計算。

```
1  # ch6_30.ipynb
2  sc = [['洪錦魁', 80, 95, 88, 0],
3        ['洪冰儒', 98, 97, 96, 0],
4        ]
5  sc[0][4] = sum(sc[0][1:4])
6  sc[1][4] = sum(sc[1][1:4])
7  print(sc[0])
8  print(sc[1])
```

執行結果

```
['洪錦魁', 80, 95, 88, 263]
['洪冰儒', 98, 97, 96, 291]
```

6-8 串列的賦值與切片拷貝

6-8-1　串列賦值

假設我喜歡的運動是，籃球與棒球，可以用下列方式設定串列：

　　mysports = ['basketball', 'baseball']

如果我的朋友也是喜歡這 2 種運動，讀者可能會想用下列方式設定串列。

　　friendsports = mysports

初看上述執行結果好像沒有任何問題，可是如果我想加入美式足球 football 當作喜歡的運動，我的朋友想加入傳統足球 soccer 當作喜歡的運動，這時我喜歡的運動如下：

　　basketball、baseball、football

我朋友喜歡的運動如下：

　　basketball、baseball、soccer

程式實例 ch6_31.ipynb：我加入美式足球 football 當作喜歡的運動，我的朋友想加入傳統足球 soccer 當作喜歡的運動，同時列出執行結果。

```
1  # ch6_31.ipynb
2  mysports = ['basketball', 'baseball']
3  friendsports = mysports
4  print(f"我喜歡的運動      = {mysports}")
5  print(f"我朋友喜歡的運動 = {friendsports}")
6  mysports.append('football')
7  friendsports.append('soccer')
8  print(f"我喜歡的最新運動     = {mysports}")
9  print(f"我朋友喜歡的最新運動 = {friendsports}")
```

執行結果
```
我喜歡的運動        = ['basketball', 'baseball']
我朋友喜歡的運動 = ['basketball', 'baseball']
我喜歡的最新運動     = ['basketball', 'baseball', 'football', 'soccer']
我朋友喜歡的最新運動 = ['basketball', 'baseball', 'football', 'soccer']
```

這時獲得的結果，不論是我和我的朋友喜歡的運動皆相同，football 和 soccer 皆是變成 2 人共同喜歡的運動。類似這種只要有一個串列更改元素會影響到另一個串列同步更改，這是**賦值**的特性，所以使用上要小心。

6-8-2　串列的切片拷貝

切片拷貝 (copy) 觀念是，執行拷貝後**產生新串列物件**，此新串列是使用不同記憶體位址儲存。當一個串列改變後，不會影響另一個串列的內容，這是本小節的重點。方法應該如下：

```
friendsports = mysports[ : ]          # 切片拷貝
```

程式實例 ch6_32.ipynb：使用拷貝方式，重新設計 ch6_31.ipynb。下列是與 ch6_35.ipynb 之間，唯一不同的程式碼。

```
3   friendsports = mysports[:]
```

執行結果
```
我喜歡的運動        = ['basketball', 'baseball']
我朋友喜歡的運動 = ['basketball', 'baseball']
我喜歡的最新運動     = ['basketball', 'baseball', 'football']
我朋友喜歡的最新運動 = ['basketball', 'baseball', 'soccer']
```

由上述執行結果可知，我們已經獲得了 2 個串列彼此是不同的串列位址，同時也得到了想要的結果，或是將第 3 列改為下列 copy( ) 方法。

```
firendsports = mysports.copy( )
```

讀者可以自行練習，上述程式儲存在 ch6_32_1.ipynb。

6-9　再談字串

3-4 節筆者介紹了字串 (str) 的觀念，在 Python 的應用中可以將單一字串當作是一個序列，這個序列是由**字元** (character) 所組成，可想成**字元序列**。不過字串與串列不同的是，字串內的單一元素內容是不可更改的。

6-9-1　字串的索引

可以使用**索引值**的方式取得**字串**內容，索引方式則與串列相同。

程式實例 ch6_33.ipynb：使用正值與負值的索引列出字串元素內容。

```
1  # ch6_33.ipynb
2  string ="Abc"
3  # 正值索引
4  print(f" {string[0] = }",
5        f"\n {string[1] = }",
6        f"\n {string[2] = }")
7  # 負值索引
8  print(f" {string[-1] = }",
9        f"\n {string[-2] = }",
10       f"\n {string[-3] = }")
11 # 多重指定觀念
12 s1, s2, s3 = string
13 print(f"多重指定觀念的輸出測試 {s1}{s2}{s3}")
```

執行結果

```
string[0] = 'A'
string[1] = 'b'
string[2] = 'c'
string[-1] = 'c'
string[-2] = 'b'
string[-3] = 'A'
多重指定觀念的輸出測試 Abc
```

6-9-2　islower()/isupper()/isdigit()/isalpha()/isalnum( )

實例 1：列出字串是否全部大寫？是否全部小寫？是否全部數字組成？是否全部英文字母組成？可以參考下方左圖。

```
>>> s = 'abc'              >>> s = 'Abc'
>>> s.isupper()            >>> s.isupper()
False                      False
>>> s.islower()            >>> s.islower()
True                       False
>>> s.isdigit()
False
>>> n = '123'              >>> x = '123abc'
>>> n.isdigit()            >>> x.isalnum()
True                       True
>>> s.isalpha()            >>> x = '123@#'
True                       >>> x.isalnum()
>>> n.isalpha()            False
False
```

留意，上述必須全部符合才會傳回 True，否則傳回 False，可參考右上方圖。函數 isalnum( ) 則可以判斷字串是否只有字母或是數字，可以參考上面右下方圖。

6-9-3　字串切片

6-1-3 節串列切片的觀念可以應用在字串，下列將直接以實例說明。

程式實例 ch6_34.ipynb：字串切片的應用。

```
1   # ch6_34.ipynb
2   string = "Deep Learning"                # 定義字串
3   print(f"列印string第0-2元素        = {string[0:3]}")
4   print(f"列印string第1-3元素        = {string[1:4]}")
5   print(f"列印string第1,3,5元素      = {string[1:6:2]}")
6   print(f"列印string第1到最後元素    = {string[1:]}")
7   print(f"列印string前3元素          = {string[0:3]}")
8   print(f"列印string後3元素          = {string[-3:]}")
9   print("="*60)
10  print(f"列印string第1-3元素        = {'Deep Learning'[1:4]}")
```

執行結果

```
列印string第0-2元素        = Dee
列印string第1-3元素        = eep
列印string第1,3,5元素      = epL
列印string第1到最後元素    = eep Learning
列印string前3元素          = Dee
列印string後3元素          = ing
============================================================
列印string第1-3元素        = eep
```

　　程式設計時有時候也可以看到不使用變數，直接用字串做切片，讀者可以參考比較第 4 和 10 列。

6-9-4　將字串轉成串列

　　list( ) 函數可以將參數內字串轉成串列，下列是字串轉為串列的實例，以及使用切片更改串列內容了。

```
>>> x = list('Deepmind')
>>> x
['D', 'e', 'e', 'p', 'm', 'i', 'n', 'd']
>>> y = x[4:]
>>> y
['m', 'i', 'n', 'd']
```

　　字串本身無法用切片方式更改內容，但是將字串改為串列後，就可以了。

6-9-5　使用 split( ) 分割字串

　　這個方法 (method)，可以將字串以空格或其它符號為分隔符號，將字串拆開，變成一個串列。

```
str1.split( )              # 以空格當做分隔符號將字串拆開成串列
str2.split(ch)             # 以ch字元當做分隔符號將字串拆開成串列
```

變成串列後我們可以使用 len( ) 獲得此串列的元素個數,這個相當於可以計算字串是由多少個英文字母組成,由於中文字之間沒有空格,所以本節所述方法只適用在純英文文件。如果我們可以將一篇文章或一本書讀至一個字串變數後,可以使用這個方法獲得這一篇文章或這一本書的字數。

程式實例 ch6_35.ipynb:將 2 種不同類型的字串轉成串列,其中 str1 使用空格當做分隔符號,str2 使用 "\" 當做分隔符號 (因為這是逸出字元,所以使用 \\),同時這個程式會列出這 2 個串列的元素數量。

```
1   # ch6_35.ipynb
2   str1 = "Silicon Stone Education"
3   str2 = "D:\Python\ch6"
4
5   sList1 = str1.split()                     # 字串轉成串列
6   sList2 = str2.split("\\")                 # 字串轉成串列
7   print(f"{str1} 串列內容是 {sList1}")        # 列印串列
8   print(f"{str1} 串列字數是 {len(sList1)}")   # 列印字數
9   print(f"{str2} 串列內容是 {sList2}")        # 列印串列
10  print(f"{str2} 串列字數是 {len(sList2)}")   # 列印字數
```

執行結果

```
Silicon Stone Education 串列內容是 ['Silicon', 'Stone', 'Education']
Silicon Stone Education 串列字數是 3
D:\Python\ch6 串列內容是 ['D:', 'Python', 'ch6']
D:\Python\ch6 串列字數是 3
```

6-9-6　串列元素的組合 join( )

在網路爬蟲設計的程式應用中,我們可能會常常使用 join( ) 方法將所獲得的路徑與檔案名稱組合,它的語法格式如下:

連接字串.join(串列)

基本上串列元素會用連接字串組成一個字串。

程式實例 ch6_36.ipynb:將串列內容連接。

```
1   # ch6_36.ipynb
2   path = ['D:','ch6','ch6_36.ipynb']
3   connect = '\\'                    # 路徑分隔字元
4   print(connect.join(path))
5   connect = '*'                     # 普通字元
6   print(connect.join(path))
```

執行結果

```
D:\ch6\ch6_36.ipynb
D:*ch6*ch6_36.ipynb
```

6-9-7　子字串搜尋與索引

相關參數如下：

find( )：從頭找尋子字串如果找到回傳第一次出現索引，如果沒找到回傳 -1。

rfind( )：從尾找尋子字串如果找到回傳最後出現索引，如果沒找到回傳 -1。

index( )：從頭找尋子字串如果找到回傳第一次出現索引，如果沒找到產生例外錯誤。

rindex( )：從尾找尋子字串如果找到回傳最後出現索引，如果沒找到產生例外錯誤。

count( )：列出子字串出現次數。

實例 1：find( ) 和 index( ) 的應用。

```
>>> mystr = 'Deepmind mean Deepen your mind'
>>> s = 'mind'
>>> mystr.find(s)
4
>>> mystr.index(s)
4
```

實例 2：rfind( ) 和 rindex( ) 的應用。

```
>>> mystr.rfind(s)
26
>>> mystr.rindex(s)
26
```

實例 3：count( ) 的應用。

```
>>> mystr.count(s)
2
```

實例 4：如果找不到時，find( ) 和 index( ) 的差異。

```
>>> mystr.find('book')
-1
>>> mystr.index('book')
Traceback (most recent call last):
  File "<pyshell#65>", line 1, in <module>
    mystr.index('book')
ValueError: substring not found
```

6-9-8 字串的其它方法

本節將講解下列字串方法，startswith( ) 和 endswith( ) 如果是真則傳回 True，如果是偽則傳回 False。

❏ startswith( )：可以列出字串起始文字是否是特定子字串。

❏ endswith( )：可以列出字串結束文字是否是特定子字串。

❏ replace(ch1,ch2)：將 ch1 字串由另一字串 ch2 取代。

程式實例 ch6_37.ipynb：列出字串 "CIA" 是不是起始或結束字串，以及出現次數。最後這個程式會將 Linda 字串用 Lxx 字串取代，這是一種保護情報員名字不外洩的方法。

```
1  # ch6_37.ipynb
2  msg = '''CIA Mark told CIA Linda that the secret USB had given to CIA Peter'''
3  print(f"字串開頭是CIA : {msg.startswith('CIA')}")
4  print(f"字串結尾是CIA : {msg.endswith('CIA')}")
5  print(f"CIA出現的次數 : {msg.count('CIA')}")
6  msg = msg.replace('Linda','Lxx')
7  print(f"新的msg內容 : {msg}")
```

執行結果
```
字串開頭是CIA : True
字串結尾是CIA : False
CIA出現的次數 : 3
新的msg內容 : CIA Mark told CIA Lxx that the secret USB had given to CIA Peter
```

當有一本小說時，可以由此觀念計算各個人物出現次數，也可由此判斷那些人是主角那些人是配角。

6-10 in 和 not in 運算式

主要是用於判斷一個物件是否屬於另一個物件，物件可以是字串 (string)、串列 (list)、元祖 (Tuple) (第 8 章介紹)、字典 (Dict) (第 9 章介紹)。它的語法格式如下：

```
boolean = obj in A        # 物件obj在物件A內會傳回True
boolean = obj not A       # 物件obj不在物件A內會傳回True
```

其實這個功能比較常見是用在偵測某元素是否存在串列中，如果不存在則將它加入串列內，如果存在就不做加入串列動作，可參考下列實例。

程式實例 ch6_38.ipynb：這個程式基本上會要求輸入一個水果，如果串列內目前沒有這個水果，就將輸入的水果加入串列內。

```
1   # ch6_38.ipynb
2   fruits = ['apple', 'banana', 'watermelon']
3   fruit = input("請輸入水果 = ")
4   if fruit in fruits:
5       print("這個水果已經有了")
6   else:
7       fruits.append(fruit)
8       print("謝謝提醒已經加入水果清單: ", fruits)
```

執行結果

```
請輸入水果 = apple
這個水果已經有了
```

```
請輸入水果 = orange
謝謝提醒已經加入水果清單:  ['apple', 'banana', 'watermelon', 'orange']
```

6-11　enumerate 物件

　　enumerate( ) 方法可以將 iterable(迭代) 類數值的元素用索引值與元素配對方式傳回，返回的數據稱 enumerate 物件，特別是用這個方式可以為可迭代物件的每個元素增加索引值，這對未來數據科學的應用是有幫助的。其中 iterable 類數值可以是串列 (list)，元組 (tuple)(第 8 章說明)，集合 (set) (第 10 章說明) … 等。它的語法格式如下：

　　　　obj = enumerate(iterable[, start = 0])　　　　　# 若省略start = 設定，預設索引值是0

註　下一章筆者介紹完迴圈的觀念，會針對**可迭代物件** (iterable object) 做更進一步說明。未來我們可以使用 list( ) 將 enumerate 物件轉成**串列**，使用 tuple( ) 將 enumerate 物件轉成**元組** (第 8 章說明)。

程式實例 ch6_39.ipynb：將串列資料轉成 enumerate 物件，再將 enumerate 物件轉成串列的實例，start 索引起始值分別為 0 和 10。

```
1   # ch6_39.ipynb
2   drinks = ["coffee", "tea", "wine"]
3   enumerate_drinks = enumerate(drinks)            # 數值初始是0
4   print("轉成串列輸出, 初始索引值是 0 = ",list(enumerate_drinks))
5
6   enumerate_drinks = enumerate(drinks, start = 10) # 數值初始是10
7   print("轉成串列輸出, 初始索引值是10 = ",list(enumerate_drinks))
```

執行結果
```
轉成串列輸出, 初始索引值是 0 =  [(0, 'coffee'), (1, 'tea'), (2, 'wine')]
轉成串列輸出, 初始索引值是10 =  [(10, 'coffee'), (11, 'tea'), (12, 'wine')]
```

上述程式第 4 列的 list( ) 函數可以將 enumerate 物件轉成串列，從列印的結果可以看到每個串列物件元素已經增加索引值了。在下一章筆者介紹完迴圈後，7-5 節還將繼續使用迴圈解析 enumerate 物件。

6-12　專題：大型串列 / 認識凱薩密碼

6-12-1　製作大型的串列資料

有時我們想要製作更大型的串列資料結構，例如：串列的元素是串列，可以參考下列實例。

實例 1：串列的元素是串列。

```
>>> asia = ['Beijing', 'Hongkong', 'Tokyo']
>>> usa = ['Chicago', 'New York', 'Hawaii', 'Los Angeles']
>>> europe = ['Paris', 'London', 'Zurich']
>>> world = [asia, usa, europe]
>>> type(world)
<class 'list'>
>>> world
[['Beijing', 'Hongkong', 'Tokyo'], ['Chicago', 'New York', 'Hawaii', 'Los Angeles'], ['Paris', 'London', 'Zurich']]
```

6-12-2　凱薩密碼

公元前約 50 年凱薩被公認發明了**凱薩密碼**，主要是防止部隊傳送的資訊遭到敵方讀取。

凱薩密碼的加密觀念是將每個英文字母往後移，對應至不同字母，只要記住所對應的字母，未來就可以解密。例如：將每個英文字母往後移 3 個次序，實例是將 A 對應 D、B 對應 E、C 對應 F，原先的 X 對應 A、Y 對應 B、Z 對應 C 整個觀念如下所示：

所以現在我們需要的就是設計 " ABC … XYZ" 字母可以對應 " DEF … ABC"，可以參考下列實例完成。

實例 1：建立 ABC … Z 字母的字串，然後使用切片取得前 3 個英文字母，與後 23 個英文字母。最後組合，可以得到新的字母排序。

```
>>> abc = 'ABCDEFGHIJKLMNOPQRSTUVWYZ'
>>> front3 = abc[:3]
>>> end23 = abc[3:]
>>> subText = end23 + front3
>>> print(subText)
DEFGHIJKLMNOPQRSTUVWYZABC
```

在第 9 章筆者還會擴充此觀念。

6-13　ChatGPT 輔助學習

1：　請說明串列的用法。註：下列省略部分內容。

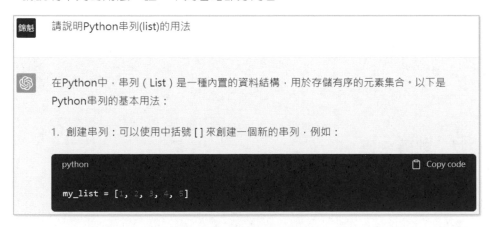

2： 請說明串列的統計函數。註：下列省略部分內容。

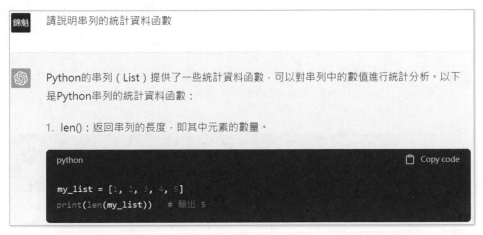

錦魁　請說明串列的統計資料函數

Python的串列（List）提供了一些統計資料函數，可以對串列中的數值進行統計分析。以下是Python串列的統計資料函數：

1. len()：返回串列的長度，即其中元素的數量。

```python
my_list = [1, 2, 3, 4, 5]
print(len(my_list))   # 輸出 5
```

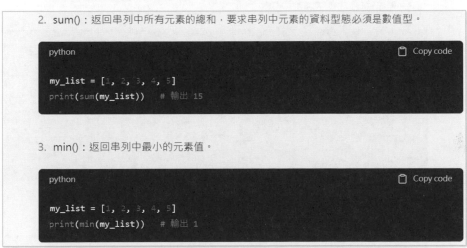

2. sum()：返回串列中所有元素的總和，要求串列中元素的資料型態必須是數值型。

```python
my_list = [1, 2, 3, 4, 5]
print(sum(my_list))   # 輸出 15
```

3. min()：返回串列中最小的元素值。

```python
my_list = [1, 2, 3, 4, 5]
print(min(my_list))   # 輸出 1
```

3：　請舉例說明串列內含串列的應用。

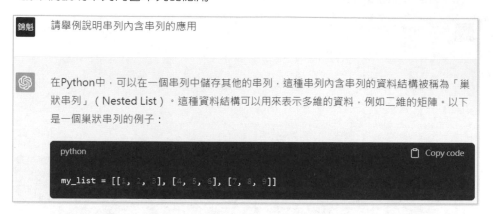

> 錦魁　請舉例說明串列內含串列的應用
>
> 在Python中，可以在一個串列中儲存其他的串列，這種串列內含串列的資料結構被稱為「巢狀串列」（Nested List）。這種資料結構可以用來表示多維的資料，例如二維的矩陣。以下是一個巢狀串列的例子：
>
> ```python
> my_list = [[1, 2, 3], [4, 5, 6], [7, 8, 9]]
> ```

這個巢狀串列包含了三個子串列，每個子串列都包含了三個整數。我們可以通過索引來訪問和修改這個巢狀串列中的元素，例如：

```python
# 訪問元素
print(my_list[0])        # 輸出 [1, 2, 3]
print(my_list[1][2])     # 輸出 6

# 修改元素
my_list[2][0] = 10
print(my_list)           # 輸出 [[1, 2, 3], [4, 5, 6], [10, 8, 9]]
```

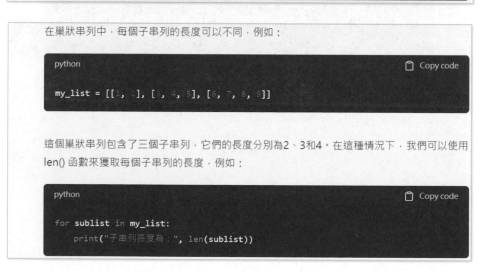

在巢狀串列中，每個子串列的長度可以不同，例如：

```python
my_list = [[1, 2], [3, 4, 5], [6, 7, 8, 9]]
```

這個巢狀串列包含了三個子串列，它們的長度分別為2、3和4。在這種情況下，我們可以使用len() 函數來獲取每個子串列的長度，例如：

```python
for sublist in my_list:
    print("子串列長度為：", len(sublist))
```

4：　請說明如何將 enumerate( ) 應用在串列。

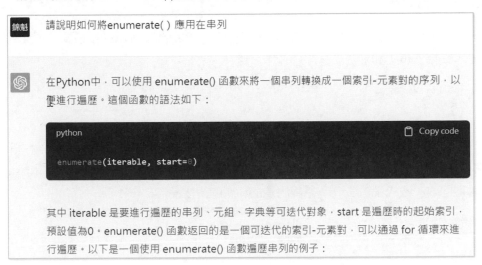

錦魁　請說明如何將enumerate( )應用在串列

在Python中，可以使用 enumerate() 函數來將一個串列轉換成一個索引-元素對的序列，以便進行遍歷。這個函數的語法如下：

```python
                                                    Copy code
enumerate(iterable, start=0)
```

其中 iterable 是要進行遍歷的串列、元組、字典等可迭代對象，start 是遍歷時的起始索引，預設值為0。enumerate() 函數返回的是一個可迭代的索引-元素對，可以通過 for 循環來進行遍歷。以下是一個使用 enumerate() 函數遍歷串列的例子：

```
1  my_list = ["apple", "banana", "orange", "peach"]
2
3  # 使用 enumerate() 函數遍歷串列
4  for i, fruit in enumerate(my_list):
5      print(i, fruit)
```

在上面的例子中，我們使用了 for 循環和 enumerate() 函數來遍歷 my_list 串列中的所有元素，並將它們轉換成了索引-元素對的形式。在每一次循環中，變量 i 是元素在串列中的索引，變量 fruit 是元素的值。這樣我們就可以在循環中同時獲取元素的索引和值了。

除了上面的例子外，enumerate() 函數還可以用來在串列中查找元素的索引，例如：

```
1  my_list = ["apple", "banana", "orange", "peach"]
2  index = my_list.index("orange")
3  print("orange 的索引是：", index)
4
5  for i, fruit in enumerate(my_list):
6      if fruit == "orange":
7          print("orange 的索引是：", i)
```

習題實作題

ex6_1.ipynb：考試成績分數分別是 87,99,69,52,78,98,80,92，請列出最高分、最低分、總分、平均。(6-1 節)

```
最高分  =   99
最低分  =   52
總分    =  655
平均    =  81.88
```

ex6_2.ipynb：一家汽車經銷商原本可以銷售 Toyota、Nissan、Honda，現在 Nissan 銷售權被回收，改成銷售 Ford，請輸出舊的和新的銷售品牌。(6-1 節)

```
舊汽車銷售品牌 ['Toyota', 'Nissan', 'Honda']
新汽車銷售品牌 ['Toyota', 'Ford', 'Honda']
```

ex6_3.ipynb：有 str1、str2、str3 字串內容如下：(6-2 節)

```
str1 = '  Python '
str2 = 'is  '
str3 = '  easy.'
```

請使用 strip( )、rstrip( )、lstrip( ) 處理成下列輸出。

```
Python is easy.
```

ex6_4.ipynb：請建立 5 個城市，然後分別執行下列工作。(6-4 節)

(A)：列出這 5 個城市。

(B)：請在最後位置增加 London。

(C)：請在中央位置增加 Xian。

(D)：請使用 remove( ) 方法刪除 'Tokyo'。

```
['Taipei', 'Beijing', 'Tokyo', 'Chicago', 'Nanjing']
['Taipei', 'Beijing', 'Tokyo', 'Chicago', 'Nanjing', 'London']
['Taipei', 'Beijing', 'Tokyo', 'Xian', 'Chicago', 'Nanjing', 'London']
['Taipei', 'Beijing', 'Xian', 'Chicago', 'Nanjing', 'London']
```

ex6_5.ipynb：請在螢幕輸入 5 個考試成績，然後執行下列工作：(6-5 節)

(A)：列出分數串列。

(B)：高分往低分排列。

(C)：低分往高分排列。

(D)：列出最高分。

(E)：列出總分。

```
請輸入5個考試成績 : 87, 90, 76, 85, 92
分數串列        : [87, 90, 76, 85, 92]
高分往低分排列   : [92, 90, 87, 85, 76]
低分往高分排列   : [76, 85, 87, 90, 92]
最高分          : 92
總分            : 430
```

註 在 Google Colab 環境中英文字元不容易切齊，所以冒號比較困難切齊。

ex6_6.ipynb：請參考 6-7-4 節內容的數據與 ch6_33.ipynb，將學生增加為 5 人，同時增加平均欄位，平均分數取到小數點第 1 位。(6-7 節)

```
['洪錦魁', 80, 95, 88, 263, 87.7]
['洪冰儒', 98, 97, 96, 291, 97.0]
['洪雨星', 91, 93, 95, 279, 93.0]
['洪冰雨', 92, 94, 90, 276, 92.0]
['洪星宇', 92, 97, 90, 279, 93.0]
```

ex6_7.ipynb：有一個字串如下：(6-9 節)

```
FBI Mark told CIA Linda that the secret USB had given to FBI Peter
```

(A)：請列出 FBI 出現的次數。

(B)：請將 FBI 字串用 XX 取代。

```
FBI出現的次數: 2
新的msg內容 : XX Mark told CIA Linda that the secret USB had given to XX Peter
```

ex6_8.ipynb：輸入一個字串，這個程式可以判斷這是否是網址字串。(6-9 節)

提示：網址字串格式是 "http://" 或 "https://" 字串開頭。

```
請輸入網址 : https://deepmind.com.tw
網址格式正確
```

```
請輸入網址 : ILovePython
網址格式錯誤
```

ex6_9.ipynb：有一首法國兒歌，也是我們小時候唱的兩隻老虎，歌曲內容如下：(6-9 節)

Are you sleeping, are you sleeping, Brother John, Brother John?
Morning bells are ringing, morning bells are ringing.
Ding ding dong, Ding ding dong.

　　為了單純，請建立上述字串時省略標點符號，最後列出此歌曲字串。然後將字串轉為串列，首先列出**歌曲的字數**，然後請在螢幕輸入字串，程式可以列出這個**字串出現次數**。

```
歌曲字串內容
Are you sleeping are you sleeping Brother John Brother John
Morning bells are ringing morning bells are ringing
Ding ding dong Ding ding dong
歌曲的字數 ： 24
請輸入字串 ： ding
ding 出現的 4 次
```

ex6_10.ipynb：請建立一個晚會宴客名單，有 3 筆資料 "Mary、Josh、Tracy"。請做一個選單，每次執行皆會列出目前邀請名單，同時有選單，如果選擇 1，可以增加一位邀請名單。如果選擇 2，可以刪除一位邀請名單。以目前所學指令，執行程式一次只能調整一次，如果刪除名單時輸入錯誤，則列出**名單輸入錯誤**。(6-10 節)

```
目前宴會名單 ['Mary', 'Josh', 'Tracy']
1:增加名單
2:刪除名單
 = 1
請輸入名字 ： Kevin
新的宴會名單 ： ['Mary', 'Josh', 'Tracy', 'Kevin']
```

```
目前宴會名單 ['Mary', 'Josh', 'Tracy']
1:增加名單
2:刪除名單
 = 2
請輸入名字 ： Mary
新的宴會名單 ： ['Josh', 'Tracy']
```

```
目前宴會名單 ['Mary', 'Josh', 'Tracy']
1:增加名單
2:刪除名單
 = 2
請輸入名字 ： Tom
名單輸入錯誤
```

ex6_11.ipynb：請修改 6-12-2 節的加密實例，字串 "abc…xyz" 改為對應 "fgh … cde"，同時修改方式如下：(6-12 節)

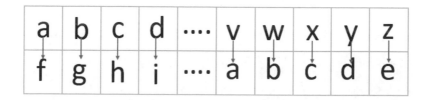

最後印出 abc 與 subText。

```
abc     =  abcdefghijklmnopqrstuvwxyz
subText =  fghijklmnopqrstuvwxyzabcde
```

第 7 章

迴圈設計

假設現在筆者要求讀者設計一個 1 加到 10 的程式，然後列印結果，讀者可能用下列方式設計這個程式。

sum = 1 + 2 + 3 + 4 + 5 + 6 + 7 + 8 + 9 + 10

如果現在筆者要求各位從 1 加到 100 或 1000，此時，若是仍用上述方法設計程式，就顯得很不經濟。不過幸好 Python 語言提供我們解決這類問題的方式，可以輕鬆用迴圈解決，這也是本章的主題。

7-1　基本 for 迴圈

for 迴圈可以讓程式將整個**物件**內的元素**遍歷**（也可以稱**迭代**），在遍歷期間，同時可以紀錄或輸出每次遍歷的狀態或稱**軌跡**。例如：第 2 章的專題計算銀行複利問題，在該章節由於尚未介紹迴圈的觀念，我們無法紀錄每一年的本金和，有了本章的觀念我們可以輕易記錄每一年的本金和變化，for 迴圈基本語法格式如下：

for var in 可迭代物件:　　　　　　　　# 可迭代物件英文是iterable object
　　程式碼區塊

可迭代物件 (iterable object) 可以是**串列、元組、字典**與**集合**或 range( )，在資訊科學中迭代 (iteration) 可以解釋為**重複執行敘述**，上述語法可以解釋為將可迭代物件的元素當作 **var**，重複執行，直到每個元素皆被執行一次，整個迴圈才會停止。

設計上述程式碼區塊時，必需要留意縮排的問題，可以參考 if 敘述觀念。由於目前筆者只有介紹**串列** (list)，所以讀者可以想像這個**可迭代物件** (iterable) 是**串列** (list)，第 8 章筆者會講解**元組** (Tuple)，第 9 章會講解**字典** (Dict)，第 10 章會講解**集合** (Set)。另外，上述 for 迴圈的**可迭代物件**也常是 range( ) 函數產生的**可迭代物件**，將在 7-2 節說明。

7-1-1　for 迴圈基本運作

例如：如果一個 NBA 球隊有 5 位球員，分別是 Curry、Jordan、James、Durant、Obama，現在想列出這 5 位球員，那麼就很適合使用 for 迴圈執行這個工作。

程式實例 ch7_1.ipynb：列出球員名稱。

```
1   # ch7_1.ipynb
2   players = ['Curry', 'Jordan', 'James', 'Durant', 'Obama']
3   for player in players:
4       print(player)
```

執行結果

```
Curry
Jordan
James
Durant
Obama
```

上述程式執行的觀念是，當第一次執行下列敘述時：

for player in players:

player 的內容是 'Curry'，然後執行 **print(player)**，所以會印出 **'Curry'**，我們也可以將此稱**第一次迭代**。由於串列 players 內還有其它的元素尚未執行，所以會執行**第二次迭代**，當執行**第二次迭代**下列敘述時：

for player in players:

player 的內容是 'Jordan'，然後執行 print(player)，所以會印出 **'Jordan'**。由於串列 players 內還有其它的元素尚未執行，所以會執行**第三次迭代**， …，當執行**第五次迭代**時，player 的內容是 'Obama'，然後執行 print(player)，所以會印出 **'Obama'**。

第六次要執行 for 迴圈時，由於串列 players 內所有元素已經執行，所以這個迴圈就算執行結束。下列是迴圈的流程示意圖。

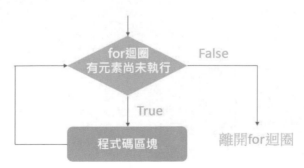

7-1-2 如果程式碼區塊只有一列

使用 for 迴圈時，如果程式碼區塊只有一列，它的語法格式可以用下列方式表達：

for var in 可迭代物件：程式碼區塊

程式實例 ch7_2.ipynb：重新設計 ch7_1.ipynb。

```
1  # ch7_2.ipynb
2  players = ['Curry', 'Jordan', 'James', 'Durant', 'Obama']
3  for player in players:print(player)
```

執行結果 與 ch7_1.ipynb 相同。

7-1-3 有多列的程式碼區塊

如果 for 迴圈的程式碼區塊有多列程式敘述時，要留意這些敘述同時需要做縮排處理，它的語法格式可以用下列方式表達：

for var in 可迭代物件：
    程式碼
    ……

程式實例 ch7_3.ipynb：這個程式在設計時，首先筆者將串列的元素英文名字全部設定為小寫，然後 for 迴圈的程式碼區塊是有 2 列，這 2 列 (第 4 和 5 列) 皆需內縮處理，編輯程式會預設內縮 4 格，player.title( ) 的 title( ) 方法可以處理第一個字母以大寫顯示。

```
1  # ch7_3.ipynb
2  players = ['curry', 'jordan', 'james']
3  for player in players:
4      print(f"{player.title()}, it was a great game.")
5      print(f"我迫不及待想看下一場比賽 {player.title()}")
```

執行結果

```
Curry, it was a great game.
我迫不及待想看下一場比賽 Curry
Jordan, it was a great game.
我迫不及待想看下一場比賽 Jordan
James, it was a great game.
我迫不及待想看下一場比賽 James
```

7-1-4　將 for 迴圈應用在串列區間元素

Python 也允許將 for 迴圈應用在 6-1-3 節串列切片上。

程式實例 ch7_4.ipynb：列出串列前 3 位和後 3 位的球員名稱。

```
1  # ch7_4.ipynb
2  players = ['Curry', 'Jordan', 'James', 'Durant', 'Obama']
3  print("列印前3位球員")
4  for player in players[:3]:
5      print(player)
6  print("列印後3位球員")
7  for player in players[-3:]:
8      print(player)
```

執行結果

```
列印前3位球員
Curry
Jordan
James
列印後3位球員
James
Durant
Obama
```

　　這個觀念其實很有用，例如：如果你設計一個學習網站，想要每天列出前 3 名學生同時表揚，可以將每個人的學習成果放在串列內，同時用**降冪**排序方式處理，最後可用本節觀念列出前 3 名學生資料。

註　升冪是指由小到大排列。降冪是指由大到小排列。

7-1-5　將 for 迴圈應用在資料類別的判斷

程式實例 ch7_5.ipynb：有一個 files 串列內含一系列檔案名稱，請將 ".py" 的 Python 程式檔案另外建立到 py 串列，然後列印。

```
1  # ch7_5.ipynb
2  files = ['da1.c','da2.py','da3.py','da4.java']
3  py = []
4  for file in files:
5      if file.endswith('.py'):    # 以.py為副檔名
6          py.append(file)          # 加入串列
7  print(py)
```

執行結果

```
['da2.py', 'da3.py']
```

7-2 range( ) 函數

　　Python 可以使用 range( ) 函數產生一個**等差級序列**，我們又稱這**等差級序列**為**可迭代物件 (iterable object)**，也可以稱是 range 物件。由於 range( ) 是產生等差級序列，我們可以直接使用，將此等差級序列當作迴圈的計數器。

　　在前一小節我們使用 "for var in 可迭代物件 " 當作迴圈，這時會使用可迭代物件元素當作迴圈指標，如果是要迭代物件內的元素，這是好方法。但是如果只是要執行普通的迴圈迭代，由於可迭代物件佔用一些記憶體空間，所以這類迴圈需要用較多系統資源。這時我們應該直接使用 range( ) 物件，這類迭代只有迭代時的計數指標需要記憶體，所以可以省略記憶體空間，range( ) 的用法與串列的切片 (slice) 類似。

```
range(start, stop, step)
```

　　上述 stop 是唯一必須的值，等差級序列是產生 stop 的前一個值。例如：如果省略 start，所產生等差級序列範圍是從 0 至 stop-1。step 的預設是 1，所以預設等差序列是遞增 1。如果將 step 設為 2，等差序列是遞增 2。如果將 step 設為 -1，則是產生遞減的等差序列。

　　下列是**沒有 start** 和**有 start** 列印 range( ) 物件內容。

```
>>> for x in range(3):        >>> for x in range(0,3):
        print(x) ⎯                   print(x) ⎯


0                             0
1                             1
2                             2
```

　　上述執行迴圈迭代時，即使是執行 3 圈，但是系統不用一次預留 3 個整數空間儲存迴圈計數指標，而是每次迴圈用 1 個整數空間儲存迴圈計數指標，所以可以節省系統資源。下列是 range( ) 含 step 參數的應用，左邊是建立 1-10 之間的奇數序列，右邊是建立每次遞減 2 的序列。

```
>>> for x in range(1,10,2):   >>> for x in range(3,-3,-2):
        print(x)                     print(x)


1                             3
3                             1
5                             -1
7
9
```

7-2-1 一個參數的 range( ) 函數

當 range(n) 函數搭配一個參數時：

　　range(n)　　　　　　　# n是stop，它將產生0, 1, … , n-1的可迭代物件內容

下列是測試 range( ) 方法。

程式實例 ch7_6.ipynb：輸入數字，本程式會將此數字當作列印星星的數量。

```
1  # ch7_6.ipynb
2  n = int(input("請輸入星號數量 : ")) # 定義星號的數量
3  for number in range(n):              # for迴圈
4      print("*",end="")                # 列印星號
```

執行結果

```
請輸入星號數量 : 3
***
```

```
請輸入星號數量 : 9
*********
```

在 2-10-1 節筆者有設計了銀行複利的計算，當時由於 Python 所學語法有限所以無法看出每年本金和的變化，這一節將以實例解說。

程式實例 ch7_7.ipynb：參考 ch2_5.ipynb 的利率與本金，以及年份，本程式會列出每年本金和的軌跡。

```
1  # ch7_7.ipynb
2  money = 50000
3  rate = 0.015
4  n = 5
5  for i in range(n):
6      money *= (1 + rate)
7      print(f"第 {i+1} 年本金和 : {int(money)}")
```

執行結果

```
第 1 年本金和 : 50749
第 2 年本金和 : 51511
第 3 年本金和 : 52283
第 4 年本金和 : 53068
第 5 年本金和 : 53864
```

7-2-2 有 2 個參數的 range( ) 函數

當 range( ) 函數搭配 2 個參數時，它的語法格式如下：

　　range(start, stop))　　# start是起始值，stop-1是終止值

　　上述可以產生 start 起始值到 stop-1 終止值之間每次遞增 1 的序列，start 或 stop 可以是負整數，如果終止值小於起始值則是產生空序列或稱空 range 物件，可參考下方左圖。

```
                                    >>> for x in range(-1,2):
                                            print(x)
    >>> for x in range(10,2):
            print(x)
                                    -1
                                    0
    >>>                             1
```

　　上方右圖是使用負值當作起始值。

程式實例 ch7_8.ipynb：輸入正整數值 n，這個程式會計算從 0 加到 n 之值。

```
1  # ch7_8.ipynb
2  n = int(input("請輸入n值 : "))
3  sum = 0
4  for num in range(1,n+1):
5      sum += num
6  print("總和 = ", sum)
```

執行結果

```
請輸入n值 : 10
總和 = 55
```

7-2-3　有 3 個參數的 range( ) 函數

　　當 range( ) 函數搭配 3 個參數時，它的語法格式如下：

　　　range(start, stop, step)　　　# start是起始值，stop-1是終止值，step是間隔值

　　然後會從起始值開始產生等差級數，每次間隔 step 時產生新數值元素，到 stop-1 為止，下列左圖是產生 2-10 間的偶數。

```
>>> for x in range(2,11,2):        >>> for x in range(10,0,-2):
        print(x)                           print(x)


2                                  10
4                                  8
6                                  6
8                                  4
10                                 2
```

　　此外，step 值也可以是負值，此時起始值必須大於終止值，可以參考上述右圖。

7-2-4 活用 range( ) 應用

程式設計時我們也可以直接應用 range( )，可以產生程式精簡的效果。

程式實例 ch7_9.ipynb：輸入一個正整數 n，這個程式會列出從 1 加到 n 的總和。

```
1   # ch7_9.ipynb
2   n = int(input("請輸入整數:"))
3   total = sum(range(n + 1))
4   print(f"從1到{n}的總和是 = {total}")
```

執行結果

```
請輸入整數:10
從1到10的總和是 = 55
```

上述程式筆者使用了可迭代物件的內建函數 sum 執行總和的計算，它的工作原理並不是一次預留儲存 1, 2, … 10 的記憶體空間，然後執行運算。而是只有一個記憶體空間，每次將迭代的指標放在此空間，然後執行 sum( ) 運算，可以增加工作效率與節省系統記憶體空間。

7-2-5 串列生成 (list generator) 的應用

生成式 (generator) 是一種使用迭代方式產生 Python 數據資料的方式，可以讓程式碼簡潔、易懂，例如：可以應用在產生串列、字典、集合等。這是結合**迴圈**與**條件運算式**的精簡程式碼的方法，如果讀者會用此觀念設計程式，表示讀者的 Python 功力已跳脫初學階段，如果你是有其它程式語言經驗的讀者，表示你已經逐漸跳脫其它程式語言的枷鎖，逐步蛻變成真正 Python 程式設計師。

程式實例 ch7_10.ipynb：從觀念說起，建立 0-5 的串列，讀者最初可能會用下列方法。

```
1   # ch7_10.ipynb
2   xlst = []
3   xlst.append(0)
4   xlst.append(1)
5   xlst.append(2)
6   xlst.append(3)
7   xlst.append(4)
8   xlst.append(5)
9   print(xlst)
```

執行結果

```
[0, 1, 2, 3, 4, 5]
```

如果要讓程式設計更有效率，讀者可以使用一個 for 迴圈和 range( )。

程式實例 ch7_11.ipynb：使用一個 for 迴圈和 range( ) 重新設計上述程式。

```
1  # ch7_11.ipynb
2  xlst = []
3  for n in range(6):
4      xlst.append(n)
5  print(xlst)
```

執行結果　與 ch7_10.ipynb 相同。

　　或是直接使用 list( ) 將 range(n) 當作是參數。

程式實例 ch7_12.ipynb：直接使用 list( ) 將 range(n) 當作是參數，重新設計上述程式。

```
1  # ch7_12.ipynb
2  xlst = list(range(6))
3  print(xlst)
```

執行結果　與 ch7_10.ipynb 相同。

　　上述方法均可以完成工作，但是如果要成為真正的 Python 工程師，建議是使用串列生成式 (list generator) 的觀念。在說明實例前先看串列生成式的語法：

　　　　新串列 = [**運算式** for 項目 in **可迭代物件**]

　　上述語法觀念是，將每個可迭代物件套入**運算式**，每次產生一個串列元素。如果將串列生成式的觀念應用在上述實例，整個內容如下：

　　　　xlst = [n for n in range(6)]

　　上述第 1 個 n 是產生串列的值，也可以想成迴圈結果的值，第 2 個 n 是 for 迴圈的一部份，用於迭代 range(6) 內容。

程式實例 ch7_13.ipynb：用串列生成式產生串列。

```
1  # ch7_13.ipynb
2  xlst = [ n for n in range(6)]
3  print(xlst)
```

執行結果　與 ch7_10.ipynb 相同。

　　讀者需記住，第 1 個 n 是產生串列的值，其實這部份也可以是一個運算式，

　　例如：如果要用串列生成語法產生元素是 1 至 n 的平方值的串列，此時內容可以修改如下：

```
square = [num ** 2 for num in range(1, n+1)]
```

此外，用這種方式設計時，相對於 ch7_10.ipynb，我們可以省略第 2 列建立空串列。

程式實例 ch7_14.ipynb：輸入 n 值，產生元素是 1 至 n 平方值的串列，如果 n 大於 10，則將 n 設為 10。

```
1  # ch7_14.ipynb
2  n = int(input("請輸入整數:"))
3  if n > 10 : n = 10                # 最大值是10
4  squares = [num ** 2 for num in range(1, n+1)]
5  print(squares)
```

執行結果
```
請輸入整數:5
[1, 4, 9, 16, 25]
```
```
請輸入整數:15
[1, 4, 9, 16, 25, 36, 49, 64, 81, 100]
```

7-2-6 含有條件式的串列生成

條件串列生成語法如下：

新串列 = [運算式 for 項目 in 可迭代物件 if 條件式]

下列是用傳統方式建立 1, 3, …, 9 的串列：

```
>>> for num in range(1,10):
        if num % 2 == 1:
            oddlist.append(num)

>>> oddlist
[1, 3, 5, 7, 9]
```

下列是使用 Python 精神，設計含有條件式的串列生成程式。

```
>>> oddlist = [num for num in range(1,10) if num % 2 == 1]
>>> oddlist
[1, 3, 5, 7, 9]
```

程式實例 ch7_15.ipynb：畢達哥拉斯直角三角形 (A Pythagorean triple) 定義，其實這是我們國中數學所學的畢氏定理，基本觀念是直角三角形兩邊長的平方和等於斜邊的平方，如下：

$$a^2 + b^2 = c^2 \quad \text{# c是斜邊長}$$

這個定理我們可以用 (a, b, c) 方式表達，最著名的實例是 (3,4,5)，小括號是元組的表達方式，我們尚未介紹所以本節使用 [a,b,c] 串列表示。這個程式會生成 0-19 間符合定義的 a、b、c 串列值。**註**：讀者可以將下列第 2 ～ 3 列想成 3 層 for 迴圈，也可以讀完 7-3 節，再回頭思考與了解這個實例。

```
1  # ch7_15.ipynb
2  x = [[a, b, c] for a in range(1,20) for b in range(a,20) for c in range(b,20)
3      if a ** 2 + b ** 2 == c **2]
4  print(x)
```

執行結果

```
[[3, 4, 5], [5, 12, 13], [6, 8, 10], [8, 15, 17], [9, 12, 15]]
```

7-2-7　列出 ASCII 碼值或 Unicode 碼值的字元

學習程式語言重要是活用，在 3-5-1 節筆者介紹了 ASCII 碼，下列是列出碼值 32 至 127 間的 ASCII 字元。

```
>>> for x in range(32,128):
        print(chr(x),end='')


 !"#$%&'()*+,-./0123456789:;<=>?@ABCDEFGHIJKLMNOPQRSTUVWXYZ[\]^_`abcdefghijklmno
pqrstuvwxyz{|}~
```

程式實例 ch7_16.ipynb：在 3-5-2 節筆者介紹了 Unicode 碼，羅馬數字 1 – 10 的 Unicode 字元是 0x2160 至 0x2169 之間，如下所示。

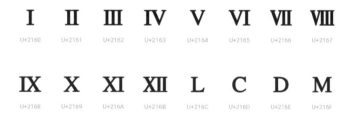

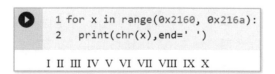

有關更多阿拉伯數字與 Unicode 字元碼的對照表，讀者可以參考下列 Unicode 字符百科的網址。

https://unicode-table.com/cn/sets/arabic-numerals/

7-3 進階的 for 迴圈應用

7-3-1 巢狀 for 迴圈

　　一個迴圈內有另一個迴圈,我們稱這是**巢狀迴圈**。如果外層迴圈要執行 n 次,內層迴圈要執行 m 次,則整個迴圈執行的次數是 n*m 次,設計這類迴圈時要特別注意下列事項:

- ❏ 外層迴圈的索引值變數與內層迴圈的索引值變數建議是不要相同,以免混淆。
- ❏ 程式碼的內縮一定要小心。

　　下列是巢狀迴圈基本語法:

```
for var1 in 可迭代物件:            # 外層for迴圈
    …
    for var2 in 可迭代物件:        # 內層for迴圈
        ....
```

程式實例 ch7_17.ipynb:列印 9*9 的乘法表。

```
1   # ch7_17.ipynb
2   for i in range(1, 10):
3       for j in range(1, 10):
4           result = i * j
5           print(f"{i}*{j}={result:<3d}", end=" ")
6       print()          # 換列輸出
```

執行結果

```
1*1=1    1*2=2    1*3=3    1*4=4    1*5=5    1*6=6    1*7=7    1*8=8    1*9=9
2*1=2    2*2=4    2*3=6    2*4=8    2*5=10   2*6=12   2*7=14   2*8=16   2*9=18
3*1=3    3*2=6    3*3=9    3*4=12   3*5=15   3*6=18   3*7=21   3*8=24   3*9=27
4*1=4    4*2=8    4*3=12   4*4=16   4*5=20   4*6=24   4*7=28   4*8=32   4*9=36
5*1=5    5*2=10   5*3=15   5*4=20   5*5=25   5*6=30   5*7=35   5*8=40   5*9=45
6*1=6    6*2=12   6*3=18   6*4=24   6*5=30   6*6=36   6*7=42   6*8=48   6*9=54
7*1=7    7*2=14   7*3=21   7*4=28   7*5=35   7*6=42   7*7=49   7*8=56   7*9=63
8*1=8    8*2=16   8*3=24   8*4=32   8*5=40   8*6=48   8*7=56   8*8=64   8*9=72
9*1=9    9*2=18   9*3=27   9*4=36   9*5=45   9*6=54   9*7=63   9*8=72   9*9=81
```

　　上述程式第 5 列,%<3d 主要是供 result 使用,表示每一個輸出預留 3 格,同時靠左輸出。同一列 end=" " 則是設定,輸出完空一格,下次輸出不換列輸出。當內層迴圈執行完一次,則執行第 6 列,這是外層迴圈敘述,主要是設定下次換列輸出,相當於下次再執行內層迴圈時換列輸出。

程式實例 ch7_18.ipynb：繪製直角三角形。

```
1  # ch7_18.ipynb
2  for i in range(1, 10):
3      for j in range(1, 10):
4          if j <= i:
5              print("aa", end="")
6      print()                    # 換列輸出
```

執行結果

```
aa
aaaa
aaaaaa
aaaaaaaa
aaaaaaaaaa
aaaaaaaaaaaa
aaaaaaaaaaaaaa
aaaaaaaaaaaaaaaa
aaaaaaaaaaaaaaaaaa
```

　　上述程式實例主要是訓練讀者**雙層迴圈**的邏輯觀念，其實也可以使用單層迴圈繪製上述直角三角形，讀者可以當作習題練習。

7-3-2　強制離開 for 迴圈 - break 指令

　　在設計 for 迴圈時，如果期待某些條件發生時可以離開迴圈，可以在迴圈內執行 break 指令，即可立即離開迴圈，這個指令通常是和 if 敘述配合使用。下列是常用的語法格式：

```
for var in 可迭代物件：
        程式碼區塊1
        if 條件運算式：              # 判斷條件運算式
                程式碼區塊2
                break               # 如果條件運算式是True則離開for迴圈
        程式碼區塊3
```

　　下列是流程圖，其中在 for 迴圈內的 if 條件判斷，也許前方有程式碼區塊 1、if 條件內有程式碼區塊 2 或是後方有程式碼區塊 3，只要 if 條件判斷是 True，則執行 if 條件內的程式碼區塊 2 後，可立即離開迴圈。

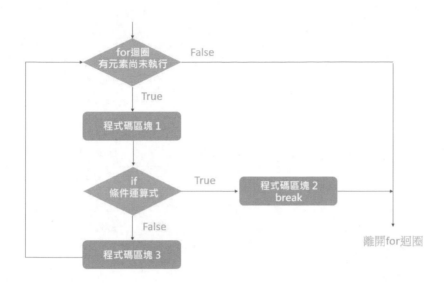

例如：如果你設計一個比賽，可以將參加比賽者的成績列在串列內，如果想列出前 20 名參加決賽，可以設定 for 迴圈當選取 20 名後，即離開迴圈，此時就可以使用 break 功能。

程式實例 ch7_19.ipynb：列出球員名稱，螢幕輸球員人數，這個程式同時設定，如果螢幕輸入的人數大於串列的球員數時，自動將所輸入的人數降為串列的球員數。

```
1   # ch7_19.ipynb
2   players = ['Curry','Jordan','James','Durant','Obama','Kevin','Lin']
3   n = int(input("請輸入人數 = "))
4   if n > len(players) : n = len(players)   # 列出人數不大於串列元素數
5   index = 0                                # 索引
6   for player in players:
7       if index == n:
8           break
9       print(player, end=" ")
10      index += 1                           # 索引加1
```

執行結果

```
請輸入人數 = 3
Curry Jordan James
```

```
請輸入人數 = 9
Curry Jordan James Durant Obama Kevin Lin
```

7-3-3　for 迴圈暫時停止不往下執行 – continue 指令

在設計 for 迴圈時，如果期待某些條件發生時可以不往下執行迴圈內容，此時可以用 continue 指令，這個指令通常是和 if 敘述配合使用。下列是常用的語法格式：

```
for var in 可迭代物件：
    程式碼區塊1
    if 條件運算式：              # 如果條件運算式是True則不執行程式碼區塊3
        程式碼區塊2
        continue
    程式碼區塊3
```

下列是流程圖，相當於如果發生 if 條件判斷是 True 時，則不執行程式碼區塊 3 內容。

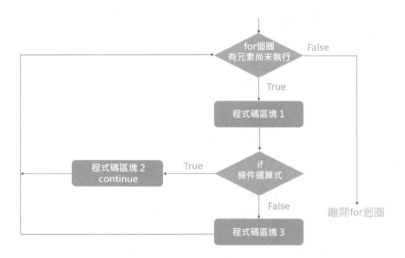

程式實例 ch7_20.ipynb：有一個串列 scores 紀錄 James 的比賽得分，設計一個程式可以列出 James 有多少場次得分大於或等於 30 分。

```
1  # ch7_20.ipynb
2  scores = [33, 22, 41, 25, 39, 43, 27, 38, 40]
3  games = 0
4  for score in scores:
5      if score < 30:              # 小於30則不往下執行
6          continue
7      games += 1                  # 場次加1
8  print(f"有{games}場得分超過30分")
```

執行結果

有6場得分超過30分

7-3-4 for … else 迴圈

在設計 for 迴圈時，如果期待所有的 if 敘述條件是 False 時，在最後一次迴圈後，可以執行特定程式區塊指令，可使用這個敘述，這個指令通常是和 if 和 break 敘述配合使用。下列是常用的語法格式：

```
for var in 可迭代物件：
    if 條件運算式：          # 如果條件運算式是True則離開for迴圈
        程式碼區塊1
        break
    else:
        程式碼區塊2          # 最後一次迴圈條件運算式是False則執行
```

其實這個語法很適合傳統數學中測試某一個數字 n 是否是**質數** (Prime Number)，質數的條件是：

❑ 2 是質數。

❑ n 不可被 2 至 n-1 的數字整除。

程式實例 ch7_21.ipynb：質數測試的程式，如果所輸入的數字是質數則列出是質數，否則列出不是質數。

```
1   # ch7_21.ipynb
2   num = int(input("請輸入大於1的整數做質數測試 = "))
3   if num == 2:                  # 2是質數所以直接輸出
4       print(f"{num}是質數")
5   else:
6       for n in range(2, num):      # 用2 .. num-1當除數測試
7           if num % n == 0:         # 如果整除則不是質數
8               print(f"{num}不是質數")
9               break                # 離開迴圈
10      else:                        # 否則是質數
11          print(f"{num}是質數")
```

執行結果

```
請輸入大於1的整數做質數測試 = 12
12不是質數
```

```
請輸入大於1的整數做質數測試 = 13
13是質數
```

註 質數的英文是 Prime number，prime 的英文有**強者**的意義，所以許多有名的職業球員喜歡用質數當作背號，例如：Lebron James 是 23，Michael Jordan 是 23，Kevin Durant 是 7。

7-4　while 迴圈

這也是一個迴圈，基本上迴圈會一直執行直到條件運算為 False 才會離開迴圈，所以設計 while 迴圈時一定要設計一個條件可以離開迴圈，相當於讓迴圈結束。程式設計時，如果忘了設計條件可以離開迴圈，程式造成無限迴圈狀態，此時可以同時按 Ctrl+C，中斷程式的執行離開無限迴圈的陷阱。

一般 while 迴圈使用的**語意上是條件控制迴圈**，在符合特定條件下執行。for 迴圈則是算一種**計數迴圈**，會重複執行特定次數。

```
while 條件運算：
    程式碼區塊
```

下列是 while 迴圈語法流程圖。

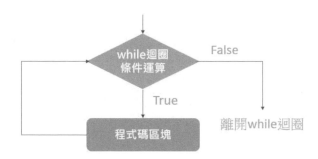

7-4-1　基本 while 迴圈

程式實例 ch7_22.ipynb：這個程式會輸出你所輸入的內容，當輸入 q 時，程式才會執行結束。註：程式使用標記 active 紀錄是否迴圈繼續，如果是 True 則 while 迴圈繼續，否則 while 迴圈結束。。

```
1  # ch7_22.ipynb
2  msg1 = '人機對話專欄,告訴我心事吧,我會重複你告訴我的心事!'
3  msg2 = '輸入 q 可以結束對話'
4  msg = msg1 + '\n' + msg2 + '\n' + '= '
5  active = True
6  while active:                  # 迴圈進行直到active是False
7      input_msg = input(msg)
8      if input_msg != 'q':       # 如果輸入不是q才輸出訊息
9          print(input_msg)
10     else:
11         active = False          # 輸入是q所以將active設為False
```

執行結果

> 人機對話專欄,告訴我心事吧,我會重複你告訴我的心事!
> 輸入 q 可以結束對話
> = I love you
> I love you
> 人機對話專欄,告訴我心事吧,我會重複你告訴我的心事!
> 輸入 q 可以結束對話
> = q

7-4-2 巢狀 while 迴圈

while 迴圈也允許巢狀迴圈,此時的語法格式如下:

```
while 條件運算:                      # 外層while迴圈
    …
    while 條件運算:                  # 內層while迴圈
        …
```

下列是我們已經知道 while 迴圈會執行幾次的應用。

程式實例 ch7_23.ipynb:使用 while 迴圈重新設計 ch7_17.ipynb,列印 9*9 乘法表。

```
1   # ch7_23.ipynb
2   i = 1                   # 設定i初始值
3   while i <= 9:           # 當i大於9跳出外層迴圈
4       j = 1               # 設定j初始值
5       while j <= 9:       # 當j大於9跳出內層迴圈
6           result = i * j
7           print(f"{i}*{j}={result:<3d}", end=" ")
8           j += 1          # 內層迴圈加1
9       print()             # 換列輸出
10      i += 1              # 外層迴圈加1
```

執行結果 與 ch7_17.ipynb 相同。

7-4-3 強制離開 while 迴圈 - break 指令

7-3-2 節所介紹的 break 指令與觀念,也可以應用在 while 迴圈。在設計 while 迴圈時,如果期待某些條件發生時可以離開迴圈,可以在迴圈內執行 break 指令,就可以立即離開迴圈,這個指令通常是和 if 敘述配合使用。下列是常用的語法格式:

```
while 條件運算式A:
    程式碼區塊1
    if 條件運算式B:                  # 判斷條件運算式A
```

```
        程式碼區塊2
        break                         # 如果條件運算式A是True則離開while迴圈
    程式碼區塊3
```

程式實例 ch7_24.ipynb：這個程式會先建立 while 無限迴圈，如果輸入 q，則可跳出這個 while 無限迴圈。程式是要求輸入水果，然後輸出我也喜歡吃水果。

```
1   # ch7_24.ipynb
2   msg1 = '人機對話專欄,請告訴我妳喜歡吃的水果!'
3   msg2 = '輸入 q 可以結束對話'
4   msg = msg1 + '\n' + msg2 + '\n' + '= '
5   while True:                       # 這是while無限迴圈
6       input_msg = input(msg)
7       if input_msg == 'q':         # 輸入q可用break跳出迴圈
8           break
9       else:
10          print(f"我也喜歡吃 {input_msg.title()}")
```

執行結果

```
人機對話專欄,請告訴我妳喜歡吃的水果!
輸入 q 可以結束對話
= apple
我也喜歡吃 Apple
人機對話專欄,請告訴我妳喜歡吃的水果!
輸入 q 可以結束對話
= q
```

7-4-4　while 迴圈暫時停止不往下執行 – continue 指令

在設計 while 迴圈時，如果期待某些條件發生時可以不往下執行迴圈內容，此時可以用 continue 指令，這個指令通常是和 if 敘述配合使用。下列是常用的語法格式：

```
while 條件運算A：
    程式碼區塊1
    if 條件運算式B：        # 如果條件運算式是True則不執行程式碼區塊3
        程式碼區塊2
        continue
    程式碼區塊3
```

程式實例 ch7_25.ipynb：列出 1 至 10 之間的偶數。

```
1   # ch7_25.ipynb
2   index = 0
3   while index <= 10:
4       index += 1
5       if index % 2:            # 測試是否奇數
6           continue             # 不往下執行
7       print(index)             # 輸出偶數
```

執行結果

```
2
4
6
8
10
```

7-4-5　while 迴圈條件運算式與可迭代物件

while 迴圈的條件運算式也可與可迭代物件配合使用，此時它的語法格式**觀念** 1 如下：

　　while var in 可迭代物件：　　　　　　　　# 如果var in 可迭代物件是True則繼續
　　　　程式區塊

　　語法格式**觀念** 2 如下：

　　while 可迭代物件：　　　　　　　　　　　# 迭代物件是空的才結束
　　　　程式區塊

程式實例 ch7_26.ipynb：刪除串列內的 apple 字串，程式第 5 列，只要在 fruits 串列內可以找到變數 fruit 內容是 apple，就會傳回 True，迴圈將繼續。

```
1  # ch7_26.py
2  fruits = ['apple', 'orange', 'apple', 'banana', 'apple']
3  fruit = 'apple'
4  print("刪除前的fruits", fruits)
5  while fruit in fruits:        # 只要串列內有apple迴圈就繼續
6      fruits.remove(fruit)
7  print("刪除後的fruits", fruits)
```

執行結果

```
刪除前的fruits ['apple', 'orange', 'apple', 'banana', 'apple']
刪除後的fruits ['orange', 'banana']
```

程式實例 ch7_27.ipynb：有一個串列 buyers，此串列內含購買者和消費金額，如果購買金額超過或達到 1000 元，則歸類為 VIP 買家 vipbuyers 串列。否則是 Gold 買家 goldbuyers 串列。

```
1   # ch7_27.py
2   buyers = [['James', 1030],              # 建立買家購買紀錄
3             ['Curry', 893],
4             ['Durant', 2050],
5             ['Jordan', 990],
6             ['David', 2110]]
7   goldbuyers = []                         # Gold買家串列
8   vipbuyers =[]                           # VIP買家串列
9   while buyers:                           # 買家分類完成,迴圈才會結束
10      index_buyer = buyers.pop()
11      if index_buyer[1] >= 1000:          # 用1000圓執行買家分類條件
```

```
12              vipbuyers.append(index_buyer)    # 加入VIP買家串列
13          else:
14              goldbuyers.append(index_buyer)   # 加入Gold買家串列
15  print("VIP 買家資料", vipbuyers)
16  print("Gold買家資料", goldbuyers)
```

執行結果
```
VIP 買家資料 [['David', 2110], ['Durant', 2050], ['James', 1030]]
Gold買家資料 [['Jordan', 990], ['Curry', 893]]
```

上述程式第 9 列只要串列不是空串列，while 迴圈就會一直執行。

7-5 enumerate 物件使用 for 迴圈解析

延續 6-11 節的 enumerate 物件可知，這個物件是由**索引值**與**元素值**配對出現。我們使用 for 迴圈迭代一般物件 (例如：串列) 時，無法得知每個物件元素的索引，但是可以利用 enumerate( ) 方法建立 enumerate 物件，建立原物件的索引資訊。

然後我們可以使用 for 迴圈將每一個物件的**索引值**與**元素值**解析出來。

程式實例 ch7_28.ipynb：繼續設計 ch6_39.ipynb，將 enumerate 物件的索引值與元素值解析出來。

```
1  # ch7_28.ipynb
2  drinks = ["coffee", "tea", "wine"]
3  # 解析enumerate物件
4  for drink in enumerate(drinks):          # 數值初始是0
5      print(drink)
6  for count, drink in enumerate(drinks):
7      print(count, drink)
8  print("***************")
9  # 解析enumerate物件
10 for drink in enumerate(drinks, 10):       # 數值初始是10
11     print(drink)
12 for count, drink in enumerate(drinks, 10):
13     print(count, drink)
```

執行結果
```
(0, 'coffee')
(1, 'tea')
(2, 'wine')
0 coffee
1 tea
2 wine
***************
(10, 'coffee')
(11, 'tea')
(12, 'wine')
10 coffee
11 tea
12 wine
```

上述程式第 6 列觀念如下：

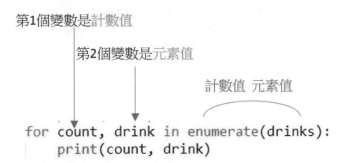

由於 enumerate(drinks) 產生的 enumerate 物件是配對存在，可以用 2 個變數遍歷這個物件，只要仍有元素尚未被遍歷迴圈就會繼續。為了讓讀者了解 enumerate 物件的奧妙，筆者先用傳統方式設計下列程式。

程式實例 ch7_29.ipynb：以下是某位 NBA 球員的前 10 場的得分數據，可參考程式第 2 列，使用 emuerate( ) 觀念列出那些場次得分超過 20 分 (含)。**註**：場次從第 1 場開始。

```
1   # ch7_29.ipynb
2   scores = [21,29,18,33,12,17,26,28,15,19]
3   # 解析enumerate物件
4   for count, score in enumerate(scores, 1):    # 初始值是 1
5       if score >= 20:
6           print(f"場次 {count} : 得分 {score}")
```

執行結果

```
場次 1 : 得分 21
場次 2 : 得分 29
場次 4 : 得分 33
場次 7 : 得分 26
場次 8 : 得分 28
```

7-6　專題：成績系統 / 圓周率 / 國王的麥粒 / 電影院劃位

7-6-1　建立真實的成績系統

在 6-7-2 節筆者介紹了成績系統的計算，如下所示：

姓名	國文	英文	數學	總分
洪錦魁	80	95	88	0
洪冰儒	98	97	96	0
洪雨星	91	93	95	0
洪冰雨	92	94	90	0
洪星宇	92	97	80	0

其實更真實的成績系統應該如下所示：

座號	姓名	國文	英文	數學	總分	平均	名次
1	洪錦魁	80	95	88	0	0	0
2	洪冰儒	98	97	96	0	0	0
3	洪雨星	91	93	95	0	0	0
4	洪冰雨	92	94	90	0	0	0
5	洪星宇	92	97	80	0	0	0

在上述成績系統表格中，我們使用各科考試成績，然後必需填入每個人的總分、平均、名次。要處理上述成績系統，關鍵是學會二維串列的排序，如果想針對串列內第 n 個元素值排序，使用方法如下：

二維串列.sort(key=lambda x:x[n])

上述函數方法參數有 lambda 關鍵字，讀者可以不理會直接參考輸入，即可獲得排序結果，未來介紹函數時，在 11-8-4 節筆者會介紹此關鍵字。

程式實例 ch7_30.ipynb：設計真實的成績系統排序。

```
1  # ch7_30.ipynb
2  sc = [[1, '洪錦魁', 80, 95, 88, 0, 0, 0],
3        [2, '洪冰儒', 98, 97, 96, 0, 0, 0],
4        [3, '洪雨星', 91, 93, 95, 0, 0, 0],
5        [4, '洪冰雨', 92, 94, 90, 0, 0, 0],
6        [5, '洪星宇', 92, 97, 80, 0, 0, 0],
7        ]
8  # 計算總分與平均
9  print("填入總分與平均")
10 for i in range(len(sc)):
11     sc[i][5] = sum(sc[i][2:5])              # 填入總分
12     sc[i][6] = round((sc[i][5] / 3), 1)     # 填入平均
13     print(sc[i])
14 sc.sort(key=lambda x:x[5],reverse=True)     # 依據總分高往低排序
15 # 以下填入名次
16 print("填入名次")
17 for i in range(len(sc)):                    # 填入名次
```

```
18        sc[i][7] = i + 1
19        print(sc[i])
20   # 以下依座號排序
21   sc.sort(key=lambda x:x[0])                      # 依據座號排序
22   print("最後成績單")
23   for i in range(len(sc)):
24        print(sc[i])
```

執行結果

```
填入總分與平均
[1, '洪錦魁', 80, 95, 88, 263, 87.7, 0]
[2, '洪冰儒', 98, 97, 96, 291, 97.0, 0]
[3, '洪雨星', 91, 93, 95, 279, 93.0, 0]
[4, '洪冰雨', 92, 94, 90, 276, 92.0, 0]
[5, '洪星宇', 92, 97, 80, 269, 89.7, 0]
填入名次
[2, '洪冰儒', 98, 97, 96, 291, 97.0, 1]
[3, '洪雨星', 91, 93, 95, 279, 93.0, 2]
[4, '洪冰雨', 92, 94, 90, 276, 92.0, 3]
[5, '洪星宇', 92, 97, 80, 269, 89.7, 4]
[1, '洪錦魁', 80, 95, 88, 263, 87.7, 5]
最後成績單
[1, '洪錦魁', 80, 95, 88, 263, 87.7, 5]
[2, '洪冰儒', 98, 97, 96, 291, 97.0, 1]
[3, '洪雨星', 91, 93, 95, 279, 93.0, 2]
[4, '洪冰雨', 92, 94, 90, 276, 92.0, 3]
[5, '洪星宇', 92, 97, 80, 269, 89.7, 4]
```

7-6-2 計算圓周率

在第 2 章的習題 7 筆者有說明計算圓周率的知識，筆者使用了**萊布尼茲公式**，當時筆者也說明了此級數收斂速度很慢，這一節我們將用迴圈處理這類的問題。我們可以用下列公式說明萊布尼茲公式：

$$pi = 4(1 - \frac{1}{3} + \frac{1}{5} - \frac{1}{7} + \cdots + \frac{(-1)^{i+1}}{2i-1})$$

程式實例 ch7_31.ipynb：使用萊布尼茲公式計算圓周率，這個程式會計算到 1 百萬次，同時每 10 萬次列出一次圓周率的計算結果。

```
1   # ch7_31.ipynb
2   x = 1000000
3   pi = 0
4   for i in range(1,x+1):
5       pi += 4*((-1)**(i+1) / (2*i-1))
6       if i % 100000 == 0:          # 隔100000執行一次
7           print(f"當 {i = :7d} 時 PI = {pi:20.19f}")
```

執行結果

```
當 i =  100000 時 PI = 3.1415826535897197758
當 i =  200000 時 PI = 3.1415876535897617750
當 i =  300000 時 PI = 3.1415893202564642017
當 i =  400000 時 PI = 3.1415901535897439167
當 i =  500000 時 PI = 3.1415906535896920282
當 i =  600000 時 PI = 3.1415909869230147500
當 i =  700000 時 PI = 3.1415912250182609355
當 i =  800000 時 PI = 3.1415914035897172241
當 i =  900000 時 PI = 3.1415915424786509114
當 i = 1000000 時 PI = 3.1415916535897743245
```

從上述可以得到當迴圈到 40 萬次後，此圓周率才進入我們熟知的 3.14159xx。

7-6-3　國王的麥粒

程式實例 ch7_32.ipynb：古印度有一個國王很愛下棋，打遍全國無敵手，昭告天下只要能打贏他，即可以協助此人完成一個願望。有一位大臣提出挑戰，結果國王真的輸了，國王也願意信守承諾，滿足此位大臣的願望。結果此位大臣提出想要麥粒：

第 1 個棋盤格子要 1 粒---- 其實相當於 2^0

第 2 個棋盤格子要 2 粒---- 其實相當於 2^1

第 3 個棋盤格子要 4 粒---- 其實相當於 2^2

第 4 個棋盤格子要 8 粒---- 其實相當於 2^3

第 5 個棋盤格子要 16 粒--- 其實相當於 2^4

....

第 64 個棋盤格子要 xx 粒---- 其實相當於 2^{63}

國王聽完哈哈大笑的同意了，管糧的大臣一聽大驚失色，不過也想出一個辦法，要贏棋的大臣自行到糧倉計算麥粒和運送，結果國王沒有失信天下，贏棋的大臣無法取走天文數字的所有麥粒，這個程式會計算到底這位大臣要取走多少麥粒。

```
1  # ch7_32.ipynb
2  sum = 0
3  for i in range(64):
4      if i == 0:
5          wheat = 1
6      else:
7          wheat = 2 ** i
8      sum += wheat
9  print(f'麥粒總共 = {sum}')
```

執行結果

```
麥粒總共 = 18446744073709551615
```

7-6-4　電影院劃位系統設計

程式實例 ch7_33.ipynb：設計電影院劃位系統，這個程式會先輸出目前座位表，然後可以要求輸入座位，最後輸出座位表。

```
1   # ch7_33.ipynb
2   print("電影院劃位系統")
3   sc = [[' ', '1', '2', '3', '4'],
4         ['A', '□','□','□','□'],
5         ['B', '■','□','□','□'],
6         ['C', '□','■','■','□'],
7         ['D', '□','□','□','□'],
8         ]
9   for seatrow in sc:          # 輸出目前座位表
10      for seat in seatrow:
11          print(seat, end='  ')
12      print()
13  row = input("請輸入 A - D 排 : ")
14  r = int(row,16) - 9
15  col = int(input("請輸入 1 - 4 號 : "))
16  sc[r][col] = '■'
17  print("="*60)
18  for seatrow in sc:          # 輸出最後座位表
19      for seat in seatrow:
20          print(seat, end='  ')
21      print()
```

執行結果

```
電影院劃位系統
   1  2  3  4
A  □  □  □  □
B  ■  □  □  □
C  □  ■  ■  □
D  □  □  □  □
請輸入 A - D 排 : A
請輸入 1 - 4 號 : 2
============================================================
   1  2  3  4
A  □  ■  □  □
B  ■  □  □  □
C  □  ■  ■  □
D  □  □  □  □
```

7-6-5　電腦視覺圖像初值的設定

在電腦視覺的應用中，最基礎的應用就是設定圖像的初值，如果忽略 R、G、B 色彩通道和透明度通道，圖像僅用灰階色彩表示，則一個二維陣列就是一幅灰階圖像，在獲得圖像內容前，我們常常需要設定圖像的初值，0 是代表黑色，255 代表白色，我們可以使用串列生成式的觀念設定圖像的初值。

程式實例 ch7_34.ipynb：設定 3 x 5 的二維陣列 (也可以想成是圖像) 初值是 0。

```
1   # ch7_34.ipynb
2   score=[[0]*5 for i in range(3)]
3   for sc in score:
4       print(sc)
```

執行結果

```
[0, 0, 0, 0, 0]
[0, 0, 0, 0, 0]
[0, 0, 0, 0, 0]
```

7-7 ChatGPT 輔助學習

1：　請說明 Python 迴圈的種類。

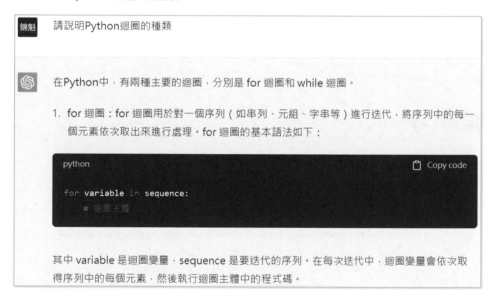

錦魁　請說明Python迴圈的種類

在Python中，有兩種主要的迴圈，分別是 for 迴圈和 while 迴圈。

1. for 迴圈：for 迴圈用於對一個序列 (如串列、元組、字串等) 進行迭代，將序列中的每一個元素依次取出來進行處理。for 迴圈的基本語法如下：

```python
for variable in sequence:
    # 迴圈主體
```

其中 variable 是迴圈變量，sequence 是要迭代的序列。在每次迭代中，迴圈變量會依次取得序列中的每個元素，然後執行迴圈主體中的程式碼。

2. while 迴圈：while 迴圈用於在條件滿足的情況下重複執行一段程式碼，直到條件不滿足為止。while 迴圈的基本語法如下：

```python
while condition:
    # 迴圈主體
```

其中 condition 是循環條件，只有當這個條件為 True 時，才會重複執行迴圈主體中的程式碼。在每次迭代中，Python都會先檢查條件是否滿足，如果條件不滿足，則退出迴圈。

在使用迴圈時，需要注意不要陷入無窮迴圈的情況。為了避免無窮迴圈，可以在迴圈主體中使用 break 關鍵字來強制退出迴圈，或者使用 continue 關鍵字跳過當前迭代，進行下一次迭代。例如：

```
1   # 使用 break 關鍵字強制退出迴圈
2   for i in range(10):
3       if i == 5:
4           break
5       print(i)
6
7   # 使用 continue 關鍵字跳過當前迭代
8   for i in range(10):
9       if i % 2 == 0:
10          continue
11      print(i)
```

2：　請說明 Python 的串列生成式 list generator。

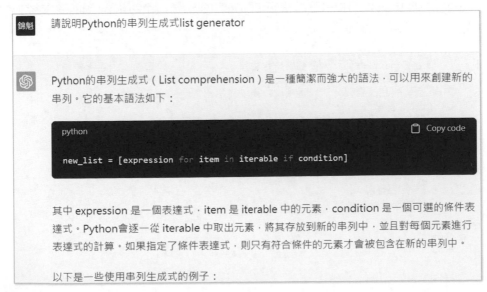

```
1   # 創建一個新的串列，包含原串列中的偶數元素
2   my_list = [1, 2, 3, 4, 5, 6]
3   new_list = [x for x in my_list if x % 2 == 0]
4   print(new_list)    # 輸出 [2, 4, 6]
5
6   # 創建一個新的串列，將原串列中的所有元素轉換為大寫字母
7   my_list = ["apple", "banana", "orange"]
8   new_list = [x.upper() for x in my_list]
9   print(new_list)    # 輸出 ["APPLE", "BANANA", "ORANGE"]
10
11  # 創建一個新的串列，包含原串列中元素的平方
12  my_list = [1, 2, 3, 4, 5]
13  new_list = [x ** 2 for x in my_list]
14  print(new_list)    # 輸出 [1, 4, 9, 16, 25]
```

習題實作題

ex7_1.ipynb：有一串列內部的元素是一系列圖檔，如下所示：(7-1 節)

　　da1.jpg、da2.png、da3.gif、da4.gif、da5.jpg、da6.jpg、da7.gif

　　請將 ".jpg"、".png"、".gif" 分別放置在 jpg、png、gif 串列，然後列印這些串列。

```
jpg檔案串列 ['da1.jpg', 'da5.jpg', 'da6.jpg']
png檔案串列 ['da2.png']
gif檔案串列 ['da3.gif', 'da4.gif', 'da7.gif']
```

ex7_2.ipynb：刪除串列內所有元素，假設串列內容是 [' 蘋果 ', ' 香蕉 ', ' 西瓜 ', ' 水蜜桃 ', ' 百香果 ']，Python 沒有提供刪除整個串列元素的方法，請使用 for 迴圈完成此工作。(7-2 節)

```
目前fruits串列 ：  ['蘋果', '香蕉', '西瓜', '水蜜桃', '百香果']
刪除 蘋果
目前fruits串列 ：  ['香蕉', '西瓜', '水蜜桃', '百香果']
刪除 香蕉
目前fruits串列 ：  ['西瓜', '水蜜桃', '百香果']
刪除 西瓜
目前fruits串列 ：  ['水蜜桃', '百香果']
刪除 水蜜桃
目前fruits串列 ：  ['百香果']
刪除 百香果
目前fruits串列 ：  []
```

ex7_3.ipynb：擴充程式ch7_7.ipynb，請將本金、年利率與存款年數從螢幕輸入。(7-2 節)

```
請輸入存款本金 ： 50000
請輸入年利率   ： 0.015
請輸入多少年   ： 5
第 1 年本金和 ： 50749
第 2 年本金和 ： 51511
第 3 年本金和 ： 52283
第 4 年本金和 ： 53068
第 5 年本金和 ： 53864
```

ex7_4.ipynb：假設你今年體重是 50 公斤，每年可以增加 1.2 公斤，請列出未來 5 年的體重變化。(7-2 節)

```
第 1 年體重 ： 51.2
第 2 年體重 ： 52.4
第 3 年體重 ： 53.6
第 4 年體重 ： 54.8
第 5 年體重 ： 56.0
```

ex7_5.ipynb：請使用 for 迴圈執行下列工作，請輸入 n 和 m 整數值，m 值一定大於 n 值，請列出 n 加到 m 的結果。例如：假設輸入 n 值是 1，m 值是 100，則程式必須列出 1 加到 100 的結果是 5050。(7-2 節)

```
請輸入n值 ： 1          請輸入n值 ： 10
請輸入m值 ： 10         請輸入m值 ： 15
結果 = 55               結果 = 75
```

ex7_6.ipynb：有一個華氏溫度串列 fahrenheit 內容是 [32, 77, 104]，請使用串列生成式的觀念，產生攝氏溫度串列 celsius。(7-2 節)

```
[0.0, 25.0, 40.0]
```

ex7_7.ipynb：參考 7-2-6 節產生 2, 4, 6, … 20 之間的串列。(7-2 節)

```
[2, 4, 6, 8, 10, 12, 14, 16, 18, 20]
```

ex7_8.ipynb：編寫數字1-5中，2個數字的各種組合。註：Google Colab 將不會斷行輸出，下列是筆者使用 Python Shell 執行的輸出。(7-2 節)

```
[[1, 1], [1, 2], [1, 3], [1, 4], [1, 5], [2, 1], [2, 2], [2, 3], [2, 4], [2, 5],
[3, 1], [3, 2], [3, 3], [3, 4], [3, 5], [4, 1], [4, 2], [4, 3], [4, 4], [4, 5],
[5, 1], [5, 2], [5, 3], [5, 4], [5, 5]]
```

ex7_9.ipynb：計算數學常數 e 值，它的全名是 Euler's number，又稱歐拉數，主要是紀念瑞士數學家歐拉，這是一個無限不循環小數，我們可以使用下列級數計算 e 值。

$$e = 1 + \frac{1}{1!} + \frac{1}{2!} + \frac{1}{3!} + \cdots + \frac{1}{i!}$$

這個程式會計算到 i=100，同時每隔 10，列出一次計算結果。(7-2 節)

```
當i是   10 時 e = 2.7182818011463845131459038384491577744448
當i是   20 時 e = 2.7182818284590455348848081484902650011787
當i是   30 時 e = 2.7182818284590455348848081484902650011787
當i是   40 時 e = 2.7182818284590455348848081484902650011787
當i是   50 時 e = 2.7182818284590455348848081484902650011787
當i是   60 時 e = 2.7182818284590455348848081484902650011787
當i是   70 時 e = 2.7182818284590455348848081484902650011787
當i是   80 時 e = 2.7182818284590455348848081484902650011787
當i是   90 時 e = 2.7182818284590455348848081484902650011787
當i是  100 時 e = 2.7182818284590455348848081484902650011787
```

ex7_10.ipynb：請重新設計 ch7_18.ipynb，輸出更改為 "1,2,…9"，但是要得到下方左圖的結果。(7-2 節)

```
        1           123456789
       21           12345678
      321           1234567
     4321           123456
    54321           12345
   654321           1234
  7654321           123
 87654321           12
987654321           1
```

ex7_11.ipynb：請重新設計 ch7_18.ipynb，輸出更改為 "1,2,…9"，但是要得到上方右圖的結果。(7-2 節)

ex7_12.ipynb：有一個串列 names=[' 洪錦魁 ', ' 洪冰儒 ', ' 東霞 ', 大成 ']，元素內容是姓名，請將姓洪的成員建立在 lastname 串列內，然後列印。(7-2 節)

```
['洪錦魁', '洪冰儒']
```

ex7_13.ipynb：刪除串列 fruits2 內在 fruits1 內已有的元素，兩個串列內容如下：(7-2 節)

fruits1 = ['蘋果', '香蕉', '西瓜', '水蜜桃', '百香果']
fruits2 = ['香蕉', '芭樂', '西瓜']

```
目前fruits2串列 ： ['香蕉', '芭樂', '西瓜']
刪除 香蕉
刪除 西瓜
最後fruits2串列 ： ['芭樂']
```

ex7_14.ipynb：列出 9*9 乘法表，其中標題輸出需使用 center( ) 方法。(7-3 節)

```
        9 * 9 Multiplication Table
     1   2   3   4   5   6   7   8   9
==========================================
1 |  1   2   3   4   5   6   7   8   9
2 |  2   4   6   8  10  12  14  16  18
3 |  3   6   9  12  15  18  21  24  27
4 |  4   8  12  16  20  24  28  32  36
5 |  5  10  15  20  25  30  35  40  45
6 |  6  12  18  24  30  36  42  48  54
7 |  7  14  21  28  35  42  49  56  63
8 |  8  16  24  32  40  48  56  64  72
9 |  9  18  27  36  45  54  63  72  81
```

ex7_15.ipynb：有一個串列 players，這個串列的元素也是串列，串列內容如下：

```
players = [['James', 202],
           ['Curry', 193],
           ['Durant', 205],
           ['Jordan', 199],
           ['David', 211]]
```

請列出所有身高是 200(含) 公分以上的球員資料。(7-3 節)

```
['James', 202]
['Durant', 205]
['David', 211]
```

ex7_16.ipynb：計算前 20 個質數，然後放在串列同時列印此串列。(7-4 節)

```
[2, 3, 5, 7, 11, 13, 17, 19, 23, 29, 31, 37, 41, 43, 47, 53, 59, 61, 67, 71]
```

ex7_17.ipynb：設計猜大小遊戲，請讀者猜 1 – 100 之間的數字，正確數字是 30，如果讀者猜太小會提示 " 請猜大一點 "，如果讀者猜太大，會提示 " 請猜小一點 "，當答對實會輸出 " 恭喜答對了 " 和輸出所猜次數。(7-4 節)

```
請猜1-100間的數字 = 50
請猜小一點
請猜1-100間的數字 = 20
請猜大一點
請猜1-100間的數字 = 30
恭喜答對了
共猜 3 次
```

ex7_18.ipynb：請輸入 2 個數，這個程式會求這 2 個數值的**最大公約數** (Greatest Common Divisor，簡稱 GCD)。所謂的公約數是指可以被 2 個數字整除的數字，最大公約數是指可以被 2 個數字整除的最大值。例如：16 和 40 的公約數有，1、2、4、8，其中 8 就是最大公約數。(7-4 節)

```
請輸入數值 1 : 16
請輸入數值 2 : 40
16 和 40 的最大公約數是 : 8
```

```
請輸入數值 1 : 99
請輸入數值 2 : 33
99 和 33 的最大公約數是 : 33
```

ex7_19.ipynb：有一個水果串列如下：(7-5 節)

　　fruits = ['李子', '香蕉', '蘋果', '西瓜', '桃子']

請用含編號方式列出這些水果。

```
1 : 李子
2 : 香蕉
3 : 蘋果
4 : 西瓜
5 : 桃子
```

ex7_20.ipynb：請修正 7-6-1 節的成績系統，當總分相同時名次應該相同，這個作業需列出原始成績單與最後成績單。**註**：洪雨星和洪星宇總分相同。(7-6 節)

```
原始成績單
[1, '洪錦魁', 80, 95, 88, 0, 0, 0]
[2, '洪冰儒', 98, 97, 96, 0, 0, 0]
[3, '洪雨星', 91, 93, 95, 0, 0, 0]
[4, '洪冰雨', 92, 94, 90, 0, 0, 0]
[5, '洪星宇', 92, 97, 90, 0, 0, 0]
最後成績單
[1, '洪錦魁', 80, 95, 88, 263, 87.7, 5]
[2, '洪冰儒', 98, 97, 96, 291, 97.0, 1]
[3, '洪雨星', 91, 93, 95, 279, 93.0, 2]
[4, '洪冰雨', 92, 94, 90, 276, 92.0, 4]
[5, '洪星宇', 92, 97, 90, 279, 93.0, 2]
```

ex7_21.ipynb：重新設計 ch7_33.ipynb，擴充電影院劃位系統為有 A－H 列。(7-6 節)

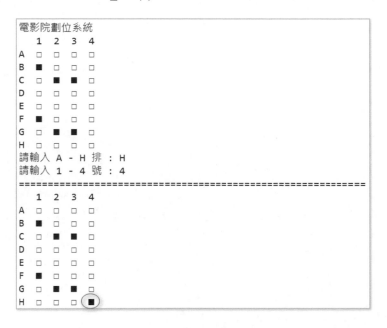

ex7_22.ipynb：4-6-4 節筆者介紹了雞兔同籠的問題，有 35 隻頭與 100 隻腳，請將該問題用迴圈計算。**註**：我們可以先假設雞 (chicken) 有 0 隻，兔子 (rabbit) 有 35 隻，然後計算腳的數量，如果所獲得腳的數量不符合，可以每次增加 1 隻雞。(7-6 節)

```
雞有 20 隻, 兔有 15 隻
```

ex7_23.ipynb：Pascal 三角形是一個由數字所構成的三角形，起始於數字 1，每一列的數字是由上方兩個數字相加而得到，以下是高度為 5 的 Pascal 三角形。

```
        1
       1 1
      1 2 1
     1 3 3 1
    1 4 6 4 1
```

　　從上面可以看到，每一列的開頭和結尾都是 1，中間的數字是由上方兩個數字相加而得到，也就是說，每個數字都是其左上角和右上角的數字之和，請設計程式可以產生上述高度為 5 的 Pascal 三角形。(7-6 節)

第 8 章

元組 (Tuple)

在大型的商業或遊戲網站設計中，**串列** (list) 是非常重要的資料型態，因為記錄各種等級客戶、遊戲角色 … 等，皆需要使用串列，**串列資料可以隨時變動更新**。Python 提供另一種資料型態稱**元組** (tuple)，這種資料型態結構與串列完全相同，元組與串列最大的差異是，它的**元素值內容不可更改**與**元素個數不可更動**，有時又可稱不可改變的串列，這也是本章的主題。

8-1　元組的定義

串列在定義時是將元素放在中括號內，元組的定義則時將元素放在**小括號 "( )"** 內，下列是元組的語法格式。

```
    x = (元素1, … , 元素n,)                    # x是假設的元組名稱
```

基本上元組的每一筆資料稱**元素**，元素可以是**整數、字串或串列** … 等，這些元素放在小括號 ( ) 內，彼此用逗號 "," 隔開，最右邊的元素 n 的 "," 可有可無。如果要列印元組內容，可以使用 print( ) 函數，將**元組名稱**當作**變數名稱**即可。

如果元組內的**元素只有一個**，在定義時需在元素右邊加上逗號 (",")。

```
    x = (元素1,)                              # 只有一個元素的元組
```

程式實例 ch8_1.ipynb：定義與列印元組，最後使用 type( ) 列出**元組資料型態**。

```
1   # ch8_1.ipynb
2   numbers1 = (1, 2, 3, 4, 5)        # 定義元組元素是整數
3   fruits = ('apple', 'orange')      # 定義元組元素是字串
4   mixed = ('James', 50)             # 定義元組元素是不同型態資料
5   val_tuple = (10,)                 # 只有一個元素的元祖
6   print(numbers1)
7   print(fruits)
8   print(mixed)
9   print(val_tuple)
10  # 列出元組資料型態
11  print("元組mixed資料型態是: ",type(mixed))
```

執行結果

```
(1, 2, 3, 4, 5)
('apple', 'orange')
('James', 50)
(10,)
元組mixed資料型態是:  <class 'tuple'>
```

　　另外一個簡便建立元組有多個元素的方法是，用等號，右邊有一系列元素，元素彼此用逗號隔開。

實例 1：簡便建立元組的方法。

```
>>> x = 5, 6
>>> type(x)
<class 'tuple'>
>>> x
(5, 6)
```

8-2　讀取元組元素

　　定義元組時是使用小括號 "( )"，如果想要讀取元組內容和串列是一樣的用**中括號** "[ ]"。在 Python 中元組元素是從索引值 0 開始配置。所以如果是元組的第一筆元素，索引值是 0，第二筆元素索引值是 1，其他依此類推，如下所示：

　　　x[i]　　　　　　　　　　　# 讀取索引i的元組元素

程式實例 ch8_2.ipynb：讀取元組元素，與一次指定多個變數值的應用。

```
 1  # ch8_2.ipynb
 2  numbers1 = (1, 2, 3, 4, 5)      # 定義元組元素是整數
 3  fruits = ('apple', 'orange')    # 定義元組元素是字串
 4  val_tuple = (10,)               # 只有一個元素的元祖
 5  print(numbers1[0])              # 以中括號索引值讀取元素內容
 6  print(numbers1[4])
 7  print(fruits[0],fruits[1])
 8  print(val_tuple[0])
 9  x, y = ('apple', 'orange')      # 建立變數 x, y
10  print(x,y)
11  x, y = fruits                   # 建立變數 x, y
12  print(x,y)
```

執行結果

```
1
5
apple orange
10
apple orange
apple orange
```

8-3　遍歷所有元組元素

在 Python 可以使用 for 迴圈遍歷所有元組元素，用法與串列相同。

程式實例 ch8_3.ipynb：假設元組是由字串和數值組成，這個程式會列出元組所有元素內容。

```
1  # ch8_3.ipynb
2  keys = ('magic', 'xaab', 9099)  # 定義元組元素是字串與數字
3  for key in keys:
4      print(key)
```

執行結果

```
magic
xaab
9099
```

8-4　元組切片 (tuple slices)

元組切片觀念與 6-1-3 節串列切片觀念相同，下列將直接用程式實例說明。

程式實例 ch8_4.ipynb：元組切片的應用。

```
1  # ch8_4.ipynb
2  fruits = ('apple', 'orange', 'banana', 'watermelon', 'grape')
3  print(fruits[1:3])
4  print(fruits[:2])
5  print(fruits[1:])
6  print(fruits[-2:])
7  print(fruits[0:5:2])
```

執行結果

```
('orange', 'banana')
('apple', 'orange')
('orange', 'banana', 'watermelon', 'grape')
('watermelon', 'grape')
('apple', 'banana', 'grape')
```

8-5　方法與函數

應用在串列上的**方法**或**函數**如果不會更改**元組**內容，則可以將它應用在**元組**，例如：len( )。如果會更改元組內容，則不可以將它應用在元組，例如：append( )、insert( ) 或 pop( )。

程式實例 ch8_5.ipynb：列出元組元素長度 (個數)。

```
1  # ch8_5.ipynb
2  keys = ('magic', 'xaab', 9099)  # 定義元組元素是字串與數字
3  print(f"keys元組長度是 {len(keys)}")
```

執行結果　　　　　　　　keys元組長度是 3

8-6 串列與元組資料互換

　　程式設計過程，也許會有需要將其他資料型態轉成**串列** (list) 與**元組** (tuple)，或是串列與元組資料型態互換，可以使用下列指令。

　　list(data)：將元組或其他資料型態改為串列。

　　tuple(data)：將串列或其他資料型態改為元組。

程式實例 ch8_6.ipynb：將元組改為串列的測試，同時改為串列後增加元素做測試。

```
1  # ch8_6.ipynb
2  keys = ('magic', 'xaab', 9099)   # 定義元組元素是字串與數字
3  list_keys = list(keys)           # 將元組改為串列
4  list_keys.append('secret')       # 因為是串列所以可以增加元素
5  print(f"類型 : {type(keys)}, 內容 : {keys}")
6  print(f"類型 : {type(list_keys)}, 內容 : {list_keys}")
```

執行結果
```
類型 : <class 'tuple'>, 內容 : ('magic', 'xaab', 9099)
類型 : <class 'list'>, 內容 : ['magic', 'xaab', 9099, 'secret']
```

　　上述第 4 列由於 list_keys 已經是串列，所以可以使用 append( ) 方法。

程式實例 ch8_7.ipynb：將串列改為元組的測試。

```
1  # ch8_7.ipynb
2  keys = ['magic', 'xaab', 9099]   # 定義串列元素是字串與數字
3  tuple_keys = tuple(keys)         # 將串列改為元組
4  print("列印串列", keys)
5  print("列印元組", tuple_keys)
6  tuple_keys.append('secret')      # 增加元素 --- 錯誤錯誤
```

執行結果
```
列印串列 ['magic', 'xaab', 9099]
列印元組 ('magic', 'xaab', 9099)
--------------------------------------------------------
AttributeError                           Traceback (most recent call last)
<ipython-input-1-b4fa4f6a35f7> in <module>
      4 print("列印串列", keys)
      5 print("列印元組", tuple_keys)
----> 6 tuple_keys.append('secret')      # 增加元素 --- 錯誤錯誤

AttributeError: 'tuple' object has no attribute 'append'
```

上述前 5 列程式是正確的，所以可以看到有分別列印串列和元組元素，程式第 6 列的錯誤是因為 tuple_keys 是元組，不支援使用 append( ) 增加元素。

8-7　其它常用的元組方法

方法	說明
max(tuple)	獲得元組內容最大值
min(tuple)	獲得元組內容最小值

程式實例 ch8_8.ipynb：元組內建方法 max( )、min( ) 的應用。

```
1   # ch8_8.ipynb
2   tup = (1, 3, 5, 7, 9)
3   print("tup最大值是", max(tup))
4   print("tup最小值是", min(tup))
```

執行結果

```
tup最大值是 9
tup最小值是 1
```

8-8　enumerate 物件使用在元組

在 6-11 與 7-5 節皆已有說明 enumerate( ) 的用法，有一點筆者當時沒有提到，當我們將 enumerate( ) 方法產生的 enumerate 物件轉成串列時，其實此串列的配對元素是元組，在此筆者直接以實例解說。

程式實例 ch8_9.ipynb：測試 enumerate 物件轉成串列後，原先的元素變成元組資料型態。

```
1   # ch8_9.ipynb
2   drinks = ["coffee", "tea", "wine"]
3   enumerate_drinks = enumerate(drinks)     # 數值初始值是0
4   lst = list(enumerate_drinks)
5   print("轉成串列輸出, 初始索引值是 0 = ", lst)
6   print(type(lst[0]))
```

執行結果

```
轉成串列輸出, 初始索引值是 0 =  [(0, 'coffee'), (1, 'tea'), (2, 'wine')]
<class 'tuple'>
```

程式實例 ch8_10.ipynb：分別將元組轉成初始索引值是 0 和 10 的 enumerate 物件，再解析這個 enumerate 物件。

```
1   # ch8_10.ipynb
2   drinks = ("coffee", "tea", "wine")
3   # 解析enumerate物件
4   for drink in enumerate(drinks):          # 數值初始是0
5       print(drink)
6   for count, drink in enumerate(drinks):
7       print(count, drink)
8   print("****************")
9   # 解析enumerate物件
10  for drink in enumerate(drinks, 10):      # 數值初始是10
11      print(drink)
12  for count, drink in enumerate(drinks, 10):
13      print(count, drink)
```

執行結果

```
(0, 'coffee')
(1, 'tea')
(2, 'wine')
0 coffee
1 tea
2 wine
****************
(10, 'coffee')
(11, 'tea')
(12, 'wine')
10 coffee
11 tea
12 wine
```

8-9　使用 zip( ) 打包多個物件

這是一個內建函數，參數內容主要是 2 個或更多個可迭代 (iterable) 的物件，如果有存在多個物件 (例如：串列或元組)，可以用 zip( ) 將多個物件打包成 zip 物件，然後未來視需要將此 zip 物件轉成串列 (使用 list( )) 或其它物件，例如：元組 (使用 tuple( ))。不過讀者要知道，這時物件的元素將是元組。

程式實例 ch8_11.ipynb：zip( ) 的應用。

```
1   # ch8_11.ipynb
2   fields = ['Name', 'Age', 'Hometown']
3   info = ['Peter', '30', 'Chicago']
4   zipData = zip(fields, info)        # 執行zip
5   print(type(zipData))              # 列印zip資料類型
6   player = list(zipData)            # 將zip資料轉成串列
7   print(player)
```

執行結果
```
<class 'zip'>
[('Name', 'Peter'), ('Age', '30'), ('Hometown', 'Chicago')]
```

如果放在 zip( ) 函數的**串列參數**，長度不相等，由於多出的元素無法匹配，轉成串列物件後 zip **物件**元素數量將是較短的數量。

程式實例 ch8_12.ipynb：重新設計 ch8_11.ipynb，fields 串列元素數量個數是 3 個，info 串列數量元素個數只有 2 個，最後 zip 物件元素數量是 2 個。

```
1  # ch8_12.ipynb
2  fields = ['Name', 'Age', 'Hometown']
3  info = ['Peter', '30']
4  zipData = zip(fields, info)      # 執行zip
5  print(type(zipData))            # 列印zip資料類型
6  player = list(zipData)          # 將zip資料轉成串列
7  print(player)                   # 列印串列
```

執行結果
```
<class 'zip'>
[('Name', 'Peter'), ('Age', '30')]
```

如果在 zip( ) 函數內增加 "*" 符號，相當於可以 unzip( ) 串列。

程式實例 ch8_13.ipynb：擴充設計 ch8_11.ipynb，恢復 zip 前的串列。

```
1   # ch8_13.ipynb
2   fields = ['Name', 'Age', 'Hometown']
3   info = ['Peter', '30', 'Chicago']
4   zipData = zip(fields, info)      # 執行zip
5   print(type(zipData))            # 列印zip資料類型
6   player = list(zipData)          # 將zip資料轉成串列
7   print(player)                   # 列印串列
8
9   f, i = zip(*player)             # 執行unzip
10  print("fields = ", f)
11  print("info   = ", i)
```

執行結果
```
<class 'zip'>
[('Name', 'Peter'), ('Age', '30'), ('Hometown', 'Chicago')]
fields =  ('Name', 'Age', 'Hometown')
info   =  ('Peter', '30', 'Chicago')
```

上述實例 zip( ) 函數內的參數是串列，其實參數也可以是元組或是混合不同的資料型態，甚至是 3 個或更多個資料。下列是將 zip( ) 應用在 3 個元組的實例。

```
>>> x1 = (1,2,3)
>>> x2 = (4,5,6)
>>> x3 = (7,8,9)
>>> a = zip(x1,x2,x3)
>>> tuple(a)
((1, 4, 7), (2, 5, 8), (3, 6, 9))
```

8-10 製作大型的元組資料

有時我們想要製作更大型的元組資料結構，例如：串列的元素是元組，可以參考下列實例。

實例 1：大型串列的元素是元組。

```
>>> asia = ('Beijing', 'HongKong', 'Tokyo')
>>> usa = ('Chicago', 'New York', 'Hawaii', 'Los Angeles')    建立元組方法1
>>> europe = 'Paris', 'London', 'Zurich'    建立元組方法2
>>> type(asia)
<class 'tuple'>
>>> type(europe)
<class 'tuple'>
>>> world = [asia, usa, europe]    建立串列
>>> type(world)
<class 'list'>
>>> world
[('Beijing', 'HongKong', 'Tokyo'), ('Chicago', 'New York', 'Hawaii', 'Los Angele
s'), ('Paris', 'London', 'Zurich')]
```

8-11 元組的功能

讀者也許好奇，元組的資料結構與串列相同，但是元組有不可更改元素內容的限制，為何 Python 要有類似但功能卻受限的資料結構存在？原因是元組有下列優點。

❑ **可以更安全的保護資料**

程式設計中可能會碰上有些資料是永遠不會改變的事實，將它儲存在元組 (tuple) 內，可以安全地被保護。例如：影像處理時物件的**長、寬**或**每一像素的色彩資料**，很多都是以元組為資料類型。

❑ **增加程式執行速度**

元組 (tuple) 結構比串列 (list) 簡單，佔用較少的系統資源，程式執行時速度比較快。

當瞭解了上述元組的優點後，其實未來設計程式時，如果確定資料可以不更改，就儘量使用元組資料類型吧！

8-12 專題：認識元組 / 基礎統計應用

8-12-1　認識元組

元組由於具有安全、內容不會被串竄改、資料結構單純、執行速度快等優點，所以其實被大量應用在系統程式設計師，程式設計師喜歡將設計程式所保留的資料以元組儲存。

在 2-8 節和 3-6-1 節筆者有介紹使用 divmod( ) 函數，我們知道這個函數的傳回值是商和餘數，當時筆者用下列公式表達這個函數的用法。

> 商, 餘數 = divmod(被除數, 除數)　　　　　　　　# 函數方法

更嚴格說，divmod( ) 的傳回值是元組，所以我們可以使用元組方式取得**商**和**餘數**。

程式實例 ch8_14.ipynb：使用元組觀念重新設計 ch3_17.ipynb，計算地球到月球的時間。

```
1  # ch8_14.ipynb
2  dist = 384400                      # 地球到月亮距離
3  speed = 1225                       # 馬赫速度每小時1225公里
4  total_hours = dist // speed        # 計算小時數
5  data = divmod(total_hours, 24)     # 商和餘數
6  print(f"divmod傳回的資料型態是 : {type(data)}")
7  print(f"總共需要 {data[0]} 天")
8  print(f"{data[1]} 小時")
```

執行結果

```
divmod傳回的資料型態是 : <class 'tuple'>
總共需要 13 天
1 小時
```

從上述第 6 列的執行結果可以看到傳回值 data 的資料型態是元組 tuple。若是我們再看 divmod( ) 函數公式，可以得到第一個參數 " 商 " 相當於是索引 0 的元素，第二個參數 " 餘數 " 相當於是索引 1 的元素。

8-12-2　基礎統計應用

假設有一組數據，此數據有 n 筆資料，我們可以使用下列公式計算它的**平均值** (Mean)、**變異數** (Variance)、**標準差** (Standard Deviation，縮寫 SD，數學符號稱 sigma)。

$$平均值：mean = \frac{\sum_{i=1}^{n} x_i}{n} = \frac{x_1 + x_2 + \cdots + x_n}{n}$$

$$變異數：variance = \frac{\sum_{i=1}^{n} (x_i - mean)^2}{n-1}$$

$$標準差：standard\ deviation = \sqrt{\frac{\sum_{i=1}^{n} (x_i - mean)^2}{n-1}}$$

由於統計數據將不會更改，所以可以用元組儲存處理。如果未來可能調整此數據，則建議使用串列儲存處理。下列實例筆者用元組儲存數據。

程式實例 ch8_15.ipynb：計算 5,6,8,9 的平均值、變異數和標準差。

```
1   # ch8_15.ipynb
2   # 計算平均值
3   vals = (5,6,8,9)
4   mean = sum(vals) / len(vals)
5   print(f"平均值 : {mean:5.3f}")
6
7   # 計算變異數
8   var = 0
9   for v in vals:
10      var += ((v - mean)**2)
11  var = var / (len(vals)-1)
12  print(f"變異數 : {var:5.3f}")
13
14  # 計算標準差
15  dev = 0
16  for v in vals:
17      dev += ((v - mean)**2)
18  dev = (dev / (len(vals)-1))**0.5
19  print(f"標準差 : {dev:5.3f}")
```

執行結果

```
平均值 : 7.000
變異數 : 3.333
標準差 : 1.826
```

8-13　ChatGPT 輔助學習

1：　Python 元組的特色。

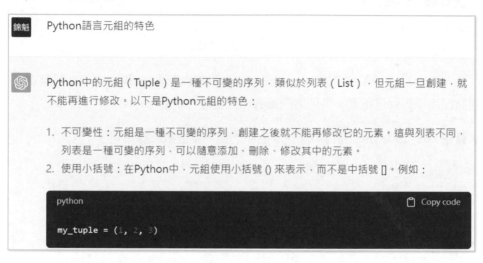

錦魁　Python語言元組的特色

Python中的元組（Tuple）是一種不可變的序列，類似於列表（List），但元組一旦創建，就不能再進行修改。以下是Python元組的特色：

1. 不可變性：元組是一種不可變的序列，創建之後就不能再修改它的元素。這與列表不同，列表是一種可變的序列，可以隨意添加、刪除、修改其中的元素。
2. 使用小括號：在Python中，元組使用小括號 () 來表示，而不是中括號 []。例如：

```python
my_tuple = (1, 2, 3)
```

3. 可以存放不同類型的元素：元組可以存放不同類型的元素，例如數字、字串、串列、元組等，也可以包含其他容器型別。例如：

```python
my_tuple = (1, "apple", [2, 3, 4], (5, 6))
```

4. 可以進行解包操作：可以使用多重賦值的方式來將元組中的元素分配給多個變量，這稱為元組解包（Tuple unpacking）。例如：

```python
my_tuple = (1, 2, 3)
a, b, c = my_tuple
print(a, b, c)   # 輸出 1 2 3
```

5. 可以作為字典的鍵：元組可以作為字典的鍵，而列表不行。因為元組是不可變的，所以可以保證其唯一性，而列表是可變的，所以不能作為字典的鍵。例如：

```python
my_dict = {("apple", "banana"): 1, ("orange", "peach"): 2}
```

總的來說，元組的不可變性使其在某些場景下比列表更加適用，例如在作為字典的鍵、在需要保護資料完整性的時候等。

習題實作題

ex8_1.ipynb：你組織了一個 Python 的讀書小組，這個小組成員有 5 個人，John、Peter、Curry、Mike、Kevin，請將這 5 個人姓名儲存在元組內，請使用 for 迴圈列印這 5 個人。(8-3 節)

```
讀書會成員
John
Peter
Curry
Mike
Kevin
```

ex8_2.ipynb：有一個元組的元素有重複 tp = (1,2,3,4,5,2,3,1,4)，請建立一個新元組 newtp，此新元組儲存相同但沒有重複的元素。**提示**：需用串列處理，最後轉成元組。(8-6 節)

```
新的元組內容 :  (1, 2, 3, 4, 5)
```

ex8_3.ipynb：season 元組內容是 ('Spring', 'Summer', 'Fall', 'Winter')，chinese 元組內容是 (' 春季 ',' 夏季 ',' 秋季 ',' 冬季 ')，請使用 zip( ) 將這 2 個元組打包，然後轉成串列列印出來。(8-9 節)

```
[('Spring', '春季'), ('Summer', '夏季'), ('Fall', '秋季'), ('Winter', '冬季')]
```

ex8_4.ipynb：氣象局使用元組 (tuple) 紀錄了台北過去一週的最高溫和最低溫度：(8-13 節)

最高溫度：30, 28, 29, 31, 33, 35, 32

最低溫度：20, 21, 19, 22, 23, 24, 20

請列出過去一週的最高溫、最低溫和平均溫度。

```
過去一周的最高溫度 35
過去一周的最低溫度 28
過去一周的平均溫度
25.0  24.5  24.0  26.5  28.0  29.5  26.0
```

ex8_5.ipynb：有一個超商統計一週來入場人數分別是 1100、652、946、821、955、1024、1155。請計算平均值、變異數和標準差。(8-13 節)

```
平均值 : 950.43
變異數 : 25069.39
標準差 : 158.33
```

第 9 章
字典 (Dict)

　　串列 (list) 與**元組** (tuple) 是依序排列可稱是**序列**資料結構，只要知道元素的特定位置，即可使用**索引**觀念取得元素內容。這一章的重點是介紹**字典** (dict)，它並不是依序排列的資料結構，通常可稱是**非序列**資料結構，所以無法使用類似串列的索引 [0, 1, … n] 觀念取得元素內容。

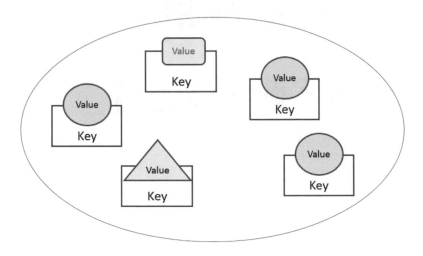

9-1 字典基本操作

　　字典是一個非序列的資料結構，它的元素是用 " 鍵 : 值 " 方式**配對儲存**，在操作時是用**鍵** (key) 取得**值** (value) 的內容，在真實的應用中我們是可以將字典資料結構當作正式的字典使用，查詢鍵時，就可以列出相對應的值內容。這一節主要是講解建立、刪除、複製、合併相關函數與知識。

方法	說明	參考
pop( )	刪除指定的字典元素	9-1-6 節
popitem( )	後進先出方式刪除元素	9-1-7 節
clear( )	刪除所有字典元素	9-1-8 節
copy( )	複製字典	9-1-10 節
len( )	獲得字典元素數量	9-1-11 節
update( )	合併字典	9-1-14 節
dict( )	建立字典	9-1-15 節

9-1-1 定義字典

定義字典時,是將 " 鍵 : 值 " 放在**大括號 "{ }" 內**,字典的語法如下:

    x = { 鍵1:值1, … , 鍵n:值n, }   # x是字典變數名稱

字典的**鍵** (key) 一般常用的是**字串**或**數字**當作是鍵,在一個字典中不可有重複的**鍵** (key) 出現。字典的**值** (value) 可以是任何 Python 的資料物件,所以可以是數值、字串、串列、字典 … 等。最右邊元素的 " **鍵 n: 值 n"** 右邊的 "," 可有可無。

程式實例 ch9_1.ipynb:以水果行和麵店為例定義一個字典,同時列出字典。下列字典是設定水果一斤的價格、麵一碗的價格,最後使用 type( ) 列出**字典資料型態**。

```
1  # ch9_1.py
2  fruits = {'西瓜':15, '香蕉':20, '水蜜桃':25}
3  noodles = {'牛肉麵':100, '肉絲麵':80, '陽春麵':60}
4  print(f"{type(fruits)}, {fruits}")
5  print(f"{type(noodles)}, {noodles}")
```

執行結果

```
<class 'dict'>, {'西瓜': 15, '香蕉': 20, '水蜜桃': 25}
<class 'dict'>, {'牛肉麵': 100, '肉絲麵': 80, '陽春麵': 60}
```

9-1-2 列出字典元素的值

字典的元素是 " 鍵 : 值 " 配對設定,如果想要取得元素的值,可以將**鍵**當作是索引方式處理,例如:下列可傳回 fruits 字典水蜜桃鍵的**值**。

    fruits['水蜜桃']   # 用**字典變數**['**鍵**']取得**值**

程式實例 ch9_2.ipynb:分別列出 ch9_1.ipynb,水果店水蜜桃一斤的價格和麵店牛肉麵一碗的價格。

```
1  # ch9_2.ipynb
2  fruits = {'西瓜':15, '香蕉':20, '水蜜桃':25}
3  noodles = {'牛肉麵':100, '肉絲麵':80, '陽春麵':60}
4  print(f"水蜜桃一斤 = {fruits['水蜜桃']} 元")
5  print(f"牛肉麵一碗 = {noodles['牛肉麵']} 元")
```

執行結果

```
水蜜桃一斤 = 25 元
牛肉麵一碗 = 100 元
```

有趣的活用 " 鍵 : 值 ",如果有一字典如下:

    fruits = {0:'西瓜', 1:'香蕉', 2:'水蜜桃'}

上述字典鍵是整數時，也可以使用下列方式取得值：

　　fruits[0]　　　　　　# 取得鍵是0的值

程式實例 ch9_3.ipynb：有趣列出特定鍵的值。

```
1  # ch9_3.ipynb
2  fruits = {0:'西瓜', 1:'香蕉', 2:'水蜜桃'}
3  print(fruits[0], fruits[1], fruits[2])
```

執行結果

```
西瓜 香蕉 水蜜桃
```

9-1-3　增加字典元素

可使用下列語法格式增加字典元素：

　　x[鍵] = 值　　　　　# x是字典變數

程式設計 ch9_4.ipynb：為 fruits 字典增加橘子一斤 18 元。

```
1  # ch9_4.ipynb
2  fruits = {'西瓜':15, '香蕉':20, '水蜜桃':25}
3  fruits['橘子'] = 18
4  print(fruits)
5  print(f"橘子一斤 = {fruits['橘子']} 元")
```

執行結果

```
{'西瓜': 15, '香蕉': 20, '水蜜桃': 25, '橘子': 18}
橘子一斤 =  18 元
```

9-1-4　更改字典元素內容

市面上的水果價格是浮動的，如果發生價格異動可以使用本節觀念更改。

程式實例 ch9_5.ipynb：將 fruits 字典的香蕉一斤改成 12 元。

```
1  # ch9_5.ipynb
2  fruits = {'西瓜':15, '香蕉':20, '水蜜桃':25}
3  print(f"舊價格香蕉一斤 = {fruits['香蕉']} 元")
4  fruits['香蕉'] = 12
5  print(f"新價格香蕉一斤 = {fruits['香蕉']} 元")
```

執行結果

```
舊價格香蕉一斤 = 20 元
新價格香蕉一斤 = 12 元
```

9-1-5　刪除字典內的特定元素

如果想要刪除字典內的特定元素，它的語法格式如下：

　　del x[鍵]　　　　　　　# 假設x是字典，可刪除特定**鍵**的元素

上述刪除時，如果字典元素 (或是字典) 不存在會產生刪除錯誤，程式會異常中止，所以一般會事先使用 in 關鍵字測試元素是否在字典內。

註　筆者將在第 15 章講解程式異常中止。

程式實例 ch9_6.ipynb：刪除 fruits 字典的西瓜元素。

```
1  # ch9_6.ipynb
2  fruits = {'西瓜':15, '香蕉':20, '水蜜桃':25}
3  print("水果字典:", fruits)
4  fruit = input("請輸入要刪除的水果 : ")
5  if fruit in fruits:
6      del fruits[fruit]
7      print("新水果字典:", fruits)
8  else:
9      print(f"{fruit} 不在水果字典內")
```

執行結果
```
水果字典: {'西瓜': 15, '香蕉': 20, '水蜜桃': 25}
請輸入要刪除的水果 : 西瓜
新水果字典: {'香蕉': 20, '水蜜桃': 25}
```
```
水果字典: {'西瓜': 15, '香蕉': 20, '水蜜桃': 25}
請輸入要刪除的水果 : 蘋果
蘋果 不在水果字典內
```

上述左邊是測試「西瓜」存在然後刪除的實例，上述右邊是測試「蘋果」不存在的實例。

9-1-6　字典的 pop( ) 方法

Python 字典的 pop() 方法也可以刪除字典內特定的元素，同時傳回所刪除的元素的值，它的語法格式如下：

　　ret_value = dictObj.pop(key[, default])　　　　　# **dictObj是欲刪除元素的字典**

上述 key 是要搜尋刪除的元素的鍵，找到時就將該元素從字典內刪除，同時將刪除鍵的值回傳。當找不到 key 時則傳回 default 設定的內容，如果沒有設定則導致 KeyError，程式異常終止。

程式實例 ch9_7.ipynb：刪除字典元素同時可以傳回所刪除字典元素的值，這個程式會使用元素存在與元素不存在做測試。

```
1  # ch9_7.ipynb
2  fruits = {'西瓜':15, '香蕉':20, '水蜜桃':25}
3  print("水果字典:", fruits)
4  fruit = input("請輸入要刪除的水果 ： ")
5  f = fruits.pop(fruit, "刪除的水果不存在")
6  print(f"刪除的水果 ： {fruit}:{f}")
7  print(f"新水果字典: {fruits}")
```

執行結果

```
水果字典: {'西瓜': 15, '香蕉': 20, '水蜜桃': 25}
請輸入要刪除的水果 ： 西瓜
刪除的水果 ： 西瓜:15
新水果字典: {'香蕉': 20, '水蜜桃': 25}
```

```
水果字典: {'西瓜': 15, '香蕉': 20, '水蜜桃': 25}
請輸入要刪除的水果 ： 蘋果
刪除的水果 ： 蘋果:刪除的水果不存在
新水果字典: {'西瓜': 15, '香蕉': 20, '水蜜桃': 25}
```

上方左圖是刪除的水果存在的實例，上方右圖是刪除水果不存在的實例。如果使用 pop( ) 方法時，省略第 2 個參數，如果刪除的水果存在可以正常執行，如果刪除的水果不存在將造成程式異常終止，可以參考下列實例。

```
>>> num = {1:'a',2:'b'}
>>> value = num.pop(3)
Traceback (most recent call last):
  File "<pyshell#229>", line 1, in <module>
    value = num.pop(3)
KeyError: 3
```

9-1-7　刪除字典所有元素

Python 有提供方法 clear( ) 可以將字典的所有元素刪除，此時字典仍然存在，不過將變成空的字典。

程式實例 ch9_8.ipynb：使用 clear( ) 方法刪除 fruits 字典的所有元素。

```
1  # ch9_8.ipynb
2  fruits = {'西瓜':15, '香蕉':20, '水蜜桃':25}
3  print("舊fruits字典內容:", fruits)
4  fruits.clear()
5  print("新fruits字典內容:", fruits)
```

執行結果

```
舊fruits字典內容: {'西瓜': 15, '香蕉': 20, '水蜜桃': 25}
新fruits字典內容: {}
```

9-1-8　建立一個空字典

在程式設計時，也允許先建立一個空字典，建立空字典的語法如下：

mydict = { }   # mydict是字典名稱

上述建立完成後，可以用 9-1-3 節增加字典元素的方式為空字典建立元素。

程式實例 ch9_9.ipynb：建立 week 空字典，然後為 week 字典建立元素。

```
1  # ch9_9.ipynb
2  week = {}                 # 建立空字典
3  print("星期字典", week)
4  week['Sunday'] = '星期日'
5  week['Monday'] = '星期一'
6  print("星期字典", week)
```

執行結果

```
星期字典 {}
星期字典 {'Sunday': '星期日', 'Monday': '星期一'}
```

9-1-9　字典的拷貝

在大型程式開發過程，也許為了要保護原先字典內容，所以常會需要將字典拷貝，此時可以使用此方法。

```
new_dict = mydict.copy( )          # mydict會被複製至new_dict
```

上述所複製的字典是獨立存在新位址的字典。

程式實例 ch9_10.ipynb：複製字典的應用，同時列出新字典所在位址，如此可以驗證新字典與舊字典是不同的字典。

```
1  # ch9_10.ipynb
2  fruits = {'西瓜':15, '香蕉':20, '水蜜桃':25}
3  cfruits = fruits.copy( )
4  print(f"位址 = {id(fruits)}, fruits元素 = {fruits}")
5  print(f"位址 = {id(cfruits)}, fruits元素 = {cfruits}")
```

執行結果

```
位址 = 139992271828672, fruits元素 = {'西瓜': 15, '香蕉': 20, '水蜜桃': 25}
位址 = 139992271828416, fruits元素 = {'西瓜': 15, '香蕉': 20, '水蜜桃': 25}
```

請留意上述實例的拷貝與 6-8-2 節介紹的**拷貝觀念**一樣。

9-1-10　取得字典元素數量

在串列 (list) 或元組 (tuple) 使用的方法 len( ) 也可以應用在**字典**，它的語法如下：

```
length = len(mydict)              # 將傳會mydict字典的元素數量給length
```

程式實例 ch9_11.ipynb：列出空字典和一般字典的元素數量，本程式第 4 列由於是建立空字典，所以第 7 列印出元素數量是 0。

```
1  # ch9_11.ipynb
2  fruits = {'西瓜':15, '香蕉':20, '水蜜桃':25, '蘋果':18}
3  noodles = {'牛肉麵':100, '肉絲麵':80, '陽春麵':60}
4  empty_dict = {}
5  print(f"fruits字典元素數量    = {len(fruits)}")
6  print(f"noodles字典元素數量   = {len(noodles)}")
7  print(f"empty_dict字典元素數量 = {len(empty_dict)}")
```

執行結果

```
fruits字典元素數量    = 4
noodles字典元素數量   = 3
empty_dict字典元素數量 = 0
```

9-1-11　設計字典的可讀性技巧

設計大型程式的實務上，字典的元素內容很可能是由長字串所組成，碰上這類情況建議從新的一列開始安置每一個元素，如此可以大大增加字典內容的可讀性。例如，有一個 players 字典，元素是由 " 鍵 (球員名字): 值 (球隊名稱)" 所組成。如果，我們使用傳統方式設計，將讓整個字典定義變得很複雜，如下所：

```
players = {'Stephen Curry':'Golden State Warriors','Kevin Durant':'Golden State Warriors'.
'Lebron James':'Cleveland Cavaliers','James Harden':'Houston Rockets','Paul Gasol':'San Antonio Spurs'}
```

碰上這類字典，建議是使用符合 PEP 8 的 **Python 風格**設計，每一列定義一筆元素，如下所示：

```
players = {'Stephen Curry':'Golden State Warriors',
           'Kevin Durant':'Golden State Warriors',
           'Lebron James':'Cleveland Cavaliers',
           'James Harden':'Houston Rockets',
           'Paul Gasol':'San Antonio Spurs'}
```

或是：

```
players = {
    'Stephen Curry':'Golden State Warriors',
    'Kevin Durant':'Golden State Warriors',
    'Lebron James':'Cleveland Cavaliers',
    'James Harden':'Houston Rockets',
    'Paul Gasol':'San Antonio Spurs',
}
```

程式實例 ch9_12.ipynb：字典元素是長字串的應用。

```
1  # ch9_12.ipynb
2  players = {
3      'Stephen Curry':'Golden State Warriors',
```

```
4      'Kevin Durant':'Golden State Warriors',
5      'Lebron James':'Cleveland Cavaliers',
6      'James Harden':'Houston Rockets',
7      'Paul Gasol':'San Antonio Spurs',
8  }
9  print(f"Stephen Curry是 {players['Stephen Curry']} 的球員")
10 print(f"Kevin Durant是 {players['Kevin Durant']} 的球員")
11 print(f"Paul Gasol是 {players['Paul Gasol']} 的球員")
```

執行結果

```
Stephen Curry是 Golden State Warriors 的球員
Kevin Durant是 Golden State Warriors 的球員
Paul Gasol是 San Antonio Spurs 的球員
```

9-1-12　合併字典 update( ) 與使用 ** 新方法

如果想要將 2 個字典合併可以使用 update( ) 方法。在合併字典時，特別需注意的是，如果發生鍵 (key) 相同則第 2 個字典的值可以取代第 1 個字典的值，所以設計字典合併時要特別注意。

程式實例 ch9_13.ipynb：字典合併的應用，經銷商 A(dealerA) 銷售橘子、蘋果和香蕉等 3 種水果，經銷商 B(dealerB) 銷售香蕉、釋迦等 2 種水果，設計程式當經銷商 A 併購了經銷商 B 後，列出經銷商 A 所銷售的水果。

```
1  # ch9_13.py
2  dealerA = {'橘子':50, '蘋果':60, '香蕉':35}
3  dealerB = {'香蕉':40, '釋迦':90}
4  dealerA.update(dealerB)
5  print(dealerA)
```

執行結果

```
{'橘子': 50, '蘋果': 60, '香蕉': 40, '釋迦': 90}
```

註 第 2 個字典元素香蕉的值 40 會取代第 1 個字典元素香蕉的值 35。

9-1-13　dict( )

在資料處理中我們可能會碰上雙值序列的串列資料，如下所示：

　　[['日本', '東京'], ['泰國', '曼谷'], ['英國', '倫敦']]

上述是普通的鍵 / 值序列，我們可以使用 dict( ) 將此序列轉成字典，其中雙值序列的第一個是鍵，第二個是值。

程式實例 ch9_14.ipynb：將雙值序列的串列轉成字典。

```
1  # ch9_14.ipynb
2  nation = [['日本','東京'],['泰國','曼谷'],['英國','倫敦']]
3  nationDict = dict(nation)
4  print(nationDict)
```

執行結果
```
{'日本': '東京', '泰國': '曼谷', '英國': '倫敦'}
```

　　如果上述元素是元組 (tuple)，例如：(' 日本 ',' 東京 ') 也可以完成相同的工作。

實例 1：將將雙值序列的串列轉成字典，其中元素是元組 (tuple)。

```
>>> x = [('a','b'), ('c','d')]
>>> y = dict(x)
>>> y
{'a': 'b', 'c': 'd'}
```

實例 2：下列是雙值序列是元組 (tuple) 的其它實例。

```
>>> x = ('ab', 'cd', 'ed')
>>> y = dict(x)
>>> y
{'a': 'b', 'c': 'd', 'e': 'd'}
```

9-1-14　再談 zip( )

　　在 8-9 節筆者已經說明 zip( ) 的用法，其實我們也可以使用 zip( ) 快速建立字典。

實例 1：zip( ) 應用 1。

```
>>> mydict = dict(zip('abcde', range(5)))
>>> print(mydict)
{'a': 0, 'b': 1, 'c': 2, 'd': 3, 'e': 4}
```

實例 2：zip( ) 應用 2。

```
>>> mydict = dict(zip(['a', 'b', 'c'], range(3)))
>>> print(mydict)
{'a': 0, 'b': 1, 'c': 2}
```

9-2　遍歷字典

　　大型程式設計中，字典用久了會產生相當數量的元素，也許是幾千筆或幾十萬筆 … 或更多。本節將使用函數，說明如何遍歷字典的鍵、值、鍵 : 值對。

方法	說明	參考
items( )	遍歷字典的鍵 : 值	9-2-1 節
keys( )	遍歷字典的鍵	9-2-2 節
values( )	遍歷字典的值	9-2-4 節
sorted( )	排序內容	9-2-3 節和 9-2-5 節

9-2-1　items( ) 遍歷字典的鍵 : 值

Python 有提供方法 items( )，可以讓我們取得字典 " 鍵 : 值 " 配對的元素，若是以 ch9_16.ipynb 的 players 字典為實例，可以使用 for 迴圈加上 items( ) 方法，如下所示：

上述只要尚未完成遍歷字典，for 迴圈將持續進行，如此就可以完成遍歷字典，同時傳回所有的 " 鍵 : 值 "。

程式實例 ch9_15.ipynb：列出 players 字典所有元素，相當於所有球員資料。

```
1  # ch9_15.ipynb
2  players = {'Stephen Curry':'Golden State Warriors',
3            'Kevin Durant':'Golden State Warriors',
4            'Lebron James':'Cleveland Cavaliers',
5            'James Harden':'Houston Rockets',
6            'Paul Gasol':'San Antonio Spurs'}
7  for name, team in players.items( ):
8      print("\n姓名: ", name)
9      print("隊名: ", team)
```

執行結果

```
姓名:   Stephen Curry
隊名:   Golden State Warriors

姓名:   Kevin Durant
隊名:   Golden State Warriors

姓名:   Lebron James
隊名:   Cleveland Cavaliers

姓名:   James Harden
隊名:   Houston Rockets

姓名:   Paul Gasol
隊名:   San Antonio Spurs
```

上述實例的執行結果雖然元素出現順序與程式第 2 列到第 6 列的順序相同，不過讀者需了解在 Python 的直譯器並不保證未來一定會保持相同順序，因為字典 (dict) 是一個無序的資料結構，Python 只會保持 " 鍵 : 值 " 不會關注元素的排列順序。

讀者需留意 items( ) 方法所傳回其實是一個元組，我們只是使用 name, team 分別取得此所傳回的元組內容，可參考下列實例。

```
>>> d = {1:'a', 2:'b'}
>>> for x in d.items():
        print(type(x))
        print(x)


<class 'tuple'>
(1, 'a')
<class 'tuple'>
(2, 'b')
```

9-2-2　keys( ) 遍歷字典的鍵

有時候我們不想要取得字典的值 (value)，只想要鍵 (keys)，Python 有提供方法 keys( )，可以讓我們取得字典的鍵內容，若是以 ch9_17.ipynb 的 players 字典為實例，可以使用 for 迴圈加上 keys( ) 方法，如下所示：

```
for name in players.keys( ):
    print("姓名: ", name)
```

上述 for 迴圈會依次將 players 字典的鍵傳回。

程式實例 ch9_16.ipynb：列出 players 字典所有的鍵 (keys)，此例是所有球員名字。

```
1  # ch9_16.ipynb
2  players = {'Stephen Curry':'Golden State Warriors',
3             'Kevin Durant':'Golden State Warriors',
4             'Lebron James':'Cleveland Cavaliers',
5             'James Harden':'Houston Rockets',
6             'Paul Gasol':'San Antonio Spurs'}
7  for name in players.keys( ):
8      print("姓名: ", name)
```

執行結果

```
姓名:  Stephen Curry
姓名:  Kevin Durant
姓名:  Lebron James
姓名:  James Harden
姓名:  Paul Gasol
```

其實上述實例第 7 列也可以省略 keys( ) 方法,而獲得一樣的結果,未來各位設計程式是否使用 keys( ),可自行決定,細節可參考 ch9_17.ipynb 的第 7 列。

程式實例 ch9_17.ipynb:重新設計 ch9_16.ipynb,此程式省略了 keys( ) 方法,但增加一些輸出問候語句。

```
7  for name in players:
8      print(name)
9      print(f"Hi! {name} 我喜歡看你在 {players[name]} 的表現")
```

執行結果
```
Stephen Curry
Hi! Stephen Curry 我喜歡看你在 Golden State Warriors 的表現
Kevin Durant
Hi! Kevin Durant 我喜歡看你在 Golden State Warriors 的表現
Lebron James
Hi! Lebron James 我喜歡看你在 Cleveland Cavaliers 的表現
James Harden
Hi! James Harden 我喜歡看你在 Houston Rockets 的表現
Paul Gasol
Hi! Paul Gasol 我喜歡看你在 San Antonio Spurs 的表現
```

9-2-3 sorted( ) 依鍵排序與遍歷字典

Python 的字典功能並不會處理排序,如果想要遍歷字典同時列出排序結果,可以使用方法 sorted( )。

程式實例 ch9_18.ipynb:重新設計程式實例 ch9_17.ipynb,但是名字將以排序方式列出結果,這個程式的重點是第 7 列。

```
7  for name in sorted(players.keys( )):
8      print(name)
9      print(f"Hi! {name} 我喜歡看你在 {players[name]} 的表現")
```

執行結果
```
James Harden
Hi! James Harden 我喜歡看你在 Houston Rockets 的表現
Kevin Durant
Hi! Kevin Durant 我喜歡看你在 Golden State Warriors 的表現
Lebron James
Hi! Lebron James 我喜歡看你在 Cleveland Cavaliers 的表現
Paul Gasol
Hi! Paul Gasol 我喜歡看你在 San Antonio Spurs 的表現
Stephen Curry
Hi! Stephen Curry 我喜歡看你在 Golden State Warriors 的表現
```

9-2-4　values( ) 遍歷字典的值

　　Python 有提供方法 **values( )**，可以讓我們取得字典**值**列表，若是以 ch9_15.ipynb 的 players 字典為實例，可以使用 for 迴圈加上 values( ) 方法，如下所示：

程式實例 ch9_19.ipynb：列出 players 字典的值列表。

```
7  for team in players.values( ):
8      print(team)
```

執行結果

```
Golden State Warriors
Golden State Warriors
Cleveland Cavaliers
Houston Rockets
San Antonio Spurs
```

　　上述 Golden State Warriors 重複出現，在字典的應用中**鍵**不可有重複，**值**是可以重複。

9-2-5　sorted( ) 依值排序與遍歷字典的值

　　在 Python 中，可以使用 sorted( ) 函數對字典 (dict) 進行排序。由於字典是無序的，因此在排序之前需要將字典轉換為可排序的對象，例如列表或元組。sorted( ) 函數可以對任何可迭代的對象進行排序，並返回一個排序後的新列表。當對字典進行排序時，通常需要指定一個排序的鍵 (即按照哪個鍵進行排序) 和一個排序的方式 (升序或是降序)。以下是 sorted() 函數對字典進行排序的基本語法：

```
sorted_dict = sorted(my_dict.items(), key=lambda x: x[1], reverse=True)
```

註　11-8-5 節會有上述函數語法的徹底說明。

　　上述 my_dict 是要排序的字典，items() 方法用於將字典轉換為一個包含鍵值對的列表，key 參數是一個排序的鍵，lambda x: x[1] 表示按照鍵值對中的值進行排序，reverse 參數表示排序的方式，如果為 True 表示降序，否則表示升序，預設是 False 表示升序。

　　此方法回傳的 sorted_dict，其資料類型是串列，元素是**元組**，元組內有 2 個元素分別是原先字典的**鍵**和**值**。

程式實例 ch9_20.ipynb：將 noodles 字典依鍵的值排序，此例是依麵的售價由小到大排序，轉成串列，同時列印。

```
1  # ch9_20.ipynb
2  noodles = {'牛肉麵':100, '肉絲麵':80, '陽春麵':60,
3             '大滷麵':90, '麻醬麵':70}
4  print(noodles)
5  noodlesLst = sorted(noodles.items(), key=lambda item:item[1])
6  print(noodlesLst)
7  print(" 品項    價格")
8  for i in range(len(noodlesLst)):
9      print(f"{noodlesLst[i][0]}    {noodlesLst[i][1]}")
```

執行結果

```
{'牛肉麵': 100, '肉絲麵': 80, '陽春麵': 60, '大滷麵': 90, '麻醬麵': 70}
[('陽春麵', 60), ('麻醬麵', 70), ('肉絲麵', 80), ('大滷麵', 90), ('牛肉麵', 100)]
   品項    價格
陽春麵    60
麻醬麵    70
肉絲麵    80
大滷麵    90
牛肉麵    100
```

從上述執行結果可以看到 noodlesLst 是一個串列，串列元素是元組，每個元組有 2 個元素，串列內容已經依麵的售價由低往高排列。如果想要繼續擴充列出最便宜的麵或是最貴的麵，可以使用下列函數。

```
max(noodles.values())        # 最貴的麵
min(noodles.values())        # 最便宜的麵
```

9-3 字典內鍵的值是串列

在 Python 的應用中也允許將串列放在字典內，這時**串列**將是字典某鍵的**值**。如果想要遍歷這類資料結構，需要使用巢狀迴圈和字典的方法 items( )，外層迴圈是取得字典的鍵，**內層迴圈**則是將含串列的**值**拆解。下列是定義 sports 字典的實例：

```
3  sports = {'Curry':['籃球', '美式足球'],
4            'Durant':['棒球'],
5            'James':['美式足球', '棒球', '籃球']}
```

上述 sports 字典內含 3 個 " **鍵：值** " 配對元素，其中**值**的部分皆是串列。程式設計時外層迴圈配合 items( ) 方法，設計如下：

```
7  for name, favorite_sport in sports.items( ):
8      print(f"{name} 喜歡的運動是: ")
```

上述設計後，**鍵**內容會傳給 name 變數，**值**內容會傳給 favorite_sport 變數，所以第 8 列將可列印**鍵**內容。內層迴圈主要是將 favorite_sport 串列內容拆解，它的設計如下：

```
10      for sport in favorite_sport:
11          print(f"    {sport}")
```

上述串列內容會隨迴圈傳給 sport 變數，所以第 11 列可以列出結果。

程式實例 ch9_21.ipynb：字典內含串列元素的應用，本程式會先定義內含字串的字典，然後再拆解列印。

```
1   # ch9_21.py
2   # 建立內含字串的字典
3   sports = {'Curry':['籃球', '美式足球'],
4            'Durant':['棒球'],
5            'James':['美式足球', '棒球', '籃球']}
6   # 列印key名字 + 字串'喜歡的運動'
7   for name, favorite_sport in sports.items( ):
8       print(f"{name} 喜歡的運動是: ")
9   # 列印value,這是串列
10      for sport in favorite_sport:
11          print(f"    {sport}")
```

執行結果

```
Curry 喜歡的運動是:
    籃球
    美式足球
Durant 喜歡的運動是:
    棒球
James 喜歡的運動是:
    美式足球
    棒球
    籃球
```

9-4　字典內鍵的值是字典

在 Python 的應用中也允許將**字典**放在**字典**內，這時**字典**將是字典某**鍵**的**值**。假設微信 (wechat_account) 帳號是用字典儲存，鍵有 2 個**值**是由**另外字典**組成，這個內部字典另有 3 個鍵，分別是 last_name、first_name 和 city，下列是設計實例。

```
3   wechat_account = {'cshung':{
4                               'last_name':'洪',
5                               'first_name':'錦魁',
6                               'city':'台北'},
7                     'kevin':{
8                               'last_name':'鄭',
9                               'first_name':'義盟',
10                              'city':'北京'}}
```

至於列印方式一樣需使用 items( ) 函數，可參考下列實例。

程式實例 ch9_22.ipynb：列出字典內含字典的內容。

```
1   # ch9_22.ipynb
2   # 建立內含字典的字典
3   wechat_account = {'cshung':{
4                               'last_name':'洪',
5                               'first_name':'錦魁',
6                               'city':'台北'},
7                     'kevin':{
8                               'last_name':'鄭',
9                               'first_name':'義盟',
10                              'city':'北京'}}
11  # 列印內含字典的字典
12  for account, account_info in wechat_account.items( ):
13      print("使用者帳號 = ", account)                    # 列印鍵(key)
14      name = account_info['last_name'] + " " + account_info['first_name']
15      print(f"姓名        = {name}")                      # 列印值(value)
16      print(f"城市        = {account_info['city']}")      # 列印值(value)
```

執行結果

```
使用者帳號 =  cshung
姓名        = 洪 錦魁
城市        = 台北
使用者帳號 =  kevin
姓名        = 鄭 義盟
城市        = 北京
```

9-5 字典常用的函數和方法

這一節主要是講解下列進階應用字典的方法。

方法	說明	參考
fromkeys( )	使用序列建立字典	9-5-2 節
get( )	搜尋字典的鍵	9-5-3 節
setdefault( )	搜尋字典的鍵，如果不存在則加入此鍵	9-5-4 節

9-5-1 len( )

前面已經介紹過 len( )，這個觀念也可以應用在列出字典內的字典元素的個數。

程式實例 ch9_23.ipynb：列出字典以及字典內的字典元素的個數。

```
1   # ch9_23.ipynb
2   # 建立內含字典的字典
3   wechat = {'cshung':{
4                       'last_name':'洪',
5                       'first_name':'錦魁',
6                       'city':'台北'},
7             'kevin':{
8                       'last_name':'鄭',
9                       'first_name':'義盟',
10                      'city':'北京'}}
11  # 列印字典元素個數
12  print(f"wechat字典元素個數        {len(wechat)}")
13  print(f"wechat['cshung']元素個數 {len(wechat['cshung'])}")
14  print(f"wechat['kevin']元素個數  {len(wechat['kevin'])}")
```

執行結果

```
wechat字典元素個數        2
wechat['cshung']元素個數  3
wechat['kevin']元素個數   3
```

9-5-2 fromkeys( )

這是建立字典的一個方法，它的語法格式如下：

mydict = dict.fromkeys(seq[, value])   # 使用seq序列建立字典

上述會使用 seq 序列 (可以是串列或是元組) 建立字典，序列內容將是字典的鍵，如果沒有設定 value 則用 none 當字典鍵的值。

程式實例 ch9_24.ipynb：使用串列建立字典。

```
1   # ch9_24.ipynb
2   # 創建一個包含鍵列表的變數
3   keys = ['apple', 'banana', 'orange']
4   # 使用 fromkeys() 創建一個新的字典my_dict1
5   my_dict1 = dict.fromkeys(keys)
6   print(my_dict1)
7   # 使用 fromkeys() 創建一個新的字典my_dict2
8   my_dict2 = dict.fromkeys(keys, 0)
9   print(my_dict2)
```

執行結果

```
{'apple': None, 'banana': None, 'orange': None}
{'apple': 0, 'banana': 0, 'orange': 0}
```

9-5-3　get( )

搜尋字典的鍵，如果鍵存在則傳回該鍵的值，如果不存在則傳回預設值。

　　　　ret_value = mydict.get(key[, default=none])　　　　　# mydict是欲搜尋的字典

key 是要搜尋的鍵，如果找不到 key 則傳回 default 的值 (如果沒設 default 值就傳回 none)。

程式實例 ch9_25.ipynb：get( ) 方法的應用。

```
1  # ch9_25.ipynb
2  fruits = {'Apple':20, 'Orange':25}
3  ret_value1 = fruits.get('Orange')
4  print(f"Value = {ret_value1}")
5  ret_value2 = fruits.get('Grape')
6  print(f"Value = {ret_value2}")
7  ret_value3 = fruits.get('Grape', 10)
8  print(f"Value = {ret_value3}")
```

執行結果

```
Value = 25
Value = None
Value = 10
```

9-5-4　setdefault( )

這個方法基本上與 get( ) 相同，不同之處在於 get( ) 方法不會改變字典內容。使用 setdefault( ) 方法時若所搜尋的鍵不在，會將 " 鍵 : 值 " 加入字典，如果有設定預設值則將鍵 : 預設值加入字典，如果沒有設定預設值則將鍵 :none 加入字典。

　　　　ret_value = mydict.setdefault(key[, default=none])　　　　# mydict是欲搜尋的字典

程式實例 ch9_26.ipynb：setdefault( ) 方法，鍵在字典內的應用。

```
1  # ch9_26.ipynb
2  my_dict = {'apple': 1, 'banana': 2}
3
4  # 使用 setdefault() 獲取 'apple' 的值
5  value1 = my_dict.setdefault('apple', 0)
6  print(value1)
7
8  # 使用 setdefault() 獲取 'orange' 的值
9  value2 = my_dict.setdefault('orange', 3)
10 print(value2)
11
12 # 輸出更新後的字典
13 print(my_dict)
```

執行結果

```
1
3
{'apple': 1, 'banana': 2, 'orange': 3}
```

9-6 製作大型的字典資料

9-6-1　基礎觀念

有時我們想要製作更大型的字典資料結構，例如：字典的鍵是地球的洲名，鍵的值是該洲幾個城市名稱，可以參考下列實例。

實例 1：字典的元素的值是串列。

```
>>> asia = ['Beijing', 'Hongkong', 'Tokyo']
>>> usa = ['Chicago', 'New York', 'Hawaii', 'Los Angeles']
>>> europe = ['Paris', 'London', 'Zurich']
>>> world = {'Asia':asia, 'Usa':usa, 'Europe':europe}
>>> type(world)
<class 'dict'>
>>> world
{'Asia': ['Beijing', 'Hongkong', 'Tokyo'], 'Usa': ['Chicago', 'New York', 'Hawai
i', 'Los Angeles'], 'Europe': ['Paris', 'London', 'Zurich']}
```

在設計大型程式時，必需記住字典的鍵是不可變的，所以不可以將串列、字典或是下一章將介紹的集合當作字典的鍵，不過你是可以將元組當作字典的鍵，例如：我們在 4-7-3 節可以知道地球上每個位置是用 (緯度 , 經度) 當做標記，所以我們可以使用經緯度當作字典的鍵。

實例 2：使用經緯度當作字典的鍵，值是地點名稱。

```
>>> loc = {
        (25.0452, 121.5168):'台北車站',
        (22.2838, 114.1731):'紅磡車站'
        }
>>> type(loc)
<class 'dict'>
>>> loc
{(25.0452, 121.5168): '台北車站', (22.2838, 114.1731): '紅磡車站'}
```

9-6-2　進階排序 Sorted 的應用

在演算法的經典應用中有一個貪婪演算法問題，此問題敘述是，有一個小偷帶了一個背包可以裝下 1 公斤的貨物不被發現，現在到一個賣場，有下列物件可以選擇：

1：　Acer 筆電：價值 40000 元，重 0.8 公斤。

2：　Asus 筆電：價值 35000 元，重 0.7 公斤。

3：　iPhone 手機：價值 38000 元，重 0.3 公斤。

4：　iWatch 手錶：價值 15000 元，重 0.1 公斤。

5：　Go Pro 攝影：價值 12000 元，重 0.1 公斤。

　　要處理這類問題首先是適切的使用資料結構儲存上述資料，我們可以使用字典儲存上述資料，然後使用**鍵** (key) 儲存貨物名稱，**鍵的值** (value) 使用元組，所以整個字典結構將如下所示 (筆者故意打亂順序)：

```
things = {'iWatch手錶':(15000, 0.1),      # 定義商品
          'Asus   筆電':(35000, 0.7),
          'iPhone手機':(38000, 0.3),
          'Acer   筆電':(40000, 0.8),
          'Go Pro攝影':(12000, 0.1),
          }
```

　　如果現在我們想要執行商品價值排序，同樣是使用 9-2-5 節的 sorted( ) 方法，但是這時的語法將如下：

```
sorted_dict = sorted(my_dict.items(), key=lambda x: x[1][0], reverse=True)
```

　　上述重點是 lambda x:x[1][0]，[1] 代表字典的值也就是元組，[0] 代表元組的第 1 個元素，此例是商品價值。

註　上述 sorted( ) 方法與 lambda 表達式的用法未來 11-8-5 節會有更詳細的解說。

程式實例 ch9_27.ipynb：將商品依價值排序。

```
1  # ch9_27.ipynb
2  things = {'iWatch手錶':(15000, 0.1),      # 定義商品
3            'Asus   筆電':(35000, 0.7),
4            'iPhone手機':(38000, 0.3),
5            'Acer   筆電':(40000, 0.8),
6            'Go Pro攝影':(12000, 0.1),
7            }
8
9  # 商品依價值排序
10 th = sorted(things.items(), key=lambda item:item[1][0])
11 print('所有商品依價值排序如下')
12 print('商品', '         商品價格 ', ' 商品重量')
13 for i in range(len(th)):
14     print(f"{th[i][0]:8s}{th[i][1][0]:10d}{th[i][1][1]:10.2f}")
```

執行結果

```
所有商品依價值排序如下
商品              商品價格      商品重量
Go Pro攝影        12000         0.10
iWatch手錶        15000         0.10
Asus  筆電        35000         0.70
iPhone手機        38000         0.30
Acer  筆電        40000         0.80
```

　　有關貪婪演算法的進一步學習，讀者可以參考筆者所著「演算法 – 圖解邏輯思維 + Python 程式實作」。

9-7 專題：文件分析 / 字典生成式 / 星座 / 凱薩密碼

9-7-1　傳統方式分析文章的文字與字數

程式實例 ch9_28.ipynb：這個專案主要是設計一個程式，可以記錄一段英文文字，或是一篇文章所有單字以及每個單字的出現次數，這個程式會用單字當作字典的鍵 (key)，用值 (value) 當作該單字出現的次數。

```python
1  # ch9_28.ipynb
2  song = "Are you sleeping, Ding ding dong."
3  mydict = {}                      # 空字典未來儲存單字計數結果
4  print("原始歌曲")
5  print(song)
6
7  # 以下是將歌曲大寫字母全部改成小寫
8  songLower = song.lower()         # 歌曲改為小寫
9  print("小寫歌曲")
10 print(songLower)
11
12 # 將歌曲的標點符號用空字元取代
13 for ch in songLower:
14        if ch in ".,?":
15            songLower = songLower.replace(ch,'')
16 print("不再有標點符號的歌曲")
17 print(songLower)
18
19 # 將歌曲字串轉成串列
20 songList = songLower.split()
21 print("以下是歌曲串列")
22 print(songList)                  # 列印歌曲串列
23
24 # 將歌曲串列處理成字典
25 for wd in songList:
26        if wd in mydict:          # 檢查此字是否已在字典內
```

```
27                  mydict[wd] += 1      # 累計出現次數
28          else:
29                  mydict[wd] = 1       # 第一次出現的字建立此鍵與值
30
31 print("以下是最後執行結果")
32 print(mydict)                        # 列印字典
```

執行結果

```
原始歌曲
Are you sleeping, Ding ding dong.
小寫歌曲
are you sleeping, ding ding dong.
不再有標點符號的歌曲
are you sleeping ding ding dong
以下是歌曲串列
['are', 'you', 'sleeping', 'ding', 'ding', 'dong']
以下是最後執行結果
{'are': 1, 'you': 1, 'sleeping': 1, 'ding': 2, 'dong': 1}
```

上述程式其實筆者註解非常清楚，整個程式依據下列方式處理。

1：　將歌曲全部改成小寫字母同時列印，可參考 8-10 列。

2：　將歌曲的標點符號 ",.?" 全部改為空白同時列印，可參考 13-17 列。

3：　將歌曲字串轉成串列同時列印串列，可參考 20-22 列。

4：　將歌曲串列處理成字典同時計算每個單字出現次數，可參考 25-29 列。

5：　最後列印字典。

9-7-2　字典生成式

在 7-2-5 節筆者有介紹串列生成的觀念，其實我們可以將該觀念應用在字典生成式，此時語法如下：

新字典 = { 鍵運算式 : 值運算式 for 運算式 in 可迭代物件 }

程式實例 ch9_29.ipynb：使用字典生成式記錄單字 deepmind，每個字母出現的次數。

```
1 # ch9_29.ipynb
2 word = 'deepmind'
3 alphabetCount = {alphabet:word.count(alphabet) for alphabet in word}
4 print(alphabetCount)
```

執行結果

```
{'d': 2, 'e': 2, 'p': 1, 'm': 1, 'i': 1, 'n': 1}
```

很不可思議，只需一列程式碼 (第 3 列) 就將一個單字每個字母的出現次數列出來，坦白說這就是 Python 奧妙的地方。上述程式的執行原理是將每個單字出現的次數當作是鍵的值，其實這是真正懂 Python 的程式設計師會使用的方式。當然如果硬要挑出上述程式的缺點，就在於對字母 e 而言，在 for 迴圈中會被執行 3 次，下一章筆者會介紹集合 (set)，筆者會改良這個程式，讓讀者邁向 Python 高手之路。

　　當你了解了上述 ch9_29.ipynb 後，若是再看 ch9_28.ipynb 可以發現第 25 至 29 列是將串列改為字典同時計算每個單字的出現次數，該程式花了 5 列處理這個功能，其實我們可以使用 1 列就取代原先需要 5 行處理這個功能。

程式實例 ch9_30.ipynb：使用串列生成方式重新設計 ch9_28.ipynb，這個程式的重點是第 25 列取代了原先的第 25 至 29 列。

```
25   mydict = {wd:songList.count(wd) for wd in songList}
```

　　另外可以省略第 3 列設定空字典。

```
3   #mydict = {}                    # 省略,空字典未來儲存單字計數結果
```

執行結果　與 ch9_28.ipynb 相同。

9-7-3　設計星座字典

程式實例 ch9_31.ipynb：星座字典的設計，這個程式會要求輸入星座，如果所輸入的星座正確則輸出此星座的**時間區間和本月運勢**，如果所輸入的**星座錯誤**，則輸出星座輸入錯誤。

```
1   # ch9_31.ipynb
2   season = {'水瓶座':'1月20日 - 2月18日，需警惕小人',
3            '雙魚座':'2月19日 - 3月20日，凌亂中找立足',
4            '白羊座':'3月21日 - 4月19日，運勢比較低迷',
5            '金牛座':'4月20日 - 5月20日，財運較佳',
6            '雙子座':'5月21日 - 6月21日，運勢好可錦上添花',
7            '巨蟹座':'6月22日 - 7月22日，不可鬆懈大意',
8            '獅子座':'7月23日 - 8月22日，會有成就感',
9            '處女座':'8月23日 - 9月22日，會有挫折感',
10           '天秤座':'9月23日 - 10月23日，運勢給力',
11           '天蠍座':'10月24日 - 11月22日，中規中矩',
12           '射手座':'11月23日 - 12月21日，可羨煞眾人',
13           '魔羯座':'12月22日 - 1月19日，需保有謙虛',
14           }
15
16  wd = input("請輸入欲查詢的星座 : ")
17  if wd in season:
18      print(f"{wd} 本月運勢 : {season[wd]}")
19  else:
20      print("星座輸入錯誤")
```

執行結果

請輸入欲查詢的星座 ： 獅子座
獅子座 本月運勢 ： 7月23日 - 8月22日，會有成就感

9-7-4 文件加密 – 凱薩密碼實作

延續 6-12-2 節的內容，在 Python 資料結構中，要執行加密可以使用字典的功能，觀念是將**原始字元當作鍵** (key)，**加密結果當作值** (value)，這樣就可以達到加密的目的，若是要讓字母往前後 3 個字元，相當於要建立下列字典。

encrypt = {'a':'d', 'b':'e', 'c':'f', 'd':'g', … , 'x':'a', 'y':'b', 'z':'c'}

程式實例 ch9_32.ipynb：設計一個加密程式，使用 "python" 做測試。

```
1   # ch9_32.ipynb
2   abc = 'abcdefghijklmnopqrstuvwxyz'
3   encry_dict = {}
4   front3 = abc[:3]
5   end23 = abc[3:]
6   subText = end23 + front3
7   encry_dict = dict(zip(abc, subText))        # 建立字典
8   print("列印編碼字典\n", encry_dict)          # 列印字典
9
10  msgTest = input("請輸入原始字串 ： ")
11
12  cipher = []
13  for i in msgTest:                           # 執行每個字元加密
14      v = encry_dict[i]                       # 加密
15      cipher.append(v)                        # 加密結果
16  ciphertext = ''.join(cipher)               # 將串列轉成字串
17
18  print("原始字串 ", msgTest)
19  print("加密字串 ", ciphertext)
```

執行結果 下列編碼字典需捲動瀏覽器視窗，才可以完全顯示。

```
列印編碼字典
 {'a': 'd', 'b': 'e', 'c': 'f', 'd': 'g', 'e': 'h',
請輸入原始字串 ： python
原始字串  python
加密字串  sbwkrq
```

9-8 ChatGPT 輔助學習

1: 請說明字典的特色。

 請說明Python字典的特色

Python中的字典（Dictionary）是一種無序的鍵值對集合，其中每個元素都包含一個鍵和對應的值。以下是Python字典的特色：

1. 可變性：字典是一種可變的資料型別，可以隨意添加、刪除、修改其中的元素。
2. 鍵值對應關係：字典中的每個元素都包含一個鍵和對應的值，鍵和值之間是一對一的對應關係。鍵必須是唯一的，值可以是任意的Python對象。
3. 使用大括號：在Python中，字典使用大括號 {} 來表示，每個元素之間用逗號分隔。元素格式為 key:value，其中 key 是鍵，value 是對應的值。例如：

```python
my_dict = {"name": "Alice", "age": 20, "gender": "female"}
```

4. 快速查找：字典可以根據鍵快速查找對應的值，比列表的查找效率更高。這是因為字典使用了哈希表來實現，查找的時間複雜度為 O(1)。
5. 可以使用不同類型的鍵：字典中的鍵可以是任意不可變的Python對象，例如數字、字串、元組等。但列表和字典等可變的對象不能作為鍵。
6. 具有高度的靈活性：字典具有高度的靈活性，可以用來表示各種不同的資料結構，例如映射、散列表、集合等。

總的來說，字典是Python中非常有用的資料型別之一，具有可變性、鍵值對應、快速查找等特點，可以應用於各種不同的場景中。

2: 請舉例說明串列的元素是字典的實例。

 請舉例說明串列的元素是字典的實例

當串列的元素是字典的實例時，可以使用字典中的鍵來訪問、添加、刪除和修改元素。下面是一個例子，展示了如何創建、訪問和修改包含字典的串列：

```
1  # 創建包含字典的串列
2  students = [
3      {"id": "001", "name": "Alice", "age": 20},
4      {"id": "002", "name": "Bob", "age": 21},
5      {"id": "003", "name": "Cathy", "age": 19}
6  ]
7
8  # 訪問元素
9  print(students[0])                    # 輸出 {'id':
10 print(students[1]["name"])            # 輸出 Bob
11
12 # 修改元素
13 students[2]["age"] = 20
14 print(students[2])                    # 輸出 {'id':
15
16 # 添加元素
17 new_student = {"id": "004", "name": "David", "age":
18 students.append(new_student)
19 print(students)                       # 輸出 [{'id':
20
21 # 刪除元素
22 del students[0]
23 print(students)                       # 輸出 [{'id':
```

在上面的例子中，我們創建了一個包含字典的串列 students，每個字典表示一個學生的資訊，包括學號、姓名和年齡。我們使用下標操作來訪問、修改和刪除元素，使用 append 方法來添加新的元素。由於字典是可變的資料型別，所以可以通過下標操作修改和刪除字典中的元素，進而實現對串列元素的修改和刪除。

習題實作題

ex9_1.ipynb：請建立星期資訊的英漢字典，相當於輸入英文的星期資訊可以列出星期的中文，如果輸入不是星期英文則列出輸入錯誤。這個程式的另一個特色是，不論輸入大小寫均可以處理。(9-1 節)

```
請輸入星期幾的英文 : sunday
星期天
```

```
請輸入星期幾的英文 : SUNDAY
星期天
```

```
請輸入星期幾的英文 : Sunday
星期天
```

```
請輸入星期幾的英文 : March
輸入錯誤
```

ex9_2.ipynb：請建立月份資訊的漢英字典，相當於輸入中文的月份 (例如：一月) 資訊可以列出月份的英文，如果輸入不是月份中文則列出輸入錯誤。(9-1 節)

```
請輸入月份(例如:一月) : 五月
May
```

```
請輸入月份(例如:一月) : 一月
January
```

```
請輸入月份(例如:一月) : 深智
輸入錯誤
```

ex9_3.ipynb：有一個 fruits 字典內含 5 種水果的每斤售價，Watermelon:15、Banana:20、Pineapple:25、Orange:12、Apple:18，請先列印此 fruits 字典，再依水果名排序列印。(9-2 節)

```
{'Watermelon': 15, 'Banana': 20, 'Pineapple': 25, 'Orange': 12, 'Apple': 18}
Apple : 18
Banana : 20
Orange : 12
Pineapple : 25
Watermelon : 15
```

ex9_4.ipynb：請使用 max( ) 和 min( ) 方法設計 ch9_20.ipynb，列印完 noodles 字典後，直接列印最貴和最便宜的麵。(9-2 節)

```
{'牛肉麵': 100, '肉絲麵': 80, '陽春麵': 60, '大滷麵': 90, '麻醬麵': 70}
最貴的是 牛肉麵 金額是 100
最便宜的是 陽春麵 金額是 60
```

ex9_5.ipynb：請參考 ch9_22.ipynb，設計 5 個旅遊地點當**鍵**，**值**則是由字典組成，內部包含 5 個 " 鍵 : 值 "，請自行發揮創意，然後列印出來。(9-4 節)

```
旅遊地點 =    張家界
省份      =    湖南省
景點      =    天門山, 大峽谷
旅遊地點 =    九寨溝
省份      =    四川省
景點      =    熊貓海, 箭竹海
旅遊地點 =    黃山
省份      =    安徽省
景點      =    天都峰, 蓬萊三島
旅遊地點 =    武夷山
省份      =    福建省
景點      =    天遊峰, 桃源洞
旅遊地點 =    敦煌
省份      =    甘肅省
景點      =    石窟, 月牙泉
```

ex9_6.ipynb：請重新設計 ch9_27.ipynb，依照商品重量排序。(9-6 節)

```
所有商品依價值排序如下
商品            商品價格      商品重量
iWatch手錶       15000        0.10
Go Pro攝影       12000        0.10
iPhone手機       38000        0.30
Asus  筆電       35000        0.70
Acer  筆電       40000        0.80
```

ex9_7.ipynb：請擴充設計專題 ch9_32.ipynb，使用完整歌曲，如下：

```
song = """Are you sleeping, are you sleeping, Brother John, Brother John?
Morning bells are ringing, morning bells are ringing.
Ding ding dong, Ding ding dong."""
```

本程式會使用上述歌曲建立的字典，列印出現最多的字，同時列印出現次數，可能會有多個單字出現一樣次數是最多次，必需同時列出來。(9-7 節)

```
字串 are 出現最多次共出現 4 次
字串 ding 出現最多次共出現 4 次
```

ex9_8.ipynb：在 Python Shell 環境若是輸入 import this，可以看到美國著名軟體工程師 Tim Peters 所寫的 Python 設計原則 20 則，其實只有 19 則，請參考 1-8 節。請設計程式用排序方式列出所有單字，以及單字所出現的次數。(9-7 節)

```
a : 2
although : 3
ambiguity : 1
and : 1
are : 1
aren't : 1
at : 1
bad : 1
be : 3
beats : 1
beautiful : 1
better : 8
break : 1
by : 1
cases : 1
    .....
special : 2
temptation : 1
than : 8
that : 1
the : 6
there : 1
those : 1
tim : 1
to : 5
ugly : 1
unless : 2
way : 2
you're : 1
zen : 1
```

ex9_9.ipynb：請重新設計 ch9_32.ipynb，讓字母往前移 3 個字元，相當於要建立下列字典。(9-7 節)

```
encrypt = {'a':'x', 'b':'y', 'c':'z', 'd':'a', … , 'z':'w'}
```

最後使用 "python" 做測試，由於在 Google Colab 環境無法列印完整的編碼字典，下列是編碼字典的對照表。

```
{'d': 'a', 'e': 'b', 'f': 'c', 'g': 'd', 'h': 'e', 'i': 'f', 'j': 'g', 'k': 'h'
, 'l': 'i', 'm': 'j', 'n': 'k', 'o': 'l', 'p': 'm', 'q': 'n', 'r': 'o', 's': 'p'
, 't': 'q', 'u': 'r', 'v': 's', 'w': 't', 'x': 'u', 'y': 'v', 'z': 'w', 'a': 'x'
, 'b': 'y', 'c': 'z'}
```

讀者的執行結果應該如下：

```
列印編碼字典
 {'d': 'a', 'e': 'b', 'f': 'c',
原始字串　 python
加密字串　 mvqelk
```

ex9_10.ipynb：請擴充前一個實例，處理成可以加密英文大小寫，基本精神是讓 abc 字串是 'abc … xyz ABC … XYZ'。另外讓 z 和 A 之間空一格，這是讓空格也執行加密。這時 a 將加密為 X、b 將加密為 Y、c 將加密為 Z，下列是編碼字典對照表。(9-7 節)

```
{'d': 'a', 'e': 'b', 'f': 'c', 'g': 'd', 'h': 'e', 'i': 'f', 'j': 'g', 'k': 'h'
, 'l': 'i', 'm': 'j', 'n': 'k', 'o': 'l', 'p': 'm', 'q': 'n', 'r': 'o', 's': 'p'
, 't': 'q', 'u': 'r', 'v': 's', 'w': 't', 'x': 'u', 'y': 'v', 'z': 'w', ' ': 'x'
, 'A': 'y', 'B': 'z', 'C': ' ', 'D': 'A', 'E': 'B', 'F': 'C', 'G': 'D', 'H': 'E'
, 'I': 'F', 'J': 'G', 'K': 'H', 'L': 'I', 'M': 'J', 'N': 'K', 'O': 'L', 'P': 'M'
, 'Q': 'N', 'R': 'O', 'S': 'P', 'T': 'Q', 'U': 'R', 'V': 'S', 'W': 'T', 'X': 'U'
, 'Y': 'V', 'Z': 'W', 'a': 'X', 'b': 'Y', 'c': 'Z'}
```

讀者的執行結果應該如下：

```
列印編碼字典
 {'d': 'a', 'e': 'b', 'f': 'c', 'g': 'd',
原始字串　 I like python
加密字串　 Fxifhbxmvqelk
```

ex9_11.ipynb：建立季節英漢字典的設計。(9-7 節)

```
請輸入欲查詢的單字 ： Spring          請輸入欲查詢的單字 ： School
Spring　中文字義是 ：　春季          查無此單字
```

ex9_12.ipynb：這是一個市場夢幻旅遊地點調查的實例，此程式會要求輸入名字以及夢幻旅遊地點，然後存入 survey_dict 字典，其中鍵是 name，值是 travel_location。輸入完後程式會詢問是否有人要輸入，y 表示有，n 表示沒有則程式結束，程式結束前會輸出市場調查結果。(9-7 節)

```
夢幻旅遊景點調查
請輸入姓名　 : Peter
夢幻旅遊景點: Beijing
是否有人要參加市場調查?(y/n) y
請輸入姓名　 : Kevin
夢幻旅遊景點: Hong Kong
是否有人要參加市場調查?(y/n) n


以下是市場調查的結果
Peter 夢幻旅遊景點 : Beijing
Kevin 夢幻旅遊景點 : Hong Kong
```

第 10 章

集合 (Set)

　　集合的基本觀念是無序且每個元素是**唯一**的，其實也可以將集合看成是字典的鍵，每個鍵皆是唯一的，集合元素的內容是不可變的 (immutable)，常見的元素有**整數 (intger)**、**浮點數 (float)**、**字串 (string)**、**元組 (tuple)** … 等。至於可變 (mutable) 內容串列 (list)、字典 (dict)、集合 (set) … 等不可以是集合元素。但是集合本身是**可變的 (mutable)**，我們可以**增加**或**刪除**集合的元素。

10-1　建立集合

　　集合是由元素組成，基本觀念是**無序**且每個元素是**唯一**的。例如：一個骰子有 6 面，每一面是一個數字，每個數字是一個元素，我們可以使用集合代表這 6 個數字。

　　　{1, 2, 3, 4, 5, 6}

10-1-1　使用 { } 建立集合

　　Python 可以使用大括號 "{ }" 建立集合，下列是建立 lang 集合，此集合元素是 'Python'、'C'、'Java'。

```
>>> lang = {'Python', 'C', 'Java'}
>>> lang
{'Python', 'Java', 'C'}
```

　　下列是建立 A 集合，集合元素是自然數 1, 2, 3, 4, 5。

```
>>> A = {1, 2, 3, 4, 5}
>>> A
{1, 2, 3, 4, 5}
```

10-1-2　集合元素是唯一

　　因為集合元素是唯一，所以即使建立集合時有元素重複，也只有一份會被保留。

```
>>> A = {1, 1, 2, 2, 3, 3, 3}
>>> A
{1, 2, 3}
```

10-1-3　使用 set( ) 建立集合

　　Python 內建的 set( ) 函數也可以建立集合，set( ) 函數參數只能有一個元素，此元素的內容可以是**字串 (string)**、**串列 (list)**、**元組 (tuple)**、**字典 (dict)** … 等。下列是使用 set( ) 建立集合，元素內容是字串。

```
>>> A = set('Deepmind')
>>> A
{'i', 'm', 'd', 'D', 'n', 'e', 'p'}
```

從上述運算我們可以看到原始字串 e 有 2 個，但是在集合內只出現一次，因為集合元素是**唯一**的。此外，雖然建立集合時的字串是 'Deepmind'，但是在集合內字母順序完全被打散了，因為集合是**無序**的。

下列是使用串列建立集合的實例。

```
>>> A = set(['Python', 'Java', 'C'])
>>> A
{'Python', 'Java', 'C'}
```

10-1-4 集合的基數 (cardinality)

所謂集合的**基數** (cardinality) 是指集合元素的數量，可以使用 len( ) 函數取得。

```
>>> A = {1, 3, 5, 7, 9}
>>> len(A)
5
```

10-1-5 建立空集合要用 set( )

如果使用 { }，將是建立空字典。建立空集合必須使用 set( )。

程式實例 ch10_1.ipynb：建立空字典與空集合。

```
1  # ch10_1.ipynb
2  empty_dict = {}              # 這是建立空字典
3  print("列印類別 = ", type(empty_dict))
4  empty_set = set()            # 這是建立空集合
5  print("列印類別 = ", type(empty_set))
```

執行結果

```
列印類別 =  <class 'dict'>
列印類別 =  <class 'set'>
```

10-1-6 大數據資料與集合的應用

筆者的朋友在某知名企業工作，收集了海量資料使用串列保存，這裡面有些資料是重複出現，他曾經詢問筆者應如何將重複的資料刪除，筆者告知如果使用 C 語言可能需花幾小時解決，但是如果了解 Python 的集合觀念，只要花約 1 分鐘就解決了。其實只要將串列資料使用 set( ) 函數轉為集合資料，再使用 list( ) 函數將集合資料轉為串列資料就可以了。

程式實例 ch10_2.ipynb：將串列內重複性的資料刪除。

```
1  # ch10_2.ipynb
2  fruits1 = ['apple', 'orange', 'apple', 'banana', 'orange']
3  x = set(fruits1)                # 將串列轉成集合
4  fruits2 = list(x)               # 將集合轉成串列
5  print("原先串列資料fruits1 = ", fruits1)
6  print("新的串列資料fruits2 = ", fruits2)
```

執行結果

```
原先串列資料fruits1 =  ['apple', 'orange', 'apple', 'banana', 'orange']
新的串列資料fruits2 =  ['apple', 'orange', 'banana']
```

10-2 集合的操作

Python 符號	說明	函數	參考
&	交集	intersection( )	10-2-1 節
|	聯集	union( )	10-2-2 節
-	差集	difference( )	10-2-3 節
^	對稱差集	symmetric_difference( )	10-2-4 節
==	等於	none	10-2-5 節
!=	不等於	none	10-2-6 節
in	是成員	none	10-2-7 節
not in	不是成員	none	10-2-8 節

10-2-1 交集 (intersection)

有 A 和 B 兩個集合，如果想獲得相同的元素，則可以使用**交集**。例如：你舉辦了數學 (可想成 A 集合) 與物理 (可想成 B 集合)2 個夏令營，如果想統計有那些人同時參加這 2 個夏令營，可以使用此功能。

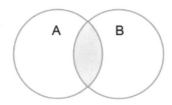

交集的數學符號是 ∩，若是以上圖而言就是：$A \cap B$。

在 Python 語言的**交集符號**是 "&"，另外，也可以使用 intersection( ) 方法完成這個工作。

程式實例 ch10_3.ipynb：有數學與物理 2 個夏令營，這個程式會列出同時參加這 2 個夏令營的成員。

```
1  # ch10_3.ipynb
2  math = {'Kevin', 'Peter', 'Eric'}      # 數學夏令營成員
3  physics = {'Peter', 'Nelson', 'Tom'}   # 物理夏令營成員
4  both1 = math & physics
5  print("同時參加數學與物理夏令營的成員 ",both1)
6  both2 = math.intersection(physics)
7  print("同時參加數學與物理夏令營的成員 ",both2)
```

執行結果

```
同時參加數學與物理夏令營的成員   {'Peter'}
同時參加數學與物理夏令營的成員   {'Peter'}
```

10-2-2　聯集 (union)

有 A 和 B 兩個集合，如果想獲得所有的元素，則可以使用**聯集**。例如：你舉辦了數學 (可想成 A 集合) 與物理 (可想成 B 集合)2 個夏令營，如果想統計有參加數學或物理夏令營的全部成員，可以使用此功能。

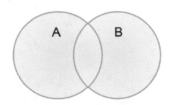

聯集的數學符號是 ∪，若是以上圖而言就是：$A \cup B$。

在 Python 語言的**聯集符號**是 "|"，另外，也可以使用 union( ) 方法完成這個工作。

程式實例 ch10_4.ipynb：有數學與物理 2 個夏令營，這個程式會列出有參加數學或物理夏令營的所有成員。

```
1  # ch10_4.ipynb
2  math = {'Kevin', 'Peter', 'Eric'}      # 數學夏令營成員
3  physics = {'Peter', 'Nelson', 'Tom'}   # 物理夏令營成員
4  allmember1 = math | physics
5  print("參加數學或物理夏令營的成員 ",allmember1)
6  allmember2 = math.union(physics)
7  print("參加數學或物理夏令營的成員 ",allmember2)
```

執行結果

```
參加數學或物理夏令營的成員   {'Nelson', 'Kevin', 'Peter', 'Eric', 'Tom'}
參加數學或物理夏令營的成員   {'Nelson', 'Kevin', 'Peter', 'Eric', 'Tom'}
```

10-2-3　差集 (difference)

有 A 和 B 兩個集合，如果想獲得屬於 A 集合元素，同時不屬於 B 集合則可以使用差集 (A-B)。如果想獲得屬於 B 集合元素，同時不屬於 A 集合則可以使用差集 (B-A)。例如：你舉辦了數學 (可想成 A 集合) 與物理 (可想成 B 集合)2 個夏令營，如果想瞭解參加數學夏令營但是沒有參加物理夏令營的成員，可以使用此功能。

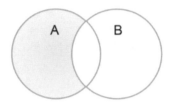

如果想統計參加物理夏令營但是沒有參加數學夏令營的成員，也可以使用此功能。

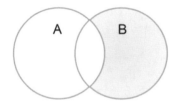

在 Python 語言的差集符號是 "-"，另外，也可以使用 difference( ) 方法完成這個工作。

程式實例 ch10_5.ipynb：有數學與物理 2 個夏令營，這個程式會列出參加數學夏令營但是沒有參加物理夏令營的所有成員。另外也會列出參加**物理**夏令營但是沒有參加**數學**夏令營的所有成員。

```
1  # ch10_5.ipynb
2  math = {'Kevin', 'Peter', 'Eric'}        # 設定參加數學夏令營成員
3  physics = {'Peter', 'Nelson', 'Tom'}     # 設定參加物理夏令營成員
4  math_only1 = math - physics
5  print("參加數學夏令營同時沒有參加物理夏令營的成員 ",math_only1)
6  math_only2 = math.difference(physics)
7  print("參加數學夏令營同時沒有參加物理夏令營的成員 ",math_only2)
8  physics_only1 = physics - math
9  print("參加物理夏令營同時沒有參加數學夏令營的成員 ",physics_only1)
10 physics_only2 = physics.difference(math)
11 print("參加物理夏令營同時沒有參加數學夏令營的成員 ",physics_only2)
```

執行結果

```
參加數學夏令營同時沒有參加物理夏令營的成員    {'Eric', 'Kevin'}
參加數學夏令營同時沒有參加物理夏令營的成員    {'Eric', 'Kevin'}
參加物理夏令營同時沒有參加數學夏令營的成員    {'Nelson', 'Tom'}
參加物理夏令營同時沒有參加數學夏令營的成員    {'Nelson', 'Tom'}
```

10-2-4 對稱差集 (symmetric difference)

有 A 和 B 兩個集合，如果想獲得屬於 A 或是 B 集合元素，但是排除同時屬於 A 和 B 的元素。例如：你舉辦了數學 (可想成 A 集合) 與物理 (可想成 B 集合)2 個夏令營，如果想統計參加數學夏令營或是有參加物理夏令營的成員，但是排除同時參加這 2 個夏令營的成員，則可以使用此功能，更簡單的解釋是只參加一個夏令營的成員。

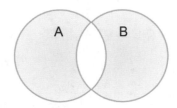

在 Python 語言的**對稱差集符號**是 "^"，另外，也可以使用 symmetric_difference( ) 方法完成這個工作。

程式實例 ch10_6.ipynb：有數學與物理 2 個夏令營，這個程式會列出參加數學夏令營或是參加物理夏令營，但是排除同時參加 2 個夏令營的所有成員。

```
1  # ch10_6.ipynb
2  math = {'Kevin', 'Peter', 'Eric'}          # 數學夏令營成員
3  physics = {'Peter', 'Nelson', 'Tom'}       # 物理夏令營成員
4  math_sydi_physics1 = math ^ physics
5  print("沒有同時參加數學和物理夏令營的成員 ",math_sydi_physics1)
6  math_sydi_physics2 = math.symmetric_difference(physics)
7  print("沒有同時參加數學和物理夏令營的成員 ",math_sydi_physics2)
```

執行結果
```
沒有同時參加數學和物理夏令營的成員  {'Eric', 'Tom', 'Nelson', 'Kevin'}
沒有同時參加數學和物理夏令營的成員  {'Eric', 'Tom', 'Nelson', 'Kevin'}
```

10-2-5 等於

等於的 Python 符號是 "=="，可以獲得 2 個集合是否相等，如果相等傳回 True，否則傳回 False。

程式實例 ch10_7.ipynb：測試 2 個集合是否相等。

```
1  # ch10_7.ipynb
2  A = {1, 2, 3, 4, 5}          # 定義集合A
3  B = {3, 4, 5, 6, 7}          # 定義集合B
4  C = {1, 2, 3, 4, 5}          # 定義集合C
5  # 列出A與B集合是否相等
6  print("A與B集合相等", A == B)
7  # 列出A與C集合是否相等
8  print("A與C集合相等", A == C)
```

執行結果

```
A與B集合相等 False
A與C集合相等 True
```

10-2-6 不等於

不等於的 Python 符號是 "!="，可以獲得 2 個集合是否不相等，如果不相等傳回 True，否則傳回 False。

程式實例 ch10_8.ipynb：測試 2 個集合是否不相等。

```
1  # ch10_8.ipynb
2  A = {1, 2, 3, 4, 5}          # 定義集合A
3  B = {3, 4, 5, 6, 7}          # 定義集合B
4  C = {1, 2, 3, 4, 5}          # 定義集合C
5  # 列出A與B集合是否相等
6  print("A與B集合不相等", A != B)
7  # 列出A與C集合是否不相等
8  print("A與C集合不相等", A != C)
```

執行結果

```
A與B集合不相等 True
A與C集合不相等 False
```

10-2-7 是成員 in

Python 的關鍵字 in 可以測試元素是否是集合的元素成員。

程式實例 ch10_9.ipynb：關鍵字 in 的應用。

```
1  # ch10_9.ipynb
2  # 方法1
3  fruits = set("orange")
4  print("字元a是屬於fruits集合?", 'a' in fruits)
5  print("字元d是屬於fruits集合?", 'd' in fruits)
6  # 方法2
7  cars = {"Nissan", "Toyota", "Ford"}
8  boolean = "Ford" in cars
9  print("Ford in cars", boolean)
10 boolean = "Audi" in cars
11 print("Audi in cars", boolean)
```

執行結果

```
字元a是屬於fruits集合? True
字元d是屬於fruits集合? False
Ford in cars True
Audi in cars False
```

程式實例 ch10_10.ipynb：使用迴圈列出所有參加數學夏令營的學生。

```
1  # ch10_10.py
2  math = {'Kevin', 'Peter', 'Eric'}    # 數學夏令營成員
3  print("列印參加數學夏令營的成員")
4  for name in math:
5      print(name)
```

執行結果

```
列印參加數學夏令營的成員
Eric
Kevin
Peter
```

10-2-8　不是成員 not in

Python 的關鍵字 not in 可以測試元素是否不是集合的元素成員。

程式實例 ch10_11.ipynb：關鍵字 not in 的應用。

```
1   # ch10_11.ipynb
2   # 方法1
3   fruits = set("orange")
4   print("字元a是不屬於fruits集合?", 'a' not in fruits)
5   print("字元d是不屬於fruits集合?", 'd' not in fruits)
6   # 方法2
7   cars = {"Nissan", "Toyota", "Ford"}
8   boolean = "Ford" not in cars
9   print("Ford not in cars", boolean)
10  boolean = "Audi" not in cars
11  print("Audi not in cars", boolean)
```

執行結果

```
字元a是不屬於fruits集合? False
字元d是不屬於fruits集合? True
Ford not in cars False
Audi not in cars True
```

10-3　適用集合的方法

方法	說明
add( )	加一個元素到集合
clear( )	刪除集合所有元素
copy( )	複製集合
difference_update( )	刪除集合內與另一集合重複的元素
discard( )	刪除指定元素，如果元素不存在也不會產生錯誤
intersection_update( )	可以使用交集更新集合內容
isdisjoint( )	如果 2 個集合沒有交集返回 True
issubset( )	如果另一個集合包含這個集合返回 True
isupperset( )	如果這個集合包含另一個集合返回 True
pop( )	傳回所刪除的元素，如果是空集合返回 False
remove( )	刪除指定元素，如果此元素不存在，程式將返回 KeyError
symmetric_differende_update( )	使用對稱差集更新集合內容
update( )	使用聯集更新集合內容

10-3-1　add( )

add( ) 可以增加一個元素，它的語法格式如下：

集合A.add(新增元素)

上述會將 add( ) 參數的新增元素加到呼叫此方法的集合 A 內。

程式實例 ch10_12.ipynb：在集合內新增元素的應用。

```
1  # ch10_12.ipynb
2  cities = { 'Taipei', 'Beijing', 'Tokyo'}
3  # 增加一般元素
4  cities.add('Chicago')
5  print('cities集合內容 ', cities)
6  # 增加已有元素並觀察執行結果
7  cities.add('Beijing')
8  print('cities集合內容 ', cities)
```

執行結果

```
cities集合內容   {'Chicago', 'Tokyo', 'Taipei', 'Beijing'}
cities集合內容   {'Chicago', 'Tokyo', 'Taipei', 'Beijing'}
```

上述第 7 列，由於集合已經有 'Beijing' 字串，將不改變集合 cities 內容。另外，集合是無序的，你可能獲得不同的排列結果。

10-3-2 copy( )

集合複製 copy( ) 這個方法不需參數，相同觀念可以參考 6-8-2 節，語法格式如下：

新集合名稱 = 舊集合名稱.copy( )

程式實例 ch10_13.ipynb：集合拷貝的實例。

```
1   # ch10_13.ipynb
2   # 賦值
3   numset = {1, 2, 3}
4   # 拷貝 copy
5   copy_numset = numset.copy( )
6   copy_numset.add(100)
7   print("拷貝 - 觀察numset       ", numset)
8   print("拷貝 - 觀察copy_numset", copy_numset)
```

執行結果

```
拷貝 - 觀察numset       {1, 2, 3}
拷貝 - 觀察copy_numset {1, 2, 3, 100}
```

10-3-3 remove( )

如果指定刪除的元素存在集合內 remove( ) 可以刪除這個集合元素，如果指定刪除的元素不存在集合內，將有 KeyError 產生。它的語法格式如下：

集合A.remove(欲刪除的元素)

上述會將集合 A 內，remove( ) 參數指定的元素刪除。

程式實例 ch10_14.ipynb：輸入國家如果存在就刪除，否則輸出國家不存在。

```
1   # ch10_14.ipynb
2   countries = {'Japan', 'China', 'France'}
3   print("刪除前的countries集合 ", countries)
4   country = input("請輸入國家 : ")
5   if country in countries:
6       countries.remove('Japan')
7       print("刪除後的countries集合 ", countries)
8   else:
9       print(f"{country} 不存在")
```

執行結果

```
刪除前的countries集合   {'China', 'Japan', 'France'}
請輸入國家 : Japan
刪除後的countries集合   {'China', 'France'}
```

```
刪除前的countries集合   {'China', 'Japan', 'France'}
請輸入國家 : USA
USA 不存在
```

10-4　適用集合的基本函數操作

函數名稱	說明
enumerate()	傳回連續整數配對的 enumerate 物件
len( )	元素數量
max( )	最大值
min( )	最小值
sorted( )	傳回已經排序的串列，集合本身則不改變
sum( )	總合

上述觀念與串列或元組相同，本節將不再用實例解說。

10-5　專題：夏令營程式 / 程式效率 / 集合生成式 / 雞尾酒實例

10-5-1　夏令營程式設計

程式實例 ch10_15.ipynb：有一個班級有 10 個人，其中有 3 個人參加了數學夏令營，另外有 3 個人參加了物理夏令營，這個程式會列出同時參加數學或物理夏令營的人數，同時也會列出有那些人沒有參加暑期夏令營。

```
1  # ch10_15.ipynb
2  # students是學生名單集合
3  students = {'Peter', 'Norton', 'Kevin', 'Mary', 'John',
4             'Ford', 'Nelson', 'Damon', 'Ivan', 'Tom'
5             }
6
7  Math = {'Peter', 'Kevin', 'Damon'}          # 數學夏令營參加人員
8  Physics = {'Nelson', 'Damon', 'Tom' }       # 物理夏令營參加人員
9
10 MorP = Math | Physics
11 print(f"有 {len(MorP)} 人參加數學或物理夏令營名單   : {MorP}")
12 unAttend = students - MorP
13 print(f"沒有參加夏令營有 {len(unAttend)} 人名單是 : {unAttend}")
```

執行結果
```
有 5 人參加數學或物理夏令營名單   : {'Nelson', 'Damon', 'Peter', 'Kevin', 'Tom'}
沒有參加夏令營有 5 人名單是 : {'Ivan', 'John', 'Mary', 'Norton', 'Ford'}
```

10-5-2　集合生成式

我們在先前的章節已經看過串列和字典的生成式了，其實集合也有生成式，語法如下：

> 新集合 = { 運算式 for 運算式 in 可迭代項目 }

程式實例 ch10_16.ipynb：產生 1,3, …, 19 的集合。

```
1  # ch10_16.ipynb
2  A = {n for n in range(1,20,2)}
3  print(type(A))
4  print(A)
```

執行結果

```
<class 'set'>
{1, 3, 5, 7, 9, 11, 13, 15, 17, 19}
```

在集合的生成式中，我們也可以增加 if 測試句 (可以有多個)。

程式實例 ch10_17.ipynb：產生 11,33, …, 99 的集合。

```
1  # ch10_17.ipynb
2  A = {n for n in range(1,100,2) if n % 11 == 0}
3  print(type(A))
4  print(A)
```

執行結果

```
<class 'set'>
{33, 99, 11, 77, 55}
```

集合生成式可以讓程式設計變得很簡潔，例如：過去我們要建立一系列有規則的序列，先要使用串列生成式，然後將串列改為集合，現在可以直接用集合生成式完成此工作。

10-5-3　集合增加程式效率

在 ch9_29.ipynb 程式第 3 列的 for 迴圈如下：

> for alphabet in word

word 的內容是 'deepmind'，在上述迴圈中將造成字母 e 會處理 2 次，其實只要將集合觀念應用在 word，由於集合不會有重複的元素，所以只要處理一次即可，此時可以將上述迴圈改為：

> for alphabet in set(word)

經上述處理字母 e 將只執行一次，所以可以增進程式效率。

程式實例 ch10_18.ipynb：使用集合觀念重新設計 ch9_29.ipynb。

```
1  # ch10_18.ipynb
2  word = 'deepmind'
3  alphabetCount = {alphabet:word.count(alphabet) for alphabet in set(word)}
4  print(alphabetCount)
```

執行結果
```
{'n': 1, 'm': 1, 'i': 1, 'p': 1, 'd': 2, 'e': 2}
```

10-5-4　雞尾酒的實例

雞尾酒是酒精飲料，由基酒和一些飲料調製而成，下列是一些常見的雞尾酒飲料以及它的配方。

❑ **藍色夏威夷** (Blue Hawaiian)：蘭姆酒 (rum)、甜酒 (sweet wine)、椰奶 (coconut cream)、鳳梨汁 (pineapple juice)、檸檬汁 (lemon juice)。

❑ **薑味莫西多** (Ginger Mojito)：蘭姆酒 (rum)、薑 (ginger)、薄荷葉 (mint leaves)、萊姆汁 (lime juice)、薑汁汽水 (ginger soda)。

❑ **紐約客** (New Yorker)：威士忌 (whiskey)、紅酒 (red wine)、檸檬汁 (lemon juice)、糖水 (sugar syrup)。

❑ **血腥瑪莉** (Bloody Mary)：伏特加 (vodka)、檸檬汁 (lemon juice)、番茄汁 (tomato juice)、酸辣醬 (tabasco)、少量鹽 (little salt)。

程式實例 ch10_19.ipynb：為上述雞尾酒建立一個字典，上述字典的鍵 (key) 是字串，也就是雞尾酒的名稱，字典的值是集合，內容是各種雞尾酒的材料配方。這個程式會列出含有伏特加配方的酒，和含有檸檬汁的酒、含有蘭姆酒但沒有薑的酒。

```
1  # ch10_19.ipynb
2  cocktail = {
3      'Blue Hawaiian':{'Rum','Sweet Wine','Cream','Pineapple Juice','Lemon Juice'},
4      'Ginger Mojito':{'Rum','Ginger','Mint Leaves','Lime Juice','Ginger Soda'},
5      'New Yorker':{'Whiskey','Red Wine','Lemon Juice','Sugar Syrup'},
6      'Bloody Mary':{'Vodka','Lemon Juice','Tomato Juice','Tabasco','little Sale'}
7      }
8  # 列出含有Vodka的酒
9  print("含有Vodka的酒 : ")
10 for name, formulas in cocktail.items():
11     if 'Vodka' in formulas:
12         print(name)
13 # 列出含有Lemon Juice的酒
14 print("含有Lemon Juice的酒 : ")
15 for name, formulas in cocktail.items():
```

```
16        if 'Lemon Juice' in formulas:
17            print(name)
18  # 列出含有Rum但是沒有薑的酒
19  print("含有Rum但是沒有薑的酒 : ")
20  for name, formulas in cocktail.items():
21        if 'Rum' in formulas and not ('Ginger' in formulas):
22            print(name)
23  # 列出含有Lemon Juice但是沒有Cream或是Tabasco的酒
24  print("含有Lemon Juice但是沒有Cream或是Tabasco的酒 : ")
25  for name, formulas in cocktail.items():
26        if 'Lemon Juice' in formulas and not formulas & {'Cream', 'Tabasco'}:
27            print(name)
```

執行結果

```
含有Vodka的酒 :
Bloody Mary
含有Lemon Juice的酒 :
Blue Hawaiian
New Yorker
Bloody Mary
含有Rum但是沒有薑的酒 :
Blue Hawaiian
含有Lemon Juice但是沒有Cream或是Tabasco的酒 :
New Yorker
```

上述程式用 in 測試指定的雞尾酒材料配方是否在所傳回字典值 (value) 的 formulas 集合內，另外程式第 26 列則是將 formulas 與集合元素 'Cream'、'Tabasco' 做交集 (&)，如果 formulas 內沒有這些配方結果會是 False，經過 not 就會是 True，則可以列印 name。

10-6 ChatGPT 輔助學習

1： Python 集合 set 的意義。

Python集合set的意義

Python中的集合（Set）是一種無序的、可變的資料型別，用於存儲唯一的元素，元素之間沒有順序關係。集合的主要用途是去除重複元素，進行數學運算等。

以下是Python集合的意義：

1. 去重：集合中的元素是唯一的，可以用來去除重複的元素。如果要去除列表中的重複元素，可以將列表轉換為集合，再轉換回列表即可。
2. 數學運算：集合可以用來進行數學運算，例如求聯集、交集、差集等。可以使用集合操作符或方法來實現這些操作。
3. 資料篩選：集合可以用來過濾資料，例如從一個列表中選擇不重複的元素、從多個列表中找到相同的元素等。

4. 檢查成員資格：集合可以用來檢查某個元素是否在集合中，可以使用 in 或 not in 運算符進行檢查。
5. 轉換資料型別：可以使用 set 函數將其他資料型別轉換為集合，例如將列表轉換為集合。

總的來說，集合是一種非常實用的資料型別，可以用於去重、數學運算、資料篩選、成員檢查等操作，方便且高效。

2：　請舉例說明 Python 集合 set 的用法。

 請舉例說明Python集合set的用法

以下是Python集合的幾個常見用法，包括集合的創建、元素添加和刪除、數學運算、成員檢查等：

1. 創建集合

可以使用 set 函數或大括號來創建集合，例如：

```python
my_set = set([1, 2, 3, 3, 4, 5])
my_set2 = {3, 4, 5, 5, 6, 7}
```

2. 元素添加和刪除

可以使用 add 和 remove 方法來添加和刪除集合中的元素，例如：

```python
my_set.add(6)
my_set.remove(3)
```

3. 數學運算

可以使用集合操作符或方法來進行數學運算，例如：

```python
set1 = {1, 2, 3, 4}
set2 = {3, 4, 5, 6}
union_set = set1 | set2          # 聯集：{1, 2, 3, 4, 5, 6}
intersection_set = set1 & set2   # 交集：{3, 4}
difference_set = set1 - set2     # 差集：{1, 2}
```

4. 成員檢查

可以使用 in 或 not in 運算符來檢查某個元素是否在集合中，例如：

```python
if 2 in my_set:
    print("2 在集合中")
```

5. 轉換資料型別

可以使用 set 函數將其他資料型別轉換為集合，例如：

```python
my_list = [1, 2, 3, 3, 4, 5]
my_set = set(my_list)
```

總的來說，Python集合的用法非常靈活，可以根據具體的應用場景進行不同的操作。集合的主要作用是去除重複元素、進行數學運算、資料篩選等，可以大大提高程式開發效率。

習題實作題

ex10_1.ipynb：有一段英文段落如下：(10-1 節)

Silicon Stone Education is an unbiased organization, concentrated on bridging the gap between academic and the working world in order to benefit society as a whole. We have carefully crafted our online certification system and test content databases. The content for each topic is created by experts and is all carefully designed with a comprehensive knowledge to greatly benefit all candidates who participate.

　　請將上述文章處理成沒有標點符號和沒有重複字串的字串串列，用每列輸出 6 個字串元素方式輸出。

```
最後串列 =  a academic all an and as
between bridging by candidates carefully certification
concentrated content crafted created databases designed
education experts for gap greatly have
is knowledge on online order organization
participate silicon society stone system test
to topic unbiased we who whole
working world
```

ex10_2.ipynb：請建立 2 個串列：(10-2 節)

　　A：1, 3, 5, … , 11

　　B：0, 5, 10

　　將上述轉成集合，然後求上述的交集，聯集，A-B 差集和 B-A 差集。

```
聯集 :  {0, 1, 3, 5, 7, 9, 10, 11}
交集 :  {5}
A-B差集 :  {1, 3, 7, 9, 11}
B-A差集 :  {0, 10}
```

ex10_3.ipynb：有 3 個夏令營集合分別如下：(10-2 節)

Math：Peter, Norton, Kevin, Mary, John, Ford, Nelson, Damon, Ivan, Tom
Computer：Curry, James, Mary, Turisa, Tracy, Judy, Lee, Jarmul, Damon, Ivan
Physics：Eric, Lee, Kevin, Mary, Christy, Josh, Nelson, Kazil, Linda, Tom

請分別列出下列資料：

a：同時參加 3 個夏令營的名單。

b：同時參加 Math 和 Computer 的夏令營的名單。

c：同時參加 Math 和 Physics 的夏令營的名單。

d：同時參加 Computer 和 Pyhsics 的夏令營的名單。

```
同時參加3個夏令營名單 : {'Mary'}
同時參加Math和Computer夏令營名單 : {'Damon', 'Ivan', 'Mary'}
同時參加Math和Physics夏令營名單 : {'Kevin', 'Tom', 'Nelson', 'Mary'}
同時參加Computer和Physics夏令營名單 : {'Lee', 'Mary'}
```

ex10_4.ipynb：請建立 2 個串列：(10-2 節)

A：1, 3, 5, … , 21

B：1 至 20 的質數

然後求上述的交集，聯集，A－B，B－A，AB 對稱差集，BA 對稱差集

```
聯集 : {1, 2, 3, 5, 7, 9, 11, 13, 15, 17, 19, 21}
交集 : {3, 5, 7, 11, 13, 17, 19}
A-B差集 : {1, 21, 9, 15}
B-A差集 : {2}
AB對稱差集 : {1, 2, 9, 15, 21}
```

ex10_5.ipynb：重新設計 ex9_8.ipynb，差別在於將 Python 之禪的文字串列處理成字典時需要使用集合觀念讓程式更有效率，另外列印串列時需要依照字的出現次數由少到多排列，次數相同排列次序可以不必理會。(10-5 節)

```
silenced : 1
flat : 1
nested : 1
refuse : 1
only : 1
    ...
idea : 3
to : 5
the : 6
better : 8
than : 8
is : 10
```

ex10_6.ipynb：重新設計 ex10_2.ipynb，改為不建立串列直接建立集合 A 和 B 方式，執行結果與 ex10_2.ipynb 相同。若是將這個習題與 ex10_2.ipynb 相比較，讀者可以發現程式簡化很多。(10-5 節)

ex10_7.ipynb：請參考程式實例 ch10_31.ipynb，增加下列雞尾酒：(10-5 節)

- ❑ 馬頸 (Horse's Neck)：白蘭地 (brandy)、薑汁汽水 (ginger soda)。
- ❑ 四海一家 (Cosmopolitan)：伏特加 (vodka)、甜酒 (sweet wine)、萊姆汁 (lime Juice)、蔓越梅汁 (cranberry juice)。
- ❑ 性感沙灘 (Sex on the Beach)：伏特加 (vodka)、水蜜桃香甜酒 (Peach Liqueur)、柳橙汁 (orange juice)、蔓越梅汁 (cranberry juice)。

請執行下列輸出：

1：列出含有 Vodka 的酒。

2：列出含有 Sweet Wine 的酒。

3：列出含有 Vodka 和 Cranberry Juice 的酒。

4：列出含有 Vodka 但是沒有 Cranberry Juice 的酒。

```
含有Vodka的酒 :
Bloody Mary
Cosmopolitan
Sex on the Beach
含有Sweet Wine的酒 :
Blue Hawaiian
Cosmopolitan
含有Vodka和Cranberry Juice的酒 :
Cosmopolitan
Sex on the Beach
含有Vodka但是沒有Cranberry Juice的酒 :
Bloody Mary
```

第 11 章

函數設計

所謂的函數 (function) 其實就是一系列指令敘述所組成，它的目的有兩個。

1：　當我們在設計一個大型程式時，若是能將這個程式依功能，將其分割成較小的功能，然後依這些較小功能要求撰寫函數程式，如此，不僅使程式簡單化，同時最後程式偵錯也變得容易。另外，撰寫大型程式時應該是團隊合作，每一個人負責一個小功能，可以縮短程式開發的時間。

2：　在一個程式中，也許會發生某些指令被重複書寫在許多不同的地方，若是我們能將這些重複的指令撰寫成一個函數，需要用時再加以呼叫，如此，不僅減少編輯程式的時間，同時更可使程式精簡、清晰、明瞭。

下列是呼叫函數的基本流程圖。

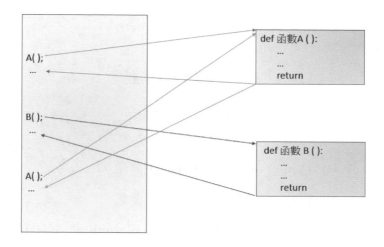

當一個程式在呼叫函數時，Python 會自動跳到被呼叫的函數上執行工作，執行完後，會回到原先程式執行位置，然後繼續執行下一道指令。

11-1　Python 函數基本觀念

從前面的學習相信讀者已經熟悉使用 Python 內建的函數了，例如：len( )、add( )、remove( ) … 等。有了這些函數，我們可以隨時呼叫使用，讓程式設計變得很簡潔，這一章主題將是如何設計這類的函數。

11-1-1　函數的定義

函數的語法格式如下：

```
def  函數名稱(參數值1[,參數值2, … ]):
    """ 函數註解(docstring) """
    程式碼區塊                          # 需要內縮
    return [回傳值1, 回傳值2 , … ]       # 中括號可有可無
```

❑　**函數名稱**

名稱必需是唯一的，程式未來可以呼叫引用，它的命名規則與一般變數相同，不過在 PEP 8 的 Python 風格下建議第一個英文字母用小寫。

❑　**參數值**

這是可有可無，完全視函數設計需要，可以接收呼叫函數傳來的變數，各參數值之間是用逗號 "," 隔開。

❑　**函數註解**

這是可有可無，不過如果是參與大型程式設計計畫，當負責一個小程式時，建議所設計的函數需要加上註解，可以方便自己或他人閱讀。主要是註明此函數的功能，由於可能是有多列註解所以可以用 3 個雙引號 (或單引號) 包夾。許多英文 Python 資料將此稱 docstring(document string 的縮寫)，11-2-2 會更近一步解釋。

❑　**return [回傳值 1, 回傳值 2 , …]**

不論是 return 或接續右邊的回傳值皆是可有可無，如果有回傳多個資料彼此需以逗號 "," 隔開。

11-1-2　沒有傳入參數也沒有傳回值的函數

程式實例 ch11_1.ipynb：第一次設計 Python 函數。

```
1  # ch11_1.ipynb
2  def greeting():
3      """我的第一個Python函數設計"""
4      print("Python歡迎你")
5      print("謝謝")
6
7  # 以下的程式碼也可稱主程式
8  greeting()
9  greeting()
10 greeting()
```

執行結果

```
Python歡迎你
謝謝
Python歡迎你
謝謝
Python歡迎你
謝謝
```

　　在程式設計的觀念中，有時候我們也可以將第 8 列以後的程式碼稱**主程式**。讀者可以想想看，如果沒有函數功能我們的程式設計將如下所示：

程式實例 ch11_2.ipynb：重新設計 ch11_1.ipynb，但是不使用函數設計。

```
1   # ch11_2.ipynb
2   print("Python歡迎你")
3   print("謝謝")
4   print("Python歡迎你")
5   print("謝謝")
6   print("Python歡迎你")
7   print("謝謝")
```

執行結果　與 ch11_1.ipynb 相同。

　　上述程式雖然也可以完成工作，但是可以發現重複的語句太多了，這不是一個好的設計。同時如果發生要將「Python 歡迎你」改成「Python 歡迎你們」，程式必需修改 3 次相同的語句，經以上講解讀者應可以了解函數對程式設計的好處了吧！

11-2　函數的參數設計

　　11-1 節的程式實例沒有傳遞任何參數，在真實的函數設計與應用中大多是需要傳遞一些參數的。例如：在前面章節當我們呼叫 Python 內建函數時，例如：len( )、print( ) … 等，皆需要輸入參數，接下來將講解這方面的應用與設計。

11-2-1　傳遞一個參數

程式實例 ch11_3.ipynb：函數內有參數的應用。

```
1   # ch11_3.ipynb
2   def greeting(name):
3       """Python函數需傳遞名字name"""
4       print(f"Hi {name} Good Morning!")
5   greeting('Nelson')
```

執行結果

```
Hi Nelson Good Morning!
```

上述執行時，第 5 列呼叫函數 greeting( ) 時，所放的參數是 Nelson，這個字串將傳給函數括號內的 name 參數，所以程式第 4 列會將 Nelson 字串透過 name 參數列印出來。Python 的特色是如果沒有終止此程式，此程式仍再執行，因此如果我們在 Google Colab 環境新增儲存格，可以呼叫此函數執行，如下所示：

上述程式最大的特色是 greeting('Nelson') 與 greeting('Tina')，皆是從 Python 提示訊息環境做輸入。

11-2-2　函數註解

請再看一次 ch11_3.py 程式，在函數 greeting( ) 名稱下方是 """**Python 函數需 …** """ 字串，這是**函數註解**，Python 語言將此**函數註解**稱文件字串 docstring(document string 的縮寫)。一個公司設計大型程式時，常常需要將工作分成很多小程式，每個人的工作將用函數完成，為了要讓其他團隊成員可以了解你所設計的函數，所以必需用**文件字串**註明此函數的功能與用法。

我們可以使用 help(函數名稱) 列出此函數的文件字串，可以參考下列實例。假設程式已經執行了 ch11_3.py 程式，下列是列出此程式的 greeting( ) 函數的文件字串。

```
1 help(greeting)

Help on function greeting in module __main__:

greeting(name)
    Python函數需傳遞名字name
```

如果我們只是想要看函數註解，可以使用下列方式。

```
1 print(greeting.__doc__)

Python函數需傳遞名字name
```

上述奇怪的 greeting.__doc__ 就是 greeting( ) 函數文件字串的變數名稱，__ 其實是 2 個底線，這是系統保留名稱的方法，未來筆者會介紹這方面的知識。

11-2-2　多個參數傳遞

當所設計的函數需要傳遞多個參數，呼叫此函數時就需要特別留意傳遞參數的位置需要正確，最後才可以獲得正確的結果。最常見的傳遞參數是**數值**或**字串**資料，在進階的程式應用中有時也會有需要傳遞**串列**、**元組**、**字典**或**函數**。

程式實例 ch11_4.ipynb：設計減法的函數 subtract( )，第一個參數會減去第二個參數，然後列出執行結果。

```
1   # ch11_4.ipynb
2   def subtract(x1, x2):
3       """ 減法設計 """
4       result = x1 - x2
5       print(result)              # 輸出減法結果
6   print("本程式會執行 a - b 的運算")
7   a = eval(input("a = "))
8   b = eval(input("b = "))
9   print("a - b = ", end="")      # 輸出a-b字串,接下來輸出不跳列
10  subtract(a, b)
```

執行結果

```
本程式會執行 a - b 的運算
a = 10
b = 5
a - b = 5
```

上述函數功能是減法運算，所以需要傳遞 2 個參數，然後執行第一個數值減去第 2 個數值。呼叫這類的函數時，就必需留意參數的位置，否則會有錯誤訊息產生。對於上述程式而言，變數 a 和 b 皆是從螢幕輸入，執行第 10 列呼叫 subtract( ) 函數時，a 將傳給 x1，b 將傳給 x2。

程式實例 ch11_5.ipynb：這也是一個需傳遞 2 個參數的實例，第一個是**興趣** (interest)，第二個是**主題** (subject)。

```
1   # ch11_5.ipynb
2   def interest(interest_type, subject):
3       """ 顯示興趣和主題 """
4       print(f"我的興趣是 {interest_type}")
5       print(f"在 {interest_type} 中, 最喜歡的是 {subject}")
6       print()
7
8   interest('旅遊', '敦煌')
9   interest('程式設計', 'Python')
```

執行結果

　　上述程式第 8 列呼叫 interest( ) 時，' 旅遊 ' 會傳給 interest_type、' 敦煌 ' 會傳給 subject。第 9 列呼叫 interest( ) 時，' 程式設計 ' 會傳給 interest_type、'Python' 會傳給 subject。對於上述的實例，相信讀者應該了解呼叫需要傳遞多個參數的函數時，所傳遞參數的位置很重要否則會有不可預期錯誤。

11-2-3　關鍵字參數：參數名稱 = 值

　　所謂的關鍵字參數 (keyword arguments) 是指呼叫函數時，參數是用「參數名稱 = 值」配對方式呈現，這個時候參數的位置就不重要了。

程式實例 ch11_6.ipynb：這個程式基本上是重新設計 ch11_5.ipynb，但是傳遞參數時，其中一個參數直接用**參數名稱 = 值**配對方式傳送。

```
1  # ch11_6.ipynb
2  def interest(interest_type, subject):
3      """ 顯示興趣和主題 """
4      print(f"我的興趣是 {interest_type}")
5      print(f"在 {interest_type} 中，最喜歡的是 {subject}")
6      print()
7
8  interest(interest_type='旅遊', subject='敦煌')   # 位置正確
9  interest(subject='敦煌', interest_type='旅遊')   # 位置更動
```

執行結果

```
我的興趣是 旅遊
在 旅遊 中，最喜歡的是 敦煌

我的興趣是 旅遊
在 旅遊 中，最喜歡的是 敦煌
```

　　讀者可以留意程式第 8 列和第 9 列的「interest_type = ' 旅遊 '」，當呼叫函數用配對方式傳送參數時，即使參數位置不同，程式執行結果也會相同，因為在呼叫時已經明確指出所傳遞的值是要給那一個參數了。

11-2-4　參數預設值的處理

在設計函數時也可以給參數**預設值**，如果呼叫這個函數沒有給參數值時，函數的預設值將派上用場。特別需留意：函數設計時含有預設值的參數，**必需放置在參數列的最右邊**，請參考下列程式第 2 列，如果將「subject = '敦煌'」與「interest_type」位置對調，程式會有錯誤產生。

程式實例 ch11_7.ipynb：重新設計 ch11_6.ipynb，這個程式會將 subject 的預設值設為 " 敦煌 "。程式將用不同方式呼叫，讀者可以從中體會程式參數預設值的意義。

```
1   # ch11_7.ipynb
2   def interest(interest_type, subject = '敦煌'):
3       """ 顯示興趣和主題 """
4       print(f"我的興趣是 {interest_type}")
5       print(f"在 {interest_type} 中，最喜歡的是 {subject}")
6       print()
7
8   interest('旅遊')                                    # 傳遞一個參數
9   interest(interest_type='旅遊')                       # 傳遞一個參數
10  interest('旅遊', '張家界')                            # 傳遞二個參數
11  interest(interest_type='旅遊', subject='張家界')      # 傳遞二個參數
12  interest(subject='張家界', interest_type='旅遊')      # 傳遞二個參數
13  interest('閱讀', '旅遊類')                            # 傳遞二個參數,不同的主題
```

執行結果

```
我的興趣是 旅遊
在 旅遊 中，最喜歡的是 敦煌          第 8 列呼叫輸出

我的興趣是 旅遊
在 旅遊 中，最喜歡的是 敦煌          第 9 列呼叫輸出

我的興趣是 旅遊
在 旅遊 中，最喜歡的是 張家界        第 10 列呼叫輸出

我的興趣是 旅遊
在 旅遊 中，最喜歡的是 張家界        第 11 列呼叫輸出

我的興趣是 旅遊
在 旅遊 中，最喜歡的是 張家界        第 12 列呼叫輸出

我的興趣是 閱讀
在 閱讀 中，最喜歡的是 旅遊類        第 13 列呼叫輸出
```

上述程式第 8 列和 9 列只傳遞一個參數，所以 subject 就會使用預設值「敦煌」，第 10 列、11 列和 12 列傳送了 2 個參數，其中第 11 和 12 列筆者用「**參數名稱 = 值**」用配對方式呼叫傳送，可以獲得一樣的結果。第 13 列主要說明使用不同類的參數一樣可以獲得正確語意的結果。

11-3 函數傳回值

在前面的章節實例我們有執行呼叫許多內建的函數，有時會傳回一些有意義的資料，例如：len( ) 回傳元素數量。有些沒有回傳值，此時 Python 會自動回傳 None。為何會如此？本節會完整解說函數回傳值的知識。

11-3-1 傳回 None

前 2 個小節所設計的函數全部沒有「return [回傳值]」，Python 在直譯時會自動將回傳處理成「return None」，相當於回傳 None，None 在 Python 中獨立成為一個資料型態 NoneType，下列是實例觀察。

程式實例 ch11_8.ipynb：重新設計 ch11_3.ipynb，這個程式會並沒有做傳回值設計，不過筆者將列出 Python 回傳 greeting( ) 函數的資料是否是 None，同時列出傳回值的資料型態。

```
1  # ch11_8.ipynb
2  def greeting(name):
3      """Python函數需傳遞名字name"""
4      print(f"Hi {name} Good Morning!")
5
6  ret_value = greeting('Nelson')
7  print(f"greeting()傳回值 = {ret_value}")
8  print(f"{ret_value} 的 type  = {type(ret_value)}")
```

執行結果

```
Hi Nelson Good Morning!
greeting()傳回值 = None
None 的 type  = <class 'NoneType'>
```

上述函數 greeting( ) 沒有 return，Python 將自動處理成 return None。其實即使函數設計時有 return 但是沒有傳回值，Python 也將自動處理成 return None，讀者可以自己練習，或是參考本書 ch11 資料夾的 ch11_8_1.ipynb。

11-3-2 簡單回傳數值資料

參數具有回傳值功能，將可以大大增加程式的可讀性，回傳的基本方式可參考下列程式第 5 列：

    return result   # result就是回傳的值

程式實例 ch11_9.ipynb：利用函數的回傳值，重新設計 ch11_4.ipynb 減法的運算。

```
1  # ch11_9.ipynb
2  def subtract(x1, x2):
3      """ 減法設計 """
4      result = x1 - x2
5      return result                    # 回傳減法結果
6  print("本程式會執行 a - b 的運算")
7  a = int(input("a = "))
8  b = int(input("b = "))
9  print(f"a - b = {subtract(a, b)}")   # 輸出a-b字串和結果
```

執行結果

```
本程式會執行 a - b 的運算
a = 10
b = 5
a - b = 5
```

11-3-3　傳回多筆資料的應用 – 實質是回傳 tuple

使用 return 回傳函數資料時，也允許回傳多筆資料，各筆資料間只要以逗號隔開即可，讀者可參考下列實例第 8 列。

程式實例 ch11_10.ipynb：設定 x1 = x2 = 10，此函數將傳回加法、減法、乘法、除法的執行結果。

```
1  # ch11_10.ipynb
2  def mutifunction(x1, x2):
3      """ 加，減，乘，除四則運算 """
4      addresult = x1 + x2
5      subresult = x1 - x2
6      mulresult = x1 * x2
7      divresult = x1 / x2
8      return addresult, subresult, mulresult, divresult
9
10 x1 = x2 = 10
11 add, sub, mul, div = mutifunction(x1, x2)
12 print(f"加法結果 = {add}")
13 print(f"減法結果 = {sub}")
14 print(f"乘法結果 = {mul}")
15 print(f"除法結果 = {div}")
```

執行結果

```
加法結果 = 20
減法結果 = 0
乘法結果 = 100
除法結果 = 1.0
```

上述函數 mutifunction( ) 第 8 列回傳了加法、減法、乘法與除法的運算結果，其實 Python 會將此打包為元組 (tuple) 物件，所以真正的回傳值只有一個，程式第 11 列則是 Python 將回傳的元組 (tuple) 解包。

程式實例 ch11_10_1.ipynb：重新設計前一個程式，驗證函數回傳多個數值，其實是回傳元組物件 (tuple)，同時列出結果，下列省略程式前 10 列。

```
11  ans = mutifunction(x1, x2)
12  print(f"資料型態 : {type(ans)}")
13  print(f"加法結果 = {ans[0]}")
14  print(f"減法結果 = {ans[1]}")
15  print(f"乘法結果 = {ans[2]}")
16  print(f"除法結果 = {ans[3]}")
```

執行結果

```
資料型態 : <class 'tuple'>
加法結果 = 20
減法結果 = 0
乘法結果 = 100
除法結果 = 1.0
```

從上述第 11 列我們可以知道回傳的資料型態是**元組** (tuple)，所以我們在第 13-16 列可以用輸出**元組** (tuple) 索引方式列出運算結果。

11-3-4　簡單回傳字串資料

回傳字串的方法與 11-3-2 節回傳數值的方法相同。

程式實例 ch11_11.ipynb：一般中文姓名是 3 個字，筆者將中文姓名拆解為第一個字是姓 lastname，第二個字是**中間名** middlename，第三個字是名 firstname。這個程式內有一個函數 guest_info( )，參數意義分別是名 firstname、中間名 middlename 和姓 lastname，以及**性別** gender 組織起來，同時加上**問候語**回傳。

```
1   # ch11_11.ipynb
2   def guest_info(firstname, middlename, lastname, gender):
3       """ 整合客戶名字資料 """
4       if gender == "M":
5           welcome = lastname + middlename + firstname + '先生歡迎你'
6       else:
7           welcome = lastname + middlename + firstname + '小姐歡迎妳'
8       return welcome
9
10  info1 = guest_info('宇', '星', '洪', 'M')
11  info2 = guest_info('雨', '冰', '洪', 'F')
12  print(info1)
13  print(info2)
```

執行結果

```
洪星宇先生歡迎你
洪冰雨小姐歡迎妳
```

如果讀者是處理外國人的名字，則需在 lastname、middlename 和 firstname 之間加上空格，同時外國人名字處理方式順序是 firstname middlename lastname。

11-3-5　函數回傳字典資料

函數除了可以回傳數值或字串資料外,也可以回傳比較複雜的資料,例如:字典或串列 … 等。

程式實例 ch11_12.ipynb:這個程式會呼叫 build_vip 函數,在呼叫時會傳入 VIP_ID 編號和 Name 姓名資料,函數將回傳所建立的字典資料。

```
1  # ch11_12.ipynb
2  def build_vip(id, name):
3      """ 建立VIP資訊 """
4      vip_dict = {'VIP_ID':id, 'Name':name}
5      return vip_dict
6
7  member = build_vip('101', 'Nelson')
8  print(member)
```

執行結果

```
{'VIP_ID': '101', 'Name': 'Nelson'}
```

上述字典資料只是一個簡單的應用,在真正的企業建立 VIP 資料的案例中,可能還需要**性別、電話號碼、年齡、電子郵件、地址** … 等資訊。在建立 VIP 資料過程,也許有些人會樂意提供手機號碼,有些人不樂意提供,函數設計時我們也可以將 Tel 電話號碼當作預設為空字串,但是如果有提供電話號碼時,程式也可以將它納入字典內容。

程式實例 ch11_13.ipynb:擴充 ch11_12.ipynb,增加電話號碼,呼叫時若沒有提供電話號碼則字典不含此欄位,呼叫時若有提供電話號碼則字典含此欄位。

```
1   # ch11_13.ipynb
2   def build_vip(id, name, tel = ''):
3       """ 建立VIP資訊 """
4       vip_dict = {'VIP_ID':id, 'Name':name}
5       if tel:
6           vip_dict['Tel'] = tel
7       return vip_dict
8
9   member1 = build_vip('101', 'Nelson')
10  member2 = build_vip('102', 'Henry', '0952222333')
11  print(member1)
12  print(member2)
```

執行結果

```
{'VIP_ID': '101', 'Name': 'Nelson'}
{'VIP_ID': '102', 'Name': 'Henry', 'Tel': '0952222333'}
```

程式第 10 列呼叫 build_vip( ) 函數時,由於有提供電話號碼欄位,所以上述程式第 5 列會得到 if 敘述的 tel 是 True,所以在第 6 列會將此欄位增加到字典中。

11-4　呼叫函數時參數是串列

11-4-1　基本傳遞串列參數的應用

在呼叫函數時，也可以將串列 (此串列可以是由**數值、字串**或**字典**所組成) 當參數傳遞給函數的，然後函數可以遍歷串列內容，然後執行更進一步的運作。

程式實例 ch11_14.ipynb：傳遞串列給 product_msg( ) 函數，函數會遍歷串列，然後列出一封產品發表會的信件。

```
1   # ch11_14.ipynb
2   def product_msg(customers):
3       str1 = '親愛的: '
4       str2 = '本公司將在2023年12月20日夏威夷舉行產品發表會'
5       str3 = '總經理:深智公司敬上'
6       for customer in customers:
7           msg = str1 + customer + '\n' + str2 + '\n' + str3
8           print(msg, '\n')
9
10  members = ['Damon', 'Peter', 'Mary']
11  product_msg(members)
```

執行結果

```
親愛的: Damon
本公司將在2023年12月20日夏威夷舉行產品發表會
總經理:深智公司敬上

親愛的: Peter
本公司將在2023年12月20日夏威夷舉行產品發表會
總經理:深智公司敬上

親愛的: Mary
本公司將在2023年12月20日夏威夷舉行產品發表會
總經理:深智公司敬上
```

11-4-2　觀察傳遞一般變數與串列變數到函數的區別

在正式講解下一節修訂串列內容前，筆者先用 2 個簡單的程式說明傳遞整數變數與傳遞串列變數到函數的差別。如果傳遞的是一般整數變數，其實只是將此變數值傳給函數，此變數內容在函數更改時原先主程式的變數值不會改變。

程式實例 ch11_15.ipynb：主程式呼叫函數時傳遞整數變數，這個程式會在主程式以及函數中列出此變數的值與位址的變化。

```
1   # ch11_15.ipynb
2   def mydata(n):
3       print(f"副程式 id(n) = {id(n)}, {n}")
```

```
4       n = 5
5       print(f"副程式 id(n) = {id(n)}, {n}")
6
7   x = 1
8   print(f"主程式 id(x) = {id(x)}, {x}")
9   mydata(x)
10  print(f"主程式 id(x) = {id(x)}, {x}")
```

執行結果

```
主程式 id(x) = 140158983305520, 1
副程式 id(n) = 140158983305520, 1
副程式 id(n) = 140158983305648, 5
主程式 id(x) = 140158983305520, 1
```

　　從上述程式可以發現主程式在呼叫 mydata( ) 函數時傳遞了參數 x，在 mydata( ) 函數中將變數設為 n，當第 4 列變數 n 內容更改為 5 時，這個變數在記憶體的地址也更改了，所以函數 mydata( ) 執行結束時回到主程式，第 10 列可以得到原先主程式的變數 x 仍然是 1。

　　如果主程式呼叫函數所傳遞的是串列變數，其實是將此串列變數的位址參照傳給函數，如果在函數中此串列變數位址參照的內容更改時，原先主程式串列變數內容會隨著改變。

程式實例 ch11_16.ipynb：主程式呼叫函數時傳遞串列變數，這個程式會在主程式以及函數中列出此串列變數的值與位址的變化。

```
1   # ch11_16.ipynb
2   def mydata(n):
3       print(f"函　數 id(n) = {id(n)}, {n}")
4       n[0] = 5
5       print(f"函　數 id(n) = {id(n)}, {n}")
6
7   x = [1, 2]
8   print(f"主程式 id(x) = {id(x)}, {x}")
9   mydata(x)
10  print(f"主程式 id(x) = {id(x)}, {x}")
```

執行結果

```
主程式 id(x) = 140683677268416, [1, 2]
函　數 id(n) = 140683677268416, [1, 2]
函　數 id(n) = 140683677268416, [5, 2]
主程式 id(x) = 140683677268416, [5, 2]
```

　　從上述執行結果可以得到，串列變數的位址不論是在主程式或是函數皆保持一致，所以第 4 列函數 mydata( ) 內串列內容改變時，函數執行結束回到主程式可以看到主程式串列內容也更改了。

11-4-3　在函數內修訂串列的內容

　　由前一小節可以知道 Python 允許主程式呼叫函數時，傳遞的參數是串列名稱，這時在函數內直接修訂串列的內容，同時串列經過修正後，主程式的串列也將隨著永久性更改結果。

程式實例 ch11_17.ipynb：設計一個麥當勞的點餐系統，顧客在麥當勞點餐時，可以將所點的餐點放入 unserved 串列，服務完成後將已服務餐點放入 served 串列。

```
1   # ch11_17.ipynb
2   def kitchen(unserved, served):
3       """ 將未服務的餐點轉為已經服務 """
4       print("\n廚房處理顧客所點的餐點")
5       while unserved:
6           current_meal = unserved.pop( )
7           # 模擬出餐點過程
8           print(f"菜單: {current_meal}")
9           # 將已出餐點轉入已經服務串列
10          served.append(current_meal)
11      print()
12
13  def show_unserved_meal(unserved):
14      """ 顯示尚未服務的餐點 """
15      print("=== 下列是尚未服務的餐點 ===")
16      if not unserved:
17          print("*** 沒有餐點 ***")
18      for unserved_meal in unserved:
19          print(unserved_meal)
20
21  def show_served_meal(served):
22      """ 顯示已經服務的餐點 """
23      print("=== 下列是已經服務的餐點 ===")
24      if not served:
25          print("*** 沒有餐點 ***")
26      for served_meal in served:
27          print(served_meal)
28
29  unserved = ['大麥克', '可樂', '麥克雞塊']   # 所點餐點
30  served = []                                # 已服務餐點
31  # 列出餐廳處理前的點餐內容
32  show_unserved_meal(unserved)              # 列出未服務餐點
33  show_served_meal(served)                  # 列出已服務餐點
34  # 餐廳服務過程
35  kitchen(unserved, served)                 # 餐廳處理過程
36  # 列出餐廳處理後的點餐內容
37  show_unserved_meal(unserved)              # 列出未服務餐點
38  show_served_meal(served)                  # 列出已服務餐點
```

執行結果

```
=== 下列是尚未服務的餐點 ===
大麥克
可樂
麥克雞塊
=== 下列是已經服務的餐點 ===
*** 沒有餐點 ***

廚房處理顧客所點的餐點
菜單：麥克雞塊
菜單：可樂
菜單：大麥克

=== 下列是尚未服務的餐點 ===
*** 沒有餐點 ***
=== 下列是已經服務的餐點 ===
麥克雞塊
可樂
大麥克
```

這個程式的主程式從第 29 列開始，基本上將所點的餐點放 unserved 串列，第 30 列將已經處理的餐點放在 served 串列，程式剛開始是設定空串列。為了瞭解所做的設定，所以第 32 和 33 列是列出尚未服務的餐點和已經服務的餐點。

程式第 35 列是呼叫 kitchen( ) 函數，這個程式主要是列出餐點，同時將已經處理的餐點從尚未服務串列 unserved，轉入已經服務的串列 served。

程式第 37 和 38 列再執行一次列出尚未服務餐點和已經服務餐點，以便驗證整個執行過程。

對於上述程式而言，讀者可能會好奇，主程式部分與函數部分是使用相同的串列變數 served 與 unserved，所以經過第 35 列呼叫 kitchen( ) 後造成串列內容的改變，是否設計這類欲更改串列內容的程式，函數與主程式的變數名稱一定要相同？答案是否定的。

程式實例 ch11_18.ipynb：重新設計 ch11_17.ipynb，但是主程式的尚未服務串列改為 order_list，已經服務串列改為 served_list，下列只列出主程式內容。

```
29  order_list = ['大麥克', '可樂', '麥克雞塊']    # 所點餐點
30  served_list = []                              # 已服務餐點
31  # 列出餐廳處理前的點餐內容
32  show_unserved_meal(order_list)                # 列出未服務餐點
33  show_served_meal(served_list)                 # 列出已服務餐點
34  # 餐廳服務過程
35  kitchen(order_list, served_list)              # 餐廳處理過程
36  # 列出餐廳處理後的點餐內容
37  show_unserved_meal(order_list)                # 列出未服務餐點
38  show_served_meal(served_list)                 # 列出已服務餐點
```

執行結果　與 ch11_17.ipynb 相同。

　　上述結果最主要原因是，當傳遞串列給函數時，即使函數內的串列與主程式串列是不同的名稱，但是函數串列 unserved/served 與主程式串列 order_list/served_list 是指向相同的記憶體位置，所以在函數更改串列內容時主程式串列內容也隨著更改。

11-4-4　使用副本傳遞串列

　　有時候設計餐廳系統時，可能想要保存餐點內容，但是經過先前程式設計可以發現 order_list 串列已經變為空串列了，為了避免這樣的情形發生，可以在呼叫 kitchen( ) 函數時傳遞副本串列，處理方式如下：

　　　　kitchen(**order_list[:]**, served_list)　　　　　　　# 傳遞**副本串列**(可以參考6-8-2節)

程式實例 ch11_19.ipynb：重新設計 ch11_18.ipynb，但是保留原 order_list 的內容，整個程式主要是在第 35 列，筆者使用副本傳遞串列，其它只是程式語意註解有一些小調整，例如：原先函數 show_unserved_meal( ) 改名為 show_order_meal( )。

```
1   # ch11_19.ipynb
2   def kitchen(unserved, served):
3       """ 將未服務的餐點轉為已經服務 """
4       print("\n廚房處理顧客所點的餐點")
5       while unserved:
6           current_meal = unserved.pop( )
7           # 模擬出餐點過程
8           print(f"菜單: {current_meal}")
9           # 將已出餐點轉入已經服務串列
10          served.append(current_meal)
11      print()
12
13  def show_order_meal(unserved):
14      """ 顯示所點的餐點 """
15      print("=== 下列是所點的餐點 ===")
16      if not unserved:
17          print("*** 沒有餐點 ***")
18      for unserved_meal in unserved:
19          print(unserved_meal)
20
21  def show_served_meal(served):
22      """ 顯示已經服務的餐點 """
23      print("=== 下列是已經服務的餐點 ===")
24      if not served:
25          print("*** 沒有餐點 ***")
26      for served_meal in served:
27          print(served_meal)
28
29  order_list = ['大麥克', '可樂', '麥克雞塊']   # 所點餐點
30  served_list = []                           # 已服務餐點
31  # 列出餐廳處理前的點餐內容
```

```
32   show_order_meal(order_list)              # 列出所點的餐點
33   show_served_meal(served_list)            # 列出已服務餐點
34   # 餐廳服務過程
35   kitchen(order_list[:], served_list)      # 餐廳處理過程
36   # 列出餐廳處理後的點餐內容
37   show_order_meal(order_list)              # 列出所點的餐點
38   show_served_meal(served_list)            # 列出已服務餐點
```

執行結果

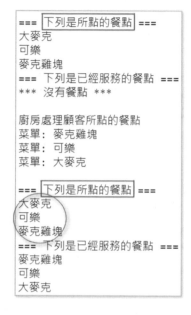

```
=== 下列是所點的餐點 ===
大麥克
可樂
麥克雞塊
=== 下列是已經服務的餐點 ===
*** 沒有餐點 ***

廚房處理顧客所點的餐點
菜單： 麥克雞塊
菜單： 可樂
菜單： 大麥克

=== 下列是所點的餐點 ===
大麥克
可樂
麥克雞塊
=== 下列是已經服務的餐點 ===
麥克雞塊
可樂
大麥克
```

　　由上述執行結果可以發現，原先儲存點餐的 order_list 串列經過 kitchen( ) 函數後，此串列的內容沒有改變。

11-5 傳遞任意數量的參數

11-5-1 基本傳遞處理任意數量的參數

　　在設計 Python 的函數時，有時候可能會碰上不知道會有多少個參數會傳遞到這個函數，此時可以用下列方式設計。

程式實例 ch11_20.ipynb：建立一個冰淇淋的配料程式，一般冰淇淋可以在上面加上配料，這個程式在呼叫製作冰淇淋函數 make_icecream( ) 時，可以傳遞 0 到多個配料，然後 make_icecream( ) 函數會將配料結果的冰淇淋列出來。

```
1   # ch11_20.ipynb
2   def make_icecream(*toppings):
```

```
3        """ 列出製作冰淇淋的配料 """
4        print("這個冰淇淋所加配料如下")
5        for topping in toppings:
6            print("--- ", topping)
7
8    make_icecream('草莓醬')
9    make_icecream('草莓醬', '葡萄乾', '巧克力碎片')
```

執行結果

```
這個冰淇淋所加配料如下
---    草莓醬
這個冰淇淋所加配料如下
---    草莓醬
---    葡萄乾
---    巧克力碎片
```

　　上述程式最關鍵的是第 2 列 make_icecream( ) 函數的參數 "*toppings"，這個加上 "*" 符號的參數代表可以有 0 到多個參數將傳遞到這個函數內。這個參數 "*toppings" 另一個特色是，它可以將所傳遞的參數轉成**元組** (tuple)，讀者可以自行練習，在第 7 列增加 print(type(toppings)) 指令，驗證傳遞的參數被轉成元組，筆者將此測試結果儲存至 ch11_20_1.ipynb 檔案內。

　　程式 ch11_20.ipynb 另一個重要觀念是，如果呼叫 make_icecream( ) 時沒有傳遞 參數，第 5 列的 for 迴圈將不會執行第 6 列的內容，讀者可以自行練習，筆者將此測試 結果儲存至 ch11_20_2.ipynb 檔案內。

11-5-2　設計含有一般參數與任意數量參數的函數

　　程式設計時有時會遇上需要傳遞一般參數與任意數量參數，碰上這類狀況，任意 數量的參數必需放在最右邊。

程式實例 ch11_21.ipynb：重新設計 ch11_20.ipynb，傳遞參數時第一個參數是冰淇淋 的種類，然後才是不同數量的冰淇淋的配料。

```
1    # ch11_21.py
2    def make_icecream(icecream_type, *toppings):
3        """ 列出製作冰淇淋的配料 """
4        print(f"這個 {icecream_type} 冰淇淋所加配料如下")
5        for topping in toppings:
6            print("--- ", topping)
7
8    make_icecream('香草', '草莓醬')
9    make_icecream('芒果', '草莓醬', '葡萄乾', '巧克力碎片')
```

執行結果
```
這個 香草 冰淇淋所加配料如下
---    草莓醬
這個 芒果 冰淇淋所加配料如下
---    草莓醬
---    葡萄乾
---    巧克力碎片
```

11-5-3　設計含有一般參數與任意數量的關鍵字參數

在 11-2-3 節筆者有介紹呼叫函數的參數是關鍵字參數，參數是用「參數名稱 =
值」配對方式呈現，其實我們也可以設計含任意數量關鍵字參數的函數，方法是在函
數內使用「**kwargs」(kwargs 是程式設計師可以自行命名的參數，可以想成 key word
arguments)，這時關鍵字參數將會變成任意數量的字典元素，其中引數是鍵，對應的值
是字典的值。

程式實例 ch11_22.ipynb：這個程式基本上是用 build_dict( ) 函數建立一個球員的字典
資料，主程式會傳入一般參數與任意數量的關鍵字參數，最後可以列出執行結果。

```
1  # ch11_22.ipynb
2  def build_dict(name, age, **players):
3      """ 建立NBA球員的字典資料 """
4      info = {}                    # 建立空字典
5      info['Name'] = name
6      info['Age'] = age
7      for key, value in players.items( ):
8          info[key] = value
9      return info                  # 回傳所建的字典
10
11 player_dict = build_dict('James', '32',
12                     City = 'Cleveland',
13                     State = 'Ohio')
14
15 print(player_dict)        # 列印所建字典
```

執行結果
```
{'Name': 'James', 'Age': '32', 'City': 'Cleveland', 'State': 'Ohio'}
```

上述最關鍵的是第 2 列 build_dict( ) 函數內的參數 "**players"，這是可以接受任
意數量關鍵字參數，它可以將所傳遞的關鍵字參數群組化成字典 (dict)，如果讀者在
build_dict( ) 函數內增加 print(type(players))，可以得到 <class 'dict'> 輸出。

11-6 遞迴式函數設計 recursive

坦白說遞迴觀念很簡單，但是不容易學習，本節將從最簡單說起。一個函數本身，可以呼叫本身的動作，稱遞迴式的呼叫，遞迴函數呼叫有下列特性。

1： 遞迴函數在每次處理時，都會使問題的範圍縮小。

2： 必須有一個終止條件來結束遞迴函數。

遞迴函數可以使程式變得很簡潔，但是設計這類程式如果一不小心很容易掉入無限迴圈的陷阱，所以使用這類函數時一定要特別小心。

11-6-1　從掉入無限遞迴說起

如前所述一個函數可以呼叫自己，這個工作稱**遞迴**，設計遞迴最容易掉入無限遞迴的陷阱。

程式實例 ch11_23.ipynb：設計一個遞迴函數，因為這個函數沒有終止條件，所以變成一個無限迴圈，這個程式會一直輸出 5, 4, 3, … 。為了讓讀者看到輸出結果，這個程式會每隔 1 秒輸出一次數字。

```
1  # ch11_23.ipynb
2  import time
3  def recur(i):
4      print(i, end='\t')
5      time.sleep(1)          # 休息 1 秒
6      return recur(i-1)
7
8  recur(5)
```

執行結果 讀者可以看到數字遞減在螢幕輸出。

| 5 | 4 | 3 | 2 | 1 | 0 | -1 | -2 |

註 上述第 5 列呼叫 time 模組的 sleep( ) 函數，參數是 1，可以休息 1 秒。

上述會一直輸出，必須執行儲存格右上方 RAM 磁碟右邊的 ▼ 圖示，然後執行**中斷連線並刪除執行階段** (Disconnect and delete runtime)，可以參考下列畫面，才可以終止執行。

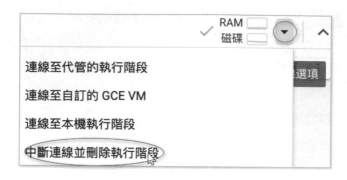

註　在 Windows 作業系統使用 Python Shell 環境可以按 Ctrl + C 終止執行。

程式實例 ch11_24.ipynb：這是最簡單的遞迴函數，列出 5, 4, … 1 的數列結果，這個問題很清楚了，結束條件是 1，所以可以在 recur( ) 函數內撰寫結束條件。

```
1  # ch11_24.ipynb
2  import time
3  def recur(i):
4      print(f"{i}", end='\t')
5      time.sleep(1)          # 休息 1 秒
6      if (i <= 1):           # 結束條件
7          return 0
8      else:
9          return recur(i-1)  # 每次呼叫讓自己減 1
10
11 recur(5)
```

執行結果

5	4	3	2	1	0

　　上述當第 9 列 recur(i-1)，當參數是 i-1 是 1 時，進入 recur( ) 函數後會執行第 7 列的 return 0，所以遞迴條件就結束了。**註**：上述輸出 0，是 recur(5) 遞迴結束，程式回到第 11 列，由第 11 列產生的輸出，如果使用 Python Shell 不會有 0 的輸出。

程式實例 ch11_25.ipynb：設計遞迴函數輸出 1, 2, …, 5 的結果。

```
1  # ch11_25.ipynb
2  def recur(i):
3      if (i < 1):            # 結束條件
4          return 0
5      else:
6          recur(i-1)         # 每次呼叫讓自己減 1
7      print(i, end='\t')
8
9  recur(5)
```

執行結果

1	2	3	4	5

　　Python 語言或是說一般有提供遞迴功能的程式語言，是採用堆疊方式儲存遞迴期間尚未執行的指令，所以上述程式在每一次遞迴期間皆會將第 7 列先儲存在堆疊，一直到遞迴結束，再一一取出堆疊的資料執行。

　　這個程式第 1 次進入 recur( ) 函數時，因為 i 等於 5，所以會先執行第 6 列 recur(i-1)，這時會將尚未執行的第 7 列 printf( ) 推入 (push) 堆疊。第 2 次進入 recur( ) 函數時，因為 i 等於 4，所以會先執行第 6 列 recur(i-1)，這時會將尚未執行的第 7 列 printf( ) 推入堆疊。其他依此類推，所以可以得到下列圖形。

第1次遞迴 i = 5	第2次遞迴 i = 4	第3次遞迴 i = 3	第4次遞迴 i = 2	第5次遞迴 i = 1
				print(i=1)
			print(i=2)	print(i=2)
		print(i=3)	print(i=3)	print(i=3)
	print(i=4)	print(i=4)	print(i=4)	print(i=4)
print(i=5)	print(i=5)	print(i=5)	print(i=5)	print(i=5)

　　這個程式第 6 次進入 recur( ) 函數時，i 等於 0，因為 i < 1，會執行第 4 列 return 0，這時函數終止。接著函數會將儲存在堆疊的指令一一取出執行，執行時是採用後進先出，也就是從上往下取出執行，整個圖例說明如下。

取出最上方 輸出 1	取出最上方 輸出 2	取出最上方 輸出 3	取出最上方 輸出 4	取出最上方 輸出 5
print(i=1)				
print(i=2)	print(i=2)			
print(i=3)	print(i=3)	print(i=3)		
print(i=4)	print(i=4)	print(i=4)	print(i=4)	
print(i=5)	print(i=5)	print(i=5)	print(i=5)	print(i=5)

註　上圖取出英文是 pop。

上述由左到右，所以可以得到 1, 2, …, 5 的輸出。下一個實例是計算累加總和，比上述實例稍微複雜，讀者可以逐步推導，累加的基本觀念如下：

$$\text{sum(n)} = \underbrace{1 + 2 + \ldots + (n-1)}_{\text{sum(n-1)}} + n = n + \text{sum(n-1)}$$

將上述公式轉成遞迴公式觀念如下：

$$\text{sum(n)} = \begin{cases} 1 & n = 1 \\ n+\text{sum(n-1)} & n >= 1 \end{cases}$$

程式實例 ch11_26.ipynb：使用遞迴函數計算 1 + 2 + ⋯ + 5 之總和。

```
1  # ch11_26.ipynb
2  def sum(n):
3      if (n <= 1):              # 結束條件
4          return 1
5      else:
6          return n + sum(n-1)
7
8  print(f"total(5) = {sum(5)}")
```

執行結果

```
total(5) = 15
```

11-6-2　非遞迴式設計階乘數函數

這一節將以階乘數作解說，**階乘數**觀念是由法國數學家克里斯蒂安‧克蘭普 (Christian Kramp, 1760-1826) 所發表，他是學醫但是卻同時對數學感興趣，發表許多數學文章。

在數學中，正整數的階乘 (factorial) 是所有小於及等於該數的正整數的積，假設 n 的階乘，表達式如下：

n!

同時也定義 0 和 1 的階乘是 1。

0! = 1
1! = 1

實例 1：n 是 3，下列是階乘數的計算方式。

n! = 1 * 2 * 3

結果是 6

實例 2：列出 5 的階乘的結果。

5! = 5 * 4 * 3 * 2 * 1 = 120

我們可以使用下列定義階乘公式。

$$factorial(n) = \begin{cases} 1 & n = 0 \\ 1*2* \ldots n & n >= 1 \end{cases}$$

程式實例 ch11_27.ipynb：設計非遞迴式的階乘函數，計算當 n = 5 的值。

```
1  # ch11_27.ipynb
2  def factorial(n):
3      """ 計算n的階乘, n 必須是正整數 """
4      fact = 1
5      for i in range(1,n+1):
6          fact *= i
7      return fact
8
9  value = 3
10 print(f"{value} 的階乘結果是 = {factorial(value)}")
11 value = 5
12 print(f"{value} 的階乘結果是 = {factorial(value)}")
```

執行結果

```
3 的階乘結果是 = 6
5 的階乘結果是 = 120
```

11-6-3　從一般函數進化到遞迴函數

如果針對階乘數 n >= 1 的情況，我們可以將階乘數用下列公式表示：

$$factorial(n) = \underbrace{1*2* \ldots *(n-1)*n}_{factorial(n-1)} = n*factorial(n-1)$$

有了上述觀念後，可以將階乘公式改成下列公式。

$$factorial(n) = \begin{cases} 1 & n = 0 \\ n*factorial(n-1) & n >= 1 \end{cases}$$

上述每一步驟傳遞 fcatorial(n-1)，會將問題變小，這就是遞迴式的觀念。

程式實例 ch11_28.ipynb：使用遞迴函數執行階乘 (factorial) 運算。

```
1  # ch11_28.ipynb
2  def factorial(n):
3      """ 計算n的階乘, n 必須是正整數 """
4      if n == 1:
5          return 1
6      else:
7          return (n * factorial(n-1))
8
9  value = 3
10 print(f"{value} 的階乘結果是 = {factorial(value)}")
11 value = 5
12 print(f"{value} 的階乘結果是 = {factorial(value)}")
```

執行結果

```
3 的階乘結果是 = 6
5 的階乘結果是 = 120
```

上述 factorial( ) 函數的終止條件是參數值為 1 的情況，由第 4 列判斷然後傳回 1，下列是正整數為 3 時遞迴函數的情況解說。

上述程式筆者介紹了**遞迴式呼叫** (Recursive call) 計算**階乘**問題，上述程式中雖然沒有很明顯的說明記憶體儲存中間數據，不過實際上是有使用記憶體，筆者將詳細解說，下列是遞迴式呼叫的過程。

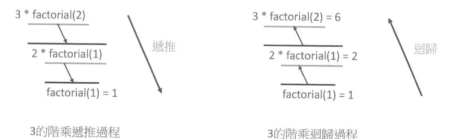

3的階乘遞推過程　　　　　　3的階乘迴歸過程

在編譯程式是使用**堆疊** (stack) 處理上述**遞迴式呼叫**，這是一種**後進先出** (last in first out) 的資料結構，下列是編譯程式實際使用堆疊方式使用記憶體的情形。

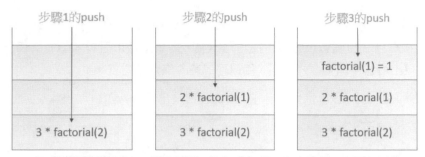

階乘計算使用堆疊(stack)的說明，這是由左到右進入堆疊push操作過程

在計算機術語又將資料放入**堆疊**稱**堆入 (push)**。上述 3 的階乘，編譯程式實際迴**歸處理**過程，其實就是將數據從堆疊中取出，此動作在計算機術語稱**取出 (pop)**，整個觀念如下：

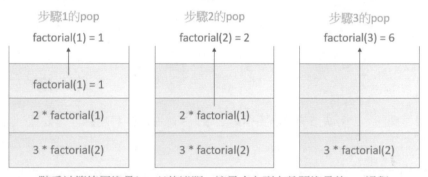

階乘計算使用堆疊(stack)的說明，這是由左到右離開堆疊的pop過程

階乘數的觀念，最常應用的是業務員旅行問題。業務員旅行是演算法裡面一個非常著名的問題，許多人在思考業務員如何從拜訪不同的城市中，找出最短的拜訪路徑，下列將逐步分析。

❑ **2 個城市**

假設有新竹、竹東，2 個城市，拜訪方式有 2 個選擇。

❏　3 個城市

假設現在多了一個城市竹北，從竹北出發，從 2 個城市可以知道有 2 條路徑。從新竹或竹東出發也可以有 2 條路徑，所以可以有 6 條拜訪方式。

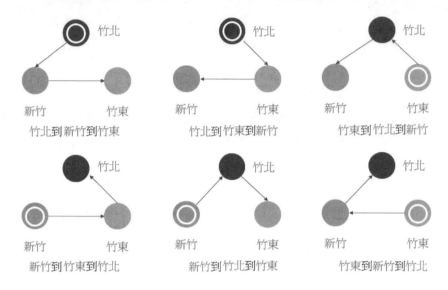

如果再細想，2 個城市的拜訪路徑有 2 種，3 個城市的拜訪路徑有 6 種，其實符合階乘公式：

```
2! = 1 * 2 = 2
3! = 1 * 2 * 3 = 6
```

❏　4 個城市

比 3 個城市多了一個城市，所以拜訪路徑選擇總數如下：

```
4! = 1 * 2 * 3 * 4 = 24
```

總共有 24 條拜訪路徑，如果有 5 個或 6 個城市要拜訪，拜訪路徑選擇總數如下：

```
5! = 1 * 2 * 3 * 4 * 5 = 120
6! = 1 * 2 * 3 * 4 * 5 * 6 = 720
```

相當於假設拜訪 N 個城市，業務員旅行的演算法時間複雜度是 N!，N 值越大拜訪路徑就越多，而且以階乘方式成長。假設當拜訪城市達到 30 個，假設超級電腦每秒可以處理 10 兆個路徑，若想計算每種可能路徑需要 8411 億年，讀者可能會覺得不可思議，其實筆者也覺得不可思議，這將是讀者的習題。

11-6-4　Python 的遞迴次數限制

Python 預設最大遞迴次數 1000 次，我們可以先導入 sys 模組，未來第 13 章筆者會介紹導入模組更多知識。讀者可以使用 sys.getrecursionlimit( ) 列出 Python 預設或目前遞迴的最大次數，可以參考下方左圖。

```
>>> import sys
>>> sys.getrecursionlimit()
1000
```

```
>>> import sys
>>> sys.setrecursionlimit(100)
>>> sys.getrecursionlimit()
100
```

sys.setrecursionlimit(x) 則可以設定最大遞迴次數，參數 x 就是遞迴次數，可以參考上方右圖。

11-7　區域變數與全域變數

在設計函數時，另一個重點是適當的使用變數名稱，某個變數只有在該函數內使用，影響範圍限定在這個函數內，這個變數稱**區域變數** (local variable)。如果某個變數的影響範圍是在整個程式，則這個變數稱**全域變數** (global variable)。

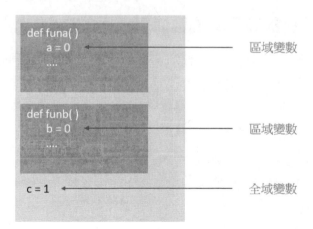

Python 程式在呼叫函數時會建立一個記憶體工作區間，在這個記憶體工作區間可以處理屬於這個函數的變數，當函數工作結束，返回原先呼叫程式時，這個記憶體工

作區間就被收回，原先存在的變數也將被銷毀，這也是為何**區域變數**的影響範圍只限定在所屬的函數內。

　　對於**全域變數**而言，一般是在主程式內建立，程式在執行時，不僅主程式可以引用，所有屬於這個程式的函數也可以引用，所以它的影響範圍是整個程式，直到整個程式執行結束。

11-7-1　全域變數可以在所有函數使用

　　一般在主程式內建立的變數稱全域變數，這個變數可以供主程式內與本程式的所有函數引用。

程式實例 ch11_29.ipynb：這個程式會設定一個全域變數，然後函數也可以呼叫引用。

```
1   # ch11_29.ipynb
2   def printmsg( ):
3       """ 函數本身沒有定義變數, 只有列印全域變數功能 """
4       print("函數列印: ", msg)      # 列印全域變數
5
6   msg = 'Global Variable'          # 設定全域變數
7   print("主程式列印: ", msg)        # 列印全域變數
8   printmsg( )                      # 呼叫函數
```

執行結果

```
主程式列印:  Global Variable
函數列印:  Global Variable
```

11-7-2　區域變數與全域變數使用相同的名稱

　　在程式設計時建議全域變數與函數內的區域變數不要使用相同的名稱，因為對新手而言很容易造成混淆。如果發生全域變數與函數內的區域變數使用相同的名稱時，Python 會將相同名稱的**區域**與**全域**變數視為不同的變數，在區域變數所在的函數是使用區域變數內容，其它區域則是使用全域變數的內容。

程式實例 ch11_30.ipynb：區域變數與全域變數定義了相同的變數 msg，但是內容不相同。然後執行列印，可以發現在函數與主程式所列印的內容有不同的結果。

```
1   # ch11_30.ipynb
2   def printmsg( ):
3       """ 函數本身有定義變數, 可列印區域變數功能 """
4       msg = 'Local Variable'        # 設定區域變數
5       print("函數列印: ", msg)       # 列印區域變數
6
7   msg = 'Global Variable'          # 這是全域變數
8   print("主程式列印: ", msg)        # 列印全域變數
9   printmsg( )                      # 呼叫函數
```

執行結果

```
主程式列印: Global Variable
函數列印: Local Variable
```

11-7-3 程式設計需注意事項

一般程式設計時有關使用區域變數需注意下列事項，否則程式會有錯誤產生。

❑ 區域變數內容無法在其它函數引用。

❑ 區域變數內容無法在主程式引用。

❑ 如果要在函數內要存取或修改全域變數值，需在函數內使用 global 宣告此變數。

如果全域變數在函數內可能更改內容時，需在函數內使用 global 宣告這個全域變數，程式才不會有錯。

程式實例 ch11_31.ipynb：使用 global 在函數內宣告全域變數。

```
1  # ch11_31.ipynb
2  def printmsg():
3      global msg
4      msg = "Java"           # 更改全域變數
5      print(f"函數列印   :更改後: {msg}")
6  msg = "Python"
7  print(f"主程式列印:更改前: {msg}")
8  printmsg()
9  print(f"主程式列印:更改後: {msg}")
```

執行結果

```
主程式列印:更改前: Python
函數列印   :更改後: Java
主程式列印:更改後: Java
```

11-7-4 locals( ) 和 globals( )

Python 有提供函數讓我們了解目前變數名稱與內容。

locals( )：可以用字典方式列出所有的區域變數名稱與內容。

globals( )：可以用字典方式列出所有的全域變數名稱與內容。

程式實例 ch11_32.ipynb：列出所有區域變數與全域變數的內容。

```
1  # ch11_32.ipynb
2  def printlocal():
3      lang = "Java"
4      print(f"語言 : {lang}")
5      print(f"區域變數 : {locals()}")
```

```
6  msg = "Python"
7  printlocal()
8  print(f"語言 : {msg}")
9  print(f"全域變數 : {globals()}")
```

執行結果
```
語言 : Java
區域變數 : {'lang': 'Java'}
語言 : Python
全域變數 : {'__name__': '__main__', '__doc__': 'Automatically  ...  'msg': 'Python'}
```

　　請留意在上述全域變數中，螢幕需往右捲動可以看到更多變數，除了最後一筆 'msg':'Python' 是我們程式設定，其它均是系統內建。

11-8　匿名函數 lambda

　　所謂的 **匿名函數** (anonymous function) 是指一個沒有名稱的函數，適合使用在程式中只存在一小段時間的情況。Python 是使用 def 定義一般函數，匿名函數則是使用 lambda 來定義，有的人稱之為 lambda 表達式，也可以將匿名函數稱 lambda 函數。

11-8-1　匿名函數 lambda 的語法

　　匿名函數最大特色是可以有許多的參數，但是只能有一個程式碼表達式，然後可以將執行結果傳回。

　　　　lambda arg1[, arg2, … argn]:**expression**　　　　　　　# arg1是參數，可以有多個參數

　　上述 expression 就是匿名函數 lambda 表達式的內容。

程式實例 ch11_33.ipynb：使用一般函數設計傳回平方值。

```
1  # ch11_33.ipynb
2  # 使用一般函數
3  def square(x):
4      value = x ** 2
5      return value
6
7  # 輸出平方值
8  print(square(10))
```

執行結果　　　　　　　　　　　　　100

程式實例 ch11_34.ipynb:這是單一參數的匿名函數應用,可以傳回平方值。

```
1  # ch11_34.ipynb
2  # 定義lambda函數
3  square = lambda x: x ** 2
4
5  # 輸出平方值
6  print(square(10))
```

執行結果 與 ch11_33.ipynb 相同。

下列是匿名函數含有多個參數的應用。

程式實例 ch11_35.ipynb:含 2 個參數的匿名函數應用,可以傳回參數的積。

```
1  # ch11_35.ipynb
2  # 定義lambda函數
3  product = lambda x, y: x * y
4
5  # 輸出相乘結果
6  print(product(5, 10))
```

執行結果 | 50

11-8-2 使用 lambda 匿名函數的理由

一個 lambda 更佳的使用時機是存在一個函數的內部,可以參考下列實例。

程式實例 ch11_36.ipynb:這是一個 2x+b 方程式,有 2 個變數,第 5 列定義 linear 時,才確定 lambda 方程式是 2x+5,所以第 6 列可以得到 25。

```
1  # ch11_36.ipynb
2  def func(b):
3      return lambda x : 2 * x + b
4
5  linear  = func(5)      # 5將傳給lambda的 b
6  print(linear(10))      # 10是lambda的 x
```

執行結果 | 25

程式實例 ch11_37.ipynb:重新設計 ch11_36.ipynb,使用一個函數但是有 2 個方程式。

```
1  # ch11_37.ipynb
2  def func(b):
3      return lambda x : 2 * x + b
4
5  linear  = func(5)         # 5將傳給lambda的 b
6  print(linear(10))         # 10是lambda的 x
7
8  linear2 = func(3)
9  print(linear2(10))
```

執行結果

```
25
23
```

11-8-3 匿名函數應用在高階函數的參數

匿名函數一般是用在不需要函數名稱的場合，例如：一些高階函數 (Higher-order function) 的部分參數是函數，這時就很適合使用匿名函數，同時讓程式變得更簡潔。在正式以實例講解前，我們先舉一個使用一般函數當作函數參數的實例。

程式實例 ch11_38.ipynb：以一般函數當作函數參數的實例。

```
1  # ch11_38.ipynb
2  def mycar(cars,func):
3      for car in cars:
4          print(func(car))
5  def wdcar(carbrand):
6      return "My dream car is " + carbrand.title()
7
8  dreamcars = ['porsche','rolls royce','maserati']
9  mycar(dreamcars, wdcar)
```

執行結果

```
My dream car is Porsche
My dream car is Rolls Royce
My dream car is Maserati
```

上述第 9 列呼叫 mycar( ) 使用 2 個參數，第 1 個參數是 dreamcars 字串，第 2 個參數是 wdcar( ) 函數，wdcar( ) 函數的功能是結合字串 "My dream car is " 和將 dreamcars 串列元素的字串第 1 個字母用大寫。

其實上述 wdcar( ) 函數就是使用匿名函數的好時機。

程式實例 ch11_39.ipynb：重新設計 ch11_38.ipynb，使用匿名函數取代 wdcar( )。

```
1  # ch11_39.ipynb
2  def mycar(cars,func):
3      for car in cars:
4          print(func(car))
5
6  dreamcars = ['porsche','rolls royce','maserati']
7  mycar(dreamcars, lambda carbrand:"My dream car is " + carbrand.title())
```

執行結果 與 ch11_38.ipynb 相同。

11-8-4　深度解釋串列的排序 sort( )

6-5-2 節筆者介紹了串列的排序，更完整串列排序的語法如下：

    x.sort(key=None, reverse=False)

其中，x 是要排序的列表，key 參數是一個排序的鍵，如果不提供 key 參數，則 sort() 方法會按照列表元素的順序進行排序。當初省略了使用參數 key，因為使用預設。

從 lambda 表達式可知，我們可以使用下列方式定義字串長度。

```
>>> str_len = lambda x:len(x)
>>> print(str_len('abc'))
3
```

有了上述觀念，我們可以使用下列方式獲得串列內每個字串元素的長度。

```
>>> str_len = lambda x:len(x)
>>> strs = ['abc', 'ab', 'abcde']
>>> print([str_len(e) for e in strs])
[3, 2, 5]
```

程式實例 ch11_39_1.ipynb：使用 sort( ) 函數執行字串長度排序。

```
1  # ch11_39_1.ipynb
2  str_len = lambda x:len(x)
3  strs = ['abc', 'ab', 'abcde']
4  strs.sort(key = str_len)
5  print(strs)
```

執行結果

```
['ab', 'abc', 'abcde']
```

我們可以直接將 lambda 表達式寫入 sort( ) 函數內，可以得到相結果。

程式實例 ch11_39_2.ipynb：將 lambda 寫入 sort( ) 函數內。

```
1  # ch11_39_2.ipynb
2  strs = ['abc', 'ab', 'abcde']
3  strs.sort(key = lambda x:len(x))
4  print(strs)
```

執行結果　與 ch11_39_1.ipynb 相同。

請觀察一個二維陣列的排序而言，假設使用預設可以看到下列結果。

```
>>> sc = [['John', 80],['Tom', 90], ['Kevin', 77]]
>>> sc.sort()
>>> print(sc)
[['John', 80], ['Kevin', 77], ['Tom', 90]]
```

從執行結果可以看到是使用二維陣列元素的第 0 個索引位置的人名排序，參考前面 lambda 表達式觀念，我們可以使用下列方式表達。

```
>>> sc = [['John', 80],['Tom', 90], ['Kevin', 77]]
>>> sc.sort(key = lambda x:x[0])
>>> print(sc)
[['John', 80], ['Kevin', 77], ['Tom', 90]]
```

上述 x[0] 就是索引 0，我們可以指定索引位置排序。

程式實例 ch11_39_3.ipynb：假設索引 1 是分數，執行分數排序。

```
1  # ch11_39_3.ipynb
2  sc = [['John', 80],['Tom', 90], ['Kevin', 77]]
3  sc.sort(key = lambda x:x[1])
4  print(sc)
```

執行結果

```
[['Kevin', 77], ['John', 80], ['Tom', 90]]
```

11-8-5　深度解釋排序 sorted( )

sorted( ) 排序的語法如下：

sorted_obj = sorted(iterable, key=None, reverse=False)

參數 iterable 是可以排序的物件，最後可以得到新的排序物件 (sorted_obj)。其實 sort( ) 與 sorted( ) 是觀念類似，sort( ) 是用可以排序的物件呼叫 sort( ) 函數，最後會更改可以排序的物件結果。sorted( ) 是將可以排序的物件當作第 1 個參數，最後排序結果回傳，不更改原先可以排序的物件。9-2-5 節筆者使用字典的鍵排序，也可以應用在一般二維陣列排序，下列是預設的排序，如下：

```
>>> sc = [['John', 80],['Tom', 90], ['Kevin', 77]]
>>> newsc = sorted(sc)
>>> print(newsc)
[['John', 80], ['Kevin', 77], ['Tom', 90]]
```

程式實例 ch11_39_4.ipynb：採用元素索引 1 的分數排序。

```
1  # ch11_39_4.ipynb
2  sc = [['John', 80],['Tom', 90], ['Kevin', 77]]
3  newsc = sorted(sc, key = lambda x:x[1])
4  print(newsc)
```

執行結果　與 ch11_39_3.ipynb 相同。

9-2-5 節筆者介紹了字典的鍵排序，當時介紹了第 1 個參數是 my_dict.items( )，這個參數其實就是 iterable 物件，字典的鍵是索引 0，值是索引 1。

程式實例 ch11_39_5.ipynb：字典成績依照人名 (鍵) 與分數 (值) 排序。

```
1  # ch11_39_5.ipynb
2  sc = {'John':80, 'Tom':90, 'Kevin':77}
3  newsc1 = sorted(sc.items(), key = lambda x:x[0])   # 依照key排序
4  print("依照人名排序")
5  print(newsc1)
6
7  newsc2 = sorted(sc.items(), key = lambda x:x[1])   # 依照value排序
8  print("依照分數排序")
9  print(newsc2)
```

執行結果

```
依照人名排序
[('John', 80), ('Kevin', 77), ('Tom', 90)]
依照分數排序
[('Kevin', 77), ('John', 80), ('Tom', 90)]
```

在 9-6-2 節有更近一步的排序，字典的值 (value) 是由元組 (產品價值, 重量) 組成，這時 sorted( ) 函數的第 2 個參數 key 的設定如下：

key = lambda x:x[1][n]

上述 x[1] 是字典的值，索引 n 則是元組的索引，該節實例是使用產品價值排序，所以 n = 0，整個參數使用如下：

key = lambda x:x[1][0]   # n = 0

如果要用重量排序則 n = 1。

key = lambda x:x[1][1]   # n = 1

程式實例 ch11_39_6.ipynb：重新設計 ch9_27.ipynb 使用產品重量排序。

```
1  # ch11_39_6.ipynb
2  things = {'iWatch手錶':(15000, 0.1),      # 定義商品
3            'Asus  筆電':(35000, 0.7),
4            'iPhone手機':(38000, 0.3),
5            'Acer  筆電':(40000, 0.8),
6            'Go Pro攝影':(12000, 0.1),
7           }
8
9  # 商品依價值排序
10 th = sorted(things.items(), key=lambda item:item[1][1])
11 print('所有商品依價值排序如下')
12 print('商品', '        商品價格 ', ' 商品重量')
13 for i in range(len(th)):
14     print(f"{th[i][0]:8s}{th[i][1][0]:10d}{th[i][1][1]:10.2f}")
```

執行結果 可以參考 ex9_6.ipynb。

11-9　pass 與函數

　　當我們在設計大型程式時，可能會先規劃各個函數的功能，然後逐一完成各個函數設計，但是在程式完成前我們可以先將尚未完成的函數內容放上 pass。

程式實例 ch11_40.ipynb：將 pass 應用在函數設計。

```
1  # ch11_40.ipynb
2  def fun(arg):
3      pass
```

執行結果 程式沒有執行結果。

11-10　專題：單字出現次數 / 質數

11-10-1　用函數重新設計記錄一篇文章每個單字出現次數

程式實例 ch11_41.ipynb：這個程式主要是設計 2 個函數，modifySong( ) 會將所傳來的字串有標點符號部分用空白字元取代。wordCount( ) 會將字串轉成串列，同時將串列轉成字典，最後遍歷字典然後記錄每個單字出現的次數。

```
1  # ch11_41.ipynb
2  def modifySong(songStr):              # 將歌曲的標點符號用空字元取代
3      for ch in songStr:
4          if ch in ".,?":
5              songStr = songStr.replace(ch,'')
6      return songStr                    # 傳回取代結果
7
8  def wordCount(songCount):
9      global mydict
10     songList = songCount.split()      # 將歌曲字串轉成串列
11     #print("以下是歌曲串列")
12     #print(songList)                   # 如果需要可以取消註解輸出歌曲串列
13     mydict = {wd:songList.count(wd) for wd in set(songList)}
14
15 data = """Are you sleeping, are you sleeping, Brother John, Brother John?
16 Morning bells are ringing, morning bells are ringing.
17 Ding ding dong, Ding ding dong."""
18
19 mydict = {}                           # 空字典未來儲存單字計數結果
20 #print("以下是將歌曲大寫字母全部改成小寫同時將標點符號用空字元取代")
21 song = modifySong(data.lower())
22 #print(song)                          # 如果需要可以取消註解輸出小寫歌曲
23
24 wordCount(song)                       # 執行歌曲單字計數
25 print("以下是最後執行結果")
26 for wd, times in mydict.items():
27   print(f"{wd:8} : {times}")          # 列印字典
```

執行結果

```
以下是最後執行結果
brother  : 2
you      : 2
john     : 2
morning  : 2
ringing  : 2
dong     : 2
are      : 4
sleeping : 2
bells    : 2
ding     : 4
```

11-10-2　質數 Prime Number

在 7-3-4 節筆者有說明質數的觀念與演算法，這節將講解設計質數的函數 isPrime( )。

程式實例 ch11_42.ipynb：設計 isPrime( ) 函數，這個函數可以回應所輸入的數字是否質數，如果是傳回 True，否則傳回 False。

```
1   # ch11_42.ipynb
2   def isPrime(num):
3       """ 測試num是否質數 """
4       for n in range(2, num):
5           if num % n == 0:
6               return False
7       return True
8
9   num = int(input("請輸入大於1的整數做質數測試 = "))
10  if isPrime(num):
11      print(f"{num} 是質數")
12  else:
13      print(f"{num} 不是質數")
```

執行結果

```
請輸入大於1的整數做質數測試 = 12
12 不是質數
```

```
請輸入大於1的整數做質數測試 = 13
13 是質數
```

11-10-3　費波納契 (Fibonacci) 數列

Fibonacci 數列的起源最早可以追朔到 1150 年印度數學家 Gopala，在西方最早研究這個數列的是**費波納茲李奧納多 (Leonardo Fibonacci)**，**費波納茲李奧納多**是義大利的數學家 (約 1170 – 1250)，出生在**比薩**，為了計算兔子成長率的問題，求出各代兔子的個數可形成一個數列，此數列就是**費波納茲 (Fibonacci) 數列**，他描述兔子生長的數目時的內容如下：

1： 最初有一對剛出生的小兔子。

2： 小兔子一個月後可以成為成兔。

3： 一對成兔每個月後可以生育一對小兔子。

4： 兔子永不死去。

下列是上述兔子繁殖的圖例說明。

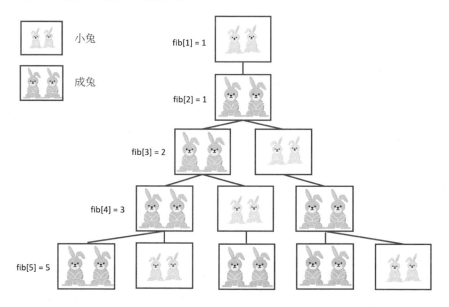

後來人們將此兔子繁殖數列稱費式數列，經過上述解說，可以得到費式數列數字的規則如下：

1：此數列的第一個值是 0，第二個值是 1，如下所示：

fib[0] = 0
fib[1] = 1

2：其它值則是前二個數列值的總和：

fib[n] = fib[n-1] + fib[n-2]，for n> = 2

最後費式數列值應該是 0, 1, 1, 2, 3, 5, 8, 13, 21, 34, …

程式實例 ch11_43.py：輸入 n 值，本程式會輸出 0 – n 的**費波納茲** (Fibonacci) 值。

```
1   # ch11_43.ipynb
2   def fibonacci(n):
3       # 定義起始值
4       a, b = 0, 1
5       # 迴圈計算直到第n項
6       for i in range(n):
7           a, b = b, a + b
8       # 返回第n項的值
9       return a
10
11  # 輸入要計算的項數
12  n = int(input("請輸入要計算的項數："))
13
14  # 輸出結果
15  for i in range(n+1):
16      print(f"第 {i} 項的值為：{fibonacci(i)}")
```

執行結果

```
請輸入要計算的項數：9
第 0 項的值為：0
第 1 項的值為：1
第 2 項的值為：1
第 3 項的值為：2
第 4 項的值為：3
第 5 項的值為：5
第 6 項的值為：8
第 7 項的值為：13
第 8 項的值為：21
第 9 項的值為：34
```

11-10-4　歐幾里德演算法

歐幾里德是古希臘的數學家，在數學中**歐幾里德演算法**主要是求**最大公因數** (Greatest Common Divisor，簡稱 GCD) 的方法，這個方法就是我們在國中時期所學的**輾轉相除法**，這個演算法最早是出現在**歐幾里德**的幾何原本。這一節筆者除了解釋此演算法也將使用 Python 完成此演算法。

❏　淺談土地區塊劃分

假設有一塊土地長是 40 公尺寬是 16 公尺，如果我們想要將此土地劃分成許多正方形土地，同時不要浪費土地，則最大的正方形土地邊長是多少？

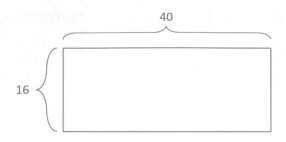

　　其實這類問題在數學中就是最大公因數的問題，土地的邊長就是任意 2 個要計算最大公因數的數值。上述我們可以將較長邊除以短邊，相當於 40 除以 16，可以得到餘數是 8，此時土地劃分如下：

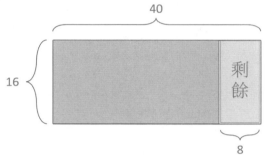

　　如果餘數不是 0，將剩餘土地執行較長邊除以較短邊，相當於 16 除以 8，可以得到商是 2，餘數是 0。

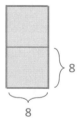

　　現在餘數是 0，這時的商是 8，這個 8 就是最大公因數，也就是土地的邊長，如果劃分土地可以得到下列結果。

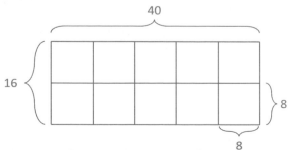

　　也就是說 16 x 48 的土地，用邊長 8(8 是最大公因數) 劃分，可以得到不浪費土地條件下的最大土地區塊。

❑　輾轉相除法

　　有 2 個數使用輾轉相除法求最大公因數，步驟如下：

1：　計算較大的數。

2：　讓較大的數當作被除數，較小的數當作除數。

3：　兩數相除。

4：　兩數相除的餘數當作下一次的除數，原除數變被除數，如此循環直到餘數為 0，
　　　當餘數為 0 時，這時的除數就是最大公因數。

　　假設兩個數字分別是 40 和 16，則最大公因數的計算方式如下：

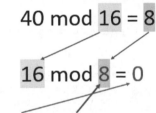

當餘數是0, 除數就是最大公因數

程式實例 ch11_44.ipynb：使用輾轉相除法，計算輸入 2 個數字的最大公因數 (GCD)。

```
1   # ch11_44.ipynb
2   def gcd(a, b):
3       if a < b:
4           a, b = b, a
5       while b != 0:
6           tmp = a % b
7           a = b
8           b = tmp
9       return a
10
11  a, b = eval(input("請輸入2個整數值 : "))
12  print("最大公約數是 : ", gcd(a, b))
```

執行結果

```
請輸入2個整數值 : 16, 40
最大公約數是 :  8
```

```
請輸入2個整數值 : 99, 33
最大公約數是 :  33
```

11-11 ChatGPT 輔助學習

1：　函數的使用目的。

> 錦魁　Python函數function的使用目的

> Python中的函數（Function）是一個可以重複使用的代碼塊，用於執行特定的任務。函數通常用來封裝可重複使用的代碼，以減少重複編寫代碼的工作量，並使代碼更加可讀、可維護和可擴展。
>
> 以下是Python函數的幾個使用目的：
>
> 1. 代碼重複使用：函數可以封裝可重複使用的代碼，以減少重複編寫代碼的工作量，提高程式碼的重用性。
> 2. 簡化代碼結構：函數可以將複雜的代碼結構分解成簡單的模塊，使代碼更易於理解、維護和擴展。
> 3. 提高代碼可讀性：函數可以為代碼中的某個操作提供一個有意義的名稱，使代碼更易於理解和閱讀。

> 4. 測試代碼：函數可以使代碼更易於測試和調試，以發現和解決代碼中的錯誤和問題。
>
> 總的來說，Python函數的使用目的是為了提高代碼的可讀性、可維護性、可擴展性和可重用性，以減少代碼的重複編寫和測試工作量，使代碼更加高效和可靠。

2：　請使用 Python 設計一個函數可以計算輸入英文字串，然後回傳該字串每個字母出現次數。

> 錦魁　請使用Python設計一個函數可以計算輸入英文字串, 然後回傳該字串每個字母出現的次數

> 以下是一個可以計算字串中每個字母出現次數的Python函數，其基本思路是遍歷字串中的每個字母，並使用字典來統計每個字母出現的次數：

```
1  def count_letters(string):
2      # 創建一個空字典來統計每個字母出現的次數
3      letter_count = {}
4
5      # 遍歷字串中的每個字母
6      for letter in string:
7          # 如果字母在字典中已經存在，則將其出現次數加1
```

```
8            if letter in letter_count:
9                letter_count[letter] += 1
10           # 如果字母在字典中不存在,則將其添加到字典中,出現次數為1
11           else:
12               letter_count[letter] = 1
13
14       # 返回結果字典
15       return letter_count
16   string = "Hello, World!"
17   result = count_letters(string)
18   print(result)
```

```
{'H': 1, 'e': 1, 'l': 3, 'o': 2, ',': 1, ' ': 1, 'W': 1, 'r': 1, 'd': 1, '!': 1}
```

> 這個結果表示,在輸入字串中,字母 H 出現了1次,字母 e 出現了1次,字母 l 出現了3次,
> 字母 o 出現了2次,以此類推。

3: 請解釋 Python 的關鍵字 yield 的用法。

註 筆者認為 yield 是高階 Python 的語法所以本書沒有解釋,現在交給 ChatGPT 做說明。

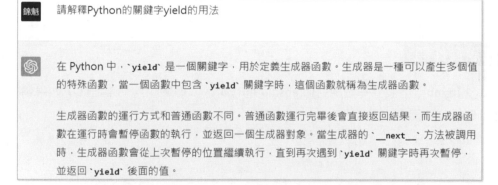

錦魁　請解釋Python的關鍵字yield的用法

在 Python 中,`yield` 是一個關鍵字,用於定義生成器函數。生成器是一種可以產生多個值的特殊函數,當一個函數中包含 `yield` 關鍵字時,這個函數就稱為生成器函數。

生成器函數的運行方式和普通函數不同。普通函數運行完畢後會直接返回結果,而生成器函數在運行時會暫停函數的執行,並返回一個生成器對象。當生成器的 `__next__` 方法被調用時,生成器函數會從上次暫停的位置繼續執行,直到再次遇到 `yield` 關鍵字時再次暫停,並返回 `yield` 後面的值。

以下是一個簡單的生成器函數示例:

```python
def my_generator():
    yield 1
    yield 2
    yield 3
```

調用這個函數時不會直接執行內部的代碼，而是返回一個生成器對象。可以通過迭代這個生成器對象來獲取函數返回的值，例如：

```python
                                                          Copy code
gen = my_generator()
print(next(gen)) # 1
print(next(gen)) # 2
print(next(gen)) # 3
```

這個例子中，`my_generator` 函數是一個生成器函數，當調用這個函數時，會返回一個生成器對象。可以通過 `next` 方法來逐步獲取生成器返回的值，每次調用 `next` 方法時，`my_generator` 函數都會從上次暫停的位置繼續執行，直到再次遇到 `yield` 關鍵字時暫停並返回 `yield` 後面的值。

總之，`yield` 關鍵字可以用於定義生成器函數，並且可以讓函數暫停執行，返回一個生成器對象。透過這種方式，可以使得函數的執行過程更加靈活和可控，同時也能夠提高內存使用效率，減少內存浪費。

習題實作題

ex11_1.ipynb：請設計一個絕對值 absolute(n) 函數，如果輸入 -5 輸出 5，如果輸入 5 輸出 5。(11-2 節)

```
請輸入數值 = -5        請輸入數值 = 5
絕對值是  5            絕對值是   5
```

ex11_2.ipynb：請設計 mymax(n1, n2)，此函數將輸出較大值。(11-2 節)

```
請輸入2個數值 = 9, 2      請輸入2個數值 = 10, 20
較大值是 ：  9            較大值是 ：  20
```

ex11_3.ipynb：請設計一個函數 reverse(n)，此函數可以反向顯示此數。(11-2 節)

```
請輸入1個數值 = 5793     請輸入1個數值 = 918     請輸入1個數值 = 87695
3975                    819                     59678
```

ex11_4.ipynb：請設計可以執行 2 個數值運算的加法、減法、乘法、除法運算的小型計算機。所以這個程式必需設計 add(n1, n2)、sub(n1, n2)、mul(n1, n2)、div(n1, n2) 等 4 個函數，所有計算結果必需使用 return 回傳給主程式。(11-3 節)

```
請輸入第1個數字 = 10
請輸入第2個數字 = 5
請輸入運算子(+,-,*,/) : /
計算結果 =  2.0
```

```
請輸入第1個數字 = 10
請輸入第2個數字 = 5
請輸入運算子(+,-,*,/) : +
計算結果 =  15
```

```
請輸入第1個數字 = 10
請輸入第2個數字 = 5
請輸入運算子(+,-,*,/) : @
運算公式輸入錯誤
```

ex11_5.ipynb：請將上一題擴充為可以重複執行，每次運算結束會詢問是否繼續，如果輸入 Y 或 y，程式繼續，若是輸入其它字元程式會結束。(11-3 節)

```
請輸入第1個數字 = 10
請輸入第2個數字 = 5
請輸入運算子(+,-,*,/) : +
計算結果 =  15
是否繼續?(Y or y=繼續) : y
請輸入第1個數字 = 10
請輸入第2個數字 = 5
請輸入運算子(+,-,*,/) : /
計算結果 =  2.0
是否繼續?(Y or y=繼續) : q
```

ex11_6.ipynb：請重新設計 ch11_11.ipynb，請將 guest_info( ) 函數在傳遞參數不變情況下，處理為適合外國人姓名的使用環境。這個程式使用 2 筆資料做測試：(11-3 節)

firstname:Ivan   middlename:Carl   lastname:Hung

firstname:Mary   middlename:Ice   lastname:Hung

```
Mr. Ivan Carl Hung Welcome
Miss Mary Ice Hung Welcome
```

ex11_7.ipynb：請設計攝氏轉華氏溫度函數 CtoF(c) 函數，華氏轉攝氏溫度 FtoC(f) 函數，然後設計下列溫度轉換表。(11-3 節)

```
攝氏溫度 華氏溫度 |          華氏溫度 攝氏溫度
=============================================================
    21        69.80      |          70          21.11
    22        71.60      |          75          23.89
    23        73.40      |          80          26.67
    24        75.20      |          85          29.44
    25        77.00      |          90          32.22
    26        78.80      |          95          35.00
    27        80.60      |         100          37.78
    28        82.40      |         105          40.56
    29        84.20      |         110          43.33
    30        86.00      |         115          46.11
```

ex11_8.ipynb：在 7-6-2 節我們已經有介紹圓周率的萊布尼茲公式，設計一個 pi(i) 函數，列出 i 是 1, 1001, … ,9001 時的 pi(i) 值。(11-3 節)

```
   i      PI
================
    1    4.00000
 1001    3.14259
 2001    3.14209
 3001    3.14193
 4001    3.14184
 5001    3.14179
 6001    3.14176
 7001    3.14174
 8001    3.14172
 9001    3.14170
```

ex11_9.ipynb：三角形邊長的特色是 2 邊長的和必需大於第三邊，請設計 isTriangle(s1,s2,s3) 函數，這個函數可以判斷所輸入三角形的 3 個邊長，可否成為三角形。如果所輸入的邊長可以成為三角形，同時設計 area(s1,s2,s3) 函數可以計算三角形的面積。(11-3 節)

```
請輸入3個邊長 ： 5, 2, 2
這不是三角形的邊長
```

```
請輸入3個邊長 ： 2, 2, 2
這是三角形的邊長
三角形面積是 ：     1.732
```

ex11_10.ipynb：請設計一個函數 isPalindrome(n)，這個函數可以判斷所輸入的數值，是不是回文 (Palindrome) 數字，回文數字的條件是從左讀或是從右讀皆相同。例如：22,232,556655, … , 皆算是回文數字。(11-3 節)

```
請輸入1個數值 = 556655
這是回文數
```

```
請輸入1個數值 = 5566
這不是回文數
```

```
請輸入1個數值 = 232
這是回文數
```

ex11_11.ipynb：請重新設計 ch11_21.ipynb，將程式改為製作 pizza，所以請將函數名稱改為 make_pizze 第一個參數改為 pizza 的尺寸，然後請至 pizza 店實際選擇 5 種配料。(11-5 節)

```
這個　 5 　吋Pizza所加配料如下
---　海鮮
這個　 7 　吋Pizza所加配料如下
---　蔬菜
---　辛香料
---　香菇
---　起司
---　海鮮
```

ex11_12.ipynb：設計一個遞迴函數 isPalindrome(s)，這個函數可以測試所輸入的字串是不是回文字串，回文字串的條件是從左讀或是從右讀皆相同。例如：aa,aba,moom, … , 皆算是回文字串。(11-6 節)

```
請輸入字串 : aba
aba 是回文字串
```
```
請輸入字串 : moom
moom 是回文字串
```
```
請輸入字串 : data
data 不是回文字串
```

ex11_13.ipynb：使用遞迴呼叫計算下列串列的總和。(11-6 節)

[5, 7, 9, 15, 21, 6]

```
mysum = 63
```

ex11_14.ipynb：請設計遞迴式函數計算下列數列的和。(11-6 節)

f(i) = 1 + 1/2 + 1/3 + ⋯ + 1/n

請輸入 n，然後列出 n = 1 … n 的結果。

```
請輸入整數 : 5
1) = 1.000
2) = 1.500
3) = 1.833
4) = 2.083
5) = 2.283
```

ex11_15.ipynb：請設計遞迴式函數計算下列數列的和。(11-6 節)

f(i) = 1/2 + 2/3 + ⋯ + n/(n+1)

請輸入 n，然後列出 n = 1 ⋯ n 的結果。

```
請輸入整數 : 5
1 = 0.500
2 = 1.167
3 = 1.917
4 = 2.717
5 = 3.550
```

ex11_16.ipynb：修改 ch11_39_5.ipynb，改為下列方式輸出。(11-8 節)

```
依照人名排序
John :80
Kevin:77
Tom  :90
依照分數排序
Kevin:77
John :80
Tom  :90
```

ex11_17.ipynb：假設拜訪 N 個城市，業務員旅行的演算法時間複雜度是 N!，N 值越大拜訪路徑就越多，而且以階乘方式成長。當拜訪城市達到 30 個，假設超級電腦每秒可以處理 10 兆個路徑，請計算所需時間。(11-6 和 11-10 節)

```
請輸入城市的個數 : 30
城市個數 30, 路徑組合數 = 265252859812191058636308480000000
需要 841111300774.3247 年才可以獲得結果
```

ex11_18.ipynb：請設計遞迴函數 fib(n)，產生前 10 個費式數列 Fibonacci 數字。(11-10 節)

```
下列是前10個Fibonacci數列
   0  1  1  2  3  5  8  13  21  34
```

第 12 章

類別 – 物件導向的程式設計

Python 是物件導向 (Object Oriented Programming) 程式語言，在 Python 中所有的資料類型皆是物件，Python 也允許程式設計師自創資料類型，這種自創的資料類型就是本章的主題**類別** (class)。

設計程式時可以將世間萬物分組歸類，然後使用**類別** (class) 定義分類，本章將說明一系列不同的類別，擴展讀者的思維。

12-1　類別的定義與使用

類別的語法定義如下：

```
class  Classname( ):              # 類別名稱第一個字母Python風格建議使用大寫
        statement1
            …
        statementn
```

本節將以銀行為例，說明最基本的類別觀念。

12-1-1　定義類別

程式實例 ch12_1.ipynb：Banks 的類別定義。

```
1   # ch12_1.ipynb
2   class Banks():
3       ''' 定義銀行類別 '''
4       bankname = 'Taipei Bank'      # 定義屬性
5       def motto(self):              # 定義方法
6           return "以客為尊"
```

執行結果　這個程式沒有輸出結果。

對上述程式而言，Banks 是**類別名稱**，在這個類別中定義了一個**屬性** (attribute) bankname 與一個**方法** (method)motto。

在類別內定義方法 (method) 的方式與第 11 章定義函數的方式相同，但是一般不稱之為**函數** (function) 而是稱之為**方法** (method)，在程式設計時我們可以隨時呼叫函數，但是只有屬於該類別的**物件** (object) 才可調用相關的方法。

12-1-2　操作類別的屬性與方法

　　若是想操作類別的屬性與方法首先需宣告該類別的**物件 (object) 變數**，可以簡稱**物件**，然後使用下列方式操作。

> object.類別的**屬性**
> object.類別的**方法( )**

註 6-2 節筆者有介紹呼叫方法的觀念，原理就是上述觀念。

程式實例 ch12_2.ipynb：擴充 ch12_1.ipynb，列出銀行名稱與服務宗旨。

```
1   # ch12_2.ipynb
2   class Banks():
3       ''' 定義銀行類別 '''
4       bankname = 'Taipei Bank'     # 定義屬性
5       def motto(self):             # 定義方法
6           return "以客為尊"
7
8   userbank = Banks()               # 定義物件userbank
9   print("目前服務銀行是 ", userbank.bankname)
10  print("銀行服務理念是 ", userbank.motto())
```

執行結果

```
目前服務銀行是   Taipei Bank
銀行服務理念是   以客為尊
```

　　從上述執行結果可以發現成功地存取了 Banks 類別內的**屬性**與**方法**了。上述程式觀念是，程式第 8 列定義了 userbank 當作是 Banks 類別的物件，然後使用 userbank 物件讀取了 Banks 類別內的 bankname 屬性與 motto( ) 方法。這個程式主要是列出 bankname 屬性值與 motto( ) 方法傳回的內容。

　　當我們建立一個物件後，這個物件就可以向其它 Python 物件一樣，可以將這個物件當作串列、元組、字典或集合元素使用，也可以將此物件當作函數的參數傳送，或是將此物件當作函數的回傳值。

12-1-3　類別的建構方法

　　建立類別很重要的一個工作是**初始化整個類別**，所謂的**初始化類別**是類別內建立一個初始化**方法 (method)**，這是一個特殊**方法**，當在程式內宣告這個類別的物件時將自動執行這個方法。初始化方法有一個固定名稱是 "__init__( )",，寫法是 init 左右皆是 2 個底線字元，init 其實是 initialization 的縮寫，通常又將這類初始化的方法稱**建構方**

法 (constructor)。在這初始化的方法內可以執行一些屬性變數設定，下列筆者先用一個實例做解說。

程式實例 ch12_3.ipynb：重新設計 ch12_2.ipynb，設定初始化方法，同時儲存第一筆開戶的錢 100 元，然後列出存款金額。

```
1   # ch12_3.ipynb
2   class Banks():
3       ''' 定義銀行類別 '''
4       bankname = 'Taipei Bank'              # 定義屬性
5       def __init__(self, uname, money):     # 初始化方法
6           self.name = uname                 # 設定存款者名字
7           self.balance = money              # 設定所存的錢
8
9       def get_balance(self):                # 獲得存款餘額
10          return self.balance
11
12  hungbank = Banks('hung', 100)             # 定義物件hungbank
13  print(hungbank.name.title(), " 存款餘額是 ", hungbank.get_balance())
```

執行結果

```
Hung    存款餘額是    100
```

上述在程式 12 列定義 Banks 類別的 hungbank 物件時，Banks 類別會自動啟動 __init__( ) 初始化函數，在這個定義中 self 是必需的，同時需放在所有參數的**最前面**（相當於最左邊），Python 在初始化時會自動傳入這個參數 self，代表的是類別本身的物件，未來在類別內想要參照各**屬性**與函數執行運算皆要使用 self，可參考第 6、7 和 10 列。

在這個 Banks 類別的 __init__(self, uname, money) 方法中，有另外 2 個參數 uname 和 money，未來我們在定義 Banks 類別的物件時 (第 12 列) 需要傳遞 2 個參數，分別給 uname 和 money。至於程式第 6 和 7 列內容如下：

    self.name = uname   ; name是Banks類別的屬性
    self.balance = money   ; balance是Banks類別的屬性

讀者可能會思考既然 __init__ 這麼重要，為何 ch12_2.ipynb 沒有這個初始化函數仍可運行，其實對 ch12_2.ipynb 而言是使用預設沒有參數的 __init__( ) 方法。

在程式第 9 列另外有一個 get_balance(self) 方法，在這個方法內只有一個參數 self，所以呼叫時可以不用任何參數，可以參考第 13 列。這個方法目的是傳回存款餘額。另外，第 13 列 hungbank.name.title( ) 的 title( ) 方法主要是讓輸出 hung 的 H 是大寫，所以可以得到 Hung。

程式實例 ch12_4.ipynb：擴充 ch12_3.ipynb，主要是增加執行存款與提款功能，同時在類別內可以直接列出目前餘額。

```
1   # ch12_4.ipynb
2   class Banks():
3       ''' 定義銀行類別 '''
4       bankname = 'Taipei Bank'          # 定義屬性
5       def __init__(self, uname, money): # 初始化方法
6           self.name = uname             # 設定存款者名字
7           self.balance = money          # 設定所存的錢
8
9       def save_money(self, money):      # 設計存款方法
10          self.balance += money         # 執行存款
11          print("存款 ", money, " 完成") # 列印存款完成
12
13      def withdraw_money(self, money):  # 設計提款方法
14          self.balance -= money         # 執行提款
15          print("提款 ", money, " 完成") # 列印提款完成
16
17      def get_balance(self):            # 獲得存款餘額
18          print(self.name.title(), " 目前餘額: ", self.balance)
19
20  hungbank = Banks('hung', 100)         # 定義物件hungbank
21  hungbank.get_balance()                # 獲得存款餘額
22  hungbank.save_money(300)              # 存款300元
23  hungbank.get_balance()                # 獲得存款餘額
24  hungbank.withdraw_money(200)          # 提款200元
25  hungbank.get_balance()                # 獲得存款餘額
```

執行結果

```
Hung    目前餘額:    100
存款    300  完成
Hung    目前餘額:    400
提款    200  完成
Hung    目前餘額:    200
```

類別建立完成後，我們隨時可以使用多個物件引用這個類別的屬性與函數，可參考下列實例。

程式實例 ch12_5.ipynb：使用與 ch12_4.ipynb 相同的 Banks 類別，然後定義 2 個物件操作這個類別。下列是與 ch12_4.ipynb，不同的程式碼內容。

```
20  hungbank = Banks('hung', 100)         # 定義物件hungbank
21  johnbank = Banks('john', 300)         # 定義物件johnbank
22  hungbank.get_balance()                # 獲得hung存款餘額
23  johnbank.get_balance()                # 獲得john存款餘額
24  hungbank.save_money(100)              # hung存款100
25  johnbank.withdraw_money(150)          # john提款150
26  hungbank.get_balance()                # 獲得hung存款餘額
27  johnbank.get_balance()                # 獲得john存款餘額
```

執行結果

```
Hung    目前餘額：  100
John    目前餘額：  300
存款   100   完成
提款   150   完成
Hung    目前餘額：  200
John    目前餘額：  150
```

12-1-4　屬性初始值的設定

在先前程式的 Banks 類別中第 4 列 bankname 是設為 "Taipei Bank"，其實這是初始值的設定，通常 Python 在設初始值時是將初始值設在 __init__( ) 方法內，下列這個程式同時將定義 Banks 類別物件時，省略開戶金額，相當於定義 Banks 類別物件時只要 2 個參數。

程式實例 ch12_6.ipynb：設定開戶 (定義 Banks 類別物件) 只要姓名，同時設定開戶金額是 0 元，讀者可留意第 7 和 8 列的設定。

```python
1  # ch12_6.ipynb
2  class Banks():
3      ''' 定義銀行類別 '''
4
5      def __init__(self, uname):           # 初始化方法
6          self.name = uname                # 設定存款者名字
7          self.balance = 0                 # 設定開戶金額是0
8          self.bankname = "Taipei Bank"    # 設定銀行名稱
9
10     def save_money(self, money):         # 設計存款方法
11         self.balance += money            # 執行存款
12         print("存款 ", money, " 完成")    # 列印存款完成
13
14     def withdraw_money(self, money):     # 設計提款方法
15         self.balance -= money            # 執行提款
16         print("提款 ", money, " 完成")    # 列印提款完成
17
18     def get_balance(self):               # 獲得存款餘額
19         print(self.name.title(), " 目前餘額: ", self.balance)
20
21 hungbank = Banks('hung')                 # 定義物件hungbank
22 print("目前開戶銀行 ", hungbank.bankname) # 列出目前開戶銀行
23 hungbank.get_balance()                   # 獲得hung存款餘額
24 hungbank.save_money(100)                 # hung存款100
25 hungbank.get_balance()                   # 獲得hung存款餘額
```

執行結果

```
目前開戶銀行  Taipei Bank
Hung    目前餘額:  0
存款   100   完成
Hung    目前餘額:  100
```

12-2 類別的訪問權限 – 封裝 (encapsulation)

學習類別至今可以看到我們可以從程式直接引用類別內的屬性 (可參考 ch12_6. ipynb 的第 22 列) 與方法 (可參考 ch12_6.ipynb 的第 23 列)，像這種類別內的屬性可以讓外部引用的稱公有 (public) 屬性，而可以讓外部引用的方法稱公有方法。前面所使用的 Banks 類別內的屬性與方法皆是公有屬性與方法。但是程式設計時可以發現，外部直接引用時也代表可以直接修改類別內的屬性值，這將造成類別資料不安全。

精神上，Python 提供一個私有屬性與方法的觀念，這個觀念的主要精神是類別外無法直接更改類別內的私有屬性，類別外也無法直接呼叫私有方法，這個觀念又稱封裝 (encapsulation)。

註 實質上，Python 是沒有私有屬性與方法的觀念的，因為高手仍可使用其它方式取得所謂的私有屬性與方法。

12-2-1 私有屬性

為了確保類別內的屬性的安全，其實有必要限制外部無法直接存取類別內的屬性值。

程式實例 ch12_7.ipynb：外部直接存取屬性值，造成存款餘額不安全的實例。

```
21  hungbank = Banks('hung')          # 定義物件hungbank
22  hungbank.get_balance()
23  hungbank.balance = 10000          # 類別外直接竄改存款餘額
24  hungbank.get_balance()
```

執行結果

```
Hung  目前餘額:    0
Hung  目前餘額:  10000
```

上述程式第 23 列筆者直接在類別外就更改了存款餘額了，當第 24 列輸出存款餘額時，可以發現在沒有經過 Banks 類別內的 save_money( ) 方法存錢動作，整個餘額就從 0 元增至 10000 元。為了避免這種現象產生，Python 對於類別內的屬性增加了私有屬性 (private attribute) 的觀念，應用方式是宣告時在屬性名稱前面增加 __(2 個底線)，宣告為私有屬性後，類別外的程式就無法引用了。

程式實例 ch12_8.ipynb：重新設計 ch12_7.ipynb，主要是將 Banks 類別的屬性宣告為私有屬性，這樣就無法由外部程式修改了。

```
1   # ch12_8.py
2   class Banks():
3       ''' 定義銀行類別 '''
4
5       def __init__(self, uname):          # 初始化方法
6           self.__name = uname             # 設定私有存款者名字
7           self.__balance = 0              # 設定私有開戶金額是0
8           self.__bankname = "Taipei Bank" # 設定私有銀行名稱
9
10      def save_money(self, money):        # 設計存款方法
11          self.__balance += money         # 執行存款
12          print("存款 ", money, " 完成")  # 列印存款完成
13
14      def withdraw_money(self, money):    # 設計提款方法
15          self.__balance -= money         # 執行提款
16          print("提款 ", money, " 完成")  # 列印提款完成
17
18      def get_balance(self):              # 獲得存款餘額
19          print(self.__name.title(), " 目前餘額: ", self.__balance)
20
21  hungbank = Banks('hung')                # 定義物件hungbank
22  hungbank.get_balance()
23  hungbank.__balance = 10000              # 類別外直接竄改存款餘額
24  hungbank.get_balance()
```

執行結果

```
Hung    目前餘額:  0
Hung    目前餘額:  0
```

　　請讀者留意第 6、7 和 8 列筆者設定私有屬性的方式，上述程式第 23 列筆者嘗試修改存款餘額，但可從輸出結果可以知道修改失敗，因為執行結果的存款餘額是 0。對上述程式而言，存款餘額只會依存款 (save_money( )) 和提款 (withdraw_money( )) 方法被觸發時，依參數金額更改。

❑　破解私有屬性

　　其實 Python 的高手可以用其它方式設定或取得私有屬性，若是以執行完 ch12_8.ipynb 之後為例，可以使用下列觀念存取私有屬性：

　　　物件名稱._類別名稱私有屬性　# 此例相當於hungbank._Banks__balance

下列是執行結果。

```
>>> hungbank._Banks__balance = 12000
>>> hungbank.get_balance()
Hung    目前餘額:  12000
```

實質上私有屬性因為可以被外界調用，所以設定私有屬性名稱時就需小心。

12-2-2　私有方法

　　既然類別有**私有的屬性**，其實也有**私有方法** (private method)，它的觀念與私有屬性類似，基本精神是類別外的程式無法調用，留意實質上類別外依舊可以調用此私有方法。至於宣告定義方式與私有屬性相同，只要在方法前面加上 __(2 個底線) 符號即可。若是延續上述程式實例，我們可能會遇上換匯的問題，通常銀行在換匯時會針對客戶對銀行的貢獻訂出不同的匯率與手續費，這個部分是客戶無法得知的，碰上這類的應用就很適合以私有方法處理換匯程式，為了簡化問題，下列是在初始化類別時，先設定美金與台幣的匯率以及換匯的手續費，其中匯率 (__rate) 與手續費率 (__service_charge) 皆是私有屬性。

```
9          self.__rate = 30                # 預設美金與台幣換匯比例
10         self.__service_charge = 0.01    # 換匯的服務費
```

下列是使用者可以呼叫的公有方法，在這裡只能輸入換匯率的金額。

```
23     def usa_to_taiwan(self, usa_d):        # 美金兌換台幣方法
24         self.result = self.__cal_rate(usa_d)
25         return self.result
```

　　在上述公有方法中呼叫了 __cal_rate(usa_d)，這是**私有方法**，類別外無法呼叫使用，下列是此**私有方法**的內容。

```
27     def __cal_rate(self,usa_d):            # 計算換匯這是私有方法
28         return int(usa_d * self.__rate * (1 - self.__service_charge))
```

　　在上述私有方法中可以看到內部包含比較敏感且不適合給外部人參與的數據。

程式實例 ch12_9.ipynb：下列是私有方法應用的完整程式碼實例。

```
1  # ch12_9.ipynb
2  class Banks():
3      ''' 定義銀行類別 '''
4
5      def __init__(self, uname):             # 初始化方法
6          self.__name = uname                # 設定私有存款者名字
7          self.__balance = 0                 # 設定私有開戶金額是0
8          self.__bankname = "Taipei Bank"    # 設定私有銀行名稱
9          self.__rate = 30                   # 預設美金與台幣換匯比例
10         self.__service_charge = 0.01       # 換匯的服務費
11
12     def save_money(self, money):           # 設計存款方法
13         self.__balance += money            # 執行存款
14         print("存款 ", money, " 完成")      # 列印存款完成
15
16     def withdraw_money(self, money):       # 設計提款方法
17         self.__balance -= money            # 執行提款
18         print("提款 ", money, " 完成")      # 列印提款完成
19
```

```
20      def get_balance(self):                          # 獲得存款餘額
21          print(self.__name.title(), " 目前餘額: ", self.__balance)
22
23      def usa_to_taiwan(self, usa_d):                  # 美金兌換台幣方法
24          self.result = self.__cal_rate(usa_d)
25          return self.result
26
27      def __cal_rate(self,usa_d):                      # 計算換匯這是私有方法
28          return int(usa_d * self.__rate * (1 - self.__service_charge))
29
30  hungbank = Banks('hung')                             # 定義物件hungbank
31  usdallor = 50
32  print(usdallor, " 美金可以兌換 ", hungbank.usa_to_taiwan(usdallor), " 台幣")
```

執行結果

```
50    美金可以兌換    1485    台幣
```

❑　**破解私有方法**

如果類別外直接呼叫私有屬性會產生錯誤。

破解私有方法方式類似破解私有屬性，當執行完 ch12_9.ipynb 後，可以執行下列指令，直接計算匯率。

```
>>> hungbank._Banks__cal_rate(50)
1485
```

12-3　類別的繼承

在程式設計時有時我們感覺某些類別已經大致可以滿足我們的需求，這時我們可以修改此類別完成我們的工作，可是這樣會讓程式顯得更複雜。或是我們可以重新寫新的類別，可是這樣會讓我們需要維護更多程式。

碰上這類問題解決的方法是使用繼承，也就是延續使用舊類別，設計子類別繼承此類別，然後在子類別中設計新的屬性與方法，這也是本節的主題。

在物件導向程式設計中類別是可以繼承的，其中被繼承的類別稱**父類別** (parent class)、**基底類別** (base class) 或**超類別** (superclass)，繼承的類別稱**子類別** (child class) 或**衍生類別** (derived class)。類別繼承的最大優點是許多父類別的公有**方法**或**屬性**，在子類別中不用重新設計，可以直接引用。

在程式設計時,基底類別 (base class) 必需在衍生類別 (derived class) 前面,整個程式碼結構如下:

```
class BaseClassName( ):              # 先定義基底類別
     Base Class的內容
class DerivedClassName(BaseClassName):   # 再定義衍生類別
     Derived Class的內容
```

衍生類別繼承了基底類別的公有屬性與方法,同時也可以有自己的屬性與方法。

12-3-1　衍生類別繼承基底類別的實例應用

在延續先前說明的 Banks 類別前,筆者先用簡單的範例做說明。

程式實例 ch12_10.ipynb:設計 Father 類別,也設計 Son 類別,Son 類別繼承了 Father 類別,Father 類別有 hometown( ) 方法,然後 Father 類別和 Son 類別物件皆會呼叫 hometown( ) 方法。

```
1  # ch12_10.ipynb
2  class Father():
3      def hometown(self):
4          print('我住在台北')
5
6  class Son(Father):
7      pass
8
9  hung = Father()
10  ivan = Son()
11  hung.hometown()
12  ivan.hometown()
```

執行結果

```
我住在台北
我住在台北
```

　　上述 Son 類別繼承了 Father 類別,所以第 12 列可以呼叫 Father 類別然後可以列印相同的字串。

程式實例 ch12_11.ipynb:延續 Banks 類別建立一個分行 Shilin_Banks,這個衍生類別沒有任何資料,直接引用基底類別的公有函數,執行銀行的存款作業。下列是與 ch12_9.ipynb 不同的程式碼。

```
30  class Shilin_Banks(Banks):
31      # 定義士林分行
32      pass
33
34  hungbank = Shilin_Banks('hung')              # 定義物件hungbank
35  hungbank.save_money(500)
36  hungbank.get_balance()
```

執行結果

```
存款　 500　 完成
Hung　 目前餘額: 500
```

　　上述第 35 和 36 列所引用的方法就是基底類別 Banks 的公有方法。

12-3-2　如何取得基底類別的私有屬性

　　基於保護原因,基本上類別定義外是無法直接取得類別內的**私有屬性**,即使是它的衍生類別也無法直接讀取,如果真是要取得可以使用 return 方式,傳回私有屬性內容。

　　在延續先前的 Banks 類別前,筆者先用短小易懂的程式講解這個觀念。

程式實例 ch12_12.ipynb:設計一個子類別 Son 的物件存取父類別私有屬性的應用。

```
1  # ch12_12.ipynb
2  class Father():
3      def __init__(self):
4          self.__address = '台北市羅斯福路'
5      def getaddr(self):
6          return self.__address
7
8  class Son(Father):
9      pass
10
11  hung = Father()
12  ivan = Son()
13  print('父類別 : ',hung.getaddr())
14  print('子類別 : ',ivan.getaddr())
```

執行結果

```
父類別 :　 台北市羅斯福路
子類別 :　 台北市羅斯福路
```

　　從上述第 14 列我們可以看到子類別物件 ivan 順利的取得父類別的 address 私有屬性 address。

程式實例 ch12_13.ipynb：衍生類別物件取得基底類別的銀行名稱 bankname 的屬性。

```
30      def bank_title(self):              # 獲得銀行名稱
31          return self.__bankname
32
33  class Shilin_Banks(Banks):
34      # 定義士林分行
35      pass
36
37  hungbank = Shilin_Banks('hung')        # 定義物件hungbank
38  print("我的存款銀行是: ", hungbank.bank_title())
```

執行結果

```
我的存款銀行是: Taipei Bank
```

12-3-3　衍生類別與基底類別有相同名稱的屬性

　　程式設計時，衍生類別也可以有自己的初始化 __init__( ) 方法，同時也有可能衍生類別的屬性與方法名稱和基底類別重複，碰上這個狀況 Python 會先找尋衍生類別是否有這個名稱，如果有則先使用，如果沒有則使用基底類別的名稱內容。

程式實例 ch12_14.ipynb：衍生類別與基底類別有相同名稱的簡單說明。

```
1   # ch12_14.ipynb
2   class Person():
3       def __init__(self,name):
4           self.name = name
5   class LawerPerson(Person):
6       def __init__(self,name):
7           self.name = name + "律師"
8
9   hung = Person("洪錦魁")
10  lawer = LawerPerson("洪錦魁")
11  print(hung.name)
12  print(lawer.name)
```

執行結果

```
洪錦魁
洪錦魁律師
```

　　上述衍生類別與基底類別有相同的屬性 name，但是衍生類別物件將使用自己的屬性。下列是 Banks 類別的應用說明。

程式實例 ch12_15.ipynb：這個程式主要是將 Banks 類別的 bankname 屬性改為公有屬性，但是在衍生類別中則有自己的初始化方法，主要是基底類別與衍生類別均有 bankname 屬性，不同類別物件將呈現不同的結果，下列是第 8 列的內容。

```
8        self.bankname = "Taipei Bank"        # 設定公有銀行名稱
```

下列是修改部分程式碼內容。

```
33  class Shilin_Banks(Banks):
34      # 定義士林分行
35      def __init__(self, uname):
36          self.bankname = "Taipei Bank - Shilin Branch"  # 定義分行名稱
37
38  jamesbank = Banks('James')                    # 定義Banks類別物件
39  print("James's banks = ", jamesbank.bankname) # 列印銀行名稱
40  hungbank = Shilin_Banks('Hung')               # 定義Shilin_Banks類別物件
41  print("Hung's banks  = ", hungbank.bankname)  # 列印銀行名稱
```

執行結果

```
James's banks =  Taipei Bank
Hung's banks  =  Taipei Bank - Shilin Branch
```

從上述可知 Banks 類別物件 James 所使用的 bankname 屬性是 Taipei Bank，Shilin_Banks 物件 Hung 所使用的 bankname 屬性是 Taipei Bank – Shilin Branch。

12-3-4　衍生類別與基底類別有相同名稱的方法

程式設計時，衍生類別也可以有自己的方法，同時也有可能衍生類別的方法名稱和基底類別方法名稱重複，碰上這個狀況 Python 會先找尋衍生類別是否有這個名稱，如果有則先使用，如果沒有則使用基底類別的名稱內容。

程式實例 ch12_16.ipynb：衍生類別的方法名稱和基底類別方法名稱重複的應用。

```
1  # ch12_16.py
2  class Person():
3      def job(self):
4          print("我是老師")
5
6  class LawerPerson(Person):
7      def job(self):
8          print("我是律師")
9
10  hung = Person()
11  ivan = LawerPerson()
12  hung.job()
13  ivan.job()
```

執行結果

```
我是老師
我是律師
```

程式實例 ch12_17.ipynb：衍生類別與基底類別方法名稱重複的實例，這個程式的基底類別與衍生類別均有 bank_title( ) 方法，Python 會由觸發 bank_title( ) 方法的物件去判別應使用那一個方法執行。

```
30      def bank_title(self):                    # 獲得銀行名稱
31          return self.__bankname
32
33  class Shilin_Banks(Banks):
34      # 定義士林分行
35      def __init__(self, uname):
36          self.bankname = "Taipei Bank - Shilin Branch"  # 定義分行名稱
37      def bank_title(self):                    # 獲得銀行名稱
38          return self.bankname
39
40  jamesbank = Banks('James')                   # 定義Banks類別物件
41  print("James's banks = ", jamesbank.bank_title())  # 列印銀行名稱
42  hungbank = Shilin_Banks('Hung')              # 定義Shilin_Banks類別物件
43  print("Hung's banks  = ", hungbank.bank_title())   # 列印銀行名稱
```

執行結果

```
James's banks =  Taipei Bank
Hung's banks  =  Taipei Bank - Shilin Branch
```

上述程式的觀念如下：

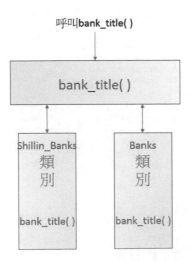

上述第 30 列的 bank_title( ) 是屬於 Banks 類別，第 37 列的 bank_title( ) 是屬於 Shilin_Banks 類別。第 40 列是 Banks 物件，所以 41 列會觸發第 30 列的 bank_title( ) 方法。第 42 列是 Shilin_Banks 物件，所以 42 列會觸發第 37 列的 bank_title( ) 方法。其實上述方法就是物件導向的**多型** (polymorphism)，但是**多型**不一定需要是有父子關係的類別。讀者可以將以上想成**方法多功能化**，相同的函數名稱，放入不同類型的物

件可以產生不同的結果。至於使用者可以不必需要知道是如何設計，隱藏在內部的設計細節交由程式設計師負責。12-4 節筆者還會舉實例說明。

12-3-5 衍生類別引用基底類別的方法

衍生類別引用基底類別的方法時需使用 super( )，下列將使用另一類的類別了解這個觀念。

程式實例 ch12_18.ipynb：這是一個衍生類別呼叫基底類別方法的實例，筆者首先建立一個 Animals 類別，然後建立這個類別的衍生類別 Dogs，Dogs 類別在初始化中會使用 super( ) 呼叫 Animals 類別的初始化方法，可參考第 14 列，經過初始化處理後，mydog.name 將由 "lily" 變為 "My pet lily"。

```
1   # ch12_18.ipynb
2   class Animals():
3       """Animals類別, 這是基底類別 """
4       def __init__(self, animal_name, animal_age ):
5           self.name = animal_name # 紀錄動物名稱
6           self.age = animal_age    # 紀錄動物年齡
7
8       def run(self):              # 輸出動物 is running
9           print(self.name.title(), " is running")
10
11  class Dogs(Animals):
12      """Dogs類別, 這是Animal的衍生類別 """
13      def __init__(self, dog_name, dog_age):
14          super().__init__('My pet ' + dog_name.title(), dog_age)
15
16  mycat = Animals('lucy', 5)        # 建立Animals物件以及測試
17  print(mycat.name.title(), ' is ', mycat.age, " years old.")
18  mycat.run()
19
20  mydog = Dogs('lily', 6)           # 建立Dogs物件以及測試
21  print(mydog.name.title(), ' is ', mydog.age, " years old.")
22  mydog.run()
```

執行結果

```
Lucy  is  5  years old.
Lucy  is running
My Pet Lily  is  6  years old.
My Pet Lily  is running
```

12-3-6 衍生類別有自己的方法

物件導向設計很重要的一環是衍生類別有自己的方法，

程式實例 ch12_19.ipynb：擴充 ch12_18.ipynb，讓 Dogs 類別有自己的方法 sleeping( )。

```
1   # ch12_19.ipynb
2   class Animals():
3       """Animals類別, 這是基底類別 """
4       def __init__(self, animal_name, animal_age ):
5           self.name = animal_name # 紀錄動物名稱
6           self.age = animal_age    # 紀錄動物年齡
7
8       def run(self):              # 輸出動物 is running
9           print(self.name.title(), " is running")
10
11  class Dogs(Animals):
12      """Dogs類別, 這是Animal的衍生類別 """
13      def __init__(self, dog_name, dog_age):
14          super().__init__('My pet ' + dog_name.title(), dog_age)
15      def sleeping(self):
16          print("My pet", "is sleeping")
17
18  mycat = Animals('lucy', 5)       # 建立Animals物件以及測試
19  print(mycat.name.title(), ' is ', mycat.age, " years old.")
20  mycat.run()
21
22  mydog = Dogs('lily', 6)          # 建立Dogs物件以及測試
23  print(mydog.name.title(), ' is ', mydog.age, " years old.")
24  mydog.run()
25  mydog.sleeping()
```

執行結果

```
Lucy  is  5  years old.
Lucy  is running
My Pet Lily  is  6  years  old.
My Pet Lily  is running
My pet is sleeping
```

上述 Dogs 子類別有一個自己的方法 sleep( )，第 25 列則是呼叫自己的子方法。

12-3-7　三代同堂的類別與取得基底類別的屬性 super( )

在繼承觀念裡，我們也可以使用 Python 的 super( ) 方法取得基底類別的屬性，這對於設計三代同堂的類別是很重要的。

下列是一個三代同堂的程式，在這個程式中有祖父 (Grandfather) 類別，它的子類別是父親 (Father) 類別，父親類別的子類別是 Ivan 類別。其實 Ivan 要取得父親類別的屬性很容易，可是要取得祖父類別的屬性時就會碰上困難，解決方式是使用在 Father 類別與 Ivan 類別的 __init__( ) 方法中增加下列設定：

super( ).__init__( )　　　　　# 將父類別的屬性複製

這樣就可以解決 Ivan 取得祖父 (Grandfather) 類別的屬性了。

程式實例 ch12_20.ipynb：這個程式會建立一個 Ivan 類別的物件 ivan，然後分別呼叫 Father 類別和 Grandfather 類別的方法列印資訊，接著分別取得 Father 類別和 Grandfather 類別的屬性。

```python
1   # ch12_20.ipynb
2   class Grandfather():
3       """ 定義祖父的資產 """
4       def __init__(self):
5           self.grandfathermoney = 10000
6       def get_info1(self):
7           print("Grandfather's information")
8
9   class Father(Grandfather):    # 父類別是Grandfather
10      """ 定義父親的資產 """
11      def __init__(self):
12          self.fathermoney = 8000
13          super().__init__()
14      def get_info2(self):
15          print("Father's information")
16
17  class Ivan(Father):           # 父類別是Father
18      """ 定義Ivan的資產 """
19      def __init__(self):
20          self.ivanmoney = 3000
21          super().__init__()
22      def get_info3(self):
23          print("Ivan's information")
24      def get_money(self):      # 取得資產明細
25          print("\nIvan資產: ", self.ivanmoney,
26                "\n父親資產: ", self.fathermoney,
27                "\n祖父資產: ", self.grandfathermoney)
28
29  ivan = Ivan()
30  ivan.get_info3()              # 從Ivan中獲得
31  ivan.get_info2()              # 流程 Ivan -> Father
32  ivan.get_info1()              # 流程 Ivan -> Father -> Grandtather
33  ivan.get_money()              # 取得資產明細
```

執行結果

```
Ivan's information
Father's information
Grandfather's information

Ivan資產:  3000
父親資產:  8000
祖父資產:  10000
```

上述程式各類別的相關圖形如下：

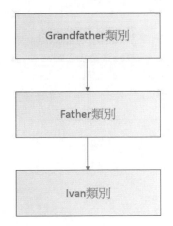

12-3-8 兄弟類別屬性的取得

假設有一個父親 (Father) 類別，這個父親類別有 2 個兒子分別是 Ivan 類別和 Ira 類別，如果 Ivan 類別想取得 Ira 類別的屬性 iramoney，可以使用下列方法。

Ira( ).iramoney　　　　　　　# Ivan取得Ira的屬性iramoney

程式實例 ch12_21.ipynb：設計 3 個類別，Father 類別是 Ivan 和 Ira 類別的父類別，所以 Ivan 和 Ira 算是兄弟類別，這個程式可以從 Ivan 類別分別讀取 Father 和 Ira 類別的資產屬性。這個程式最重要的是第 21 列，請留意取得 Ira 屬性的寫法。

```
1  # ch12_21.ipynb
2  class Father():
3      """ 定義父親的資產 """
4      def __init__(self):
5          self.fathermoney = 10000
6
7  class Ira(Father):                          # 父類別是Father
8      """ 定義Ira的資產 """
9      def __init__(self):
10         self.iramoney = 8000
11         super().__init__()
12
13 class Ivan(Father):                         # 父類別是Father
14     """ 定義Ivan的資產 """
15     def __init__(self):
16         self.ivanmoney = 3000
17         super().__init__()
18     def get_money(self):                    # 取得資產明細
19         print("Ivan資產: ", self.ivanmoney,
20               "\n父親資產: ", self.fathermoney,
21               "\nIra資產 : ", Ira().iramoney)    # 注意寫法
22
23 ivan = Ivan()
24 ivan.get_money()                            # 取得資產明細
```

執行結果

```
Ivan資產：  3000
父親資產：  10000
Ira資產 ：  8000
```

上述程式各類別的相關圖形如下：

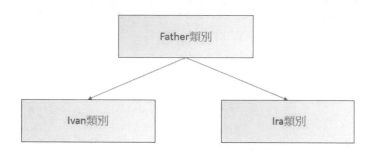

12-4 多型 (polymorphism)

在 12-3-4 節筆者已經有說明基底類別與衍生類別有相同方法名稱的實例，其實那就是本節欲說明的**多型** (polymorphism) 的基本觀念，但是在**多型**的觀念中是不侷限在必需有父子關係的類別。

程式實例 ch12_22.ipynb：這個程式有 3 個類別，Animals 類別是基底類別，Dogs 類別是 Animals 類別的衍生類別，基於繼承的特性所以 2 個類別皆有 which( ) 和 action( ) 方法，另外設計了一個與上述無關的類別 Monkeys，這個類別也有 which( ) 和 action( ) 方法，然後程式分別呼叫 which( ) 和 action( ) 方法，程式會由物件類別判斷應該使用那一個方法回應程式。

```
1   # ch12_22.ipynb
2   class Animals():
3       """Animals類別, 這是基底類別 """
4       def __init__(self, animal_name):
5           self.name = animal_name          # 紀錄動物名稱
6       def which(self):                     # 回傳動物名稱
7           return 'My pet ' + self.name.title()
8       def action(self):                    # 動物的行為
9           return ' sleeping'
10
11  class Dogs(Animals):
12      """Dogs類別, 這是Animal的衍生類別 """
13      def __init__(self, dog_name):        # 紀錄動物名稱
14          super().__init__(dog_name.title())
15      def action(self):                    # 動物的行為
16          return ' running in the street'
17
```

```
18  class Monkeys():
19      """猴子類別, 這是其他類別 """
20      def __init__(self, monkey_name):      # 紀錄動物名稱
21          self.name = 'My monkey ' + monkey_name.title()
22      def which(self):                      # 回傳動物名稱
23          return self.name
24      def action(self):                     # 動物的行為
25          return ' running in the forest'
26
27  def doing(obj):                           # 列出動物的行為
28      print(obj.which(), "is", obj.action())
29
30  my_cat = Animals('lucy')                  # Animals物件
31  doing(my_cat)
32  my_dog = Dogs('gimi')                     # Dogs物件
33  doing(my_dog)
34  my_monkey = Monkeys('taylor')             # Monkeys物件
35  doing(my_monkey)
```

執行結果

```
My pet Lucy is   sleeping
My pet Gimi is   running in the street
My monkey Taylor is   running in the forest
```

上述程式各類別的相關圖形如下：

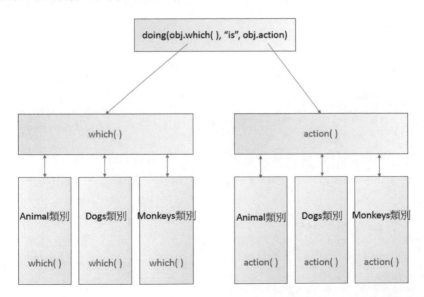

對上述程式而言，第 30 列的 my_cat 是 Animal 類別物件，所以在 31 列的物件
會觸發 Animal 類別的 which( ) 和 action( ) 方法。第 32 列的 my_dog 是 Dogs 類別物
件，所以在 33 列的物件會觸發 Dogs 類別的 which( ) 和 action( ) 方法。第 34 列的 my_
monkey 是 Monkeys 類別物件，所以在 35 列的物件會觸發 Monkeys 類別的 which( ) 和
action( ) 方法。

12-5 多重繼承

12-5-1　基本觀念

在物件導向的程式設計中，也常會發生一個類別繼承多個類別的應用，此時子類別也同時繼承了多個類別的方法。在這個時候，讀者應該了解發生多個父類別擁有相同名稱的方法時，應該先執行那一個父類別的方法。在程式中可用下列語法代表繼承多個類別。

> class 類別名稱(父類別1, 父類別2, … , 父類別n):
> 　　類別內容

程式實例 ch12_23.ipynb：這個程式 Ivan 類別繼承了 Father 和 Uncle 類別，Grandfather 類別則是 Father 和 Uncle 類別的父類別。在這個程式中筆者只設定一個 Ivan 類別的物件 ivan，然後由這個類別分別呼叫 action3( )、action2( ) 和 action1( )，其中 Father 和 Uncle 類別同時擁有 action2( ) 方法，讀者可以觀察最後是執行那一個 action2( ) 方法。

```
1  # ch12_23.ipynb
2  class Grandfather():
3      """ 定義祖父類別 """
4      def action1(self):
5          print("Grandfather")
6
7  class Father(Grandfather):
8      """ 定義父親類別 """
9      def action2(self):   # 定義action2()
10          print("Father")
11
12 class Uncle(Grandfather):
13     """ 定義叔父類別 """
14     def action2(self):   # 定義action2()
15         print("Uncle")
16
17 class Ivan(Father, Uncle):
18     """ 定義Ivan類別 """
19     def action3(self):
20         print("Ivan")
21
22 ivan = Ivan()
23 ivan.action3()          # 順序 Ivan
24 ivan.action2()          # 順序 Ivan -> Father
25 ivan.action1()          # 順序 Ivan -> Father -> Grandfather
```

執行結果

```
Ivan
Father
Grandfather
```

上述程式各類別的相關圖形如下：

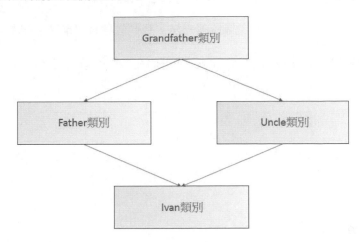

程式實例 ch12_24.ipynb：這個程式基本上是重新設計 ch12_23.ipynb，主要是 Father 和 Uncle 類別的方法名稱是不一樣，Father 類別是 action3( ) 和 Uncle 類別是 action2( )，這個程式在建立 Ivan 類別的 ivan 物件後，會分別啟動各類別的 actionX( ) 方法。

```
1   # ch12_24.ipynb
2   class Grandfather():
3       """ 定義祖父類別 """
4       def action1(self):
5           print("Grandfather")
6
7   class Father(Grandfather):
8       """ 定義父親類別 """
9       def action3(self):   # 定義action3()
10          print("Father")
11
12  class Uncle(Grandfather):
13      """ 定義叔父類別 """
14      def action2(self):   # 定義action2()
15          print("Uncle")
16
17  class Ivan(Father, Uncle):
18      """ 定義Ivan類別 """
19      def action4(self):
20          print("Ivan")
21
22  ivan = Ivan()
23  ivan.action4()         # 順序 Ivan
24  ivan.action3()         # 順序 Ivan -> Father
25  ivan.action2()         # 順序 Ivan -> Father -> Uncle
26  ivan.action1()         # 順序 Ivan -> Father -> Uncle -> Grandfather
```

執行結果

```
Ivan
Father
Uncle
Grandfather
```

12-5-2　super( ) 應用在多重繼承的問題

我們知道 super( ) 可以繼承父類別的方法，我們先看看可能產生的問題。

程式實例 ch12_25.ipynb：一般常見 super( ) 應用在多重繼承的問題。

```
1   # ch12_25.ipynb
2   class A():
3       def __init__(self):
4           print('class A')
5
6   class B():
7       def __init__(self):
8           print('class B')
9
10  class C(A,B):
11      def __init__(self):
12          super().__init__()
13          print('class C')
14
15  x = C()
```

執行結果

```
class A
class C
```

　　上述第 10 列我們設定類別 C 繼承類別 A 和 B，可是當我們設定物件 x 是類別 C 的物件時，可以發現第 10 列 C 類別的第 2 個參數 B 類別沒有被啟動。其實 Python 使用 super( ) 的多重繼承，在此算是協同作業 (co-operative)，我們必需在基底類別也增加 super( ) 設定，才可以正常作業。

程式實例 ch12_26.ipynb：重新設計 ch12_25.ipynb，增加第 4 和第 9 列，解決一般常見 super( ) 應用在多重繼承的問題。

```
1   # ch12_26.ipynb
2   class A():
3       def __init__(self):
4           super().__init__()
5           print('class A')
6
7   class B():
8       def __init__(self):
9           super().__init__()
10          print('class B')
11
12  class C(A,B):
13      def __init__(self):
14          super().__init__()
15          print('class C')
16
17  x = C()
```

```
class B
class A
```

上述我們得到所有類別的最初化方法 (__init__()) 均被啟動了，這個觀念很重要，因為我們如果在最初化方法中想要子類別繼承所有父類別的屬性時，必需要全部的父類別均被啟動。

12-6 type 與 instance

一個大型程式設計可能是由許多人合作設計，有時我們想了解某個物件變數的資料類型，或是所屬類別關係，可以使用本節所述的方法。

12-6-1　type( )

這個函數先前已經使用許多次了，可以使用 type( ) 函數得到某一物件變數的類別名稱。

程式實例 ch12_27.ipynb：列出類別物件與物件內方法的資料類型。

```
1  # ch12_27.ipynb
2  class Grandfather():
3      """ 定義祖父類別 """
4      pass
5
6  class Father(Grandfather):
7      """ 定義父親類別 """
8      pass
9
10 class Ivan(Father):
11     """ 定義Ivan類別 """
12     def fn(self):
13         pass
14
15 grandfather = Grandfather()
16 father = Father()
17 ivan = Ivan()
18 print("grandfather物件類型: ", type(grandfather))
19 print("father物件類型    : ", type(father))
20 print("ivan物件類型      : ", type(ivan))
21 print("ivan物件fn方法類型 : ", type(ivan.fn))
```

執行結果

```
grandfather物件類型:  <class '__main__.Grandfather'>
father物件類型    :  <class '__main__.Father'>
ivan物件類型      :  <class '__main__.Ivan'>
ivan物件fn方法類型 :  <class 'method'>
```

由上圖可以得到類別的物件類型是 class，同時會列出 "__main__. 類別的名稱 "，如果是類別內的方法同時也列出 "method" 方法。

12-6-2　isinstance( )

isinstance( ) 函數可以傳回物件的類別是否屬於某一類別，它包含 2 個參數，它的語法如下：

  isinstance(物件, 類別)   # 可傳回True或False

如果物件的類別是屬於**第 2 個參數類別**或屬於**第 2 個參數的子類別**，則傳回 True，否則傳回 False。

程式實例 ch12_28.ipynb：一系列 isinstance( ) 函數的測試。

```
1   # ch12_28.py
2   class Grandfather():
3       """ 定義祖父類別 """
4       pass
5
6   class Father(Grandfather):
7       """ 定義父親類別 """
8       pass
9
10  class Ivan(Father):
11      """ 定義Ivan類別 """
12      def fn(self):
13          pass
14
15  grandfa = Grandfather()
16  father = Father()
17  ivan = Ivan()
18  print("ivan屬於Ivan類別: ", isinstance(ivan, Ivan))
19  print("ivan屬於Father類別: ", isinstance(ivan, Father))
20  print("ivan屬於GrandFather類別: ", isinstance(ivan, Grandfather))
21  print("father屬於Ivan類別: ", isinstance(father, Ivan))
22  print("father屬於Father類別: ", isinstance(father, Father))
23  print("father屬於Grandfather類別: ", isinstance(father, Grandfather))
24  print("grandfa屬於Ivan類別: ", isinstance(grandfa, Ivan))
25  print("grandfa屬於Father類別: ", isinstance(grandfa, Father))
26  print("grandfa屬於Grandfather類別: ", isinstance(grandfa, Grandfather))
```

執行結果

```
ivan屬於Ivan類別:  True
ivan屬於Father類別:  True
ivan屬於GrandFather類別:  True
father屬於Ivan類別:  False
father屬於Father類別:  True
father屬於Grandfather類別:  True
grandfa屬於Ivan類別:  False
grandfa屬於Father類別:  False
grandfa屬於Grandfather類別:  True
```

12-7 專題：幾何資料的應用

程式實例 ch12_29.ipynb：設計一個 Geometric 類別，這個類別主要是設定 color 是 Green。另外設計一個 Circle 類別，這個類別有 getRadius( ) 可以獲得半徑，setRadius( ) 可以設定半徑，getDiameter( ) 可以取得直徑，getPerimeter( ) 可以取得圓周長，getArea( ) 可以取得面積，getColor( ) 可以取得顏色。

```
1   # ch12_29.ipynb
2   class Geometric():
3       def __init__(self):
4           self.color = "Green"
5   class Circle(Geometric):
6       def __init__(self,radius):
7           super().__init__()
8           self.PI = 3.14159
9           self.radius = radius
10      def getRadius(self):
11          return self.radius
12      def setRadius(self,radius):
13          self.radius = radius
14      def getDiameter(self):
15          return self.radius * 2
16      def getPerimeter(self):
17          return self.radius * 2 * self.PI
18      def getArea(self):
19          return self.PI * (self.radius ** 2)
20      def getColor(self):
21          return color
22
23  A = Circle(5)
24  print("圓形的顏色 : ", A.color)
25  print("圓形的半徑 : ", A.getRadius())
26  print("圓形的直徑 : ", A.getDiameter())
27  print("圓形的圓周 : ", A.getPerimeter())
28  print("圓形的面積 : ", A.getArea())
29  A.setRadius(10)
30  print("圓形的直徑 : ", A.getDiameter())
```

執行結果

```
圓形的顏色 :  Green
圓形的半徑 :  5
圓形的直徑 :  10
圓形的圓周 :  31.4159
圓形的面積 :  78.53975
圓形的直徑 :  20
```

12-8　ChatGPT 輔助學習

1：　請使用 Python 說明物件導向程式設計的優點。

 請使用Python說明物件導向程式設計的優點

物件導向程式設計（Object-Oriented Programming，簡稱 OOP）是一種常用的程式設計范式，Python 是一種完全支持 OOP 的語言。以下是 OOP 在 Python 中的優點：

1. 代碼重用：通過封裝、繼承和多態等概念，可以更加方便地實現代碼的重用。封裝可以將代碼和數據結合在一起，以防止其他部分修改對其造成影響；繼承可以基於現有的代碼擴展新的功能，而不需要重新編寫相似的代碼；多態可以讓代碼在不同場景中以不同的方式運作，從而提高代碼的可重用性。
2. 代碼維護：OOP 能夠使代碼更加易於維護和擴展。通過將數據和相關操作封裝在一起，可以降低代碼的複雜度和耦合度，使得代碼更加易於理解和修改。此外，繼承和多態等概念也能夠使代碼更加靈活，易於擴展。

2. 代碼維護：OOP 能夠使代碼更加易於維護和擴展。通過將數據和相關操作封裝在一起，可以降低代碼的複雜度和耦合度，使得代碼更加易於理解和修改。此外，繼承和多態等概念也能夠使代碼更加靈活，易於擴展。
3. 代碼可讀性：OOP 能夠使代碼更加易於理解和閱讀。通過將數據和相關操作封裝在一起，可以使代碼更加直觀，易於理解。此外，OOP 還提供了許多概念和設計模式，如接口、抽象類、設計模式等，這些概念可以使代碼更加結構化，易於理解和閱讀。
4. 代碼安全性：OOP 能夠使代碼更加安全。通過封裝數據，可以保護數據不被非法訪問和修改。此外，繼承和多態等概念也能夠保護代碼的安全性，從而防止代碼中的錯誤對系統造成嚴重影響。

總之，Python 中的 OOP 能夠提高代碼的重用性、可維護性、可讀性和安全性，從而使代碼更加易於開發、測試和維護。

2：　請舉程式實例說明 Python 的 OOP 觀念。

 請舉程式實例說明Python的OOP觀念

以下是一個簡單的 Python OOP 程式實例，展示了如何定義類、創建對象、設置屬性、調用方法等 OOP 概念：

```
1   class Person:
2       # 定義類的屬性
3       species = '人類'
4
5       # 定義類的初始化方法
6       def __init__(self, name, age):
7           self.name = name
8           self.age = age
9
10      # 定義類的方法
11      def say_hello(self):
12          print(f'我叫{self.name}，今年{self.age}歲。')
13
14  # 創建一個 Person 對象
15  person1 = Person('小明', 20)
16
17  # 設置對象的屬性
18  person1.species = '人'
19
20  # 調用對象的方法
21  person1.say_hello()
22
23  # 創建另一個 Person 對象
24  person2 = Person('小紅', 25)
25
26  # 設置對象的屬性
27  person2.species = '人'
28
29  # 調用對象的方法
30  person2.say_hello()
```

```
我叫小明，今年20歲。
我叫小紅，今年25歲。
```

這個程式定義了一個 `Person` 類，包含了 `species` 屬性、`__init__` 初始化方法和
`say_hello` 方法。創建了兩個 `Person` 對象 `person1` 和 `person2`，分別設置了對象的屬
性和調用了對象的方法。在這個例子中，可以看到以下 OOP 概念：

1. 定義類：使用 `class` 關鍵字定義類，類是對一類對象的抽象描述。

2. 創建對象：使用類名和括號創建對象，創建出的對象是類的實例。

3. 設置屬性：使用對象名和點運算符設置對象的屬性。

4. 調用方法：使用對象名和點運算符調用對象的方法，方法是類中封裝的操作。

以上就是一個簡單的 Python OOP 程式實例，展示了如何使用類、對象、屬性和方法等 OOP
概念進行開發。

習題實作題

ex12_1.ipynb：設計一個類別 Myschool，這個類別包含屬性 title 和，這個類別也有一個 departments( ) 方法，屬性內容如下：(12-1 節)

> title = "明志科大"
> departments( )方法則是傳回串列["機械", "電機", "化工"]

讀者需宣告一個 Myschool 物件，然後依下列方式列印訊息。

```
明志科大
機械
電機
化工
```

ex12_2.ipynb：設計一個類別 Myschool，這個類別包含屬性 name 和 score，這個類別也有一個 msg( ) 方法，程式設定 Myschool 物件時需傳遞 2 個參數，下列是示範設定方式：(12-1 節)

> hung = Myschool('kevin', 80)

這個類別的方法，主要是可以輸出問候語和成績，請留意英文名字第一個輸出字母是大寫。

```
Hi!Kevin你的成績是80分
```

ex12_3.ipynb：請擴充習題 2，增加初始化 schoolname 屬性，schoolname 內容是 'Python School'，請設計 msg( ) 方法輸出第 1 列是 title，第 2 列才是原先的輸出。(12-1 節)

```
Python School
Hi!Kevin你的成績是80分
```

ex12_4.ipynb：請利用 ch12_9.py 的類別，同時修改部分內容，在程式部分執行下列工作：(12-2 節)

> A：存款 5000 元
> B：提款 3000 元

C：存款 1500 元

D：購買美金外幣 100 美金 (記住：匯率是要增加手續費用 1%)

E：列出剩餘金額

請列出上述每次的執行結果帳單。

```
存款　5000　完成
Hung　目前餘額：　5000
提款　3000　完成
Hung　目前餘額：　2000
存款　1500　完成
Hung　目前餘額：　3500
購買100元美金
提款　3030　完成
Hung　目前餘額：　470
```

ex12_5.ipynb：請擴充 ch12_17.py，增加 Banks 子類別北投 (Beitou) 分行，北投分行內容可以參照士林分行，程式末端增加北投分行類別物件 (可參考 42 列)，然後列印銀行名稱 (可參考 43 列)。(12-3 節)

```
James's banks =　Taipei Bank
Hung's banks　=　Taipei Bank - Shilin Branch
Kevin's banks =　Taipei Bank - Beitou Branch
```

ex12_6.ipynb：請擴充 ch12_18.py，為 Animals 類別增加 Birds 子類別，這個子類別有自己的 run( ) 方法，輸出方式可以比照第 9 列，字串是 " is flying."。請為這個程式增加類似 20 到 22 列的工作，但是將物件類別設為 Birds。(12-3 節)

```
Lucy　is　5　years old.
Lucy　is running
My Pet Lily　is　6　years old.
My Pet Lily　is running
My Pet Cici　is　8　years old.
My Pet Cici is flying
```

ex12_7.ipynb：請適度修訂 ch12_21.py，將第 23 列物件改為：(12-3 節)

```
ira = Ira( )
```

第 24 列也需修改，在 Ira 類別內增加設計方法可以呼叫 Ivan 類別的 get_money( ) 方法，然後輸出結果。

```
Ira資產:    8000
父親資產:   10000
Ivan資產 :   3000
```

ex12_8.ipynb：請擴充 ch12_23.py，增加 Grandfather 類別的子類別 Aunt 類別，這個類別也是 Ivan 類別的父類別。請參考第 14 列建立 action2( ) 方法但是列出 "Aunt"。在第 17 列 Ivan 類別內的參數如下：(12-4 節)

　　　Father, Uncle, Aunt　　　　　　　--- ex12_8_1.ipynb

請再設計 2 個程式參數分別是如下：

　　Uncle, Aunt, Father　　　　　　　--- ex12_8_2.ipynb
　　Aunt, Father, Uncle　　　　　　　--- ex12_8_3.ipynb

同時列出結果，下列從左到右分別是 ex12_8_1.ipynb ⋯ ex12_8_3.ipynb。

```
Ivan          Ivan          Ivan
Father        Uncle         Aunt
Grandfather   Grandfather   Grandfather
```

ex12_9.ipynb：請擴充 ch12_20.py，增加 Grandmother 類別，這是 Father 類別的父類別，她的資產是 20000，請參考 Grandfather 類別建立 get_info4( ) 方法，同時在程式中擴充輸出 Grandmother 的資產。(12-5 節)

```
Ivan資產:    3000
父親資產:    8000
祖父資產:   10000
祖母資產:   20000
```

第 13 章

設計與應用模組

　　第 11 章筆者介紹了函數 (function)，第 12 章筆者介紹了類別 (class)，其實在大型計畫的程式設計中，每個人可能只是負責一小功能的函數或類別設計，為了可以讓團隊其他人可以互相分享設計成果，最後每個人所負責的功能函數或類別將儲存在**模組** (module) 中，然後供團隊其他成員使用。在網路上或國外的技術文件常可以看到有的文章將**模組** (module) 稱為**套件** (package)，意義是一樣的。

　　通常我們將模組分成 3 大類：

1：　我們自己程式建立的模組，本章 13-1 節至 13-4 節會做說明。

2：　Python 內建的模組。

3：　外部模組，需使用 pip 安裝，未來章節會在使用時說明，可參考附錄 E。

註　使用 Google Colab 可以省略安裝外部模組，因為 Google Colab 已經內建。

　　本章會說明將自己所設計的函數或類別儲存成模組然後加以引用，最後也將講解 Python 常用的內建模組。

13-1　將自建的函數儲存在模組中

　　一個大型程式一定是由許多的函數或類別所組成，為了讓程式的工作可以分工以及增加程式的可讀性，我們可以將所建的函數或類別儲存成模組 (module)，未來再加以呼叫引用。

13-1-1　先前準備工作

　　假設有一個程式內容是用於建立冰淇淋 (ice cream) 與飲料 (drink)，如下所示：

程式實例 ch13_1.ipynb：這個程式基本上是擴充 ch11_21.ipynb，再增加建立飲料的函數 make_drink( )。

```
1   # ch13_1.ipynb
2   def make_icecream(*toppings):
3       # 列出製作冰淇淋的配料
4       print("這個冰淇淋所加配料如下")
5       for topping in toppings:
6           print("--- ", topping)
7
8   def make_drink(size, drink):
9       # 輸入飲料規格與種類,然後輸出飲料
10      print("所點飲料如下")
11      print("--- ", size.title())
```

```
12        print("--- ", drink.title())
13
14  make_icecream('草莓醬')
15  make_icecream('草莓醬', '葡萄乾', '巧克力碎片')
16  make_drink('large', 'coke')
```

執行結果

```
這個冰淇淋所加配料如下
---    草莓醬
這個冰淇淋所加配料如下
---    草莓醬
---    葡萄乾
---    巧克力碎片
所點飲料如下
---    Large
---    Coke
```

假設我們會常常需要在其它程式呼叫 make_icecream( ) 和 make_drink( )，此時可以考慮將這 2 個函數建立成**模組** (module)，未來可以供其它程式呼叫使用。

13-1-2 建立函數內容的模組

模組的副檔名與在 Windows 環境設計的 Python 程式檔案一樣是 .py，對於程式實例 ch13_1.ipynb 而言，我們可以只保留 make_icecream( ) 和 make_drink( )。

註 Google Colab 的 Python 程式副檔名是 .ipynb，模組副檔名是 .py。

程式實例 makefood.py：使用 ch13_1.ipynb 建立 makefood.py 模組。

```
1   # makefood.py
2   # 這是一個包含2個函數的模組(module)
3   def make_icecream(*toppings):
4       ''' 列出製作冰淇淋的配料 '''
5       print("這個冰淇淋所加配料如下")
6       for topping in toppings:
7           print("--- ", topping)
8
9   def make_drink(size, drink):
10      ''' 輸入飲料規格與種類,然後輸出飲料 '''
11      print("所點飲料如下")
12      print("--- ", size.title())
13      print("--- ", drink.title())
```

執行結果 由於這不是一般程式所以沒有任何執行結果。

現在我們已經成功地建立模組 makefood.py 了。

13-2 應用自己建立的函數模組

有幾種方法可以應用函數模組，下列將分成 6 小節說明。

13-2-1　import 模組名稱

要導入 13-1-2 節所建的模組，只要在程式內加上下列簡單的語法即可：

```
import makefood
```

程式中要引用模組的函數語法如下：

　　模組名稱.函數名稱　　　　# 模組名稱與函數名稱間有小數點"."

程式實例 ch13_2.ipynb：實際導入模組 makefood.py 的應用。

```
1  # ch13_2.ipynb
2  import makefood          # 導入模組makefood.ipynb
3
4  makefood.make_icecream('草莓醬')
5  makefood.make_icecream('草莓醬', '葡萄乾', '巧克力碎片')
6  makefood.make_drink('large', 'coke')
```

執行結果　與 ch13_1.ipynb 相同。

要執行上述程式需將模組導入 Google Colab 的工作區，請點選 Chrome 瀏覽器左邊的 📁 圖示開啟 Files(檔案) 工作區，然後點選 🔼 圖示，將模組上傳工作區。

點選 🔼 圖示後會出現開啟對話方塊，請選擇 ch13 資料夾的 makefood.py 檔案，可以得到下列結果。

現在就可以點選 ▶ 圖示，執行 ch13_2.ipynb 了。

13-2-2　導入模組內特定單一函數

如果只想導入模組內單一特定的函數，可以使用下列語法：

　　from 模組名稱 import 函數名稱

未來程式引用所導入的函數時可以省略模組名稱。

程式實例 ch13_3.ipynb：這個程式只導入 makefood.py 模組的 make_icecream( ) 函數，所以程式第 4 和 5 列執行沒有問題，但是執行程式第 6 列時就會產生錯誤。

```
1  # ch13_3.ipynb
2  from makefood import make_icecream   # 導入模組makefood.py的函數make_icecream
3
4  make_icecream('草莓醬')
5  make_icecream('草莓醬', '葡萄乾', '巧克力碎片')
6  make_drink('large', 'coke')          # 因為沒有導入此函數所以會產生錯誤
```

執行結果
```
這個冰淇淋所加配料如下
---   草莓醬
這個冰淇淋所加配料如下
---   草莓醬
---   葡萄乾
---   巧克力碎片
------------------------------------------------------------------------
NameError                              Traceback (most recent call last)
<ipython-input-2-f2ccbd80ed73> in <module>
      4 make_icecream('草莓醬')
      5 make_icecream('草莓醬', '葡萄乾', '巧克力碎片')
----> 6 make_drink('large', 'coke')          # 因為沒有導入此函數所以會產生錯誤
```

13-2-3 導入模組內多個函數

如果想導入模組內多個函數時，函數名稱間需以逗號隔開，語法如下：

> from 模組名稱 import 函數名稱1, 函數名稱2, … , 函數名稱n

程式實例 ch13_4.ipynb：重新設計 ch13_3.ipynb，增加導入 make_drink( ) 函數。

```
1  # ch13_4.ipynb
2  # 導入模組makefood.py的make_icecream和make_drink函數
3  from makefood import make_icecream, make_drink
4
5  make_icecream('草莓醬')
6  make_icecream('草莓醬', '葡萄乾', '巧克力碎片')
7  make_drink('large', 'coke')
```

執行結果 與 ch13_1.ipynb 相同。

13-2-4 導入模組所有函數

如果想導入模組內所有函數時，語法如下：

> from 模組名稱 import *

程式實例 ch13_5.ipynb：導入模組所有函數的應用。

```
1  # ch13_5.py
2  from makefood import *        # 導入模組makefood.py所有函數
3
4  make_icecream('草莓醬')
5  make_icecream('草莓醬', '葡萄乾', '巧克力碎片')
6  make_drink('large', 'coke')
```

執行結果 與 ch13_1.ipynb 相同。

13-2-5 使用 as 給函數指定替代名稱

有時候會碰上你所設計程式的函數名稱與模組內的函數名稱相同，或是感覺模組的函數名稱太長，此時可以自行給模組的函數名稱一個**替代名稱**，未來可以使用這個**替代名稱**代替原先模組的名稱。語法格式如下：

> from 模組名稱 import 函數名稱 as 替代名稱

程式實例 ch13_6.ipynb：使用替代名稱 icecream 代替 make_icecream，重新設計 ch13_3.ipynb。

```
1  # ch13_6.ipynb
2  # 使用icecream替代make_icecream函數名稱
3  from makefood import make_icecream  as icecream
4
5  icecream('草莓醬')
6  icecream('草莓醬', '葡萄乾', '巧克力碎片')
```

執行結果

```
這個冰淇淋所加配料如下
---    草莓醬
這個冰淇淋所加配料如下
---    草莓醬
---    葡萄乾
---    巧克力碎片
```

13-2-6　使用 as 給模組指定替代名稱

Python 也允許給模組替代名稱，未來可以使用此替代名稱導入模組，其語法格式如下：

import 模組名稱 as 替代名稱

程式實例 ch13_7.ipynb：使用 m 當作模組替代名稱，重新設計 ch13_2.ipynb。

```
1  # ch13_7.ipynb
2  import makefood as m      # 導入模組makefood.py的替代名稱m
3
4  m.make_icecream('草莓醬')
5  m.make_icecream('草莓醬', '葡萄乾', '巧克力碎片')
6  m.make_drink('large', 'coke')
```

執行結果　與 ch13_1.ipynb 相同。

13-3　將自建的類別儲存在模組內

第 12 章筆者介紹了類別，當程式設計越來越複雜時，可能我們也會建立許多類別，Python 也允許我們將所建立的類別儲存在模組內，這將是本節的重點。

13-3-1　先前準備工作

筆者將使用第 12 章的程式實例，說明將類別儲存在模組方式。

程式實例 ch13_8.ipynb：筆者修改了 ch12_17.ipynb，簡化了 Banks 類別，同時讓程式有 2 個類別，至於程式內容讀者應該可以輕易了解。

```
1   # ch13_8.ipynb
2   class Banks():
3       ''' 定義銀行類別 '''
4
5       def __init__(self, uname):              # 初始化方法
6           self.__name = uname                 # 設定私有存款者名字
7           self.__balance = 0                  # 設定私有開戶金額是0
8           self.__title = "Taipei Bank"        # 設定私有銀行名稱
9
10      def save_money(self, money):            # 設計存款方法
11          self.__balance += money             # 執行存款
12          print("存款 ", money, " 完成")      # 列印存款完成
13
14      def withdraw_money(self, money):        # 設計提款方法
15          self.__balance -= money             # 執行提款
16          print("提款 ", money, " 完成")      # 列印提款完成
17
18      def get_balance(self):                  # 獲得存款餘額
19          print(self.__name.title(), " 目前餘額: ", self.__balance)
20
21      def bank_title(self):                   # 獲得銀行名稱
22          return self.__title
23
24  class Shilin_Banks(Banks):
25      ''' 定義士林分行 '''
26      def __init__(self, uname):
27          self.title = "Taipei Bank - Shilin Branch"  # 定義分行名稱
28      def bank_title(self):                   # 獲得銀行名稱
29          return self.title
30
31  jamesbank = Banks('James')                          # 定義Banks類別物件
32  print("James's banks = ", jamesbank.bank_title())   # 列印銀行名稱
33  jamesbank.save_money(500)                            # 存錢
34  jamesbank.get_balance()                             # 列出存款金額
35  hungbank = Shilin_Banks('Hung')                     # 定義Shilin_Banks類別物件
36  print("Hung's banks  = ", hungbank.bank_title())    # 列印銀行名稱
```

執行結果

```
James's banks =  Taipei Bank
存款  500  完成
James   目前餘額:  500
Hung's banks  =  Taipei Bank - Shilin Branch
```

13-3-2　建立類別內容的模組

　　模組的副檔名與 Python 程式檔案一樣是 py，對於程式實例 ch13_8.ipynb 而言，我們可以只保留 Banks 類別和 Shilin_Banks 類別。

程式實例 banks.py：使用 ch13_8.ipynb 建立一個模組，此模組名稱是 banks.py。

```
1   # banks.py
2   # 這是一個包含2個類別的模組(module)
3   class Banks():
4       ''' 定義銀行類別 '''
5       def __init__(self, uname):              # 初始化方法
6           self.__name = uname                 # 設定私有存款者名字
7           self.__balance = 0                  # 設定私有開戶金額是0
8           self.__title = "Taipei Bank"        # 設定私有銀行名稱
9
10      def save_money(self, money):            # 設計存款方法
11          self.__balance += money             # 執行存款
12          print("存款 ", money, " 完成")      # 列印存款完成
13
14      def withdraw_money(self, money):        # 設計提款方法
15          self.__balance -= money             # 執行提款
16          print("提款 ", money, " 完成")      # 列印提款完成
17
18      def get_balance(self):                  # 獲得存款餘額
19          print(self.__name.title(), " 目前餘額: ", self.__balance)
20
21      def bank_title(self):                   # 獲得銀行名稱
22          return self.__title
23
24  class Shilin_Banks(Banks):
25      ''' 定義士林分行 '''
26      def __init__(self, uname):
27          self.title = "Taipei Bank - Shilin Branch"  # 定義分行名稱
28      def bank_title(self):                   # 獲得銀行名稱
```

執行結果　由於這不是程式所以沒有任何執行結果。

　　現在我們已經成功地建立模組 banks.py 了。

13-4　應用自己建立的類別模組

　　其實導入模組內的類別與導入模組內的函數觀念是一致的，下列將分成各小節說明。

13-4-1　導入模組的單一類別

觀念與 13-2-2 節相同，它的語法格式如下：

from 模組名稱 import 類別名稱

程式實例 ch13_9.ipynb：使用導入模組方式，重新設計 ch13_8.ipynb。由於這個程式只導入 Banks 類別，所以此程式不執行原先 35 和 36 列。

```
1   # ch13_9.ipynb
2   from banks import Banks                      # 導入banks模組的Banks類別
3
4   jamesbank = Banks('James')                   # 定義Banks類別物件
5   print("James's banks = ", jamesbank.bank_title())  # 列印銀行名稱
6   jamesbank.save_money(500)                     # 存錢
7   jamesbank.get_balance()                       # 列出存款金額
```

執行結果

```
James's banks =   Taipei Bank
存款   500   完成
James   目前餘額:   500
```

由執行結果讀者應該體會，整個程式變得非常簡潔了。

13-4-2　導入模組的多個類別

觀念與 13-2-3 節相同，如果模組內有多個類別，我們也可以使用下列方式導入多個類別，所導入的類別名稱間需以逗號隔開。

from 模組名稱 import 類別名稱1, 類別名稱2, … , 類別名稱n

程式實例 ch13_10.ipynb：以同時導入 Banks 類別和 Shilin_Banks 類別方式，重新設計 ch13_8.ipynb。

```
1   # ch13_10.ipynb
2   # 導入banks模組的Banks和Shilin_Banks類別
3   from banks import Banks, Shilin_Banks
4
5   jamesbank = Banks('James')                   # 定義Banks類別物件
6   print("James's banks = ", jamesbank.bank_title())  # 列印銀行名稱
7   jamesbank.save_money(500)                     # 存錢
8   jamesbank.get_balance()                       # 列出存款金額
9   hungbank = Shilin_Banks('Hung')              # 定義Shilin_Banks類別物件
10  print("Hung's banks  = ", hungbank.bank_title())   # 列印銀行名稱
```

執行結果　與 ch13_8.ipynb 相同。

13-4-3　導入模組內所有類別

觀念與 13-2-4 節相同,如果想導入模組內所有類別時,語法如下:

　　from 模組名稱 import ＊

程式實例 ch13_11.ipynb:使用導入模組所有類別方式重新設計 ch13_8.ipynb。

```
1  # ch13_11.ipynb
2  from banks import *                    # 導入banks模組所有類別
3
4  jamesbank = Banks('James')            # 定義Banks類別物件
5  print("James's banks = ", jamesbank.bank_title()) # 列印銀行名稱
6  jamesbank.save_money(500)             # 存錢
7  jamesbank.get_balance()              # 列出存款金額
8  hungbank = Shilin_Banks('Hung')      # 定義Shilin_Banks類別物件
9  print("Hung's banks  = ", hungbank.bank_title())  # 列印銀行名稱
```

執行結果 與 ch13_8.ipynb 相同。

13-4-4　import 模組名稱

觀念與 13-2-1 節相同,要導入 13-3-2 節所建的模組,只要在程式內加上下列簡單的語法即可:

　　import banks

程式中要引用模組的類別,語法如下:

　　模組名稱.類別名稱　　　**# 模組名稱與類別名稱間有小數點"."**

程式實例 ch13_12.ipynb:使用 import 模組名稱方式,重新設計 ch13_8.ipynb,讀者應該留意第 2、4 和 8 列的設計方式。

```
1  # ch13_12.ipynb
2  import banks                          # 導入banks模組
3
4  jamesbank = banks.Banks('James')     # 定義Banks類別物件
5  print("James's banks = ", jamesbank.bank_title()) # 列印銀行名稱
6  jamesbank.save_money(500)            # 存錢
7  jamesbank.get_balance()             # 列出存款金額
8  hungbank = banks.Shilin_Banks('Hung') # 定義Shilin_Banks類別物件
9  print("Hung's banks  = ", hungbank.bank_title())  # 列印銀行名稱
```

執行結果 與 ch13_8.ipynb 相同。

13-5 隨機數 random 模組

　　所謂的**隨機數**是指平均散佈在某區間的數字，隨機數其實用途很廣，最常見的應用是設計遊戲時可以控制輸出結果，其實賭場的吃角子老虎機器就是靠它賺錢。這節筆者將介紹幾個 random 模組中最有用的 7 個方法。

函數名稱	說明
randint(x, y)	產生 x(含) 到 y(含) 之間的隨機整數 (13-5-1 節)
random( )	產生 0(含) 到 1(不含) 之間的隨機浮點數 (13-5-2 節)
uniform(x, y)	產生 x(含) 到 y(含) 之間的隨機浮點數 (13-5-3 節)
choice(串列)	可以在串列中隨機傳回一個元素 (13-5-4 節)
shuffle(串列)	將串列元素重新排列 (13-5-5 節)
sample(串列 , 數量)	隨機傳回第 2 個參數數量的串列元素 (13-5-6 節)
seed(x)	x 是種子值，未來每次可以產生相同的隨機數 (13-5-7 節)

　　程式執行前需要先導入此模組。

```
import random
```

13-5-1　randint( )

　　這個方法可以隨機產生指定區間的整數，它的語法如下：

```
randint(min, max)            # 可以產生min(含)與max(含)之間的整數值
```

實例 1：列出在 1-100、500-1000 的隨機數字。

```
>>> import random
>>> n = 3
>>> for i in range(n):
        print(f"1 - 100 : {random.randint(1,100)}")

1 - 100 : 81
1 - 100 : 48
1 - 100 : 24
```

```
>>> import random
>>> n = 3
>>> for i in range(n):
        print(f"500 - 1000 : {random.randint(500,1000)}")

500 - 1000 : 553
500 - 1000 : 743
500 - 1000 : 880
```

程式實例 ch13_13.ipynb：猜數字遊戲，這個程式首先會用 randint( ) 方法產生一個 1 到 10 之間的數字，然後如果猜的數值太小會要求猜大一些，然後如果猜的數值太大會要求猜小一些。

```
1   # ch13_13.ipynb
2   import random                          # 導入模組random
3
```

```
4  min, max = 1, 10
5  ans = random.randint(min, max)          # 隨機數產生答案
6  while True:
7      yourNum = int(input("請猜1-10之間數字: "))
8      if yourNum == ans:
9          print("恭喜!答對了")
10         break
11     elif yourNum < ans:
12         print("請猜大一些")
13     else:
14         print("請猜小一些")
```

執行結果

```
請猜1-10之間數字: 5
請猜大一些
請猜1-10之間數字: 8
請猜小一些
請猜1-10之間數字: 6
恭喜!答對了
```

　　一般賭場的機器其實可以用隨機數控制輸贏，例如：某個猜大小機器，一般人以為猜對率是 50%，但是只要控制隨機數賭場可以直接控制輸贏比例。

13-5-2　random( )

　　random( ) 可以隨機產生 0.0(含)- 1.0(不含) 之間的隨機浮點數。

程式實例 ch13_14.ipynb：產生 5 筆 0.0 – 1.0 之間的隨機浮點數。

```
1  # ch13_14.ipynb
2  import random
3
4  for i in range(5):
5      print(random.random())
```

執行結果

```
0.21595000405302267
0.08262823624995652
0.5219710854675056
0.7777279311233359
0.5422993927234161
```

13-5-3　uniform( )

　　uniform( ) 可以隨機產生 (x,y) 之間的浮點數，它的語法格式如下。

　　uniform(x,y)

　　x 是隨機數最小值，包含 x 值。Y 是隨機數最大值，不包含該值。

程式實例 ch13_15.ipynb：產生 5 筆 1-10 之間隨機浮點數的應用。

```
1   # ch13_15.ipynb
2   import random                        # 導入模組random
3
4   for i in range(5):
5       print("uniform(1,10) : ", random.uniform(1, 10))
```

執行結果

```
uniform(1,10) :   3.7253984621835157
uniform(1,10) :   7.148129003111069
uniform(1,10) :   9.234056558711426
uniform(1,10) :   4.848914269951347
uniform(1,10) :   6.582192698868624
```

13-5-4　choice( )

這個方法可以讓我們在一個串列 (list) 中隨機傳回一個元素。

程式實例 ch13_16.ipynb：骰子有 6 面點數是 1-6 區間，這個程式會產生 10 次 1-6 之間的值。

```
1   # ch13_16.ipynb
2   import random                        # 導入模組random
3
4   for i in range(10):
5       print(random.choice([1,2,3,4,5,6]), end=",")
```

執行結果

```
1,6,4,6,2,4,4,3,5,2,
```

13-5-5　shuffle( )

這個方法可以將串列元素重新排列，如果你欲設計撲克牌 (Poker) 遊戲，在發牌前可以使用這個方法將牌打亂重新排列。

程式實例 ch13_17.ipynb：將串列內的撲克牌次序打亂，然後重新排列。

```
1   # ch13_17.ipynb
2   import random                        # 導入模組random
3
4   porker = ['2', '3', '4', '5', '6', '7', '8',
5             '9', '10', 'J', 'Q', 'K', 'A']
6   for i in range(3):
7       random.shuffle(porker)      # 將次序打亂重新排列
8       print(porker)
```

執行結果

```
['4', '7', '5', 'K', 'A', '8', '10', '9', 'Q', '3', '6', 'J', '2']
['K', '10', 'A', '9', '5', '4', 'J', '7', '6', '2', '3', 'Q', '8']
['A', '10', '2', '9', 'Q', '5', '6', 'J', '7', 'K', '8', '3', '4']
```

　　將串列元素打亂，很適合老師出防止作弊的考題，例如：如果有 50 位學生，為了避免學生有偷窺鄰座的考卷，建議可以將出好的題目處理成串列，然後使用 for 迴圈執行 50 次 shuffle( )，這樣就可以得到 50 份考題相同但是次序不同的考卷。

13-5-6　sample( )

　　sample( ) 它的語法如下：

　　　sample(串列,數量)

　　可以隨機傳回第 2 個參數數量的串列元素。

程式實例 ch13_18.ipynb：設計大樂透彩卷號碼，大樂透號碼是由 6 個 1-49 數字組成，然後外加一個特別號，這個程式會產生 6 個號碼以及一個特別號。

```
1  # ch13_18.ipynb
2  import random                        # 導入模組random
3
4  lotterys = random.sample(range(1,50), 7)  # 7組號碼
5  specialNum = lotterys.pop()          # 特別號
6
7  print("第xxx期大樂透號碼 ", end="")
8  for lottery in sorted(lotterys):     # 排序列印大樂透號碼
9      print(lottery, end=" ")
10 print(f"\n特別號:{specialNum}")       # 列印特別號
```

執行結果

```
第xxx期大樂透號碼 13 18 23 33 45 46
特別號:20
```

13-5-7　seed( )

　　使用 random.randint( ) 方法每次產生的隨機數皆不相同，例如：若是重複執行 ch13_14.ipynb，可以看到每次皆是不一樣的 5 個隨機數。

```
0.9165548069185826        0.9299364847783406
0.8693311857176541        0.19188098894632644
0.5162156597247834        0.8613088841841866
0.16454087081765456       0.838970828825992
0.05214480638685648       0.21698427828308353
```

　　在人工智慧應用，我們希望每次執行程式皆可以產生相同的隨機數做測試， 此時可以使用 random 模組的 seed(x) 方法，其中參數 x 是種子值，例如設定 x=5，當設此種子值後，未來每次使用隨機函數，例如：randint( )、random( )，產生隨機數時，都可以得到相同的隨機數。

程式實例 ch13_19.ipynb：改良 ch13_14.ipynb，在第 3 列增加 random.seed(5) 種子值設定，每次執行皆可以產生相同系列的隨機數。

```
1   # ch13_19.ipynb
2   import random
3   random.seed(5)
4   for i in range(5):
5       print(random.random())
```

執行結果

```
0.6229016948897019        0.6229016948897019
0.7417869892607294        0.7417869892607294
0.7951935655656966        0.7951935655656966
0.9424502837770503        0.9424502837770503
0.7398985747399307        0.7398985747399307
```

13-6　時間 time 模組

程式設計時常需要時間資訊，例如：計算某段程式執行所需時間或是獲得目前系統時間，下表是**時間模組**常用的函數說明。

函數名稱	說明
time( )	回傳自 1970 年 1 月 1 日 00:00:00AM 以來的秒數 (13-6-1 節)
sleep(n)	可以讓工作暫停 n 秒 (11-6-1 節)
asctime( )	列出可以閱讀方式的目前系統時間 (13-6-2 節)
ctime(n)	n 是要轉換成時間字串的秒數，n 省略則與 asctime( ) 相同 (13-6-3 節)
localtime( )	可以返回目前時間的結構資料 (13-6-4 節)
clock( )	取得程式執行的時間--- 舊版，未來不建議使用
process_time( )	取得程式執行的時間--- 新版 (13-6-5 節)

使用上述**時間模組**時，需要先導入此模組。

　　import time

13-6-1　time( )

time( ) 方法可以傳回自 1970 年 1 月 1 日 00:00:00AM 以來的秒數，初看好像用處不大，其實如果你想要掌握某段工作所花時間則是很有用，例如：若應用在程式實例 ch13_13.ipynb，你可以用它計算猜數字所花時間。

實例 1：計算自 1970 年 1 月 1 日 00:00:00AM 以來的秒數。

```
>>> import time
>>> int(time.time())
1657200593
```

讀者的執行結果將和筆者不同，因為我們是在不同的時間點執行這個程式。

程式實例 ch13_20.ipynb：擴充 ch13_13.ipynb 的功能，主要是增加計算花多少時間猜對數字。

```
1  # ch13_20.py
2  import random                      # 導入模組random
3  import time                        # 導入模組time
4
5  min, max = 1, 10
6  ans = random.randint(min, max)     # 隨機數產生答案
7  yourNum = int(input("請猜1-10之間數字: "))
8  starttime = int(time.time())       # 起始秒數
9  while True:
10     if yourNum == ans:
11         print("恭喜!答對了")
12         endtime = int(time.time())  # 結束秒數
13         print("所花時間: ", endtime - starttime, " 秒")
14         break
15     elif yourNum < ans:
16         print("請猜大一些")
17     else:
18         print("請猜小一些")
19     yourNum = int(input("請猜1-10之間數字: "))
```

執行結果

```
請猜1-10之間數字: 5
請猜小一些
請猜1-10之間數字: 3
恭喜!答對了
所花時間:  2   秒
```

❑　Python 寫作風格 (Python Enhancement Proposals) - PEP 8

上述程式第 2 和 3 列導入模組 random 和 time，筆者分兩列導入，這是符合 PEP 8 的風格，如果寫成一列就不符合 PEP 8 風格。

```
import random, time                 # 不符合PEP 8風格
```

13-6-2　asctime( )

這個方法會以可以閱讀方式輸出目前系統時間，回傳的字串是用**英文**表達，星期與月份是英文縮寫。

實例 1：列出目前系統時間。

```
>>> import time
>>> time.asctime()
'Thu Jul  7 21:44:00 2022'
```

13-6-3　ctime(n)

參數 n 是要轉換為時間字串的秒數 (13-6-2 節)，如果省略 n 則與 asctime( ) 相同。

實例 1：省略 n 和設定 n(可參考 13-6-2 節的實例 1) 的結果。

```
>>> import time
>>> time.ctime()
'Thu Jul  7 22:04:30 2022'
>>> time.ctime(1657200600)
'Thu Jul  7 21:30:00 2022'
```

13-6-4　localtime( )

這個方法可以返回元組 (tuple) 的**日期與時間**結構資料，所返回的結構可以用索引方式獲得個別內容。

索引	名稱	說明
0	tm_year	西元的年，例如：2020
1	tm_mon	月份，值在 1 – 12 間
2	tm_mday	日期，值在 1 – 31 間
3	tm_hour	小時，值在 0 – 23 間
4	tm_min	分鐘，值在 0 – 59 間
5	tm_sec	秒鐘，值在 0 – 59 間
6	tm_wday	星期幾的設定，0 代表星期一，1 代表星期 2
7	tm_yday	代表這是一年中的第幾天
8	tm_isdst	夏令時間的設定，0 代表不是，1 代表是

程式實例 ch13_21.ipynb：是使用 localtime( ) 方法列出目前時間的結構資料，同時使用索引列出個別內容，第 7 列則是用**物件名稱**方式顯示西元年份。

```
1  # ch13_21.ipynb
2  import time                        # 導入模組time
3
4  xtime = time.localtime()
5  print(xtime)                       # 列出目前系統時間
6  print("年 ", xtime[0])
7  print("年 ", xtime.tm_year)        # 物件設定方式顯示
8  print("月 ", xtime[1])
9  print("日 ", xtime[2])
```

```
10    print("時 ", xtime[3])
11    print("分 ", xtime[4])
12    print("秒 ", xtime[5])
13    print("星期幾    ", xtime[6])
14    print("第幾天    ", xtime[7])
15    print("夏令時間 ", xtime[8])
```

執行結果

```
time.struct_time(tm_year=2023, tm_mon=3, tm_mday=17, tm_hour=23, tm_min=11, tm_sec=30, tm_wday=4, tm_yday=76, tm_isdst=0)
年    2023
年    2023
月    3
日    17
時    23
分    11
秒    30
星期幾      4
第幾天      76
夏令時間    0
```

上述索引第 13 列 [6] 是代表星期幾的設定，0 代表星期一，1 代表星期 2。上述第 14 列索引 [7] 是第幾天的設定，代表這是一年中的第幾天。上述第 15 列索引 [8] 是夏令時間的設定，0 代表不是，1 代表是。

13-6-5　process_time( )

取得程式執行的時間，第一次呼叫時是傳回程式開始執行到執行 process_time( ) 歷經的時間，第二次以後的呼叫則是說明與前一次呼叫 process_time( ) 間隔的時間。這個 process_time( ) 的時間計算會排除 CPU 沒有運作時的時間，例如：在等待使用者輸入的時間就不會被計算。

程式實例 ch13_22.ipynb：擴充設計 ch7_31.ipynb 計算圓周率，增加每 10 萬次，列出所需時間，讀者需留意，每台電腦所需時間不同。

```
1    # ch13_22.ipynb
2    import time
3    x = 1000000
4    pi = 0
5    time.process_time()
6    for i in range(1,x+1):
7        pi += 4*((-1)**(i+1) / (2*i-1))
8        if i != 1 and i % 100000 == 0:        # 隔100000執行一次
9            e_time = time.process_time()
10           print(f"當 {i:=7d} 時 PI={pi:8.7f}, 所花時間={e_time}")
```

執行結果

```
當 i= 100000 時 PI=3.1415827, 所花時間=1.930068243
當 i= 200000 時 PI=3.1415877, 所花時間=2.040235687
當 i= 300000 時 PI=3.1415893, 所花時間=2.150914892
當 i= 400000 時 PI=3.1415902, 所花時間=2.261823184
當 i= 500000 時 PI=3.1415907, 所花時間=2.370083964
當 i= 600000 時 PI=3.1415910, 所花時間=2.4731622
當 i= 700000 時 PI=3.1415912, 所花時間=2.56880183
當 i= 800000 時 PI=3.1415914, 所花時間=2.653447438
當 i= 900000 時 PI=3.1415915, 所花時間=2.755141053
當 i=1000000 時 PI=3.1415917, 所花時間=2.856861132
```

13-7　系統 sys 模組

這個模組可以了解 Python 系統訊息。

13-7-1　version 和 version_info 屬性

這個屬性可以列出目前 Google Colab 環境所使用 Python 的版本訊息。

程式實例 ch13_23.ipynb：列出目前所使用 Python 的版本訊息。

```
1  # ch13_23.ipynb
2  import sys
3
4  print("目前Python版本是: ", sys.version)
5  print("目前Python版本是: ", sys.version_info)
```

執行結果
```
目前Python版本是:  3.9.16 (main, Dec  7 2022, 01:11:51)
[GCC 9.4.0]
目前Python版本是:  sys.version_info(major=3, minor=9, micro=16, releaselevel='final', serial=0)
```

13-7-2　platform 屬性

可以傳回目前在 Google Colab 環境的 Python 的使用平台。

```
1 import sys
2 sys.platform

'linux'
```

13-7-3　executable

列出目前所使用 Python 可執行檔案路徑。

```
1 import sys
2 sys.executable

'/usr/bin/python3'
```

13-8　keyword 模組

這個模組有一些 Python 關鍵字的功能。

13-8-1　kwlist 屬性

這個屬性含所有 Python 的關鍵字，往下捲動視窗可以看到更多關鍵字。

```
1 import keyword
2 keyword.kwlist
```
```
['False',
 'None',
 'True',
 '__peg_parser__',
```

13-8-2　iskeyword( )

這個方法可以傳回參數的字串是否是關鍵字，如果是傳回 True，如果否傳回 False。

程式實例 ch13_24.ipynb：檢查串列內的字是否是關鍵字。

```
1  # ch13_24.ipynb
2  import keyword
3
4  keywordLists = ['as', 'while', 'break', 'sse', 'Python']
5  for x in keywordLists:
6      print(f"{x:>8s} {keyword.iskeyword(x)}")
```

執行結果

```
      as True
   while True
   break True
     sse False
  Python False
```

13-9　日期 calendar 模組

日期模組有一些日曆資料，可很方便使用，筆者將介紹幾個常用的方法，使用此模組前需要先導入 "import calendar"。

13-9-1　列出某年是否潤年 isleap( )

如果是潤年傳回 True，否則傳回 False。下列是分別列出 2023 年和 2024 年是否潤年。

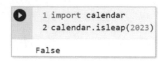

13-9-2　印出月曆 month( )

這個方法完整的參數是 month(year,month)，可以列出指定年份月份的月曆，下列是輸出 2023 年 7 月的月曆。

```
1 import calendar
2 print(calendar.month(2023, 7))
```

```
     July 2023
Mo Tu We Th Fr Sa Su
                1  2
 3  4  5  6  7  8  9
10 11 12 13 14 15 16
17 18 19 20 21 22 23
24 25 26 27 28 29 30
31
```

13-9-3　印出年曆 calendar( )

這個方法完整的參數是 calendar(year)，可以列出指定年份的年曆，下列是輸出 2023 年的年曆，讀者可以自行測試並觀察執行結果。

```
1 import calendar
2 print(calendar.calendar(2023))
```

13-9-4　其它方法

實例 1：列出 2000 年至 2022 年間有幾個潤年。

```
>>> calendar.leapdays(2000, 2022)
6
```

實例 2：列出 2019 年 12 月的月曆。

```
>>> calendar.monthcalendar(2019, 12)
[[0, 0, 0, 0, 0, 0, 1], [2, 3, 4, 5, 6, 7, 8], [9, 10, 11, 12, 13, 14, 15], [16, 17
, 18, 19, 20, 21, 22], [23, 24, 25, 26, 27, 28, 29], [30, 31, 0, 0, 0, 0, 0]]
```

上述每週被當作串列的元素，元素也是串列，元素是從星期一開始計數，非月曆日期用 0 填充，所以可以知道 12 月 1 日是星期日。

實例 3：列出某年某月 1 日是星期幾，以及該月天數。

```
>>> calendar.monthrange(2019, 12)
(6, 31)
```

上述指出 2019 年 12 月有 31 天，12 月 1 日是星期日 (星期一的傳回值是 0)。

13-10 專題：蒙地卡羅模擬 / 文件加密

13-10-1 蒙地卡羅模擬

我們可以使用蒙地卡羅模擬計算 PI 值，首先繪製一個外接正方形的圓，圓的半徑是 1。

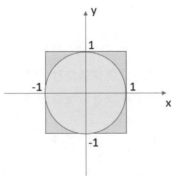

由上圖可以知道矩形面積是 4，圓面積是 PI。

如果我們現在要產生 1000000 個點落在方形內的點，可以由下列公式計算點落在圓內的機率：

圓面積 / 矩形面積 = PI / 4
落在圓內的點個數(Hits) = 1000000 * PI / 4

如果落在圓內的點個數用 Hits 代替，則可以使用下列方式計算 PI。

PI = 4 * Hits / 1000000

程式實例 ch13_25.ipynb：蒙地卡羅模擬隨機數計算 PI 值，這個程式會產生 100 萬個隨機點。

```
1   # ch13_25.ipynb
2   import random
3
4   trials = 1000000
5   Hits = 0
6   for i in range(trials):
7       x = random.random() * 2 - 1        # x軸座標
8       y = random.random() * 2 - 1        # y軸座標
9       if x * x + y * y <= 1:             # 判斷是否在圓內
10          Hits += 1
11  PI = 4 * Hits / trials
12
13  print("PI = ", PI)
```

執行結果

```
PI =  3.141516
```

13-10-2　再談文件加密

在 9-7-4 節筆者已經講解文件加密的觀念，有一個模組 string，這個模組有一個屬性是 printable，這個屬性可以列出所有 ASCII 的可以列印字元。

```
1 import string
2 string.printable

'0123456789abcdefghijklmnopqrstuvwxyzABCDEFGHIJKLMNOPQRSTUVWXYZ!"#$%&\'()*+,-./:;<=>?@[\\]^_`{|}~ \t\n\r\x0b\x0c'
```

上述字串最大的優點是可以處理所有的文件內容，所以我們在加密編碼時已經可以應用在所有文件。在上述字元中最後幾個是逸出字元，在做編碼加密時我們可以將這些字元排除。

```
1 import string
2 abc = string.printable[:-5]
3 abc

'0123456789abcdefghijklmnopqrstuvwxyzABCDEFGHIJKLMNOPQRSTUVWXYZ!"#$%&\'()*+,-./:;<=>?@[\\]^_`{|}~ '
```

程式實例 ch13_26.ipynb：設計一個加密函數，然後為字串執行加密，所加密的字串在第 16 列設定，取材自 1-8 節 Python 之禪的內容。

```
1  # ch13_26.ipynb
2  import string
3
4  def encrypt(text, encryDict):              # 加密文件
5      cipher = []
6      for i in text:                         # 執行每個字元加密
7          v = encryDict[i]                   # 加密
8          cipher.append(v)                   # 加密結果
9      return ''.join(cipher)                 # 將串列轉成字串
10
11 abc = string.printable[:-5]               # 取消不可列印字元
12 subText = abc[-3:] + abc[:-3]             # 加密字串
13 encry_dict = dict(zip(subText, abc))      # 建立字典
14 print("列印編碼字典\n", encry_dict)        # 列印字典
15
16 msg = 'If the implementation is easy to explain, it may be a good idea.'
17 ciphertext = encrypt(msg, encry_dict)
18
19 print("原始字串 ", msg)
20 print("加密字串 ", ciphertext)
```

執行結果

```
列印編碼字典
 {'}': '0', '~': '1', ' ': '2', '0': '3', '1': '4', '2': '5', '3': '6', '4': '7'
原始字串  If the implementation is easy to explain, it may be a good idea.
加密字串  Li2wkh2lpsohphqwdwlrq2lv2hdvB2wr2hAsodlq/2lw2pdB2eh2d2jrrg2lghd;
```

　　上述往右捲動可以看到更完整的編碼字典。可以加密就可以解密，解密的字典基本上是將加密字典的鍵與值對掉即可，如下所示：至於完整的程式設計將是讀者的習題。

　　　　decry_dict = dict(zip(abc, subText))

　　上述加密字元間有一定規律，所以若是碰上高手是可以解此加密規則，如果你想設計一個只有你自己可以解的加密程式，在程式實例 ch13_26.ipynb 第 12 列可以使用下列方式處理。

　　　　newAbc = abc[:]   # 產生新字串拷貝
　　　　abllist = list(newAbc)   # 字串轉成串列
　　　　random.shuffle(abclist)   # 重排串列內容
　　　　subText = ''.join(abclist)   # 串列轉成字串

　　上述相當於打亂字元的對應順序，如果你這樣做就必需將上述 subText 儲存至資料庫內，也就是保存字元打亂的順序，否則連你未來也無法解此加密結果。

13-11　ChatGPT 輔助學習

1：　請說明 Python 內建的模組。

> 錦魁　請說明Python內建的模組

> Python 內建了許多常用的模組，以下是其中一些常見的模組：
>
> 1. `os` 模組：提供了與操作系統相關的功能，如文件操作、環境變量、進程管理等。
> 2. `sys` 模組：提供了與 Python 解析器相關的功能，如程序結束、命令行參數、標準輸出、標準錯誤輸出等。
> 3. `re` 模組：提供了正則表達式相關的功能，如搜索、匹配、替換等。
> 4. `datetime` 模組：提供了日期和時間相關的功能，如日期和時間的加減、格式化、比較等。
> 5. `math` 模組：提供了數學相關的功能，如數學常數、數學函數、幾何運算等。
> 6. `random` 模組：提供了生成隨機數的功能，如生成隨機整數、浮點數、隨機選擇等。

> 7. `json` 模組：提供了 JSON（JavaScript Object Notation）相關的功能，如序列化和反序列化 JSON 對象、讀取和寫入 JSON 文件等。
> 8. `csv` 模組：提供了 CSV（Comma-Separated Values）相關的功能，如讀取和寫入 CSV 文件等。
>
> 以上只是其中一些常見的內建模組，Python 還提供了許多其他有用的內建模組，如 `collections`、`itertools`、`functools`、`socket`、`pickle` 等。這些內建模組大大簡化了 Python 開發的過程，使得開發者能夠更加高效地開發出高質量的程式。

2：　請說明 Pickle 模組。

> 錦魁　請說明pickle模組

> `pickle` 是 Python 中的一個標準模組，用於序列化和反序列化 Python 對象。序列化是將 Python 對象轉換為一個字節流的過程，反序列化是將這個字節流轉換回 Python 對象的過程。
>
> 使用 `pickle` 模組可以方便地將 Python 對象儲存到文件中，或者通過網絡進行傳輸。在某些情況下，將 Python 對象儲存到文件中比使用其他格式如 JSON 或 XML 更加方便和高效，特別是對於一些複雜的 Python 對象而言。
>
> 以下是一個簡單的例子，展示了如何使用 `pickle` 模組序列化和反序列化 Python 對象：

```
1   import pickle
2
3   # 序列化一個 Python 對象
4   data = {'a': [1, 2.0, 3, 4+6j], 'b': ('string', u'Unicode string'), 'c': None}
5   with open('data.pkl', 'wb') as f:
6       pickle.dump(data, f)
7
8   # 反序列化一個 Python 對象
9   with open('data.pkl', 'rb') as f:
10      data = pickle.load(f)
11
12  print(data)
```

```
{'a': [1, 2.0, 3, (4+6j)], 'b': ('string', 'Unicode string'), 'c': None}
```

> 在這個例子中，我們創建了一個 Python 對象 `data`，其中包含了字典、元組和 None 等類型的數據。我們使用 `pickle` 模組將這個對象序列化到文件 `data.pkl` 中，然後再從這個文件中讀取出這個對象並反序列化成 Python 對象，最後輸出這個對象的內容。
>
> 需要注意的是，序列化和反序列化 Python 對象時需要注意安全問題，因為序列化和反序列化操作可能會導致一些潛在的安全問題，如拒絕服務攻擊、遠程代碼執行攻擊等。因此，在使用 `pickle` 模組時需要謹慎考慮其安全性問題。

習題實作題

ex13_1.ipynb：請擴充 makefood 模組，增加 make_noodle( ) 函數，這個函數的參數第一個是麵的種類，例如：牛肉麵、肉絲麵，… 等。第 2 到多個參數則是自選配料，然後參考 ch13_2.py 呼叫方式，產生結果。(13-2 節)

```
牛肉麵 的配料如下：
---   酸菜
---   辣醬
---   蔥花
肉絲麵 的配料如下：
---   辣醬
---   蔥花
```

ex13_2.ipynb：請建立一個模組，這個模組含 4 個運算的類別，分別是加法、減法、乘法和除法，運算完成後需回傳結果。基本上每個方法皆是含 2 個參數，運算原則是：

　　參數1 op 參數2

請分別用 2 組數字測試這個模組。(13-4 節)

```
請輸入運算
1:加法
2:減法
3:乘法
4:除法
輸入1/2/3/4: 1
a = 10
b = 5
a + b =  15
```

ex13_3.ipynb：請重新設計 ch13_13.py，將所猜數值改為 0-30 間，增加猜幾次才答對，若是輸入 Q 或 q，程式可直接結束。(13-5 節)

```
請猜1-30之間數字: 15
請猜小一些
請猜1-30之間數字: 8
請猜小一些
請猜1-30之間數字: 4
恭喜!答對了
總共猜測 3 次
```

ex13_4.ipynb：在賭場有擲骰子機器，每次有 3 個骰子，可以壓大或小、總計數字或是針對猜對數字獲得理賠，請設計一個程式可以每次獲得 3 組數字，然後列出結果。(13-5 節)

```
1 : 隨機3組骰子值 :  [4, 5, 6]
2 : 隨機3組骰子值 :  [1, 1, 4]
3 : 隨機3組骰子值 :  [4, 5, 5]
```

ex13_5.ipynb：請建立水果串列，每執行一次即將輸出的水果從串列內刪除，直到 fruits 串列元素為無。(13-5 節)

```
執行前串列 :  ['蘋果', '香蕉', '西瓜', '水蜜桃', '百香果']
刪除 :  水蜜桃
目前串列 :  ['蘋果', '香蕉', '西瓜', '百香果']
刪除 :  香蕉
目前串列 :  ['蘋果', '西瓜', '百香果']
刪除 :  百香果
目前串列 :  ['蘋果', '西瓜']
刪除 :  西瓜
目前串列 :  ['蘋果']
刪除 :  蘋果
目前串列 :  []
```

ex13_6.ipynb：重新設計 ch13_16.py，產生 600 次 1-6 之間的值，最後以排序字典方式列出每個骰子值出現的次數，你的骰子值出現的次數可能和下列不同。(13-5 節)

```
1 : 107
2 : 100
3 : 93
4 : 92
5 : 111
6 : 97
```

ex13_7.ipynb：重新設計 ch13_18.py，取得威力彩號碼，威力彩普通號與大樂透相同，但是特別號是介於 1-8 之間的數字，這個程式會先列出特別號再將一般號碼由小到大排列。(13-5 節)

```
第1000期威力彩號碼
特別號:2
1  3  27  32  43  44
```

ex13_8.ipynb：請輸入字串，本程式可以判斷這是不是 Python 關鍵字，如果輸入 'Q' 或 'q' 則程式執行結束。(13-8 節)

```
輸入字串 : as
as 是關鍵字
輸入字串 : else
else 是關鍵字
輸入字串 : kk
kk 不是關鍵字
輸入字串 : q
q 不是關鍵字
```

ex13_9.ipynb：請參考 13-9-2 節，但是將年份和月份改為螢幕輸入。(13-9 節)

```
請輸入年份 : 2025
請輸入月份 : 2
    February 2025
Mo Tu We Th Fr Sa Su
                1  2
 3  4  5  6  7  8  9
10 11 12 13 14 15 16
17 18 19 20 21 22 23
24 25 26 27 28
```

ex13_10.ipynb：擴充程式實例 ch13_26.py，多設計一個解密函數，將加密結果字串解密，這個程式可以不用輸出解碼字典。(13-10 節)

```
原始字串  If the implementation is easy to explain, it may be a good idea.
加密字串  Li2wkh2lpsohphqwdwlrq2lv2hdvB2wr2hAsodlq/2lw2pdB2eh2d2jrrg2lghd;
解密字串  If the implementation is easy to explain, it may be a good idea.
```

第 14 章

檔案讀取與寫入

本章筆者將講解使用 Python 讀取與寫入檔案的完整相關知識。

14-1 開啟檔案 open( )

open( ) 函數可以開啟一個檔案供讀取或寫入，如果這個函數執行成功，會傳回檔案匯流物件，這個函數的基本使用格式如下：

　　fobj = open(file, mode="r", encoding=method)

open( ) 函數執行後會回傳檔案物件 fobj，讀者可以自行給予名稱，未來可以將輸出導向此物件，不用時請用「fObj.close( )」，關閉所開啟的檔案物件。

❑　file

用字串列出欲開啟的檔案。

❑　mode

開啟檔案的模式，如果省略代表是 mode="r"，使用時如果 mode="w" 或其它，也可以省略 mode=，直接寫 "w"。也可以同時具有多項模式，例如："wb" 代表以二進位檔案開啟供寫入，可以是下列基本模式。下列是第一個字母的操作意義。

- "r"：這是預設，開啟檔案供讀取 (read)。
- "w"：開啟檔案供寫入，如果原先檔案有內容將被覆蓋。
- "a"：開啟檔案供寫入，如果原先檔案有內容，新寫入資料將附加在後面。
- "+"：開啟一個可以讀取與寫入的檔案。

下列是第二個字母的意義，代表檔案類型。

- "b"：開啟二進位檔案模式。
- "t"：開啟文字檔案模式，這是預設。

❑　encoding

編碼方式，中文 Windows 系統預設是使用 cp950 方式編碼，Cobal 預設是使用 utf-8 編碼。

程式實例 ch14_1.ipynb：將資料輸出到檔案的實例，其中輸出到 out14_1w.txt 採用
"w" 模式，輸出到 out14_1a.txt 採用 "a" 模式。

```
1   # ch14_1.ipynb
2   fstream1 = open("out14_1w.txt", mode="w") # 取代先前資料
3   print("Testing for output", file=fstream1)
4   fstream1.close( )
5   fstream2 = open("out14_1a.txt", mode="a") # 附加資料後面
6   print("Testing for output", file=fstream2)
7   fstream2.close( )
```

執行結果　請點選左邊的 📁 圖示，開啟 Colab 工作區可以看到執行結果，out14_1a.
txt 和 out14_1w.txt 檔案。將滑鼠游標移到檔案可以在右邊看到 ⋮ 圖示，按一下 ⋮ 圖示，
再執行下載 Download，可以在瀏覽器左下方看到所下載的檔案。

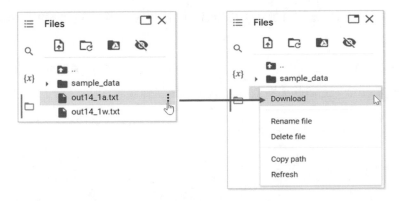

這個程式如果執行程式一次，可以得到 out14_1w.txt 和 out14_1a.txt 內容相同。
但是如果持續執行，out14_1a.txt 內容會持續增加，out14_1w.txt 內容則保持不變，下
列是執行 2 次此程式，out14_1w.txt 和 out14_1a.txt 的內容。

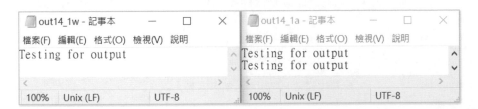

14-2　讀取檔案

Python 處理讀取或寫入檔案首先需將檔案開啟，然後可以接受一次讀取所有檔案
內容或是逐列讀取檔案內容，常用讀取檔案相關方法可以參考下表。

方法	說明
open( )	開啟檔案，可以參考 14-1 節。
read( )	讀取檔案可以參考 14-2-1 和 14-2-5 節。
readline( )	讀取一列資料，可以參考 14-2-3 節。
readlines( )	讀取多列資料，用串列回傳，可以參考 14-2-4 節。
tell( )	回傳讀寫指針的位置，可以參考 14-2-5 節。

14-2-1　讀取整個檔案 read(n)

　　檔案開啟後，可以使用 read(n) 讀取所開啟的檔案，n 省略可以讀取整個檔案，使用 read( ) 讀取時，所有的檔案內容將以一個字串方式被讀取然後存入字串變數內，未來只要印此字串變數相當於可以列印整個檔案內容。**註：**14-2-5 節會說明 read(n) 的用法。

　　本書資料夾的 ch14 資料夾有下列 data14_2.txt 檔案，執行前需要在 Colab 的 Files 工作區點選 ⬆ 圖示，上傳此檔案至 Colab 的 Files 工作區。

程式實例 ch14_2.ipynb：讀取 data14_2.txt 檔案然後輸出，請讀者留意程式第 7 列，筆者使用列印一般變數方式就列印了整個檔案了。

```
1  # ch14_2.ipynb
2  fn = 'data14_2.txt' # 設定欲開啟的檔案
3  fObj = open(fn, 'r', encoding='cp950')
4  data = fObj.read()   # 讀取檔案到變數data
5  fObj.close()         # 關閉檔案物件
6  print(data)          # 輸出變數data相當於輸出檔案
```

執行結果

```
深智數位
Deepmind Co.
Deepen your mind.
```

　　上述使用 open( ) 開啟檔案時，建議使用 close( ) 將檔案關閉可參考第 5 列，若是沒有關閉也許未來檔案內容會有不可預期的損害。

　　另外，上述程式第 3 和 4 列所開啟的檔案 data14_2.txt 沒有檔案路徑，表示這個檔案需與程式檔案在相同的工作區，所以在 Colab 環境需要先上傳檔案到工作區，由於我們在使用中文 Windows 的筆記本建立檔案時，是使用 cp950 編碼，所以上述 open( ) 函數開啟檔案時需要加註「encoding='cp950'」。

14-2-2　with 關鍵字

　　Python 提供一個關鍵字 with，在**開啟檔案與建立檔案物件**時使用方式如下：

> with open(欲開啟的檔案) as 檔案物件:
> 　　相關系列指令

　　真正懂 Python 的使用者皆是使用這種方式開啟檔案，最大特色是可以不必在程式中關閉檔案，with 指令會在區塊指令結束後自動將檔案關閉，檔案經 "with open( ) as 檔案物件 " 開啟後會有一個檔案物件，就可以使用前一節的 read( ) 讀取此檔案物件的內容。

程式實例 ch14_3.ipynb：使用 with 關鍵字重新設計 ch14_2.ipynb。

```
1  # ch14_3.ipynb
2  fn = 'data14_2.txt'          # 設定欲開啟的檔案
3  with open(fn, 'r', encoding='cp950') as fObj:
4      data = fObj.read()       # 讀取檔案到變數data
5  print(data)                  # 輸出變數data
```

執行結果　與 ch14_3.ipynb 相同。

14-2-3　逐列讀取檔案內容

　　在 Python 若想逐列讀取檔案內容，可以使用下列迴圈：

> for line in fObj:　　　　　　　　# line和fObj可以自行取名，fObj是檔案物件
> 　　迴圈相關系列指令

程式實例 ch14_4.ipynb：逐列讀取和輸出檔案。

```
1  # ch14_4.ipynb
2  fn = 'data14_2.txt'          # 設定欲開啟的檔案
3  with open(fn, 'r', encoding='cp950') as fObj:
4      for line in fObj:        # 相當於逐列讀取
5          print(line)          # 輸出line
```

執行結果

```
深智數位

Deepmind Co.

Deepen your mind.
```

　　因為以記事本編輯的 data14_2.txt 文字檔每列末端有換列符號，同時 print( ) 在輸出時也有一個換列輸出的符號，所以才會得到上述每列輸出後有空一列的結果。

程式實例 ch14_5.ipynb：重新設計 ch14_4.ipynb，但是刪除每列末端的換列符號。

```
1  # ch14_5.ipynb
2  fn = 'data14_2.txt'          # 設定欲開啟的檔案
3  with open(fn, 'r', encoding='cp950') as fObj:
4      for line in fObj:        # 相當於逐列讀取
5          print(line.rstrip())  # 輸出line
```

執行結果

```
深智數位
Deepmind Co.
Deepen your mind.
```

　　讀取整列也可以使用 readline( )，可以參考下列實例。

程式實例 ch14_6.ipynb：使用 readline( ) 讀取整列資料。

```
1  # ch14_6.ipynb
2  fn = 'data14_2.txt'          # 設定欲開啟的檔案
3  with open(fn, 'r', encoding='cp950') as fObj:
4      txt1 = fObj.readline()
5      print(txt1)              # 輸出txt1
6      txt2 = fObj.readline()
7      print(txt2)              # 輸出txt2
```

執行結果

```
深智數位

Deepmind Co.
```

14-2-4　逐列讀取使用 readlines( )

　　使用 with 關鍵字配合 open( ) 時，所開啟的檔案物件目前只在 with 區塊內使用，適用在特別是想要遍歷此檔案物件時。Python 另外有一個方法 readlines( ) 可以採用逐列讀取方式，一次讀取全部 txt 的內容，同時以串列方式儲存，另一個特色是讀取時每列的換列字元皆會儲存在串列內，同時一列資料是一個串列元素。當然更重要的是我們可以在 with 區塊外遍歷原先檔案物件內容。

在本書所附資料夾的 ch14 資料夾有下列 data14_7.txt 檔案。

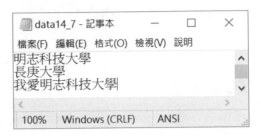

程式實例 ch14_7.ipynb：使用 readlines( ) 逐列讀取 data14_7.txt，存入串列，然後列印此串列的結果。

```
1   # ch14_7.ipynb
2   fn = 'data14_7.txt'              # 設定欲開啟的檔案
3   with open(fn, 'r', encoding='cp950') as fObj:
4       mylist = fObj.readlines()
5   print(mylist)
```

執行結果

['明志科技大學\n', '長庚大學\n', '我愛明志科技大學\n']

由上述執行結果可以看到，txt 檔案的換行字元也出現在串列元素內，如果想要逐列輸出所保存的串列內容，可以使用 for 迴圈。

14-2-5 認識讀取指針與指定讀取文字數量

在真實的檔案讀取應用中，我們可能要分批讀取檔案資料，這時的 read( ) 使用觀念如下：

    fObj.read(n)   # 註：在 cp950 開啟檔案時 n 是要讀取的文字數量

使用這種方式讀取檔案時，可以使用 tell( ) 獲得目前讀取檔案指針的位置，單位是位元組。

程式實例 ch14_8.ipynb：讀取 3 個文字數量，同時列出讀取後的指針位置。

```
1    # ch14_8.ipynb
2    fn = 'data14_8.txt'              # 設定欲開啟的檔案
3    with open(fn, 'r', encoding='cp950') as fObj:
4        print(f"指針位置 {fObj.tell()}")
5        txt1 = fObj.read(3)
6        print(f"{txt1}, 指針位置 {fObj.tell()}")
7        txt2 = fObj.read(3)
8        print(f"{txt2}, 指針位置 {fObj.tell()}")
9        txt3 = fObj.read(3)
10       print(f"{txt3}, 指針位置 {fObj.tell()}")
```

執行結果

```
指針位置 0
Min，指針位置 3
gCh，指針位置 6
i是明，指針位置 11
```

14-2-6　分批讀取檔案資料

在真實的檔案讀取應用中，如果檔案很大時，我們可能要分批讀取檔案資料，下列是分批讀取檔案的應用。

程式實例 ch14_9.ipynb：用一次讀取 100 字元方式，讀取 sse.txt 檔案。

```
1  # ch14_9.ipynb
2  fn = 'data14_9.txt'            # 設定欲開啟的檔案
3  chunk = 100
4  msg = ''
5  with open(fn, 'r', encoding='cp950') as fObj:
6      while True:
7          txt = fObj.read(chunk)  # 一次讀取chunk數量
8          if not txt:
9              break
10         msg += txt
11 print(msg)
```

執行結果

```
Silicon Stone Education is a world leader in education-based
 certification exams and practice test solutions for academic
institutions, workforce and corporate technology markets,
delivered through an expansive network of over 250+ Silicon
Stone Education Authorized testing sites worldwide in America,
Asia and Europe.
```

14-3　寫入檔案

程式設計時一定會碰上要求將執行結果保存起來，此時就可以使用將執行結果存入檔案內，寫入檔案常用的方法可以參考下表。

方法	說明
write(str)	將字串 str 資料寫入檔案，可以參考 14-3-1 節。
Writelines([s1, s2, … sn])	將串列資料寫入檔案，可以參考 14-3-4 節。

14-3-1　將執行結果寫入空的文件內

開啟檔案 open( ) 函數使用時預設是 mode='r' 讀取檔案模式，因此如果開啟檔案是供讀取可以省略 mode='r'。若是要供寫入，那麼就要設定寫入模式 mode='w'，程式設計時可以省略 mode，直接在 open( ) 函數內輸入 'w'。如果所開啟的檔案可以讀取或寫入可以使用 'r+'。如果所開啟的檔案不存在 open( ) 會建立該檔案物件，如果所開啟的檔案已經存在，原檔案內容將被清空。

至於輸出到檔案可以使用 write( ) 方法，語法格式如下：

　　len = 檔案物件.write(欲輸出資料)　　　　　# 可將資料輸出到檔案物件

上述方法會傳回輸出資料的資料長度。

程式實例 ch14_10.ipynb：輸出資料到檔案的應用，同時輸出寫入的檔案長度。

```
1  # ch14_10.py
2  fn = 'out14_10.txt'
3  string = 'I love Python.'
4
5  with open(fn, 'w', encoding='cp950') as fObj:
6      print(fObj.write(string))
```

執行結果　　　　　　　　　　　14

可以在 Colab 的 Files 工作區可以看到 **out14_10.txt** 檔案，開啟可以得到 I love Python.。註：write( ) 輸出時無法寫入數值資料，如果想要使用 write( ) 將數值資料寫入檔案，必需使用 str( ) 將數值資料轉成字串資料。

14-3-2　輸出多列資料的實例

如果多列資料輸出到檔案，設計程式時需留意各列間的換列符號問題，write( ) 不會主動在列的末端加上換列符號，如果有需要需自己處理。

程式實例 ch14_11.ipynb：使用 write( ) 輸出多列資料的實例。

```
1  # ch14_11.ipynb
2  fn = 'out14_11.txt'
3  str1 = 'I love Python.'
4  str2 = '洪錦魁著'
5
6  with open(fn, 'w', encoding='cp950') as fObj:
7      fObj.write(str1)
8      fObj.write(str2)
```

執行結果

14-3-3　檔案很大時的分段寫入

有時候檔案或字串很大時，我們也可以用分批寫入方式處理。

程式實例 ch14_12.ipynb：將一個字串用每次 100 字元方式寫入檔案，這個程式也會紀錄每次寫入的字元數，第 2-11 列的文字取材自「Python 之禪」的內容。

```
1   # ch14_12.ipynb
2   zenofPython = '''Beautiful is better than ugly.
3   Explicit is better than implicits.
4   Simple is better than complex.
5   Flat is better than nested.
6   Sparse is better than desse.
7   Readability counts.
8   Special cases aren't special enough to break the rules.
9   ...
10  ...
11  By Tim Peters'''
12
13  fn = 'out14_12.txt'
14  size = len(zenofPython)
15  offset = 0
16  chunk = 100                        # 每次寫入的單位
17  with open(fn, 'w', encoding='cp950') as fObj:
18      while True:
19          if offset > size:
20              break
21          print(fObj.write(zenofPython[offset:offset+chunk]))
22          offset += chunk
```

執行結果

```
100
100
51
```

上述執行 Colab 的 Files 工作區將有 out14_12.txt，此檔案內容如下：

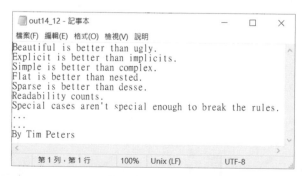

從上述執行結果可以看到寫了 3 次，第 3 次是 51 個字元。

14-3-4 writelines( )

這個方法可以將串列內的元素寫入檔案。

程式實例 ch14_13.ipynb：writelines( ) 使用實例。

```
1  # ch14_13.ipynb
2  fn = 'out14_13.txt'
3  mystr = ['相見時難別亦難\n', '東風無力百花殘\n', '春蠶到死絲方盡']
4
5  with open(fn, 'w', encoding='cp950') as fObj:
6      fObj.writelines(mystr)
```

執行結果

14-4 讀取和寫入二進位檔案

14-4-1 拷貝二進位檔案

一般圖檔、語音檔…等皆是二進位檔案，如果要開啟二進位檔案在 open( ) 檔案時需要使用 'rb'，要寫入二進位檔案在 open( ) 檔案時需要使用 'wb'。

程式實例 ch14_14.ipynb：圖片檔案的拷貝，圖片檔案是二進位檔案，這個程式會拷貝 hung.jpg，新拷貝的檔案是 hung1.jpg。

```
1  # ch14_14.py
2  src = 'hung.jpg'
3  dst = 'hung1.jpg'
4  tmp = ''
5
6  with open(src, 'rb') as file_rd:
7      tmp = file_rd.read()
8      with open(dst, 'wb') as file_wr:
9          file_wr.write(tmp)
```

執行結果 可以在 Colab 的 Files 工作區看到 hung.jpg 和 hung1.jpg(這是新的複製檔案)。

hung.jpg　　　　　　　　　　　　　　　　　hun1.jpg

14-4-2　隨機讀取二進位檔案

在使用 Python 讀取二進位檔案時，是可以隨機控制讀寫指針的位置，也就是我們可以不必從頭開始讀取，讀了每個 byte 資料才可以讀到檔案最後位置。整個觀念是使用 tell( ) 和 seek( ) 方法，tell( ) 可以傳回從檔案開頭算起，目前讀寫指針的位置，以 byte 為單位。seek( ) 方法可以讓目前讀寫指針跳到指定位置，seek( ) 方法的語法如下：

offsetValue = seek(offset, origin)

整個 seek( ) 方法會傳回目前讀寫指針相對整體資料的位移值，至於 origrin 的意義如下：

origin 是 0(預設)，讀寫指針移至開頭算起的第 offset 的 byte 位置。

origin 是 1，讀寫指針移至目前位置算起的第 offset 的 byte 位置。

origin 是 2，讀寫指針移至相對結尾的第 offset 的 byte 位置。

程式實例 ch14_15.ipynb：建立一個 0-255 的二進位檔案。

```
1  # ch14_15.py
2  dst = 'bdata'
3  bytedata = bytes(range(0,256))
4  with open(dst, 'wb') as file_dst:
5      file_dst.write(bytedata)
```

執行結果 這只是建立一個 bdata 二進位檔案。

程式實例 ch14_16.ipynb：隨機讀取二進位檔案的應用。

```
1   # ch14_16.ipynb
2   src = 'bdata'
3
4   with open(src, 'rb') as file_src:
5       print("目前位移 : ", file_src.tell())
6       file_src.seek(10)
7       print("目前位移 : ", file_src.tell())
8       data = file_src.read()
9       print("目前內容 : ", data[0])
10      file_src.seek(255)
11      print("目前位移 : ", file_src.tell())
12      data = file_src.read()
13      print("目前內容 : ", data[0])
```

執行結果

```
目前位移 :  0
目前位移 :  10
目前內容 :  10
目前位移 :  255
目前內容 :  255
```

14-5 認識編碼格式 encoding

14-5-1 cp950 編碼與 UTF-8 編碼

目前為止所談到的文字檔 (.txt) 的檔案開啟，有關檔案編碼部分皆是使用 Windows 作業系統預設方式，也就是 cp950 編碼 (也稱 ANSI)，使用記事本開啟檔案時，可以在記事本下方看到 txt 檔案的編碼方式。

在 Windows 環境使用記事本時預設是使用 cp950 編碼 (也就是 ANSI) 方式儲存，如果要使用 utf-8 格式儲存，在編輯檔案完成後，請執行**檔案 / 另存為**指令。

會出現**另存新檔**對話方塊，請在編碼欄位選擇 UTF-8。

上述按**存檔**鈕，就可以使用 UTF-8 編碼格式儲存 test 檔案，如下所示：

在 Colab 環境預設是使用 utf-8 開啟檔案，這時使用 open( ) 開啟上述 test.txt 就可以省略 encoding 的設定。

14-5-2　utf-8 編碼

utf-8 英文全名是 8-bit Unicode Transformation Format，這是一種適合多語系的編碼規則，主要精神是使用可變長度位元組方式儲存字元，以節省記憶體空間。例如，對於英文字母而言是使用 1 個位元組空間儲存即可，對於含有附加符號的希臘文、拉丁文或阿拉伯文 … 等則用 2 個位元組空間儲存字元，兩岸華人所使用的中文字則是以 3 個位元組空間儲存字元，只有極少數的平面輔助文字需要 4 個位元組空間儲存字元。也就是說這種編碼規則已經包含了全球所有語言的字元了，所以採用這種編碼方式設計網頁時，其他國家的瀏覽器只要有支援 utf-8 編碼皆可顯示。例如，美國人即使使用英文版的 Internet Explorer 瀏覽器，也可以正常顯示中文字。

另外，有時我們在網路世界瀏覽其它國家的網頁時，發生顯示亂碼情況，主要原因就是對方網頁設計師並沒有將此屬性設為 "utf-8"。例如，早期最常見的是，大陸簡體中文的編碼是 "gb2312"，這種編碼方式是以 2 個字元組儲存一個簡體中文字，由於這種編碼方式不是適用多語系，無法在繁體中文 Windows 環境中使用，如果大陸的網頁設計師採用此編碼，將造成港、澳或台灣繁體中文 Widnows 的使用者在繁體中文視窗環境瀏覽此網頁時出現亂碼。

程式實例 ch14_17.ipynb：用 encoding='950' 開啟 test.txt 檔案發生錯誤的實例。

```
1  # ch14_17.ipynb
2  fn = 'test.txt'              # 設定欲開啟的檔案
3  with open(fn, 'r', encoding='cp950') as fObj:
4      data = fObj.read()       # 讀取檔案到變數data
5  print(data)                  # 輸出變數data
```

執行結果

```
--------------------------------------------------------------------
UnicodeDecodeError                        Traceback (most recent call last)
<ipython-input-1-92596b1d9ba8> in <module>
      2 fn = 'test.txt'          # 設定欲開啟的檔案
      3 with open(fn, 'r', encoding='cp950') as fObj:
----> 4     data = fObj.read()        # 讀取檔案到變數data
      5 print(data)                   # 輸出變數data

UnicodeDecodeError: 'cp950' codec can't decode byte 0x9e in position 8: illegal
multibyte sequence
```

上述很明顯指出是解碼 decode 錯誤。

程式實例 ch14_18.ipynb：重新設計 ch14_17.ipynb，省略 encoding 設定，這相當於是使用 encoding='utf-8'。

```
1  # ch14_18.ipynb
2  fn = 'test.txt'              # 設定欲開啟的檔案
3  with open(fn, 'r') as fObj:
4      data = fObj.read()       # 讀取檔案到變數data
5  print(data)                  # 輸出變數data
```

執行結果   Python語言

14-6 ChatGPT 輔助學習

1： 請說明 Python 的 open( ) 函數的用法。

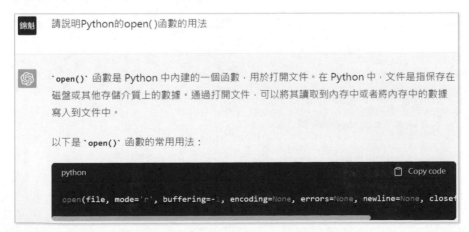

- `mode`：打開文件的模式，可選的值包括：
  - `'r'`：讀取模式，默認值，打開文件後只能讀取文件內容，不能寫入。
  - `'w'`：寫入模式，打開文件後只能寫入文件內容，不能讀取。
  - `'x'`：獨占創建模式，如果文件已經存在，則打開文件失敗，否則創建一個新文件並打開。
  - `'a'`：追加模式，打開文件後只能在文件末尾寫入數據，不能讀取。
  - `'b'`：二進制模式，打開文件後以二進制模式進行讀寫操作。
  - `'t'`：文本模式，打開文件後以文本模式進行讀寫操作，默認值。
  - `'+'`：讀寫模式，打開文件後既可以讀取文件內容，也可以寫入文件內容。
- `buffering`：指定讀寫文件時的緩存方式，可選的值包括：
  - `-1` 或者不指定：使用系統默認的緩存策略。
  - `0`：禁用緩存。
  - 大於 `0`：緩存大小，以字節為單位。
- `encoding`：指定打開文件時的編碼方式，默認值為 `None`，表示使用系統默認的編碼方式。

- `errors`：指定編解碼錯誤時的處理方式，可選的值包括：
  - `'strict'`：默認值，遇到錯誤時拋出 `UnicodeError` 異常。
  - `'ignore'`：忽略錯誤，直接跳過錯誤的字符。
  - `'replace'`：用 `?` 替換錯誤的字符。
- `newline`：指定讀寫文本文件時的行結束符，可選的值包括：
  - `None`：使用系統默認的行結束符。

2：　請用 Python 設計一個可以複製音樂檔案的程式。

 請用Python設計一個可以複製音樂檔案的程式

複製音樂檔案可以使用 Python 的 `shutil` 模組中的 `copy` 函數實現。以下是一個簡單的 Python 程式，用於複製指定的音樂檔案：

```
1  import shutil
2
3  def copy_music_file(src_path, dst_path):
4      """
5      將音樂檔案從源路徑複製到目標路徑
6      """
7      shutil.copy(src_path, dst_path)
8      print('檔案已複製到', dst_path)
9
10 # 調用函數複製音樂檔案
11 src_path = '/path/to/source/file.mp3'
12 dst_path = '/path/to/destination/file.mp3'
13 copy_music_file(src_path, dst_path)
```

在這個程式中，我們首先導入了 Python 的 `shutil` 模組，然後定義了一個 `copy_music_file` 函數，用於將音樂檔案從源路徑複製到目標路徑。函數接受兩個參數 `src_path` 和 `dst_path`，分別表示源檔案的路徑和目標檔案的路徑。

在函數內部，我們使用 `shutil.copy` 函數將源檔案複製到目標檔案。如果複製成功，則輸出一條提示信息。最後，我們調用 `copy_music_file` 函數，並傳入源路徑和目標路徑作為參數，即可完成音樂檔案的複製。

習題實作題

ex14_1.ipynb：有一個檔案 edata14_5.txt 內容如下：

請讀取上述檔案，然後讓各列字串在同一列輸出，下列是執行結果。(14-2 節)

明志工專長庚大學我愛明志工專

ex14_2.ipynb：本章講解了讀取檔案的知識，也講解了寫入檔案的知識，請設計一個 copy 程式，將一個檔案寫入另一個檔案內。程式執行時會先要求輸入原始檔的檔名，然後要求輸入目的檔的檔名，程式會將原始檔的內容寫入目的檔內。本書 ex14 資料夾有下列測試檔案 edata14_2.txt。

下列是執行示範輸出。

```
請輸入來源檔案 : edata14_2.txt
請輸入目的檔案 : out14_2.txt
```

　　執行完後可以在目前資料夾看到 out14_5.txt 檔案，它的內容將和 data14_5.txt 相同。(14-3 節)

ex14_3.ipynb：有 5 個字串列內容如下：(14-3 節)

> str1 = 'Python入門到高手之路'
> str2 = '作者：洪錦魁'
> str3 = '深智數位科技'
> str4 = 'DeepMind Corporation'
> str5 = 'Deep Learning'

請依上述字串執行下列工作：

A：分 5 列輸出，將執行結果存入 out14_3_1.txt。

B：同一列輸出，彼此不空格，將執行結果存入 out14_3_2.txt。

C：同一列輸出，彼此空 2 格，將執行結果存入 out14_3_3.txt。

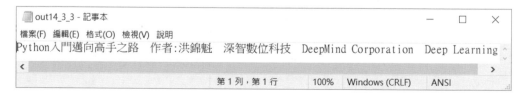

ex14_4.ipynb：請一次讀取 out14_3_1.txt，然後輸出到螢幕。(14-3 節)

```
Python入門邁向高手之路
作者:洪錦魁
深智數位科技
DeepMind Corporation
Deep Learning
```

ex14_5.ipynb：請一次一列讀取 out14_3_1.txt，然後輸出到螢幕。(14-3 節)

```
Python入門邁向高手之路
作者:洪錦魁
深智數位科技
DeepMind Corporation
Deep Learning
```

ex14_6.ipynb：請一次一列讀取 out14_3_1.txt，然後處理成一列且彼此不空格，然後輸出到螢幕。(14-3 節)

```
Python入門邁向高手之路作者:洪錦魁深智數位科技DeepMind CorporationDeep Learning
```

ex14_7.ipynb：請參考 ch14_14.py，設計 copy 二進位檔案，以圖檔為實例，其中來源檔案和目的檔案必需由螢幕輸入。(14-4 節)

```
請輸入來源圖檔 : hung.jpg
請輸入目的圖檔 : hung1.jpg
```

ex14_8.ipynb：有一個檔案 edata14_8.txt 內容如下：

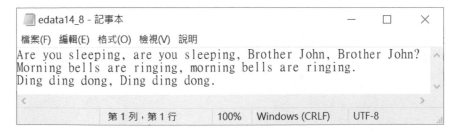

請設計程式將所有出現的單字，從多到少列印出來。 (14-13 節)

```
ding : 4
are : 4
dong : 2
morning : 2
brother : 2
you : 2
john : 2
bells : 2
sleeping : 2
ringing : 2
```

第 15 章

程式除錯與異常處理

15-1　程式異常

　　有時也可以將**程式錯誤** (error) 稱作**程式異常** (exception)，相信每一位寫程式的人一定會常常碰上程式錯誤，過去碰上這類情況程式將終止執行，同時出現錯誤訊息，錯誤訊息內容通常是顯示 Traceback，然後列出異常報告。Python 提供功能可以讓我們**捕捉異常**和**撰寫異常處理程序**，當發生異常被我們捕捉時會去執行異常處理程序，然後程式可以繼續執行。

15-1-1　一個除數為 0 的錯誤

　　本節將以一個除數為 0 的錯誤開始說明。

程式實例 ch15_1.ipynb：建立一個除法運算的函數，這個函數將接受 2 個參數，然後執行第一個參數除以第二個參數。

```
1  # ch15_1.ipynb
2  def division(x, y):
3      return x / y
4
5  print(division(10, 2))    # 列出10/2
6  print(division(5, 0))     # 列出5/0
7  print(division(6, 3))     # 列出6/3
```

執行結果

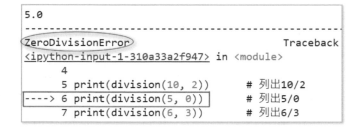

```
5.0
------------------------------------------------------------
ZeroDivisionError                              Traceback
<ipython-input-1-310a33a2f947> in <module>
      4
      5 print(division(10, 2))    # 列出10/2
----> 6 print(division(5, 0))     # 列出5/0
      7 print(division(6, 3))     # 列出6/3
```

　　上述程式在執行第 5 列時，一切還是正常。但是到了執行第 6 列時，因為第 2 個參數是 0，導致發生 ZeroDivisionError: division by zero 的錯誤，所以整個程式就執行終止了。其實對於上述程式而言，若是程式可以執行第 7 列，是可以正常得到執行結果的，可是程式第 6 列已經造成程式終止了，所以無法執行第 7 列。

15-1-2　撰寫異常處理程序 try - except

　　這一小節筆者將講解如何捕捉異常與設計異常處理程序，發生異常被捕捉時程式會執行異常處理程序，然後跳開異常位置，再繼續往下執行。這時要使用 try – except 指令，它的語法格式如下：

```
try:
     指令                # 預先設想可能引發錯誤異常的指令
except 異常物件:          # 若以ch15_1.ipynb而言，異常物件就是指ZeroDivisionError
     異常處理程序          # 通常是指出異常原因，方便修正
```

上述會執行 try: 下面的**指令**，如果正常則跳離 except 部分，如果**指令**有錯誤異常，則檢查此異常是否是**異常物件**所指的錯誤，如果是代表異常被捕捉了，則執行此**異常物件**下面的異常處理程序。

程式實例 ch15_2.ipynb：重新設計 ch15_1.ipynb，增加異常處理程序。

```
1   # ch15_2.ipynb
2   def division(x, y):
3       try:                        # try - except指令
4           return x / y
5       except ZeroDivisionError:   # 除數為0時執行
6           print("除數不可為0")
7
8   print(division(10, 2))          # 列出10/2
9   print(division(5, 0))           # 列出5/0
10  print(division(6, 3))           # 列出6/3
```

執行結果

```
5.0
除數不可為0
None
2.0
```

上述程式執行第 8 列時，會將參數 (10, 2) 帶入 division( ) 函數，由於執行 try 的指令的 "x / y" 沒有問題，所以可以執行 "return x / y"，這時 Python 將跳過 except 的指令。當程式執行第 9 列時，會將參數 (5, 0) 帶入 division( ) 函數，由於執行 try 的指令的 "x / y" 產生了除數為 0 的 ZeroDivisionError 異常，這時 Python 會找尋是否有處理這類異常的 except ZeroDivisionError 存在，如果有就表示此異常被捕捉，就去執行相關的錯誤處理程序，此例是執行第 6 列，輸出 " 除數不可為 0" 的錯誤。函數回返然後印出結果 None，None 是一個物件表示結果不存在，最後返回程式第 10 列，繼續執行相關指令。

從上述可以看到，程式增加了 try – except 後，若是異常被 except 捕捉，出現的異常訊息比較友善了，同時不會有程式中斷的情況發生。

特別需留意的是在 try – except 的使用中，如果在 try: 後面的**指令**產生異常時，這個異常不是我們設計的 except **異常物件**，表示異常沒被捕捉到，這時程式依舊會像 ch15_1.ipynb 一樣，直接出現錯誤訊息，然後程式終止。

程式實例 ch15_2_1.ipynb：重新設計 ch15_2.ipynb，但是程式第 9 列使用字元呼叫除法運算，造成程式異常。

```
1   # ch15_2_1.ipynb
2   def division(x, y):
3       try:                        # try - except指令
4           return x / y
5       except ZeroDivisionError:   # 除數為0時執行
6           print("除數不可為0")
7
8   print(division(10, 2))          # 列出10/2
9   print(division('a', 'b'))       # 列出'a' / 'b'
10  print(division(6, 3))           # 列出6/3
```

執行結果

```
5.0
--------------------------------------------------------------
TypeError                                       Traceback (most
<ipython-input-1-af7682cd20f4> in <module>
      7
      8 print(division(10, 2))           # 列出10/2
----> 9 print(division('a', 'b'))        # 列出'a' / 'b'
     10 print(division(6, 3))            # 列出6/3
```

由上述執行結果可以看到異常原因是 TypeError，由於我們在程式中沒有設計 except TypeError 的異常處理程序，所以程式會終止執行。更多相關處理將在 15-2 節說明。

15-1-3　try - except - else

Python 在 try – except 中又增加了 else 指令，這個指令存放的主要目的是 try 內的指令正確時，可以執行 else 內的指令區塊，我們可以將這部分指令區塊稱**正確處理程序**，這樣可以增加程式的可讀性。此時語法格式如下：

```
try:
    指令                # 預先設想可能引發異常的指令
except 異常物件:         # 若以ch15_1.ipynb而言，異常物件就是指ZeroDivisionError
    異常處理程序         # 通常是指出異常原因，方便修正
else:
    正確處理程序         # 如果指令正確實執行此區塊指令
```

程式實例 ch15_3.ipynb：使用 try – except – else 重新設計 ch15_2.ipynb。

```
1   # ch15_3.ipynb
2   def division(x, y):
3       try:                        # try - except指令
```

```
4            ans =  x / y
5        except ZeroDivisionError:      # 除數為0時執行
6            print("除數不可為0")
7        else:
8            return ans                 # 傳回正確的執行結果
9
10   print(division(10, 2))             # 列出10/2
11   print(division(5, 0))              # 列出5/0
12   print(division(6, 3))              # 列出6/3
```

執行結果　與 ch15_2.ipynb 相同。

15-1-4　找不到檔案的錯誤 FileNotFoundError

　　程式設計時另一個常常發生的異常是開啟檔案時找不到檔案，這時會產生 FileNotFoundError 異常。

程式實例 ch15_4.ipynb：開啟一個不存在的檔案 ch15_4.txt 產生異常的實例，這個程式會有一個異常處理程序，如果檔案找不到則輸出 " **找不到檔案** "。如果檔案存在，則列印檔案內容。

```
1    # ch15_4.ipynb
2
3    fn = 'data15_4.txt'               # 設定欲開啟的檔案
4    try:
5        with open(fn) as file_Obj:    # 預設mode=r開啟檔案
6            data = file_Obj.read()    # 讀取檔案到變數data
7    except FileNotFoundError:
8        print(f"找不到 {fn} 檔案")
9    else:
10       print(data)                   # 輸出變數data
```

執行結果　　　　找不到 **data15_4.txt** 檔案

15-1-5　分析單一文件字數的應用

　　有時候在讀一篇文章時，可能會想知道這篇文章的字數，這時我們可以採用下列方式分析。在正式分析前，可以先來看一個簡單的程式應用。

程式實例 ch15_5.ipynb：設計一個計算文章字數的函數 wordsNum，只要傳遞文章檔案名稱，就可以獲得此篇文章的字數。

```
1    # ch15_5.ipynb
2    def wordsNum(fn):
3        """適用英文文件，輸入文章的檔案名稱,可以計算此文章的字數"""
4        try:
5            with open(fn) as file_Obj:  # 用預設mode=r開啟檔案
6                data = file_Obj.read()  # 讀取檔案到變數data
```

```
 7        except FileNotFoundError:
 8            print(f"找不到 {fn} 檔案")
 9        else:
10            wordList = data.split()        # 將文章轉成串列
11            print(f"{fn} 文章的字數是 {len(wordList)}")    # 文章字數
12
13    file = 'data15_5.txt'                  # 設定欲開啟的檔案
14    wordsNum(file)
```

執行結果　　　　　　　　　　data15_5.txt 文章的字數是 43

15-2 設計多組異常處理程序

在程式實例 ch15_1.ipynb、ch15_2.ipynb 和 ch15_2_1.ipynb 的實例中，我們很清楚瞭解了程式設計中有太多各種不可預期的異常發生，所以我們需要瞭解設計程式時可能需要同時設計多個異常處理程序。

15-2-1　常見的異常物件

異常物件名稱	說明
AttributeError	通常是指物件沒有這個屬性
Exception	**一般錯誤皆可使用**
FileNotFoundError	找不到 open( ) 開啟的檔案
IOError	在輸入或輸出時發生錯誤
IndexError	索引超出範圍區間
KeyError	在映射中沒有這個鍵
MemoryError	需求記憶體空間超出範圍
NameError	物件名稱未宣告
SyntaxError	語法錯誤
SystemError	直譯器的系統錯誤
TypeError	資料型別錯誤
ValueError	傳入無效參數
ZeroDivisionError	除數為 0

在 ch15_2_1.ipynb 的程式應用中可以發現，異常發生時如果 except 設定的異常物件不是發生的異常，相當於 except 沒有捕捉到異常，所設計的異常處理程序變成無效的異常處理程序。Python 提供了一個**通用型**的異常物件 Exception，它可以捕捉各式的基礎異常。

程式實例 ch15_6.ipynb：重新設計 ch15_2_1.ipynb，異常物件設為 Exception。

```
1   # ch15_6.ipynb
2   def division(x, y):
3       try:                        # try - except指令
4           return x / y
5       except Exception:           # 通用錯誤使用
6           print("通用錯誤發生")
7
8   print(division(10, 2))          # 列出10/2
9   print(division(5, 0))           # 列出5/0
10  print(division('a', 'b'))       # 列出'a' / 'b'
11  print(division(6, 3))           # 列出6/3
```

執行結果

```
5.0
通用錯誤發生
None
通用錯誤發生
None
2.0
```

　　從上述可以看到第 9 列**除數為 0** 或是第 10 列**字元相除**所產生的異常皆可以使用 except Exception 予以捕捉，然後執行異常處理程序。甚至這個通用型的異常物件也可以應用在取代 FileNotFoundError 異常物件，讀者可以自行將此應用在 ch15_4.ipynb。

15-2-2　設計捕捉多個異常

　　在 try:- except 的使用中，可以設計多個 except 捕捉多種異常，此時語法如下：

```
try:
        指令                     # 預先設想可能引發錯誤異常的指令
except  異常物件1:               # 如果指令發生異常物件1執行
        異常處理程序1
except  異常物件2:               # 如果指令發生異常物件2執行
        異常處理程序2
```

　　當然也可以視情況設計更多異常處理程序。

程式實例 ch15_7.ipynb：重新設計 ch15_6.ipynb 設計捕捉 2 個異常物件，可參考第 5 和 7 列。

```
1   # ch15_7.ipynb
2   def division(x, y):
3       try:                        # try - except指令
4           return x / y
5       except ZeroDivisionError:   # 除數為0使用
6           print("除數為0發生")
```

```
7         except TypeError:          # 資料型別錯誤
8             print("使用字元做除法運算異常")
9
10  print(division(10, 2))           # 列出10/2
11  print(division(5, 0))            # 列出5/0
12  print(division('a', 'b'))        # 列出'a' / 'b'
13  print(division(6, 3))            # 列出6/3
```

執行結果

```
5.0
除數為0發生
None
使用字元做除法運算異常
None
2.0
```

15-2-3　使用一個 except 捕捉多個異常

Python 也允許設計一個 except，捕捉多個異常，此時語法如下：

try:

　　指令　　　　　　　　　　　# 預先設想可能引發錯誤異常的指令

except (異常物件1, 異常物件2, …):　　# 指令發生其中所列異常物件執行

　　異常處理程序

程式實例 ch15_8.ipynb：重新設計 ch15_7.ipynb，用一個 except 捕捉 2 個異常物件，下列程式讀者需留意第 5 列的 except 的寫法。

```
1   # ch15_8.ipynb
2   def division(x, y):
3       try:                          # try - except指令
4           return x / y
5       except (ZeroDivisionError, TypeError):    # 2個異常
6           print("除數為0發生 或 使用字元做除法運算異常")
7
8   print(division(10, 2))            # 列出10/2
9   print(division(5, 0))             # 列出5/0
10  print(division('a', 'b'))         # 列出'a' / 'b'
11  print(division(6, 3))             # 列出6/3
```

執行結果

```
5.0
除數為0發生 或 使用字元做除法運算異常
None
除數為0發生 或 使用字元做除法運算異常
None
2.0
```

15-2-4　處理異常但是使用 Python 內建的錯誤訊息

在先前所有實例，當發生異常同時被捕捉時皆是使用我們自建的異常處理程序，Python 也支援發生異常時使用系統內建的異常處理訊息。此時語法格式如下：

```
try:
        指令                           # 預先設想可能引發錯誤異常的指令
except  異常物件 as e:                  # 使用as e
        print(e)                      # 輸出e
```

上述 e 是系統內建的異常處理訊息，e 可以是任意字元，筆者此處使用 e 是因為代表 error 的內涵。當然上述 except 語法也接受同時處理多個異常物件，可參考下列程式實例第 5 列。

程式實例 ch15_9.ipynb：重新設計 ch15_8.ipynb，使用 Python 內建的錯誤訊息。

```
1  # ch15_9.ipynb
2  def division(x, y):
3      try:                        # try - except指令
4          return x / y
5      except (ZeroDivisionError, TypeError) as e:    # 2個異常
6          print(e)
7
8  print(division(10, 2))         # 列出10/2
9  print(division(5, 0))          # 列出5/0
10 print(division('a', 'b'))      # 列出'a' / 'b'
11 print(division(6, 3))          # 列出6/3
```

執行結果

```
5.0
division by zero
None
unsupported operand type(s) for /: 'str' and 'str'
None
2.0
```

上述執行結果的錯誤訊息皆是 Python 內部的錯誤訊息。

15-2-5　捕捉所有異常

程式設計許多異常是我們不可預期的，很難一次設想周到，Python 提供語法讓我們可以一次捕捉所有異常，此時 try – except 語法如下：

```
try:
        指令                   # 預先設想可能引發錯誤異常的指令
except:                       # 捕捉所有異常
        異常處理程序            # 通常是print輸出異常說明
```

程式實例 ch15_10.ipynb：一次捕捉所有異常的設計。

```
1   # ch15_10.ipynb
2   def division(x, y):
3       try:                        # try - except指令
4           return x / y
5       except:                     # 捕捉所有異常
6           print("異常發生")
7
8   print(division(10, 2))          # 列出10/2
9   print(division(5, 0))           # 列出5/0
10  print(division('a', 'b'))       # 列出'a' / 'b'
11  print(division(6, 3))           # 列出6/3
```

執行結果

```
5.0
異常發生
None
異常發生
None
2.0
```

15-3 丟出異常 - raise

前面所介紹的異常皆是 Python 直譯器發現異常時，自行丟出異常物件，如果我們不處理程式就終止執行，如果我們使用 try – except 處理程式可以在異常中回復執行。這一節要探討的是，我們設計程式時如果發生某些狀況，我們自己將它定義為異常然後丟出異常訊息，程式停止正常往下執行，同時讓程式跳到自己設計的 except 去執行。它的語法如下：

```
raise Exception('msg')                      # 呼叫Exception，msg是傳遞錯誤訊息
…
…
try:
    指令
except Exception as err:                    # err是任意取的變數名稱，內容是msg
    print("message", + str(err))            # 列印錯誤訊息
```

程式實例 ch15_11.ipynb：目前有些金融機構在客戶建立網路帳號時，會要求密碼長度必需在 5 到 8 個字元間，接下來我們設計一個程式，這個程式內有 passWord( ) 函數，這個函數會檢查密碼長度，如果長度小於 5 或是長度大於 8 皆拋出異常。在第 11 列會有一系列密碼供測試，然後以迴圈方式執行檢查。

```
1   # ch15_11.ipynb
2   def passWord(pwd):
3       """檢查密碼長度必須是5到8個字元"""
4       pwdlen = len(pwd)                        # 密碼長度
5       if pwdlen < 5:                           # 密碼長度不足
6           raise Exception('密碼長度不足')
7       if pwdlen > 8:                           # 密碼長度太長
8           raise Exception('密碼長度太長')
9       print('密碼長度正確')
10
11  for pwd in ('aaabbbccc', 'aaa', 'aaabbb'):   # 測試系列密碼值
12      try:
13          passWord(pwd)
14      except Exception as err:
15          print("密碼長度檢查異常發生: ", str(err))
```

執行結果

```
密碼長度檢查異常發生:   密碼長度太長
密碼長度檢查異常發生:   密碼長度不足
密碼長度正確
```

上述當密碼長度不足或密碼長度太長，皆會拋出異常，這時 passWord( ) 函數回傳的是 Exception 物件 (第 6 和 8 列)，這時原先 Exception( ) 內的字串 (' 密碼長度不足 ' 或 ' 密碼長度太長 ') 會透過第 14 列傳給 err 變數，然後執行第 15 列內容。

15-4 程式除錯的典故

通常我們又將程式除錯稱 Debug，De 是除去的意思，bug 是指小蟲，其實這是有典故的。1944 年 IBM 和哈佛大學聯合開發了 Mark I 電腦，此電腦重 5 噸，有 8 英呎高，51 英呎長，內部線路加總長是 500 英哩，沒有中斷使用了 15 年，下列是此電腦圖片。

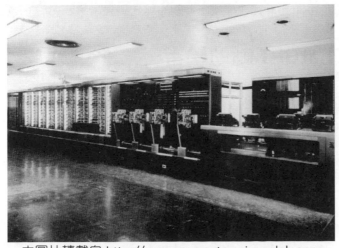

本圖片轉載自 http://www.computersciencelab.com

在當時有一位女性程式設計師 Grace Hopper，發現了第一個電腦蟲 (bug)，一隻死的蛾 (moth) 的雙翅卡在繼電器 (relay)，促使資料讀取失敗，下列是當時 Grace Hopper 記錄此事件的資料。

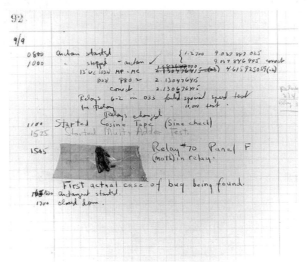

本圖片轉載自 http://www.computersciencelab.com

當時 Grace Hopper 寫下了下列兩句話。

Relay #70 Panel F (moth) in relay.

First actual case of bug being found.

大意是編號 70 的繼電器出問題 (因為蛾)，這是真實電腦上所發現的第一隻蟲。自此，電腦界認定用 debug 描述「找出及刪除程式錯誤」應歸功於 Grace Hopper。

15-5　ChatGPT 輔助學習

1：　請用 Python 設計程式可以讀取輸入字元，如果所輸入的字元是非英文字母，會主動丟出異常。

```
1  import string
2
3  def read_input_character():
4      """
5      讀取使用者輸入的字元，如果不是英文字母則拋出異常
6      """
7      ch = input('請輸入一個字元：')
8      if ch not in string.ascii_letters:
9          raise ValueError('輸入的字元必須為英文字母！')
10     return ch
11
12 try:
13     ch = read_input_character()
14     print('您輸入的字元是：', ch)
15 except ValueError as e:
16     print('輸入錯誤：', str(e))
```

在這個程式中，我們定義了一個 `read_input_character` 函數，用於讀取使用者輸入的字元。在函數內部，我們首先使用 `input()` 函數讀取使用者輸入的字元，然後使用 `string.ascii_letters` 常量檢查該字元是否為英文字母，如果不是則拋出 `ValueError` 異常。

在 `try-except` 塊中，我們調用 `read_input_character` 函數來讀取使用者輸入的字元。如果輸入的字元是英文字母，則輸出讀取的字元；否則，捕獲異常並輸出錯誤訊息。

需要注意的是，如果使用者輸入的字元不是單個字符，或者包含空格或其他特殊字符，可能會導致檢查失敗。如果需要確保輸入的字元符合要求，可以對輸入進行進一步處理，例如去除多餘的空格或符號，只保留第一個字元等。

2：　請用 Python 設計程式可以讀取輸入字串，如果所輸入的字串長度是小於 8，和大於 12，會主動拋出異常。

錦魁　請用Python設計程式可以讀取輸入字串,如果所輸入的字串長度是小於8, 和大於12會主動拋出異常

　　可以使用 Python 的 `len()` 函數來獲取使用者輸入的字串長度，然後根據長度判斷是否拋出異常。以下是一個示例：

```
1   def read_input_string():
2       """
3       讀取使用者輸入的字串，如果長度不在指定範圍內則拋出異常
4       """
5       s = input('請輸入一個字串：')
6       length = len(s)
7       if length < 8 or length > 12:
8           raise ValueError('字串長度必須在 8 到 12 個字符之間！')
9       return s
10
11  try:
12      s = read_input_string()
13      print('您輸入的字串是：', s)
14  except ValueError as e:
15      print('輸入錯誤：', str(e))
```

> 在這個程式中，我們定義了一個 `read_input_string` 函數，用於讀取使用者輸入的字串。在
> 函數內部，我們首先使用 `input()` 函數讀取使用者輸入的字串，然後使用 `len()` 函數獲取
> 該字串的長度。如果字串長度小於 8 或大於 12，則拋出 `ValueError` 異常。
>
> 在 `try-except` 塊中，我們調用 `read_input_string` 函數來讀取使用者輸入的字串。如果
> 字串的長度符合要求，則輸出讀取的字串；否則，捕獲異常並輸出錯誤訊息。
>
> 需要注意的是，這個程式只檢查字串的長度是否符合要求，並沒有對字串進行其他格式或內
> 容上的限制。如果需要對輸入的字串做更進一步的檢查，例如確保字串只包含特定的字符或
> 格式，可以在函數內部加入相應的檢查邏輯。

習題實作題

ex15_1.ipynb：請在螢幕輸入文字，然後將輸入的文字存入 out15_1.txt，再分析此文章有多少單字。(15-1 節)

```
請輸入文字 : I like Python. Python is a good language.
out15_1.txt  文章的字數是  8
```

ex15_2.ipynb：請重新設計 ch15_7.py，但是將除數與被除數改為由螢幕輸入。提示：使用 input( ) 讀取輸入時，所讀取的是字串，需使用 int( ) 將字串轉為整數資料型態，如果所輸入的是非數字將產生 ValueError。(15-2 節)

```
請輸入第1個數字 : 10
請輸入第2個數字 : 2
5.0
```

```
請輸入第1個數字 : 10
請輸入第2個數字 : 0
除數不可為0
None
```

```
請輸入第1個數字 : 10
請輸入第2個數字 : a
除法資料型態不符
None
```

ex15_3.ipynb：請重新設計實作 ex15_2.ipynb，但是只能有一個 except，可以捕捉所有錯誤，捕捉到錯誤時一律輸出「資料輸入錯誤」。(15-2 節)

```
請輸入第1個數字 : 10
請輸入第2個數字 : 2
5.0
```

```
請輸入第1個數字 : 10
請輸入第2個數字 : 0
資料輸入錯誤
None
```

```
請輸入第1個數字 : 10
請輸入第2個數字 : a
資料輸入錯誤
None
```

ex15_4.ipynb：請重新設計 ex15_3.py，以無限迴圈方式讀取資料，如果輸入 'n' 或 'N' 代表程式結束。(15-2 節)

```
請輸入第1個數字 : 10
請輸入第2個數字 : 2
5.0
是否繼續(y/n), 輸入n或N代表不繼續 ? y
請輸入第1個數字 : 10
請輸入第2個數字 : a
資料輸入錯誤
None
是否繼續(y/n), 輸入n或N代表不繼續 ? n
```

ex15_5.ipynb：請讀取檔案，請使用 ex15 資料夾內的 d1.txt … d5.txt 等 5 個檔案測試，如果檔案長度超過 35 字或小於 10 個字則出現異常。(15-3 節)

```
d1.txt　文章的字數是　43
檔案長度檢查異常發生：　檔案長度太長
d2.txt　文章的字數是　4
檔案長度檢查異常發生：　檔案長度不足
d3.txt　文章的字數是　7
檔案長度檢查異常發生：　檔案長度不足
d4.txt　文章的字數是　11
檔案長度正確
d5.txt　文章的字數是　15
檔案長度正確
```

第 16 章

正則表達式 Regular Expression

正則表達式 (Regular Expression) 主要功能是執行模式的比對與搜尋，甚至 Word 文件也可以使用正則表達式處理**搜尋** (search) 與**取代** (replace) 功能，本章首先會介紹如果沒用正則表達式，如何處理搜尋文字功能，再介紹使用正則表達式處理這類問題，讀者會發現整個工作變得更簡潔容易。

16-1　使用 Python 硬功夫搜尋文字

如果現在打開手機的聯絡資訊可以看到，台灣手機號碼的格式如下：

```
0952-282-020                  # 可以表示為xxxx-xxx-xxx，每個x代表一個0-9數字
```

從上述可以發現手機號碼格式是 4 個數字，1 個連字符號，3 個數字，1 個連字符號，3 個數字所組成。

程式實例 ch16_1.ipynb：用傳統知識設計一個程式，然後判斷字串是否有含台灣的手機號碼格式。

```
1  # ch16_1.ipynb
2  def phoneNum(string):
3      """檢查是否有含手機號碼格式"""
4      if len(string) != 12:          # 如果長度不是12
5          return False               # 傳回非手機號碼格式
6
7      for i in range(0, 4):          # 如果前4個字出現非數字字元
8          if string[i].isdecimal() == False:
9              return False           # 傳回非手機號碼格式
10
11     if string[4] != '-':           # 如果不是'-'字元
12         return False               # 傳回非手機號碼格式
13
14     for i in range(5, 8):          # 如果中間3個字出現非數字字元
15         if string[i].isdecimal() == False:
16             return False           # 傳回非手機號碼格
17
18     if string[8] != '-':           # 如果不是'-'字元
19         return False               # 傳回非手機號碼格式
20
21     for i in range(9, 12):         # 如果最後3個字出現非數字字元
22         if string[i].isdecimal() == False:
23             return False           # 傳回非手機號碼格
24     return True                    # 通過以上測試
25
26 print("I love Ming-Chi: 是手機號碼", phoneNum('I love Ming-Chi'))
27 print("0932-999-199:    是手機號碼", phoneNum('0932-999-199'))
```

執行結果
```
I love Ming-Chi: 是台灣手機號碼 False
0932-999-199:    是台灣手機號碼 True
```

上述程式第 4 和 5 列是判斷字串長度是否 12，如果不是則表示這不是手機號碼格式。程式第 7 至 9 列是判斷字串前 4 碼是不是數字，如果不是則表示這不是手機號碼格式，註：如果是數字字元 isdecimal( ) 會傳回 True。程式第 11 至 12 列是判斷這個字元是不是 '-'，如果不是則表示這不是手機號碼格式。程式第 14 至 16 列是判斷字串索引 [5][6][7] 碼是不是數字，如果不是則表示這不是手機號碼格式。程式第 18 至 19 列是判斷這個字元是不是 '-'，如果不是則　表示這不是手機號碼格式。程式第 21 至 23 列是判斷字串索引 [9][10][11] 碼是不是數字，如果不是則表示這不是手機號碼格式。如果通過了以上所有測試，表示這是手機號碼格式，程式第 24 列傳回 True。

在真實的環境應用中，我們可能需面臨一段文字，這段文字內穿插一些數字，然後我們必需將手機號碼從這段文字抽離出來。

程式實例 ch16_2.ipynb：將電話號碼從一段文字抽離出來。

```
1   # ch16_2.ipynb
2   def phoneNum(string):
3       """檢查是否有含手機號碼格式"""
4       if len(string) != 12:          # 如果長度不是12
5           return False               # 傳回非手機號碼格式
6
7       for i in range(0, 4):          # 如果前4個字出現非數字字元
8           if string[i].isdecimal() == False:
9               return False           # 傳回非手機號碼格式
10
11      if string[4] != '-':           # 如果不是'-'字元
12          return False               # 傳回非手機號碼格式
13
14      for i in range(5, 8):          # 如果中間3個字出現非數字字元
15          if string[i].isdecimal() == False:
16              return False           # 傳回非手機號碼格
17
18      if string[8] != '-':           # 如果不是'-'字元
19          return False               # 傳回非手機號碼格式
20
21      for i in range(9, 12):         # 如果最後3個字出現非數字字元
22          if string[i].isdecimal() == False:
23              return False           # 傳回非手機號碼格
24      return True                    # 通過以上測試
25
26  def parseString(string):
27      """解析字串是否含有電話號碼"""
28      notFoundSignal = True          # 註記沒有找到電話號碼為True
29      for i in range(len(string)):   # 用迴圈讀12個字元做測試
30          msg = string[i:i+12]
31          if phoneNum(msg):
32              print(f"電話號碼是: {msg}")
33              notFoundSignal = False
34      if notFoundSignal:             # 如果沒有找到電話號碼則列印
35          print(f"{string} 字串不含電話號碼")
36
37  msg1 = 'Please call me using 0930-919-919 or 0952-001-001'
38  msg2 = '請明天17:30和我一起參加晚餐'
```

```
39   msg3 = '請明天17:30和我一起參加晚餐，可用0933-080-080聯絡我'
40   parseString(msg1)
41   parseString(msg2)
42   parseString(msg3)
```

執行結果

```
電話號碼是：0930-919-919
電話號碼是：0952-001-001
請明天17:30和我一起參加晚餐 字串不含電話號碼
電話號碼是：0933-080-080
```

　　從上述執行結果可以得到我們成功的從一個字串分析，然後將電話號碼分析出來了。分析方式的重點是程式第 26 列到 35 列的 parseString 函數，這個函數重點是第 29 至 33 列，這個迴圈會逐步抽取字串的 12 個字元做比對，將比對字串放在 msg 字串變數內，下列是各迴圈次序的 msg 字串變數內容。

msg = 'Please call '	# 第1次[0:12]
msg = 'lease call m'	# 第2次[1:13]
msg = 'ease call my'	# 第3次[2:14]
…	
msg = '0930-939-939'	# 第22次[30:42]
…	
msg = '0952-001-001'	# 第38次[47:59]

　　程式第 28 列將沒有找到電話號碼 notFoundSignal 設為 True，如果有找到電話號碼程式 33 列將 notFoundSignal 標示為 False，當 parseString( ) 函數執行完，notFoundSignal 仍是 True，表示沒找到電話號碼，所以第 35 列列印**字串不含電話號碼**。

　　上述使用所學的 Python 硬功夫雖然解決了我們的問題，但是若是將電話號碼改成中國手機號 (xxx-xxxx-xxxx)、美國手機號 (xxx-xxx-xxxx) 或是一般公司行號的電話，整個號碼格式不一樣，要重新設計可能需要一些時間。不過不用擔心，接下來筆者將講解 Python 的正則表達式可以輕鬆解決上述困擾。

16-2　正則表達式的基礎

❏　Python Shell 環境

　　Python 有關正則表達式的方法是在 re 模組內，所以使用正則表達式需要導入 re 模組。

```
import  re              # 導入re模組
```

❑ Google Colab

因為 Google Colab 已經內部安裝此模組，所以讀者不需額外安裝。

16-2-1 建立搜尋字串模式 pattern

在前一節我們使用 isdecimal( ) 方法判斷字元是否 0-9 的數字。

正則表達式是一種文字模式的表達方法，在這個方法中使用 \d 表示 0-9 的數字字元，採用這個觀念我們可以將前一節的手機號碼 xxxx-xxx-xxx 改用下列正則表達方式表示：

'\d\d\d\d-\d\d\d-\d\d\d'

由逸出字元的觀念可知，將上述表達式當字串放入函數內需增加 '\'，所以整個正則表達式的使用方式如下：

'\\d\\d\\d\\d-\\d\\d\\d-\\d\\d\\d'

我們可以在字串前加 r 可以防止字串內的逸出字元被轉譯，所以又可以將上述正則表達式簡化為下列格式：

r'\d\d\d\d-\d\d\d-\d\d\d'

16-2-2 search( ) 方法

Regex 是 **Reg**ular **ex**pression 的簡稱，模組名稱是 re，在 re 模組內有 search( ) 方法，可以執行字串搜尋，此方法的語法格式如下：

rtn_match = re.search(pattern, string, flags)

若是以台灣的手機號碼為例，pattern 內容如下：

pattern = r'\d\d\d\d-\d\d\d-\d\d\d'

string 是所搜尋的字串，flags 可以省略，未來會介紹幾個 flags 常用相關參數的應用。使用 search( ) 函數可以回傳 rtn_match 物件，這是 re.Match 物件，這個物件可以使用 group( ) 函數得到所要的資訊，若是以 ch16_3.ipynb 為實例，就是手機號碼，可以參考下列實例第 13 列。

程式實例 ch16_3.ipynb：使用正則表達式重新設計 ch16_2.ipynb。

```
 1  # ch16_3.ipynb
 2  import re
 3
 4  msg1 = 'Please call me using 0930-919-919 or 0952-001-001'
 5  msg2 = '請明天17:30和我一起參加晚餐'
 6  msg3 = '請明天17:30和我一起參加晚餐，可用0933-080-080聯絡我'
 7
 8  def parseString(string):
 9      """解析字串是否含有電話號碼"""
10      pattern = r'\d\d\d\d-\d\d\d-\d\d\d'
11      phoneNum = re.search(pattern, string)
12      if phoneNum != None:      # 如果phoneNum不是None表示取得號碼
13          print(f"電話號碼是: {phoneNum.group()}")
14      else:
15          print(f"{string} 字串不含電話號碼")
16
17  parseString(msg1)
18  parseString(msg2)
19  parseString(msg3)
```

執行結果

電話號碼是: 0930-919-919
請明天**17:30**和我一起參加晚餐 字串不含電話號碼
電話號碼是: 0933-080-080

　　在程式實例 ch16_3.ipynb，使用了約 19 列做字串解析，當我們使用 Python 的正則表達式時，只用第 10 和 11 列共 2 列就解析了字串是否含手機號碼了，整個程式變的簡單許多。不過上述 msg1 字串內含 2 組手機號碼，使用 search( ) 只傳回第一個發現的號碼，下一節將改良此方法。

16-2-3　findall( ) 方法

　　從方法的名字就可以知道，這個方法可以傳回所有找到的手機號碼。這個方法會將搜尋到的手機號碼用串列方式傳回，這樣就不會有只顯示第一筆搜尋到手機號碼的缺點，如果沒有比對相符的號碼就傳回 [ ] 空串列。要使用這個方法的關鍵指令如下：

　　　rtn_list = re.findall(pattern, string, flags)

　　上述函數 pattern、string 和 flags 參數用法與 search( ) 函數相同，回傳的物件 rtn_list 是串列，若是以 ch16_4.ipynb 為例，回傳的就是所找到的電話串列。

程式實例 ch16_4.ipynb：使用 re.findall( ) 重新設計 ch16_3.ipynb，可以找到所有的手機號碼。

```
8  def parseString(string):
9      """解析字串是否含有電話號碼"""
10     pattern = r'\d\d\d-\d\d\d-\d\d\d'
11     phoneNum = re.findall(pattern, string)
12     if phoneNum != None:       # 如果phoneNum不是None表示取得號碼
13         print(f"電話號碼是: {phoneNum}")
14     else:
15         print(f"{string} 字串不含電話號碼")
```

執行結果

```
電話號碼是: ['0930-919-919', '0952-001-001']
電話號碼是: []
電話號碼是: ['0933-080-080']
```

16-2-4 再看正則表達式

下列是我們目前的正則表達式所搜尋的字串模式：

　　r'\d\d\d-\d\d\d-\d\d\d'

其中可以看到 \d 重複出現，對於重複出現的字串可以用大括號內部加上重複次數方式表達，所以上述可以用下列方式表達。

　　r'\d{4}-\d{3}-\d{3}'

程式實例 ch16_5.ipynb：使用本節觀念重新設計 ch16_4.ipynb，下列只列出不一樣的程式內容。

```
10     pattern = r'\d{4}-\d{3}-\d{3}'
```

執行結果 　與 ch16_4.ipynb 相同。

16-3　更多搜尋比對模式

先前我們所用的實例是手機號碼，試想想看如果我們改用市區電話號碼的比對，台北市的電話號碼如下：

　　02-26669999　　　　　　 # 可用xx-xxxxxxxx表達

下列各小節將以上述台北市電話號碼模式說明。

16-3-1　使用小括號分組

依照 16-2 節的觀念，可以用下列正則表示法表達上述市區電話號碼。

r'\d\d-\d\d\d\d\d\d\d\d'

所謂括號分組是以**連字號** "-" 區別，然後用小括號隔開群組，可以用下列方式重新規劃上述表達式。

r'(\d\d)-(\d\d\d\d\d\d\d\d)'

也可簡化為：

r'(\d{2})-(\d{8})'

當使用 re.search( ) 執行比對時，未來可以使用 group( ) 傳回比對符合的不同分組，例如：group( ) 或 group(0) 傳回第一個比對相符的文字與 ch16_3.ipynb 觀念相同。如果 group(1) 則傳回括號的第一組文字，group(2) 則傳回括號的第二組文字。

程式實例 ch16_6.ipynb：使用小括號分組的觀念，將各分組內容輸出。

```
1  # ch16_6.ipynb
2  import re
3
4  msg = 'Please call my secretary using 02-26669999'
5  pattern = r'(\d{2})-(\d{8})'
6  phoneNum = re.search(pattern, msg)              # 傳回搜尋結果
7
8  print(f"完整號碼是: {phoneNum.group()}")        # 顯示完整號碼
9  print(f"完整號碼是: {phoneNum.group(0)}")       # 顯示完整號碼
10 print(f"區域號碼是: {phoneNum.group(1)}")       # 顯示區域號碼
11 print(f"電話號碼是: {phoneNum.group(2)}")       # 顯示電話號碼
```

執行結果

```
完整號碼是: 02-26669999
完整號碼是: 02-26669999
區域號碼是: 02
電話號碼是: 26669999
```

如果所搜尋比對的正則表達式字串有用小括號分組時，若是使用 findall( ) 方法處理，會傳回元素是元組 (tuple) 的串列 (list)，元組內的每個元素就是搜尋的分組內容。

程式實例 ch16_7.ipynb：使用 findall( ) 重新設計 ch16_6.ipynb，這個實例會多增加一組電話號碼。

```
1  # ch16_7.ipynb
2  import re
3
4  msg = 'Please call my secretary using 02-26669999 or 02-11112222'
5  pattern = r'(\d{2})-(\d{8})'
6  phoneNum = re.findall(pattern, msg)              # 傳回搜尋結果
7  print(phoneNum)
```

執行結果

```
[('02', '26669999'), ('02', '11112222')]
```

16-3-2　groups( )

注意這是 groups( )，有在 group 後面加上 s，當我們使用 re.search( ) 搜尋字串時，可以使用這個方法取得分組的內容。這時還可以使用 2-8 節的多重指定的觀念，例如：若以 ch16_8.ipynb 為例，在第 7 列我們可以使用下列多重指定獲得區域號碼和當地電話號碼。

　　　　areaNum, localNum = phoneNum.groups( )　　　　# 多重指定

程式實例 ch16_8.ipynb：重新設計 ch16_6.ipynb，分別列出區域號碼與電話號碼。

```
1  # ch16_8.ipynb
2  import re
3
4  msg = 'Please call my secretary using 02-26669999'
5  pattern = r'(\d{2})-(\d{8})'
6  phoneNum = re.search(pattern, msg)       # 傳回搜尋結果
7  areaNum, localNum = phoneNum.groups()    # 留意是groups()
8  print(f"區域號碼是：{areaNum}")           # 顯示區域號碼
9  print(f"電話號碼是：{localNum}")          # 顯示電話號碼
```

執行結果

```
區域號碼是：02
電話號碼是：26669999
```

16-3-3　區域號碼是在小括號內

在一般電話號碼的使用中，常看到區域號碼是用小括號包夾，如下所示：

　(02)-26669999

在處理小括號時，方式是 \(和 \)，可參考下列實例。

程式實例 ch16_9.ipynb：重新設計 ch16_8.ipynb，第 4 列的區域號碼是 (02)，讀者需留意第 4 列和第 5 列的設計。

```
1  # ch16_9.ipynb
2  import re
3
4  msg = 'Please call my secretary using (02)-26669999'
5  pattern = r'(\(\d{2}\))-(\d{8})'
6  phoneNum = re.search(pattern, msg)        # 傳回搜尋結果
7  areaNum, localNum = phoneNum.groups()     # 留意是groups()
8  print(f"區域號碼是: {areaNum}")           # 顯示區域號碼
9  print(f"電話號碼是: {localNum}")          # 顯示電話號碼
```

執行結果

```
區域號碼是: (02)
電話號碼是: 26669999
```

16-3-4　使用管道 |

|(pipe) 在正則表示法稱**管道**，使用管道我們可以同時搜尋比對多個字串，例如：如果想要搜尋 Mary 和 Tom 字串，可以使用下列表示。

　　　　pattern = 'Mary|Tom'　　　　　　　# 注意單引號'或|旁不可留空白

程式實例 ch16_10.ipynb：管道搜尋多個字串的實例。

```
1   # ch16_10.ipynb
2   import re
3
4   msg = 'John and Tom will attend my party tonight. John is my best friend.'
5   pattern = 'John|Tom'            # 搜尋John和Tom
6   txt = re.findall(pattern, msg)  # 傳回搜尋結果
7   print(txt)
8   pattern = 'Mary|Tom'            # 搜尋Mary和Tom
9   txt = re.findall(pattern, msg)  # 傳回搜尋結果
10  print(txt)
```

執行結果

```
['John', 'Tom', 'John']
['Tom']
```

16-3-5　搜尋時忽略大小寫

搜尋時若是在 search( ) 或 findall( ) 內增加第三個參數 re.I 或 re.IGNORECASE，搜尋時就會忽略大小寫，至於列印輸出時將以原字串的格式顯示。

程式實例 ch16_11.ipynb：以忽略大小寫方式執行找尋相符字串。

```
1   # ch16_11.ipynb
2   import re
3
4   msg = 'john and TOM will attend my party tonight. JOHN is my best friend.'
5   pattern = 'John|Tom'                      # 搜尋John和Tom
6   txt = re.findall(pattern, msg, re.I)      # 傳回搜尋忽略大小寫的結果
7   print(txt)
8   pattern = 'Mary|tom'                      # 搜尋Mary和tom
9   txt = re.findall(pattern, msg, re.I)      # 傳回搜尋忽略大小寫的結果
10  print(txt)
```

執行結果

```
['john', 'TOM', 'JOHN']
['TOM']
```

16-4 貪婪與非貪婪搜尋

16-4-1　搜尋時使用大括號設定比對次數

在 16-2-4 節我們有使用過大括號，當時講解 \d{4} 代表重複 4 次，也就是大括號的數字是設定重複次數。可以將這個觀念應用在搜尋一般字串，例如：(son){3} 代表所搜尋的字串是 'sonsonson'，如果有一字串是 'sonson'，則搜尋結果是不符。大括號除了可以設定重複次數，也可以設定指定範圍，例如：(son){3,5} 代表所搜尋的字串如果是 'sonsonson'、'sonsonsonson' 或 'sonsonsonsonson' 皆算是相符合的字串。(son){3,5} 正則表達式相當於下列表達式：

((son)(son)(son))|((son)(son)(son)(son))|((son)(son)(son)(son)(son))

程式實例 ch16_12.ipynb：設定搜尋 son 字串重複 3-5 次皆算搜尋成功。

```
1   # ch16_12.ipynb
2   import re
3
4   def searchStr(pattern, msg):
5       txt = re.search(pattern, msg)
6       if txt == None:              # 搜尋失敗
7           print("搜尋失敗 ",txt)
8       else:                        # 搜尋成功
9           print("搜尋成功 ",txt.group())
10
11  msg1 = 'son'
12  msg2 = 'sonson'
13  msg3 = 'sonsonson'
14  msg4 = 'sonsonsonson'
```

```
15  msg5 = 'sonsonsonsonson'
16  pattern = '(son){3,5}'
17  searchStr(pattern,msg1)
18  searchStr(pattern,msg2)
19  searchStr(pattern,msg3)
20  searchStr(pattern,msg4)
21  searchStr(pattern,msg5)
```

執行結果

```
搜尋失敗   None
搜尋失敗   None
搜尋成功   sonsonson
搜尋成功   sonsonsonson
搜尋成功   sonsonsonsonson
```

　　使用大括號時，也可以省略第一或第二個數字，這相當於不設定最小或最大重複次數。例如：(son){3,} 代表重複 3 次以上皆符合，(son){,10} 代表重複 10 次以下皆符合。有關這方面的實作，將留給讀者練習，可參考習題 3。

16-4-2　貪婪與非貪婪搜尋

　　在講解貪婪與非貪婪搜尋前，筆者先簡化程式實例 ch16_12.ipynb，使用相同的搜尋模式 '(son){3,5}'，搜尋字串是 'sonsonsonsonson'，看看結果。

程式實例 ch16_13.ipynb：使用搜尋模式 '(son){3,5}'，搜尋字串 'sonsonsonsonson'。

```
1   # ch16_13.ipynb
2   import re
3
4   def searchStr(pattern, msg):
5       txt = re.search(pattern, msg)
6       if txt == None:         # 搜尋失敗
7           print("搜尋失敗 ",txt)
8       else:                   # 搜尋成功
9           print("搜尋成功 ",txt.group())
10
11  msg = 'sonsonsonsonson'
12  pattern = '(son){3,5}'
13  searchStr(pattern,msg)
```

執行結果

搜尋成功   sonsonsonsonson

　　其實由上述程式所設定的搜尋模式可知 3、4 或 5 個 son 重複就算找到了，可是 Python 執行結果是列出最多重複的字串，5 次重複，這是 Python 的預設模式，這種模式又稱**貪婪 (greedy) 模式**。

　　另一種是列出最少重複的字串，以這個實例而言是重複 3 次，這稱非貪婪模式，方法是在正則表達式的搜尋模式右邊增加 ? 符號。

程式實例 ch16_14.ipynb：以非貪婪模式重新設計 ch16_13.ipynb，請讀者留意第 12 列的正則表達式的搜尋模式最右邊的 ? 符號。

```
12  pattern = '(son){3,5}?'     # 非貪婪模式
```

執行結果　　搜尋成功　sonsonson

16-5 正則表達式的特殊字元

　　為了不讓一開始學習正則表達式太複雜，在前面 4 個小節筆者只介紹了 \d，同時穿插介紹一些字串的搜尋。我們知道 \d 代表的是數字字元，也就是從 0-9 的阿拉伯數字，如果使用管道 | 的觀念，\d 相當於是下列正則表達式：

　　(0|1|2|3|4|5|6|7|8|9)

這一節將針對正則表達式的特殊字元做一個完整的說明。

16-5-1 特殊字元表

字元	使用說明
\d	0-9 之間的整數字元
\D	除了 0-9 之間的整數字元以外的其他字元
\s	空白、定位、Tab 鍵、換行、換頁字元
\S	除了空白、定位、Tab 鍵、換行、換頁字元以外的其他字元
\w	數字、字母和底線 _ 字元，[A-Za-z0-9_]
\W	除了數字、字母和底線 _ 字元，[a-zA-Z0-9_]，以外的其他字元

上述特殊字元表有時會和下列特殊符號一起使用：

❑ "+"：表示左邊或是括號的字元可以重複 1 至多次。

❑ "*"：表示左邊或是括號的字元可以重複 0 至多次。

❑ "?"：表示左邊或是括號的字元可有可無。

下列是一些使用上述表格觀念的正則表達式的實例說明。

程式實例 ch16_15.ipynb：將一段英文句子的單字分離，同時將英文單字前 4 個字母是 John 的單字分離。筆者設定如下：

```
pattern = '\w+'         # 不限長度的數字、字母和底線字元當作符合搜尋
pattern = 'John\w*'     # John開頭後面接0-多個數字、字母和底線字元
```

```
1  # ch16_15.ipynb
2  import re
3  # 測試1將字串從句子分離
4  msg = 'John, Johnson, Johnnason and Johnnathan will attend my party tonight.'
5  pattern = '\w+'                      # 不限長度的單字
6  txt = re.findall(pattern,msg)        # 傳回搜尋結果
7  print(txt)
8  # 測試2將John開始的字串分離
9  msg = 'John, Johnson, Johnnason and Johnnathan will attend my party tonight.'
10 pattern = 'John\w*'                  # John開頭的單字
11 txt = re.findall(pattern,msg)        # 傳回搜尋結果
12 print(txt)
```

執行結果
```
['John', 'Johnson', 'Johnnason', 'and', 'Johnnathan', 'will', 'attend', 'my', 'party', 'tonight']
['John', 'Johnson', 'Johnnason', 'Johnnathan']
```

程式實例 ch16_16.ipynb：正則表達式的應用，下列程式重點是第 5 列。

\d+：表示不限長度的數字。

\s：表示空格。

\w+：表示不限長度的數字、字母和底線字元連續字元。

```
1  # ch16_16.ipynb
2  import re
3
4  msg = '1 cat, 2 dogs, 3 pigs, 4 swans'
5  pattern = '\d+\s\w+'
6  txt = re.findall(pattern,msg)        # 傳回搜尋結果
7  print(txt)
```

執行結果
```
['1 cat', '2 dogs', '3 pigs', '4 swans']
```

16-5-2　字元分類

Python 可以使用中括號來設定字元，可參考下列範例。

[a-z]：代表 a-z 的小寫字元。

[A-Z]：代表 A-Z 的大寫字元。

[aeiouAEIOU]：代表英文發音的母音字元。

[2-5]：代表 2-5 的數字。

在字元分類中，中括號內可以不用放上正則表示法的反斜線 \ 執行，"."、? 、* 、(、)
等字元的轉譯。例如：[2-5.] 會搜尋 2-5 的數字和句點，這個語法不用寫成 [2-5\.]。

程式實例 ch16_17.ipynb：搜尋字元的應用，這個程式首先將搜尋 [aeiouAEIOU]，然後
將搜尋 [2-5.]。

```
1  # ch16_17.ipynb
2  import re
3  # 測試1搜尋[aeiouAEIOU]字元
4  msg = 'John, Johnson, Johnnason and Johnnathan will attend my party tonight.'
5  pattern = '[aeiouAEIOU]'
6  txt = re.findall(pattern,msg)        # 傳回搜尋結果
7  print(txt)
8  # 測試2搜尋[2-5.]字元
9  msg = '1. cat, 2. dogs, 3. pigs, 4. swans'
10 pattern = '[2-5.]'
11 txt = re.findall(pattern,msg)        # 傳回搜尋結果
12 print(txt)
```

執行結果
```
['o', 'o', 'o', 'o', 'a', 'o', 'a', 'o', 'a', 'a', 'i', 'a', 'e', 'a', 'o', 'i']
['.', '2', '.', '3', '.', '4', '.']
```

16-5-3　字元分類的 ^ 字元

在 16-5-2 節字元的處理中，如果在中括號內的左方加上 ^ 字元，意義是搜尋不在
這些字元內的所有字元。

程式實例 ch16_18.ipynb：使用字元分類的 ^ 字元重新設計 ch16_17.ipynb。

```
1  # ch16_18.ipynb
2  import re
3  # 測試1搜尋不在[aeiouAEIOU]的字元
4  msg = 'A party tonight.'
5  pattern = '[^aeiouAEIOU]'
6  txt = re.findall(pattern,msg)        # 傳回搜尋結果
7  print(txt)
8  # 測試2搜尋不在[2-5.]的字元
9  msg = '2 dogs,3 pigs'
10 pattern = '[^2-5.]'
11 txt = re.findall(pattern,msg)        # 傳回搜尋結果
12 print(txt)
```

執行結果
```
[' ', 'p', 'r', 't', 'y', ' ', 't', 'n', 'g', 'h', 't', '.']
[' ', 'd', 'o', 'g', 's', ',', ' ', 'p', 'i', 'g', 's']
```

上述第一個測試結果不會出現 [aeiouAEIOU] 字元，第二個測試結果不會出現 [2-5.]
字元。

16-5-4　正則表示法的 ^ 字元

這個 ^ 字元與 16-5-3 節的 ^ 字元完全相同，但是用在不一樣的地方，意義不同。在正則表示法中起始位置加上 ^ 字元，表示是正則表示法的字串必須出現在被搜尋字串的起始位置，如果搜尋成功才算成功。

程式實例 ch16_19.ipynb：正則表示法 ^ 字元的應用，測試 1 字串 John 是在最前面所以可以得到搜尋結果，測試 2 字串 John 不是在最前面，結果搜尋失敗傳回空字串。

```
1   # ch16_19.ipynb
2   import re
3   # 測試1搜尋John字串在最前面
4   msg = 'John will attend my party tonight.'
5   pattern = '^John'
6   txt = re.findall(pattern,msg)       # 傳回搜尋結果
7   print(txt)
8   # 測試2搜尋John字串不是在最前面
9   msg = 'My best friend is John'
10  pattern = '^John'
11  txt = re.findall(pattern,msg)       # 傳回搜尋結果
12  print(txt)
```

執行結果

```
['John']
[]
```

16-5-5　正則表示法的 $ 字元

正則表示法的末端放置 $ 字元時，表示是正則表示法的字串必須出現在被搜尋字串的最後位置，如果搜尋成功才算成功。

程式實例 ch16_20.ipynb：正則表示法 $ 字元的應用，測試 1 是搜尋字串結尾是非英文字元、數字和底線字元，由於結尾字元是 "."，所以傳回所搜尋到的字元。測試 2 是搜尋字串結尾是非英文字元、數字和底線字元，由於結尾字元是 "8"，所以傳回搜尋結果是空字串。測試 3 是搜尋字串結尾是數字字元，由於結尾字元是 "8"，所以傳回搜尋結果傳回 "8"。測試 4 是搜尋字串結尾是數字字元，由於結尾字元是 "."，所以傳回搜尋結果是空字串。

```
1   # ch16_20.ipynb
2   import re
3   # 測試1搜尋最後字元是非英文字母數字和底線字元
4   msg = 'John will attend my party 28 tonight.'
5   pattern = '\W$'
6   txt = re.findall(pattern,msg)       # 傳回搜尋結果
7   print(txt)
8   # 測試2搜尋最後字元是非英文字母數字和底線字元
```

```
 9   msg = 'I am 28'
10   pattern = '\W$'
11   txt = re.findall(pattern,msg)        # 傳回搜尋結果
12   print(txt)
13   # 測試3搜尋最後字元是數字
14   msg = 'I am 28'
15   pattern = '\d$'
16   txt = re.findall(pattern,msg)        # 傳回搜尋結果
17   print(txt)
18   # 測試4搜尋最後字元是數字
19   msg = 'I am 28 year old.'
20   pattern = '\d$'
21   txt = re.findall(pattern,msg)        # 傳回搜尋結果
22   print(txt)
```

執行結果

```
['.']
[]
['8']
[]
```

我們也可以將 16-5-4 節的 ^ 字元和 $ 字元混合使用，這時如果既要符合開始字串也要符合結束字串。

程式實例 ch16_21.ipynb：搜尋開始到結束皆是數字的字串，字串內容只要有非數字字元就算搜尋失敗。測試 2 中由於中間有非數字字元，所以搜尋失敗。讀者應留意程式第 5 列的正則表達式的寫法。

```
 1   # ch16_21.ipynb
 2   import re
 3   # 測試1搜尋開始到結尾皆是數字的字串
 4   msg = '09282028222'
 5   pattern = '^\d+$'
 6   txt = re.findall(pattern,msg)        # 傳回搜尋結果
 7   print(txt)
 8   # 測試2搜尋開始到結尾皆是數字的字串
 9   msg = '0928tuyr990'
10   pattern = '^\d+$'
11   txt = re.findall(pattern,msg)        # 傳回搜尋結果
12   print(txt)
```

執行結果

```
['09282028222']
[]
```

16-5-6　單一字元使用萬用字元 "."

萬用字元 (wildcard)"." 表示可以搜尋除了換列字元以外的所有字元，但是只限定一個字元。

程式實例 ch16_22.ipynb：萬用字元的應用，搜尋一個萬用字元加上 at，在下列輸出中第 4 筆，由於 at 符合，Python 自動加上空白字元。第 6 筆由於只能加上一個字元，所以搜尋結果是 lat。

```
1  # ch16_22.ipynb
2  import re
3  msg = 'cat hat sat at matter flat'
4  pattern = '.at'
5  txt = re.findall(pattern,msg)          # 傳回搜尋結果
6  print(txt)
```

執行結果

```
['cat', 'hat', 'sat', ' at', 'mat', 'lat']
```

　　如果搜尋的是真正的 "." 字元，須使用反斜線 "\."。

16-5-7　所有字元使用萬用字元 ".*"

　　若是將前一小節所介紹的 "." 字元與 "*" 組合，可以搜尋所有字元，意義是搜尋 0 到多個萬用字元 (換列字元除外)。

程式實例 ch16_23.ipynb：搜尋所有字元 ".*" 的組合應用。

```
1  # ch16_23.ipynb
2  import re
3
4  msg = 'Name: Jiin-Kwei Hung Address: 8F, Nan-Jing E. Rd, Taipei'
5  pattern = 'Name: (.*) Address: (.*)'
6  txt = re.search(pattern,msg)        # 傳回搜尋結果
7  Name, Address = txt.groups()
8  print("Name:     ", Name)
9  print("Address: ", Address)
```

執行結果

```
Name:      Jiin-Kwei Hung
Address:  8F, Nan-Jing E. Rd, Taipei
```

16-5-8　換列字元的處理

　　使用 16-5-7 節觀念用 ".*" 搜尋時碰上換列字元，搜尋就停止。Python 的 re 模組提供參數 re.DOTALL，功能是包括搜尋換列字元，可以將此參數放在 search( ) 或 findall( ) 函數內當作是第 3 個參數的 flags。

程式實例 ch16_24.ipynb：測試 1 是搜尋換列字元以外的字元，測試 2 是搜尋含換列字元的所有字元。由於測試 2 有包含換列字元，所以輸出時，換列字元主導分 2 行輸出。

```
1  # ch16_24.ipynb
2  import re
3  #測試1搜尋除了換列字元以外字元
4  msg = 'Name: Jiin-Kwei Hung \nAddress: 8F, Nan-Jing E. Rd, Taipei'
5  pattern = '.*'
6  txt = re.search(pattern,msg)              # 傳回搜尋不含換列字元結果
7  print("測試1輸出: ", txt.group())
8  #測試2搜尋包括換列字元
9  msg = 'Name: Jiin-Kwei Hung \nAddress: 8F, Nan-Jing E. Rd, Taipei'
10 pattern = '.*'
11 txt = re.search(pattern,msg,re.DOTALL) # 傳回搜尋含換列字元結果
12 print("測試2輸出: ", txt.group())
```

執行結果

```
測試1輸出:  Name: Jiin-Kwei Hung
測試2輸出:  Name: Jiin-Kwei Hung
Address: 8F, Nan-Jing E. Rd, Taipei
```

16-6 MatchObject 物件

16-2 節已經講解使用 re.search( ) 搜尋字串，搜尋成功時可以產生 MatchObject 物件，這裡將先介紹另一個搜尋物件的方法 re.match( )，這個方法的搜尋成功後也將產生 MatchObject 物件。接著本節會分成幾個小節，再講解 MatchObject 幾個重要的方法 (method)。

16-6-1 re.match( )

這本書已經講解了搜尋字串中最重要的 2 個方法 re.search( ) 和 re.findall( )，re 模組另一個方法是 re.match( )，這個方法其實和 re.search( ) 相同，差異是 re.match( ) 是只搜尋比對字串開始的字，如果失敗就算失敗。re.search( ) 則是搜尋整個字串。至於 re.match( ) 搜尋成功會傳回 MatchObject 物件，若是搜尋失敗會傳回 None，這部分與 re.search( ) 相同。

程式實例 ch16_25.ipynb：re.match( ) 的應用。測試 1 是將 John 放在被搜尋字串的最前面，測試 2 沒有將 John 放在被搜尋字串的最前面。

```
1  # ch16_25.ipynb
2  import re
3  #測試1搜尋使用re.match()
4  msg = 'John will attend my party tonight.'  # John是第一個字串
5  pattern = 'John'
6  txt = re.match(pattern,msg)                   # 傳回搜尋結果
7  if txt != None:
8      print("測試1輸出: ", txt.group())
9  else:
10     print("測試1搜尋失敗")
```

```
11  #測試2搜尋使用re.match()
12  msg = 'My best friend is John.'              # John不是第一個字串
13  txt = re.match(pattern,msg,re.DOTALL)        # 傳回搜尋結果
14  if txt != None:
15      print("測試2輸出: ", txt.group())
16  else:
17      print("測試2搜尋失敗")
```

執行結果

```
測試1輸出:  John
測試2搜尋失敗
```

16-6-2　MatchObject 幾個重要的方法

當使用 re.search( ) 或 re.match( ) 搜尋成功時，會產生 MatchOjbect 物件。

程式實例 ch16_26.ipynb：看看 MatchObject 物件是什麼。

```
1   # ch16_26.ipynb
2   import re
3   #測試1搜尋使用re.match()
4   msg = 'John will attend my party tonight.'
5   pattern = 'John'
6   txt = re.match(pattern,msg)                   # re.match()
7   if txt != None:
8       print("使用re.match()輸出MatchObject物件:  ", txt)
9   else:
10      print("測試1搜尋失敗")
11  #測試1搜尋使用re.search()
12  txt = re.search(pattern,msg)                  # re.search()
13  if txt != None:
14      print("使用re.search()輸出MatchObject物件: ", txt)
15  else:
16      print("測試1搜尋失敗")
```

執行結果

```
使用re.match()輸出MatchObject物件:   <re.Match object; span=(0, 4), match='John'>
使用re.search()輸出MatchObject物件:   <re.Match object; span=(0, 4), match='John'>
```

從上述可知當使用 re.match( ) 和 re.search( ) 皆搜尋成功時，2 者的 MatchObject 物件內容是相同的。span 是註明成功搜尋字串的起始位置和結束位置，從此處可以知道起始索引位置是 0，結束索引位置是 4。match 則是註明成功搜尋的字串內容。

Python 提供下列取得 MatchObject 物件內容的重要方法。

方法	說明
group( )	可傳回搜尋到的字串，本章已有許多實例說明。
end( )	可傳回搜尋到字串的結束位置。
start( )	可傳回搜尋到字串的起始位置。
span( )	可傳回搜尋到字串的 (起始 , 結束) 位置。

程式實例 ch16_27.ipynb：分別使用 re.match( ) 和 re.search( ) 搜尋字串 John，獲得成功搜尋字串時，分別用 start( )、end( ) 和 span( ) 方法列出字串出現的位置。

```
1   # ch16_27.ipynb
2   import re
3   #測試1搜尋使用re.match()
4   msg = 'John will attend my party tonight.'
5   pattern = 'John'
6   txt = re.match(pattern,msg)              # re.match()
7   if txt != None:
8       print("搜尋成功字串的起始索引位置 : ", txt.start())
9       print("搜尋成功字串的結束索引位置 : ", txt.end())
10      print("搜尋成功字串的結束索引位置 : ", txt.span())
11  #測試2搜尋使用re.search()
12  msg = 'My best friend is John.'
13  txt = re.search(pattern,msg)             # re.search()
14  if txt != None:
15      print("搜尋成功字串的起始索引位置 : ", txt.start())
16      print("搜尋成功字串的結束索引位置 : ", txt.end())
17      print("搜尋成功字串的結束索引位置 : ", txt.span())
```

執行結果

```
搜尋成功字串的起始索引位置 :    0
搜尋成功字串的結束索引位置 :    4
搜尋成功字串的結束索引位置 :    (0, 4)
搜尋成功字串的起始索引位置 :    18
搜尋成功字串的結束索引位置 :    22
搜尋成功字串的結束索引位置 :    (18, 22)
```

16-7 專題：搶救 CIA 情報員 -sub( ) 方法

Python re 模組內的 sub( ) 方法可以用新的字串取代原本字串的內容。

16-7-1 一般的應用

sub( ) 方法的基本使用語法如下：

result = re.sub(pattern, newstr, msg)   # msg是整個欲處理的字串或句子

pattern 是欲搜尋的字串，如果搜尋成功則用 newstr 取代，同時成功取代的結果回傳給 result 變數，如果搜尋到多筆相同字串，這些字串將全部被取代，需留意原先 msg 內容將不會改變。如果搜尋失敗則將 msg 內容回傳給 result 變數，當然 msg 內容也不會改變。

程式實例 ch16_28.ipynb：這是字串取代的應用，測試 1 是發現 2 個字串被成功取代 (Eli Nan 被 Kevin Thomson 取代)，同時列出取代結果。測試 2 是取代失敗，所以 txt 與原 msg 內容相同。

```
1   # ch16_28.ipynb
2   import re
3   #測試1取代使用re.sub()結果成功
4   msg = 'Eli Nan will attend my party tonight. My best friend is Eli Nan'
5   pattern = 'Eli Nan'                      # 欲搜尋字串
6   newstr = 'Kevin Thomson'                 # 新字串
7   txt = re.sub(pattern,newstr,msg)         # 如果找到則取代
8   if txt != msg:                           # 如果txt與msg內容不同表示取代成功
9       print("取代成功: ", txt)             # 列出成功取代結果
10  else:
11      print("取代失敗: ", txt)             # 列出失敗取代結果
12  #測試2取代使用re.sub()結果失敗
13  pattern = 'Eli Thomson'                  # 欲搜尋字串
14  txt = re.sub(pattern,newstr,msg)         # 如果找到則取代
15  if txt != msg:                           # 如果txt與msg內容不同表示取代成功
16      print("取代成功: ", txt)             # 列出成功取代結果
17  else:
18      print("取代失敗: ", txt)             # 列出失敗取代結果
```

執行結果

```
取代成功:  Kevin Thomson will attend my party tonight. My best friend is Kevin Thomson
取代失敗:  Eli Nan will attend my party tonight. My best friend is Eli Nan
```

16-7-2　搶救 CIA 情報員

　　社會上有太多需要保護當事人隱私權利的場合，例如：情報機構在內部文件不可直接將情報員的名字列出來，歷史上太多這類實例造成情報員的犧牲，這時可以使用 *** 代替原本的**姓名**。使用 Python 的正則表示法，可以輕鬆協助我們執行這方面的工作。這一節將先用程式碼，然後解析此程式。

程式實例 ch16_29.ipynb：將 CIA 情報員名字，用名字第一個字母和 *** 取代。

```
1   # ch16_29.ipynb
2   import re
3   # 使用隱藏文字執行取代
4   msg = 'CIA Mark told CIA Linda that secret USB had given to CIA Peter.'
5   pattern = r'CIA (\w)\w*'                  # 欲搜尋CIA + 空一格後的名字
6   newstr = r'\1***'                        # 新字串使用隱藏文字
7   txt = re.sub(pattern,newstr,msg)         # 執行取代
8   print("取代成功: ", txt)                 # 列出取代結果
```

執行結果

```
取代成功:  M*** told L*** that secret USB had given to P***.
```

上述程式第一個關鍵是第 5 列，這一列將搜尋 CIA 字串外加空一格後出現不限長度的字串 (可以是英文大小寫或數字或底線所組成)。觀念是括號內的 (\w) 代表必須只有一個字元，同時小括號代表這是一個分組 (group)，由於整列只有一個括號所以知道這是第一分組，同時只有一個分組，括號外的 \w* 表示可以有 0 到多個字元。所以 (\w)\w* 相當於是 1- 多個字元組成的單字，同時存在分組 1。

上述程式第 6 列的 \1 代表用分組 1 找到的第 1 個字母當作字串開頭，後面 *** 則是接在第 1 個字母後的字元。對 CIA Mark 而言所找到的第一個字母是 M，所以取代的結果是 M***。對 CIA Linda 而言所找到的第一個字母是 L，所以取代的結果是 L***。對 CIA Peter 而言所找到的第一個字母是 P，所以取代的結果是 P***。

16-8 ChatGPT 輔助學習

1: 使用 Python 程式可以判斷輸入的字串是一個網址。

> 錦魁　使用Python程式可以判斷輸入的字串是一個網址字串

> 可以使用 Python 的正則表達式模塊 `re` 來判斷輸入的字串是否為一個網址。以下是一個示例：

```
1   import re
2
3   def is_url(s):
4       """
5       判斷字串 s 是否為一個網址
6       """
7       pattern = r'^https?://[^\s/$.?#].[^\s]*$'
8       return bool(re.match(pattern, s))
9
10  # 測試是否為網址
11  test_strings = ['https://www.google.com', 'http://www.example.com', 'www.example.com', 'example.com']
12  for s in test_strings:
13      print(s, ':', is_url(s))
```

```
https://www.google.com : True
http://www.example.com : True
www.example.com : False
example.com : False
```

> 在這個程式中，我們定義了一個 `is_url` 函數，用於判斷輸入的字串是否為一個網址。函數內部使用了一個正則表達式 `pattern`，該正則表達式用於匹配符合網址格式的字符串。然後，我們使用 `re.match()` 函數對輸入的字串進行匹配，如果匹配成功，則返回 True；否則，返回 False。
>
> 在程式的下半部分，我們定義了一個測試列表 `test_strings`，包含了不同格式的字串，用於測試 `is_url` 函數。我們使用一個循環遍歷這個列表，對每個字串調用 `is_url` 函數進行測試，並輸出測試結果。
>
> 需要注意的是，這個程式使用的網址格式檢查方法比較簡單，只能判斷輸入的字串是否包含協議名、主機名等必要的網址部分，但無法對網址的合法性進行完全的檢查。如果需要對輸入的網址進行更詳細的檢查，例如確保網址存在並且是可訪問的，可以使用相應的庫或 API。

2 :　使用 Python 程式可以判斷輸入的字串是一個電子郵件地址。

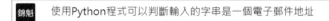

錦魁　使用Python程式可以判斷輸入的字串是一個電子郵件地址

🤖　可以使用 Python 的正則表達式模塊 `re` 來判斷輸入的字串是否為一個電子郵件地址。以下是一個示例：

```python
1  import re
2
3  def is_email(s):
4      """
5      判斷字串 s 是否為一個電子郵件地址
6      """
7      pattern = r'^[a-zA-Z0-9._%+-]+@[a-zA-Z0-9.-]+\.[a-zA-Z]{2,}$'
8      return bool(re.match(pattern, s))
9
10 # 測試是否為電子郵件地址
11 test_strings = ['user@example.com', 'user.name@example.com', 'user+name@example.com', 'user_name@example.com', 'user@example']
12 for s in test_strings:
13     print(s, ':', is_email(s))
```

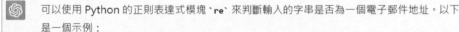

```
user@example.com : True
user.name@example.com : True
user+name@example.com : True
user_name@example.com : True
user@example : False
```

在這個程式中，我們定義了一個 `is_email` 函數，用於判斷輸入的字串是否為一個電子郵件地址。函數內部使用了一個正則表達式 `pattern`，該正則表達式用於匹配符合電子郵件格式的字符串。然後，我們使用 `re.match()` 函數對輸入的字串進行匹配，如果匹配成功，則返回 True；否則，返回 False。

在程式的下半部分，我們定義了一個測試列表 `test_strings`，包含了不同格式的字串，用於測試 `is_email` 函數。我們使用一個循環遍歷這個列表，對每個字串調用 `is_email` 函數進行測試，並輸出測試結果。

需要注意的是，這個程式使用的電子郵件格式檢查方法比較簡單，只能判斷輸入的字串是否包含必要的郵箱部分，但無法對郵箱地址的合法性進行完全的檢查。如果需要對輸入的郵箱地址進行更詳細的檢查，例如確保郵箱地址存在並且是可用的，可以使用相應的庫或 API。

習題實作題

ex16_1.ipynb：大陸手機號碼格式是 xxx-xxxx-xxxx，x 代表數字，請重新設計 ch16_1.py，可以判斷號碼是否為中國手機號碼，除了原先有 2 組測試資料外，需另增加 1 組號碼 133-1234-1234 做測試。(16-1 節)

```
I love Ming-Chi:  是大陸手機號碼 False
0932-999-199:     是大陸手機號碼 False
133-1234-1234:    是大陸手機號碼 True
```

ex16_2.ipynb：有一文字檔 ex16_2.txt 內容如下：

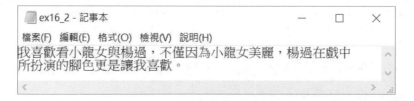

請讀者參考 ch16_2.py 設計搜尋字串**小龍女**，**楊過**，同時列出這個字串出現的次數。這個程式應該採互動式設計，程式執行時要求輸入欲搜尋的字串，然後列出搜尋結果，接著詢問是否繼續搜尋，是 (y 或 Y) 則繼續，輸入其他字元就是否，則程式結束。

其實如果將一部小說使用上述分析各個人物出現的次數，就可以知道那些人物是主角？那些人物是配角？ (16-1 節)

```
請輸入與搜尋字串　:　楊過
所搜尋字串  楊過  共出現  2  次

是否繼續,輸入Y或y則程式繼續
= y
請輸入與搜尋字串　:　小龍女
所搜尋字串  小龍女  共出現  2  次

是否繼續,輸入Y或y則程式繼續
= y
請輸入與搜尋字串　:　洪錦魁
所搜尋字串  洪錦魁  共出現  0  次

是否繼續,輸入Y或y則程式繼續
= n
```

ex16_3.ipynb：請重新設計 ch16_13.py，請使用下列 pattern 做測試。(16-4 節)

A：'(son){2,}'

B：'(son){,5}'

```
以下用(son){2,}做測試
搜尋失敗  None
搜尋成功  sonson
搜尋成功  sonsonson
搜尋成功  sonsonsonson
搜尋成功  sonsonsonsonson
以下用(son){,5}做測試
搜尋成功  son
搜尋成功  sonson
搜尋成功  sonsonson
搜尋成功  sonsonsonson
搜尋成功  sonsonsonsonson
```

ex16_4.ipynb：有一系列電子郵件，假設電子郵件有「@」符號前方式郵件帳號，結尾字元是「.com」或「.com.tw」皆算是電子郵件，有一系列郵件如下：

```
txt@deepmind.com.tw
kkk@gmail.com,
abc@aa
abcdefg
```

請輸出符合格式的電子郵件。

```
以下是符合的電子郵件地址
txt@deepmind.com.tw
kkk@gmail.com
```

第 17 章

用 Python 處理影像檔案

在 2023 年代，高畫質的手機已經成為個人標準配備，也許你可以使用許多影像軟體處理手機所拍攝的相片，本章筆者將教導您以 Python 處理這些相片。

❑　Python Shell 環境

本章將使用 Pillow 模組，如果是在 Python Shell 環境需要先導入此模組。

> pip install pillow

注意在程式設計中需導入的是 PIL 模組，主要原因是要向舊版 Python Image Library 相容，如下所示：

> from PIL import ImageColor

❑　Google Colab 環境

因為 Google Colab 已經內部安裝此模組，所以讀者不需額外安裝。

17-1　認識 Pillow 模組的 RGBA

在 Pillow 模組中 RGBA 分別代表紅色 (Red)、綠色 (Green)、藍色 (Blue) 和透明度 (Alpha)，這 4 個與顏色有關的數值組成元組 (tuple)，每個數值是在 0-255 之間。如果 Alpha 的值是 255 代表完全不透明，值越小透明度越高。其實它的色彩使用方式與 HTML 相同，其他有關顏色的細節可參考附錄 F。

17-1-1　getrgb( )

這個函數可以將顏色符號或字串轉為元組，在這裡可以使用英文名稱 (例如："red")、色彩數值 (例如：#ff0000)、rgb 函數 (例如：rgb(255, 0, 0) 或 rgb 函數以百分比代表顏色 (例如：rgb(100%, 0%, 0%))。這個函數在使用時，如果字串無法被解析判別，將造成 ValueError 異常。這個函數的使用語法如下：

> (r, g, b) = getrgb(color)　　　　　　　# 返回色彩元組

程式實例 ch17_1.ipynb：使用 getrgb( ) 方法傳回色彩的元組。

```
1  # ch17_1.ipynb
2  from PIL import ImageColor
3
4  print(ImageColor.getrgb("#0000ff"))
5  print(ImageColor.getrgb("rgb(0, 0, 255)"))
6  print(ImageColor.getrgb("rgb(0%, 0%, 100%)"))
7  print(ImageColor.getrgb("Blue"))
8  print(ImageColor.getrgb("red"))
```

執行結果

```
(0, 0, 255)
(0, 0, 255)
(0, 0, 255)
(0, 0, 255)
(255, 0, 0)
```

17-1-2　getcolor( )

功能基本上與 getrgb( ) 相同，它的使用語法如下：

　　(r, g, b) = getcolor(color, "**mode**")　　　　　　# 返回色彩元組
　　(r, g, b, a) = getcolor(color, "**mode**")　　　　# 返回色彩元組

　　mode 若是填寫 "RGBA" 則可返回 RGBA 元組，如果填寫 "RGB" 則返回 RGB 元組。

程式實例 ch17_2.ipynb：測試使用 getcolor( ) 函數，了解返回值。

```
1  # ch17_2.ipynb
2  from PIL import ImageColor
3
4  print(ImageColor.getcolor("#0000ff", "RGB"))
5  print(ImageColor.getcolor("rgb(0, 0, 255)", "RGB"))
6  print(ImageColor.getcolor("Blue", "RGB"))
7  print(ImageColor.getcolor("#0000ff", "RGBA"))
8  print(ImageColor.getcolor("rgb(0, 0, 255)", "RGBA"))
9  print(ImageColor.getcolor("Blue", "RGBA"))
```

執行結果

```
(0, 0, 255)
(0, 0, 255)
(0, 0, 255)
(0, 0, 255, 255)
(0, 0, 255, 255)
(0, 0, 255, 255)
```

17-2 Pillow 模組的盒子元組 (Box tuple)

17-2-1 基本觀念

下圖是 Pillow 模組的影像座標的觀念。

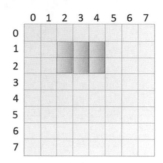

最左上角的像素座標 (x,y) 是 (0,0)，x 軸像素值往右遞增，y 軸像素值往下遞增。盒子元組的參數是，(left, top, right, bottom)，意義如下：

left：盒子左上角的 x 軸座標。

top：盒子左上角的 y 軸座標。

right：盒子右下角的 x 軸座標。

bottom：盒子右下角的 y 軸座標。

若是上圖藍底是一張圖片，則可以用 (2, 1, 4, 2) 表示它的盒子元組 (box tuple)，可想成它的影像座標。

17-2-2 計算機眼中的影像

上述影像座標格子的列數和行數稱**解析度** (resolution)，例如：我們說某個影像是 1280x720，表示寬度的格子數有 1280，高度的格子數有 720。

影像座標的每一個像素可以用顏色值代表，如果是灰階色彩，可以用 0-255 的數字表示，0 是最暗的黑色，255 代表白色。也就是說我們可以用一個**矩陣** (matirix) 代表一個灰階的圖。

如果是彩色的圖，每個**像素**是用 (R,G,B) 代表，R 是 Red、G 是 Green、B 是 Blue，每個顏色也是 0-255 之間，我們所看到的色彩其實就是由這 3 個原色所組成。如果矩陣每個位置可以存放 3 個元素的元組，我們可以用含 3 個顏色值 (R, G, B) 的元組代表這個像素，這時可以只用一個陣列 (matrix) 代表此彩色圖像。如果我們堅持一個陣列只放一個顏色值，我們可以用 3 個矩陣 (matrix) 代表此彩色圖像。

在人工智慧的圖像識別中，很重要的是找出**圖像特徵**，所使用的**卷積** (convolution) 運算就是使用這些圖像的矩陣數字，執行更進一步的運算。

17-3 影像的基本操作

本節使用的影像檔案是 rushmore.jpg，在 ch17 資料夾可以找到，此圖片內容如下，在 Google Colab 環境下讀者需要先上傳這個影像檔案到 Files 工作區。

17-3-1　開啟影像物件

可以使用 open( ) 方法開啟一個影像物件，參數是放置欲開啟的影像檔案。

17-3-2　影像大小屬性

可以使用 size 屬性獲得影像大小，這個屬性可傳回影像寬 (width) 和高 (height)。

程式實例 ch17_3.ipynb：ch17 資料夾有 rushmore.jpg 檔案，這個程式會列出此影像檔案的寬和高。

```
1  # ch17_3.ipynb
2  from PIL import Image
3
4  rushMore = Image.open("rushmore.jpg")    # 建立Pillow物件
5  print("列出物件型態 : ", type(rushMore))
6  width, height = rushMore.size            # 獲得影像寬度和高度
7  print("寬度 = ", width)
8  print("高度 = ", height)
```

執行結果

```
列出物件型態 :  <class 'PIL.JpegImagePlugin.JpegImageFile'>
寬度 =  270
高度 =  161
```

17-3-3　取得影像物件檔案名稱

可以使用 filename 屬性獲得影像的原始檔案名稱。

程式實例 ch17_4.ipynb：獲得影像物件的檔案名稱。

```
1  # ch17_4.ipynb
2  from PIL import Image
3
4  rushMore = Image.open("rushmore.jpg")    # 建立Pillow物件
5  print("列出物件檔名 : ", rushMore.filename)
```

執行結果

```
列出物件檔名 :  rushmore.jpg
```

17-3-4　取得影像物件的檔案格式

可以使用 format 屬性獲得影像檔案格式 (可想成影像檔案的**副檔名**)，此外，可以使用 format_description 屬性獲得更詳細的**檔案格式描述**。

程式實例 ch17_5.ipynb：獲得影像物件的**副檔名**與**描述**。

```
1  # ch17_5.ipynb
2  from PIL import Image
3
4  rushMore = Image.open("rushmore.jpg")    # 建立Pillow物件
5  print("列出物件副檔名 : ", rushMore.format)
6  print("列出物件描述   : ", rushMore.format_description)
```

執行結果

```
列出物件副檔名 :  JPEG
列出物件描述   :  JPEG (ISO 10918)
```

17-3-5　儲存檔案

可以使用 save( ) 方法儲存檔案，甚至我們也可以將 jpg 檔案轉存成 png 檔案，同樣是圖檔但是以不同格式儲存。

程式實例 ch17_6.ipynb：將 rushmore.jpg 轉存成 out17_6.png。

```
1  # ch17_6.ipynb
2  from PIL import Image
3
4  rushMore = Image.open("rushmore.jpg")    # 建立Pillow物件
5  rushMore.save("out17_6.png")
```

執行結果　在 Files 工作區可以看到所建的 out17_6.png，讀者可以下載儲存。

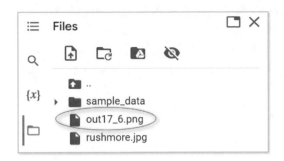

17-3-6 螢幕顯示影像

可以使用 show( ) 方法直接顯示影像，在 Windows 作業系統下可以使用此方法呼叫 Windows 相片檢視器顯示影像畫面。

程式實例 ch17_6_1.ipynb：在螢幕顯示 rushmore.jpg 影像。

```
1  # ch17_6_1.py
2  from PIL import Image
3
4  rushMore = Image.open("rushmore.jpg")   # 建立Pillow物件
5  rushMore.show()
```

執行結果

17-3-7 建立新的影像物件

可以使用 new( ) 方法建立新的影像物件，它的語法格式如下：

new(mode, size, color=0)

mode 可以有多種設定，一般建議用 "RGBA"(建立 png 檔案) 或 "RGB"(建立 jpg 檔案) 即可。size 參數是一個元組 (tuple)，可以設定新影像的**寬度**和**高度**。color 預設是**黑色**，不過我們可以參考附錄 F 建立不同的顏色。

程式實例 ch17_7.ipynb：建立一個水藍色 (aqua) 的影像檔案 out17_7.jpg。

```
1  # ch17_7.ipynb
2  from PIL import Image
3
4  pictObj = Image.new("RGB", (300, 180), "aqua")   # 建立aqua顏色影像
5  pictObj.save("out17_7.jpg")
```

執行結果　在 Files 工作區可以看到下列 out17_7.jpg 檔案。

程式實例 ch17_8.ipynb：建立一個透明的黑色的影像檔案 out17_8.png。

```
1  # ch17_8.ipynb
2  from PIL import Image
3
4  pictObj = Image.new("RGBA", (300, 180)) # 建立完全透明影像
5  pictObj.save("out17_8.png")
```

執行結果　檔案開啟後因為透明，看不出任何效果。

17-4 　影像的編輯

17-4-1　更改影像大小

Pillow 模組提供 resize( ) 方法可以調整影像大小，它的使用語法如下：

　　　resize((width, heigh), Image.BILINEAR)　　　　　　　　# 雙線取樣法，也可以省略

　　　第一個參數是新影像的寬與高，以元組表示，這是整數。第二個參數主要是設定更改影像所使用的方法，常見的有上述方法外，也可以設定 Image.NEAREST 最低品質，Image.ANTIALIAS 最高品質，Image.BISCUBIC 三次方取樣法，一般可以省略。

程式實例 ch17_9.ipynb：分別將圖片寬度與高度增加為原先的 2 倍，

```
1  # ch17_9.ipynb
2  from PIL import Image
3
4  pict = Image.open("rushmore.jpg")           # 建立Pillow物件
5  width, height = pict.size
6  newPict1 = pict.resize((width*2, height))    # 寬度是2倍
7  newPict1.save("out17_9_1.jpg")
8  newPict2 = pict.resize((width, height*2))    # 高度是2倍
9  newPict2.save("out17_9_2.jpg")
```

執行結果　下列分別是 out17_9_1.jpg(左) 與 out17_9_2.jpg(右) 的執行結果。

17-4-2 影像的旋轉

　　Pillow 模組提供 rotate( ) 方法可以逆時針旋轉影像，如果旋轉是 90 度或 270 度，影像的寬度與高度會有變化，圖像本身比率不變，多的部分以黑色影像替代，如果是其他角度則影像維持不變。

程式實例 ch17_10.ipynb：將影像分別旋轉 90 度、180 度和 270 度。

```
1  # ch17_10.ipynb
2  from PIL import Image
3
4  pict = Image.open("rushmore.jpg")            # 建立Pillow物件
5  pict.rotate(90).save("out17_10_1.jpg")        # 旋轉90度
6  pict.rotate(180).save("out17_10_2.jpg")       # 旋轉180度
7  pict.rotate(270).save("out17_10_3.jpg")       # 旋轉270度
```

執行結果　下列分別是旋轉 90、180、270 度的結果。

　　在使用 rotate( ) 方法時也可以增加第 2 個參數 expand=True，如果有這個參數會放大影像，讓整個影像顯示，多餘部分用黑色填滿。

程式實例 ch17_11.ipynb：沒有使用 expand=True 參數與有使用此參數的比較。

```
1  # ch17_11.ipynb
2  from PIL import Image
3
4  pict = Image.open("rushmore.jpg")                       # 建立Pillow物件
5  pict.rotate(45).save("out17_11_1.jpg")                  # 旋轉45度
6  pict.rotate(45, expand=True).save("out17_11_2.jpg") # 旋轉45度圖像擴充
```

執行結果 下列分別是 out17_11_1.jpg 與 out17_11_2.jpg 影像內容。

17-4-3　影像的翻轉

可以使用 transpose( ) 讓影像翻轉，這個方法使用語法如下：

transpose(Image.FLIP_LEFT_RIGHT)　　# 影像左右翻轉
transpose(Image.FLIP_TOP_BOTTOM)　# 影像上下翻轉

程式實例 ch17_12.ipynb：影像左右翻轉與上下翻轉的實例。

```
1  # ch17_12.ipynb
2  from PIL import Image
3
4  pict = Image.open("rushmore.jpg")                        # 建立Pillow物件
5  pict.transpose(Image.FLIP_LEFT_RIGHT).save("out17_12_1.jpg")  # 左右
6  pict.transpose(Image.FLIP_TOP_BOTTOM).save("out17_12_2.jpg")  # 上下
```

執行結果 下列分別是左右翻轉與上下翻轉的結果。

17-4-4　影像像素的編輯

Pillow 模組的 **getpixel( )** 方法可以取得影像某一位置像素 (pixel) 的色彩。

getpixel((x,y))　　　　　　　# 參數是元組(x,y)，這是像素位置

程式實例 ch17_13.ipynb：先建立一個影像，大小是 (300,100)，色彩是 Yellow，然後列出影像中心點的色彩。最後將影像儲存至 out17_13.png。

```
1  # ch17_13.ipynb
2  from PIL import Image
3
4  newImage = Image.new('RGBA', (300, 100), "Yellow")
5  print(newImage.getpixel((150, 50)))  # 列印中心點的色彩
6  newImage.save("out17_13.png")
```

執行結果 下列是執行結果與 out17_13.png 內容。

```
(255, 255, 0, 255)
```

Pillow 模組的 putpixel( ) 方法可以在影像的某一個位置填入色彩，常用的語法如下：

　　　putpixel((x,y), (r, g, b, a))　　　　　　# 2個參數分別是位置與色彩元組

上述色彩元組的值是在 0-255 間，若是省略 a 代表是不透明。另外我們也可以用 17-1-2 節的 getcolor( ) 當做第 2 個參數，用這種方法可以直接用附錄 F 的色彩名稱填入指定像素位置，例如：下列是填入藍色 (blue) 的方法。

　　　putpixel((x,y), ImageColor.getcolor("Blue", "RGBA"))　　# 需先導入ImageColor

程式實例 ch17_14.ipynb：建立一個 300*300 的影像底色是**黃色** (Yellow)，然後 (50, 50, 250, 150) 是填入**青色** (Cyan)，此時將上述執行結果存入 out17_14_1.png。然後將**藍色** (Blue) 填入 (50, 151, 250, 250)，最後將結果存入 out17_14_2.png。

```
1   # ch17_14.ipynb
2   from PIL import Image
3   from PIL import ImageColor
4
5   newImage = Image.new('RGBA', (300, 300), "Yellow")
6   for x in range(50, 251):                              # x軸區間在50-250
7       for y in range(50, 151):                          # y軸區間在50-150
8           newImage.putpixel((x, y), (0, 255, 255, 255))   # 填青色
9   newImage.save("out17_14_1.png")                       # 第一階段存檔
10  for x in range(50, 251):                              # x軸區間在50-250
11      for y in range(151, 251):                         # y軸區間在151-250
12          newImage.putpixel((x, y), ImageColor.getcolor("Blue", "RGBA"))
13  newImage.save("out17_14_2.png")                       # 第一階段存檔
```

執行結果　下列分別是第一階段與第二階段的執行結果。

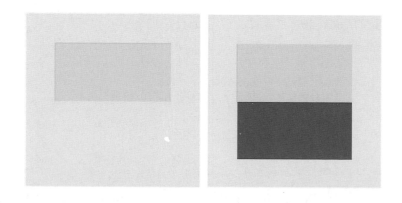

17-5 裁切、複製與影像合成

17-5-1 裁切影像

Pillow 模組有提供 crop( ) 方法可以裁切影像，其中參數是一個元組，元組內容是 (左 , 上 , 右 , 下) 的區間座標。

程式實例 ch17_15.ipynb：裁切 (80, 30, 150, 100) 區間。

```
1  # ch17_15.ipynb
2  from PIL import Image
3
4  pict = Image.open("rushmore.jpg")         # 建立Pillow物件
5  cropPict = pict.crop((80, 30, 150, 100))  # 裁切區間
6  cropPict.save("out17_15.jpg")
```

執行結果 下列是 out17_15.jpg 的裁切結果。

17-5-2 複製影像

假設我們想要執行影像合成處理，為了不要破壞原影像內容，建議可以先保存影像，再執行合成動作。Pillow 模組有提供 copy( ) 方法可以複製影像。

程式實例 ch17_16.ipynb：複製影像，再將所複製的影像儲存。

```
1  # ch17_16.ipynb
2  from PIL import Image
3
4  pict = Image.open("rushmore.jpg")    # 建立Pillow物件
5  copyPict = pict.copy()               # 複製
6  copyPict.save("out17_16.jpg")
```

執行結果 下列是 out17_16.jpg 的執行結果。

17-5-3 影像合成

Pillow 模組有提供 paste( ) 方法可以影像合成，它的語法如下：

底圖影像.paste(插入影像, (x,y))　　　　　# (x,y)元組是插入位置

程式實例 ch17_17.ipynb：使用 rushmore.jpg 影像，為這個影像複製一份 copyPict，裁切一份 cropPict，將 cropPict 合成至 copyPict 內 2 次，將結果存入 out17_17.jpg。

```
1  # ch17_17.ipynb
2  from PIL import Image
3
4  pict = Image.open("rushmore.jpg")          # 建立Pillow物件
5  copyPict = pict.copy()                     # 複製
6  cropPict = copyPict.crop((80, 30, 150, 100))  # 裁切區間
7  copyPict.paste(cropPict, (20, 20))         # 第一次合成
8  copyPict.paste(cropPict, (20, 100))        # 第二次合成
9  copyPict.save("out17_17.jpg")              # 儲存
```

執行結果

17-5-4 將裁切圖片填滿影像區間

在 Windows 作業系統使用中常看到圖片填滿某一區間，其實我們可以用雙層迴圈完成這個工作。

程式實例 ch17_18.ipynb：將一個裁切的圖片填滿某一個影像區間，最後儲存此影像，在這個影像設計中，筆者也設定了留白區間，這區間是影像建立時的顏色。

```
1   # ch17_18.ipynb
2   from PIL import Image
3
4   pict = Image.open("rushmore.jpg")          # 建立Pillow物件
5   copyPict = pict.copy()                     # 複製
6   cropPict = copyPict.crop((80, 30, 150, 100))  # 裁切區間
7   cropWidth, cropHeight = cropPict.size      # 獲得裁切區間的寬與高
8
9   width, height = 600, 320                    # 新影像寬與高
10  newImage = Image.new('RGB', (width, height), "Yellow")  # 建立新影像
```

```
11  for x in range(20, width-20, cropWidth):          # 雙層迴圈合成
12      for y in range(20, height-20, cropHeight):
13          newImage.paste(cropPict, (x, y))          # 合成
14
15  newImage.save("out17_18.jpg")                     # 儲存
```

執行結果

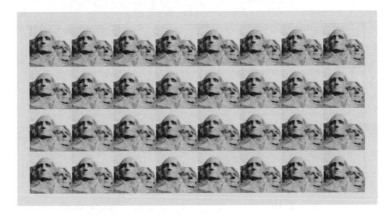

17-6 影像濾鏡

Pillow 模組內有 ImageFilter 模組，使用此模組可以增加 filter( ) 方法為圖片加上濾鏡效果。此方法的參數意義如下：

❏ BLUR 模糊

❏ CONTOUR 輪廓

❏ DETAIL 細節增強

❏ EDGE_ENHANCE 邊緣增強

❏ EDGE_ENHANCE_MORE 深度邊緣增強

❏ EMBOSS 浮雕效果

❏ FIND_EDGES 邊緣訊息

❏ SMOOTH 平滑效果

❏ SMOOTH_MORE 深度平滑效果

❏ SHARPEN 銳利化效果

程式實例 ch17_19.ipynb：使用濾鏡處理圖片。

```
1  # ch17_19.ipynb
2  from PIL import Image
3  from PIL import ImageFilter
4  rushMore = Image.open("rushmore.jpg")    # 建立Pillow物件
5  filterPict = rushMore.filter(ImageFilter.BLUR)
6  filterPict.save("out17_19_BLUR.jpg")
7  filterPict = rushMore.filter(ImageFilter.CONTOUR)
8  filterPict.save("out17_19_CONTOUR.jpg")
9  filterPict = rushMore.filter(ImageFilter.EMBOSS)
10 filterPict.save("out17_19_EMBOSS.jpg")
11 filterPict = rushMore.filter(ImageFilter.FIND_EDGES)
12 filterPict.save("out17_19_FIND_EDGES.jpg")
```

執行結果

BLUR

CONTOUR

EMBOSS

FIND_EDGES

17-7 在影像內繪製圖案

Pillow 模組內有一個 ImageDraw 模組，可以利用此模組繪製點 (Points)、線 (Lines)、矩形 (Rectangles)、橢圓 (Ellipses)、多邊形 (Polygons)。

在影像內建立圖案物件方式如下：

```
from PIL import Image, ImageDraw
newImage = Image.new('RGBA', (300, 300), "Yellow")  # 建立300*300黃色底的影像
drawObj = ImageDraw.Draw(newImage)
```

17-7-1 繪製點

ImageDraw 模組的 point( ) 方法可以繪製點，語法如下：

　　point([(x1,y1), … (xn,yn)], fill)　　　　　　　# fill是設定顏色

第一個參數是由元組 (tuple) 組成的串列，(x,y) 是欲繪製的點座標。fill 可以是 RGBA( ) 或是直接指定顏色。

17-7-2　繪製線條

ImageDraw 模組的 line( ) 方法可以繪製線條，語法如下：

line([(x1,y1), … (xn,yn)], width, fill)　　　　# width是寬度，預設是1

第一個參數是由元組 (tuple) 組成的串列，(x,y) 是欲繪製線條的點座標，如果多於 2 個點，則這些點會串接起來。fill 可以是 RGBA( ) 或是直接指定顏色。

程式實例 ch17_20.ipynb：繪製點和線條的應用。

```
1  # ch17_20.ipynb
2  from PIL import Image, ImageDraw
3
4  newImage = Image.new('RGBA', (300, 300), "Yellow")  # 建立300*300黃色底的影像
5  drawObj = ImageDraw.Draw(newImage)
6
7  # 繪製點
8  for x in range(100, 200, 3):
9      for y in range(100, 200, 3):
10         drawObj.point([(x,y)], fill='Green')
11
12 # 繪製線條, 繪外框線
13 drawObj.line([(0,0), (299,0), (299,299), (0,299), (0,0)], fill="Black")
14 # 繪製右上角美工線
15 for x in range(150, 300, 10):
16     drawObj.line([(x,0), (300,x-150)], fill="Blue")
17 # 繪製左下角美工線
18 for y in range(150, 300, 10):
19     drawObj.line([(0,y), (y-150,300)], fill="Blue")
20 newImage.save("out17_20.png")
```

執行結果

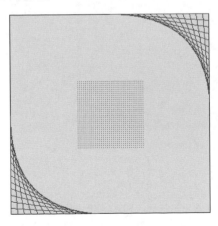

17-7-3　繪製圓或橢圓

ImageDraw 模組的 ellipse( ) 方法可以繪製圓或橢圓，語法如下：

ellipse((left,top,right,bottom), fill, **outline**)　　# outline是外框顏色

第一個參數是由元組 (tuple) 組成的，(left,top,right,bottom) 是包住圓或橢圓的矩形左上角與右下角的座標。fill 可以是 RGBA( ) 或是直接指定顏色，outline 是可選擇是否加上。

17-7-4　繪製矩形

ImageDraw 模組的 rectangle( ) 方法可以繪製矩形，語法如下：

rectangle((left,top,right,bottom), fill, **outline**)　# outline是外框顏色

第一個參數是由元組 (tuple) 組成的，(left,top,right,bottom) 是矩形左上角與右下角的座標。fill 可以是 RGBA( ) 或是直接指定顏色，outline 是可選擇是否加上。

17-7-5　繪製多邊形

ImageDraw 模組的 polygon( ) 方法可以繪製多邊形，語法如下：

polygon([(x1,y1), … (xn,yn)], fill, **outline**)　　　　　# outline是外框顏色

第一個參數是由元組 (tuple) 組成的串列，(x,y) 是欲繪製多邊形的點座標，在此需填上多邊形各端點座標。fill 可以是 RGBA( ) 或是直接指定顏色，outline 是可選擇是否加上。

程式實例 ch17_21.ipynb：設計一個圖案。

```
1  # ch17_21.ipynb
2  from PIL import Image, ImageDraw
3
4  newImage = Image.new('RGBA', (300, 300), 'Yellow')   # 建立300*300黃色底的影像
5  drawObj = ImageDraw.Draw(newImage)
6
7  drawObj.rectangle((0,0,299,299), outline='Black')     # 影像外框線
8  drawObj.ellipse((30,60,130,100),outline='Black')      # 左眼外框
9  drawObj.ellipse((65,65,95,95),fill='Blue')            # 左眼
10 drawObj.ellipse((170,60,270,100),outline='Black')     # 右眼外框
11 drawObj.ellipse((205,65,235,95),fill='Blue')          # 右眼
12 drawObj.polygon([(150,120),(180,180),(120,180),(150,120)],fill='Aqua') # 鼻子
13 drawObj.rectangle((100,210,200,240), fill='Red')      # 嘴
14 newImage.save("out17_21.png")
```

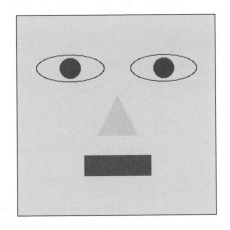

17-8 在影像內填寫文字

有關在 Python Shell 視窗顯示中文的觀念，讀者可以參考 A-6，這一節將針對在 Colab 環境顯示中文和非預設字體做說明。

17-8-1 手動下載非預設字型

ImageDraw 模組也可以用於在影像內填寫英文或中文，所使用的函數是 text( )，語法如下：

text((x,y), **text**, fill, font)　　　　　# text是想要寫入的文字

如果要使用預設方式填寫文字，可以省略 font 參數。如果想要使用其它字型或是中文字型填寫文字，需呼叫 ImageFont.truetype( ) 方法選用字型，同時設定字型大小。在使用 ImageFont.truetype( ) 方法前需在程式前方導入 ImageFont 模組，可參考 ch17_22.ipynb 第 2 列，這個方法的語法如下：

text(字型路徑, 字型大小)

在 Google Colab 工作環境建議，如果不使用預設字型顯示文字，需將字型檔案複製至 Files 工作區。在 Windows 系統字型是放在 C:\Windows\Fonts 資料夾內，在此你可以選擇想要的字型。

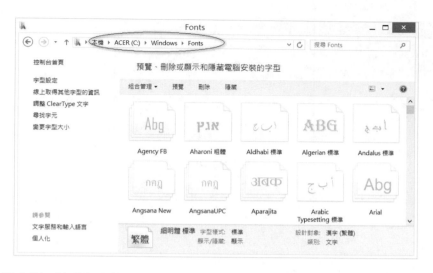

點選**字型**，按滑鼠右鍵，執行**內容**，再選**安全性**標籤可以看到此字型的檔案名稱。例如：下列是點選 Old English Text 的示範輸出。

上述字型讀者可以用複製方式先複製到本書 ch17 資料夾，再從此資料夾上傳到 Google Colab 的 Files 工作區。另外對於中文字型，建議是下載 Google 公司提供的免費字型 Noto Sans Traditional Chinese，為了方便學習，筆者已經將 Google 公司的 NotoSansTC-Bold.otf 字型放在 ch17 資料夾，讀者可以上傳到 Google Colab 的 Files 工作區。首先讀者可以點選 Chrome 瀏覽器左邊的 Files 圖示 🗀，然後點選 Files 工

作區的圖示 ⬆ ，然後可以看到開啟對話方塊，請選擇字型檔案，下列是分別選擇 NotoSansTC-Bold.otf 和 OLDELGL.TTF 檔案的結果。

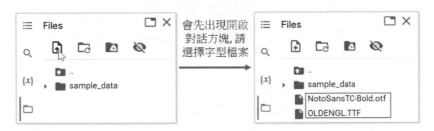

註1 OLDENGL.TTF 是老英文字型，這是 Microsoft 公司的著作財產權。

註2 NotoSansTC-Bold.otf 是 Google 與 Adobe 公司聯合開發的字型，也是著作財產權的擁有者，Bold 代表粗體，也有 Light、Medium、Regular、Thin 或是 Black 可以選擇。字型的中文名字是思源，創意是**飲水思源**，這個名稱有 3 部分：

Noto：一般不支援中文時會出現方框，此方框被戲稱豆腐，Noto 是無豆腐的意思，也就是創作者期待有完整字型出現。

Snas：代表是黑體。

TC：表示是 Tradition Chinese，也就是繁體中文。

程式實例 ch17_22.ipynb：在影像內填寫文字，第 7-8 列是使用預設字型，執行英文字串 "Ming-Chi Institute of Technology" 的輸出。第 10-11 列是設定字型為 Old English Text，字型大小是 36，輸出相同的字串。第 13-15 列是設定字型為 Google 公司所提供的 Noto Sans Traditional Chinese，字型大小是 48，輸出中文字串 " 明志科技大學 "。

```
1   # ch17_22.ipynb
2   from PIL import Image, ImageDraw, ImageFont
3
4   newImage = Image.new('RGBA', (600, 300), 'Yellow')   # 建立300*300黃色底的影像
5   drawObj = ImageDraw.Draw(newImage)
6
7   strText = 'Ming-Chi Institute of Technology'          # 設定欲列印英文字串
8   drawObj.text((50,50), strText, fill='Blue')           # 使用預設字型與字型大小
9   # 使用古老英文字型,
10  fontInfo = ImageFont.truetype('OLDENGL.TTF', 36)
11  drawObj.text((50,100), strText, fill='Blue', font=fontInfo)
12  # 使用Google公司的NotoSansTC-Bold.otf中文字型
13  strCtext = '明志科技大學'                              # 設定欲列印中文字串
14  fontInfo = ImageFont.truetype('NotoSansTC-Bold.otf', 48)
15  drawObj.text((50,180), strCtext, fill='Blue', font=fontInfo)
16  newImage.save("out17_22.png")
```

執行結果

上述程式第 10 列使用 OLDENGL.TTF 字型，第 14 列使用 NotoSansTC-Bold.otf 字型。TTF 是早期由 Apple 和 Microsoft 開發的字型格式，OTF 是由比較晚期 Adobe 和 Microsoft 共同開發的字型格式。總的來說，OTF 字型比 TTF 字型更先進和功能更豐富，並且可以支援更多的字符和語言。然而，TTF 字型文件比較小，並且在某些應用程序中可能更容易處理。選擇使用哪種字型格式，取決於您的特定需求和應用場景。在 Microsoft 所提供的字型中，還可以看到副檔名是 ttc 的字型，這也是 TrueType 字型，不過這是一個 True Type Collection，也就是字型的集合，因為包含了系列字型的集合，所以所佔的空間也比較大。

17-8-2　程式碼下載思源字型

前一小節為了讀者方便學習，筆者已經將字型手動下載到 Colab 工作區，其實也可以使用程式下載思源字型。Colab 環境可以使用 Shell 命令方式指令「!wget」可以從網路下載檔案到 Colab 環境的 Files 工作區，語法如下：

```
!wget -O URL
```

上述參數 -O 可以設定保存檔案的路徑，URL 則是要下載的檔案路徑，有了上述觀念，我們可以下載 Google 公司測試版的思源字型如下：

```
!wget -O TaipeiSansTCBeta-Regular.ttf https://drive.google.com/
uc?id=1eGAsTN1HBpJAkeVM57_C7ccp7hbgSz3_&export=download
```

上述程式碼上述其實是一列，因為太長，筆者將其分列，建議讀者使用拷貝程式方式處理。

程式實例 ch17_23.ipynb：使用自動下載思源 TaipeiSansTCBeta-Regular.ttf 字型方式重新設計程式。

```
1   # ch17_23.ipynb
2   !wget -O TaipeiSansTCBeta-Regular.ttf https://drive.google.com/uc?id=1eGAsTN1
3
4   from PIL import Image, ImageDraw, ImageFont
5
6   newImage = Image.new('RGBA', (600, 300), 'Yellow')   # 建立300*300黃色底的影像
7   drawObj = ImageDraw.Draw(newImage)
8
9   strText = 'Ming-Chi Institute of Technology'         # 設定欲列印英文字串
10  # 使用Google公司的NotoSansTC-Bold.otf中文字型
11  strCtext = '明志科技大學'                              # 設定欲列印中文字串
12  fontInfo = ImageFont.truetype('TaipeiSansTCBeta-Regular.ttf', 48)
13  drawObj.text((50,180), strCtext, fill='Blue', font=fontInfo)
14  newImage.save("out17_23.png")
```

執行結果

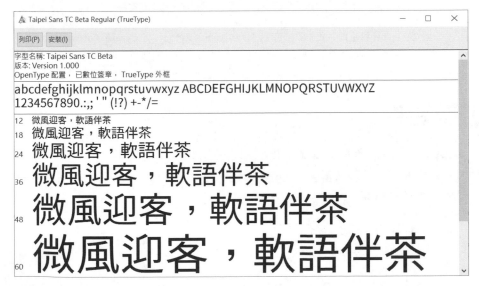

如果讀者下載 TaipeiSansTCBeta-Regular.ttf 檔案，同時點選此檔案可以得到下列結果。

17-9 ChatGPT 輔助學習

1：　請說明 Pillow 模組的功能。

 請說明Pillow模組的功能

Pillow 是 Python 的一個圖像處理庫，它是 Python Imaging Library (PIL) 的一個分支，提供了許多圖像處理的功能，例如圖像的讀寫、縮放、旋轉、裁剪、濾波、顏色轉換、文字繪製等等。

Pillow 模組可以處理多種圖像格式，包括 PNG、JPEG、GIF、BMP、TIFF 等常見格式。可以使用它來讀取圖像文件，對圖像進行各種操作，並保存處理後的圖像。

下面是 Pillow 模組的一些主要功能：

1. 圖像讀寫：可以讀取和保存多種圖像格式的圖像文件，例如 PNG、JPEG、GIF、BMP、TIFF 等等。

2. 圖像處理：可以對圖像進行各種操作，例如圖像縮放、旋轉、裁剪、濾波、顏色轉換等等。
3. 圖像展示：可以在 Python 中顯示圖像，例如在 Jupyter Notebook 中顯示圖像。
4. 文字繪製：可以在圖像上繪製文字，支持多種字體和文字效果。
5. 圖像比較：可以比較兩張圖像的相似度，用於圖像識別和圖像驗證等應用。

總之，Pillow 模組提供了許多方便的功能，可以幫助 Python 開發者更輕鬆地處理圖像數據，並且支持廣泛的圖像格式。

習題實作題

ex17_1.ipynb：請用自己的大頭照，此例筆者使用 hung.jpg 檔案，請更改寬度與高度的觀念，調整大小，需留意寬度與高度必需是整數，必需附上正常和其它 8 種變化，變化方式如下：(17-4 節)

　　a)：高度不變，寬度是 1.2 倍。

　　b)：高度不變，寬度是 1.5 倍。

c)：高度不變，寬度是 0.5 倍。

d)：高度不變，寬度是 0.8 倍。

e)：寬度不變，高度是 1.2 倍。

f)：寬度不變，高度是 1.5 倍。

g)：寬度不變，高度是 0.8 倍。

h)：寬度不變，高度是 0.5 倍。

下列是 Python Shell 視窗的執行結果，與資料夾內的檔案結果。

```
==================== RESTART: D:/Python/ex/ex17_1.py ====================
>>>
```

hung

out17_1　　　out17_2　　　out17_3　　　out17_4　　　out17_5　　　out17_6　　　out17_7　　　out17_8

ex17_2.ipynb：請用自己的大頭貼照片，將此照片的大小改為 350(寬) x 500(高)，然後在此照片四周增加 50 的外框，然後將執行結果存入 fig17_2.jpg。**(17-5 節)**

ex17_3.ipynb：請參考護照照片規格，將自己的大頭貼參考 17_18.py 方式佈局在影像檔案內，用高級相片紙在 7-11 或其它便利商店列印，這樣就可以省下護照照片的錢了，請交出所佈局的影像檔案。護照相片大小是 3.5(寬) x 4.5(高) 公分，若是影像解析度是 72 像素 / 英吋，則像素是 99(寬) x 127(高)。(17-5 節)

ex17_4.ipynb：請參考 ch17_19.py，但是所使用的相片是自行拍攝自己學校的風景，請參考 17-6 節的 10 種濾鏡特效處理，然後列出結果，下列圖片是參考。(17-6 節)

fig17_4_BLUR　fig17_4_CONTOUR　fig17_4_DETAIL　fig17_4_EDGE_ENHANCE　fig17_4_EDGE_ENHANCE_MORE

fig17_4_EMBOSS　fig17_4_FIND_EDGES　fig17_4_SHARPEN　fig17_4_SMOOTH　fig17_4_SMOOTH_MORE

ex17_5.ipynb：請參考 ch17_20.py，擴充此程式功能，將美工線條的觀念應用在左上角與右下角，請將執行結果存入 fig17_5.png。(17-7 節)

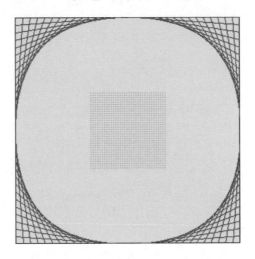

ex17_6.ipynb：請用自己的大頭貼照片，將此照片的大小改為 350(寬) x 500(高)，然後在此照片上、左、右增加 50 的外框，下方則增加 200 外框，然後將執行結果存入 fig17_6.jpg，最後在下方填入自己的名字。(17-8 節)

第 18 章

詞雲設計

　　18-1 節是介紹在 Python Shell 環境時，需要安裝 wordcloud，這是為了讀者未來可能在企業上班，這時需要安裝 wordcloud，所以給讀者參考。在 Google Colab 環境，因為已經安裝完成，所以我們可以直接使用，請讀者可以直接跳至 18-2 節閱讀。

18-1　Python Shell 環境 - 安裝 wordcloud

　　如果想建立詞雲 (wordcloud)，首先是需下載相對應 Python 版本和你的硬體的 whl 文件，然後用此文件安裝 wordcloud 模組，請進入下列網址：

　　https://www.lfd.uci.edu/~gohlke/pythonlibs/#wordcloud

　　然後請進入下列 Wordcloud 區塊，同時點選自己目前系統環境適用的 wordcloud 檔案，此例筆者選擇如下：

　　← → ○ ⌂　🔒 https://www.lfd.uci.edu/~gohlke/pythonlibs/#wordcloud

Wordcloud, a little word cloud generator.
　　wordcloud-1.5.0-cp27-cp27m-win32.whl
　　wordcloud-1.5.0-cp27-cp27m-win_amd64.whl
　　wordcloud-1.5.0-cp34-cp34m-win32.whl
　　wordcloud-1.5.0-cp34-cp34m-win_amd64.whl
　　wordcloud-1.5.0-cp35-cp35m-win32.whl
　　wordcloud-1.5.0-cp35-cp35m-win_amd64.whl
　　wordcloud-1.5.0-cp36-cp36m-win32.whl
　　wordcloud-1.5.0-cp36-cp36m-win_amd64.whl
　　wordcloud-1.5.0-cp37-cp37m-win32.whl
　　wordcloud-1.5.0-cp37-cp37m-win_amd64.whl

　　點選下載後，可以在視窗下方看到下列應如何處理此檔案，請點選另存新檔案，筆者此時將此檔案存放在 d:\Python\ch18。

rdcloud-1.5.0-cp37-cp37m-win32.whl
rdcloud-1.5.0-cp37-cp37m-win_amd64.whl

| 您要如何處理 wordcloud-1.5.0-cp37-cp37m-win32.whl (142 KB)？ 來自: download.lfd.uci.edu | 開啟 | 另存新檔 儲存 ∧ |

　　儲存檔案後，就可以進入 DOS 環境使用 "pip install 檔案 "，安裝所下載的檔案。

　　pip install wordcloud-1.5.0-cp37-cp37m-win32.whl

如果成功安裝將可以看到下列訊息。

```
Installing collected packages: wordcloud
Successfully installed wordcloud-1.5.0
```

18-2 我的第一個詞雲程式

要建立詞雲程式,首先是導入 wordcloud 模組,可以使用下列語法:

from wordcloud import WordCloud

除此,我們必需為詞雲建立一個 txt 文字檔案,未來此檔案的文字將出現在詞雲內,下列是筆者所建立的 data18_1.txt 檔案。

產生詞雲的步驟如下:

1: 讀取詞雲的文字檔。

2: 詞雲使用 WordCloud( ) 此方法不含參數表示使用預設環境,然後使用 generate( ) 建立步驟 1 文字檔的詞雲物件。

3: 詞雲物件使用 to_image( ) 建立詞雲影像檔。

4: 使用 show( ) 顯示詞雲影像檔。

程式實例 ch18_1.ipynb:我的第一個詞雲程式。

```python
1  # ch18_1.py
2  from wordcloud import WordCloud
3
4  with open("data18_1.txt") as fp:    # 英文字的文字檔
5      txt = fp.read()                 # 讀取檔案
6
7  wd = WordCloud().generate(txt)      # 由txt文字產生WordCloud物件
8  imageCloud = wd.to_image()          # 由WordCloud物件建立詞雲影像檔
9  imageCloud.show()                   # 顯示詞雲影像檔
```

執行結果

　　其實螢幕顯示的是一個圖片框檔案，筆者此例只列出詞雲圖片，每次執行皆看到不一樣字詞排列的詞雲圖片，如上方所示，上述背景預設是黑色，未來筆者會介紹使用 background_color 參數更改背景顏色。上述第 8 列是使用詞雲物件的 **to_image( )** 方法產生詞雲圖片的影像檔，第 9 列則是使用詞雲物件的 **show( )** 方法顯示詞雲圖片。

　　其實也可以使用 matplotlib 模組的方法產生詞雲圖片的影像檔案，與顯示詞雲圖片的影像檔案，未來會做說明。

18-3　建立含中文字詞雲結果失敗

　　使用程式實例 ch18_1.ipynb，但是使用中文字的 txt 檔案時，將無法正確顯示詞雲，可參考 ch18_2.ipynb。

程式實例 ch18_2.ipynb：無法正確顯示中文字的詞雲程式，本程式的中文詞雲檔案 data18_2.txt 如下：

　　下列是程式碼內容。

```
1  # ch18_2.ipynb
2  from wordcloud import WordCloud
3
4  with open("data18_2.txt", encoding='cp950') as fp:  # 含中文的文字檔
5      txt = fp.read()                         # 讀取檔案
6
7  wd = WordCloud().generate(txt)              # 由txt文字產生WordCloud物件
8  imageCloud = wd.to_image()                  # 由WordCloud物件建立詞雲影像檔
9  imageCloud.show()                           # 顯示詞雲影像檔
```

執行結果

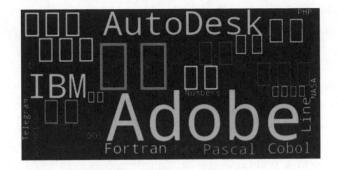

從上述結果很明顯，中文字無法正常顯示，用方框代表。

18-4 建立含中文字的詞雲

在 Google Colab 環境可以不用安裝 jieba 模組，下列說明是為 Python Shell 環境的讀者說明。

首先需要安裝中文分詞函數庫模組 jieba(也有人翻譯為**結巴**)，這個模組可以用於句子與詞的分割、標註，可以進入下列網站：

https://pypi.org/project/jieba/#files

然後請下載 jieba-0.39.zip 檔案。

Python Software Foundation [US] https://**pypi**.org/project/jieba/#files

Download files

ion

Download the file for your platform. If you're not
packages.

Filename, size & hash ❓

jieba-0.39.zip (7.3 MB) 📋 SHA256

　　下載完成後，需要解壓縮，筆者是將此檔案儲存在 d:\Python\ch18，然後筆者進入此解壓縮檔案的資料夾 ch18，然後輸入 "python setup.ipynb install" 進行安裝 jieba 模組。

```
python setup.ipynb install
```

　　jieba 模組內有 cut( ) 方法，這個方法可以將所讀取的文件檔案執行分詞，英文文件由於每個單字空一格所以比較單純，中文文件則是借用 jieba 模組的 cut( ) 方法。由於我們希望所斷的詞可以空一格，所以可以採用下列敘述執行。

```
cut_text = ' '.join(jieba.cut(txt))          # 產生分詞的字串
```

　　此外，我們需要為詞雲建立物件，所採用方法是 generate( )，整個敘述如下：

```
wordcloud = WordCloud(                        # 建立詞雲物件
    font_path="C:/Windows/Fonts\mingliu",
    background_color="white",width=1000,height=880).generate(cut_text)
```

註　上述是假設使用 Windows 系統的新細明體字型，在上述建立含中文字的詞雲物件時，需要在 WorldCloud( ) 方法內增加 font_path 參數，這是設定中文字所使用的字型，另外筆者也增加 background_color 參數設定詞雲的背景顏色，width 是設定單位是像素的寬度，height 是設定單位是像素的高度，若是省略 background_color、width、height 則使用預設。

　　在正式講解建立中文字的詞雲影像前，我們可以先使用 jieba 測試此模組的分詞能力。

實例 1：jieba 模組 cut( ) 方法的測試。

```
>>> import jieba
>>> words = jieba.cut('我最喜歡的學校是台塑企業集團的明志工專')
>>> for word in words:
        print(word)


Building prefix dict from the default dictionary ...
Dumping model to file cache C:\Users\User\AppData\Local\Temp\jieba.cache
Loading model cost 1.021 seconds.
Prefix dict has been built succesfully.
我
最
喜歡
的
學校
是
台塑
企業
集團
的
明志
工專
```

從上述測試可以看到 jieba 的確有很好的分詞能力。

程式實例 ch18_3.ipynb：建立含中文字的詞雲影像，這是 Google Colab 環境執行，同時使用 out18_3.png 檔案儲存，第 16 列 to_fie( ) 可以將詞雲檔案儲存。

```
1   # ch18_3.ipynb
2   from wordcloud import WordCloud
3   import jieba
4
5   with open("data18_2.txt", encoding='cp950') as fp:    # 含中文的文字檔
6       txt = fp.read()                                   # 讀取檔案
7
8   cut_text = ' '.join(jieba.cut(txt))                   # 產生分詞的字串
9
10  wd = WordCloud(                                        # 建立詞雲物件
11      font_path="NotoSansTC-Bold.otf",
12      background_color="white",width=1000,height=880).generate(cut_text)
13
14  imageCloud = wd.to_image()             # 由WordCloud物件建立詞雲影像檔
15  imageCloud.show()                      # 顯示詞雲影像檔
16  wd.to_file("out18_3.png")              # 檔案儲存
```

執行結果

在建立詞雲影像檔案時，也可以使用 matplotlib 模組 (第 20 章會做更完整的說明)，使用此模組的 imshow( ) 建立詞雲影像檔，然後使用 show( ) 顯示詞雲影像檔。

程式實例 ch18_4.ipynb：使用 matplotlib 模組建立與顯示詞雲影像，同時將寬設為 800，高設為 600，最後使用 out18_4.png 儲存。

註　out18_4.png 圖檔沒有軸資料。

```
1   # ch18_4.ipynb
2   from wordcloud import WordCloud
3   import matplotlib.pyplot as plt
4   import jieba
5
6   with open("data18_2.txt", encoding='cp950') as fp:   # 含中文的文字檔
7       txt = fp.read()                          # 讀取檔案
8
9   cut_text = ' '.join(jieba.cut(txt))          # 產生分詞的字串
10
11  wd = WordCloud(                              # 建立詞雲物件
12      font_path="NotoSansTC-Bold.otf",
13      background_color="white",width=800,height=600).generate(cut_text)
14
15  plt.imshow(wd)                               # 由WordCloud物件建立詞雲影像檔
16  plt.show()                                   # 顯示詞雲影像檔
17  wd.to_file("out18_4.png")                    # 檔案儲存
```

執行結果

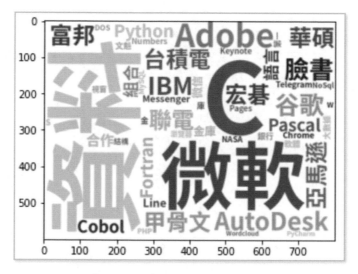

　　通常以 matplotlib 模組顯示詞雲影像檔案時，可以增加 axis("off") 關閉軸線。

程式實例 ch18_5.ipynb：關閉顯示軸線，同時背景顏色改為黃色。

```
1   # ch18_5.ipynb
2   from wordcloud import WordCloud
3   import matplotlib.pyplot as plt
4   import jieba
5
6   with open("data18_2.txt", encoding='cp950') as fp:   # 含中文的文字檔
7       txt = fp.read()                          # 讀取檔案
8
```

```
 9  cut_text = ' '.join(jieba.cut(txt))        # 產生分詞的字串
10
11  wd = WordCloud(                            # 建立詞雲物件
12      font_path="NotoSansTC-Bold.otf",
13      background_color="yellow",width=800,height=400).generate(cut_text)
14
15  plt.imshow(wd)                             # 由WordCloud物件建立詞雲影像檔
16  plt.axis("off")                            # 關閉顯示軸線
17  plt.show()                                 # 顯示詞雲影像檔
18  wd.to_file("out18_5.png")                  # 儲存檔案
```

執行結果

註　中文分詞是人工智慧應用在中文語意分析 (semantic analysis) 的一門學問，對於英文字而言由於每個單字用空格或標點符號分開，所以可以很容易執行分詞。所有中文字之間沒有空格，所以要將一段句子內有意義的詞語解析，比較困難，一般是用匹配方式或統計學方法處理，目前精準度已經達到 97% 左右，細節則不在本書討論範圍。

18-5　進一步認識 jieba 模組的分詞

　　前面所使用的文字檔，中文字部分均是一個公司名稱的名詞，檔案內容有適度空一格了，我們也可以將詞雲應用在一整段文字，這時可以看到 jieba 模組 cut( ) 方法自動分割整段中文的功力，其實正確率高達 97%。

程式實例 ch18_6.ipynb：使用 data18_6.txt 應用在 ch18_5.ipynb。

```
 6  with open("data18_6.txt", encoding="cp950") as fp:    # 含中文的文字檔
```

執行結果

18-6　建立含圖片背景的詞雲

在先前所產生的詞雲外觀是矩形，建立詞雲時，另一個特色是可以依據圖片的外型產生詞雲，如果有一個透明背景的圖片，可以依據此圖片產生相同外型的詞雲。一般圖片如果要建立透明背景可以進入 https://www.remove.bg/zh，將圖片拖曳至此網頁的特定區，就可以自動產生透明背景圖，然後下載即可。

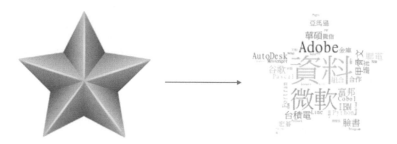

欲建立這類的詞雲需增加使用 Numpy 模組，可參考下列敘述：

```
bgimage = np.array(Image.open("star.gif"))
```

上述 np.array( ) 是建立陣列所使用的參數是 Pillow 物件，這時可以將圖片用大型矩陣表示，然後在有顏色的地方填詞。最後在 WordCloud( ) 方法內增加 mask 參數，執行遮罩限制圖片形狀，如下所示：

```
wordcloud = WordCloud(
    font_path="C:/Windows/Fonts\mingliu",
    background_color="white",
    mask=bgimage).generate(cut_text)
```

> **註** 上述是假設使用 Windows 系統的新細明體字型，需留意當使用 mask 參數後，width 和 height 的參數設定就會失效，所以此時可以省略設定這 2 個參數。本程式所使用的星圖 star.gif 是一個星狀的無背景圖。

程式實例 ch18_7.ipynb：建立星狀的詞雲圖，所使用的背景圖檔是 star.gif，所使用的文字檔是 data18_6.txt。

```
1  # ch18_7.ipynb
2  from wordcloud import WordCloud
3  from PIL import Image
4  import matplotlib.pyplot as plt
5  import jieba
6  import numpy as np
7
8  with open("data18_6.txt", encoding='cp950') as fp:        # 含中文的文字檔
9      txt = fp.read()                                        # 讀取檔案
10 cut_text = ' '.join(jieba.cut(txt))                        # 產生分詞的字串
11
12 bgimage = np.array(Image.open("star.gif"))    # 背景圖
13
14 wd = WordCloud(                               # 建立詞雲物件
15     font_path="NotoSansTC-Bold.otf",
16     background_color="white",
17     mask=bgimage).generate(cut_text)          # mask設定
18
19 plt.imshow(wd)                                # 由WordCloud物件建立詞雲影像檔
20 plt.axis("off")                               # 關閉顯示軸線
21 plt.show()                                    # 顯示詞雲影像檔
22 wd.to_file("out18_7.png")                     # 儲存檔案
```

執行結果

程式實例 ch18_8.ipynb：建立人外型的詞雲圖，所使用的背景圖檔是 hung.gif，所使用的文字檔是 data18_2.txt，所使用的字型是 C:\Windows\Fonts\OLDENGL.TTF(讀者需要先下載此自行到一個資料夾，然後才上傳至 Google Colab 的 Files 工作區)。

```
1  # ch18_8.ipynb
2  from wordcloud import WordCloud
3  from PIL import Image
4  import matplotlib.pyplot as plt
5  import numpy as np
6
```

```
 7  with open("data18_1.txt", encoding='cp950') as fp:          # 含中文的文字檔
 8      txt = fp.read()                                         # 讀取檔案
 9
10  bgimage = np.array(Image.open("hung.GIF"))   # 背景圖
11
12  wd = WordCloud(                                # 建立詞雲物件
13      font_path="OLDENGL.TTF",
14      background_color="white",
15      mask=bgimage).generate(txt)                # mask設定
16
17  plt.imshow(wd)                                 # 由WordCloud物件建立詞雲影像檔
18  plt.axis("off")                                # 關閉顯示軸線
19  plt.show()                                     # 顯示詞雲影像檔
20  wd.to_file("out18_8.png")                      # 儲存檔案
```

執行結果

 →

18-7　ChatGPT 輔助學習

1：　請用 Python 說明詞雲 wordcloud 設計。

錦魁　請用Python說明詞雲wordcloud設計

Wordcloud 是一種將文本數據轉換成詞雲的可視化技術，通常用於分析文本數據的特點和主題。Python 的 `wordcloud` 模組是一個常用的實現詞雲設計的工具。

Wordcloud 設計的基本過程包括以下幾個步驟：

1. 整理文本數據：將要分析的文本數據進行清理、分詞和統計，得到單詞的頻率分布。
2. 設計詞雲樣式：根據需求設計詞雲的形狀、大小、字體、顏色等樣式，以及詞雲中單詞的排列方式和間距等參數。
3. 生成詞雲圖片：根據設計好的詞雲樣式，使用 `wordcloud` 模組生成詞雲圖片。

下面是一個示例，展示如何使用 `wordcloud` 模組設計詞雲：

```
1   import jieba
2   from wordcloud import WordCloud
3   import matplotlib.pyplot as plt
4
5   # 1. 整理文本數據
6   text = "Python是一種簡單易學、開發效率高的高級程式語言,\
7   被廣泛應用於Web開發、數據分析、人工智慧等領域。"
8
9   words = jieba.cut(text)
10  freq = {}
11  for word in words:
12      freq[word] = freq.get(word, 0) + 1
13
14  # 2. 設計詞雲樣式
15  wc = WordCloud(background_color="white", font_path="msyh.ttc",
16               width=800, height=600, margin=2, max_words=100)
17
18  # 3. 生成詞雲圖片
19  wc.generate_from_frequencies(freq)
20
21  # 顯示詞雲圖片
22  plt.imshow(wc)
23  plt.axis("off")
24  plt.show()
```

在這個程式中,我們定義了一個 `compare_images` 函數,用於比較兩張圖像的相似度。函數中使用了 Pillow 的 `Image` 模塊來讀取和處理圖像,使用了 `ImageChops` 模塊中的 `difference` 函數來計算兩張圖像的差異。

具體來說,函數中讀取了兩張圖像 `image1` 和 `image2`,並將它們轉換成 RGBA 模式,以便進行比較。然後使用 `ImageChops.difference` 函數對兩張圖像進行比較,得到差異圖像 `diff`。接下來,使用 `histogram` 函數計算差異圖像的直方圖,並用 `pixels` 變量計算圖像的總像素數。最後,計算圖像的相似度,返回相似度值是否大於等於閾值 `threshold`。

在程式的下半部分,我們定義了兩張圖像的路徑 `image1_path` 和 `image2_path`,然後調用 `compare_images` 函數對它們進行比較。如果相似度大於等於閾值,則認為兩張圖像相似,輸出 `True`;否則,輸出 `False`。

需要注意的是,圖像比較是一個較為複雜的問題,要得到比較精確的結果需要根據具體

上述尚未完整回答,所以可以輸入「請繼續」,下列是繼續輸出。

錦魁   請繼續

另外,`wordcloud` 模組還支持將詞頻數據和形狀圖像進行結合,生成指定形狀的詞雲圖片。例如,可以使用下面的程式碼將詞雲圖片生成在一個心形圖像中:

```
1  import numpy as np
2  from PIL import Image
3  from wordcloud import WordCloud
4
5  # 讀取形狀圖像
6  mask = np.array(Image.open("heart.jpg"))
7
8  # 設計詞雲樣式
9  wc = WordCloud(background_color="white", font_path="msyh.ttc",
10               width=800, height=600, margin=2, max_words=100, mask=mask)
11
12 # 生成詞雲圖片
13 wc.generate_from_frequencies(freq)
14
15 # 保存詞雲圖片
16 wc.to_file("heart_wordcloud.png")
```

在這個程式中，我們首先使用 `PIL` 模組讀取形狀圖像，然後將其轉換成 NumPy 數組。接著，使用 `WordCloud` 函數設計詞雲樣式，並將形狀圖像作為 `mask` 參數傳入。最後，使用 `generate_from_frequencies` 函數生成詞雲圖片，並使用 `to_file` 函數保存詞雲圖片。

需要注意的是，使用形狀圖像生成詞雲圖片時，建議圖像的顏色盡量與文字顏色相近，否則可能會影響詞雲的可讀性。另外，如果要生成大量的詞雲圖片，可以考慮使用多進程的方式加速計算和生成過程。

註　上述 2 個 ChatGPT 生成的 Python 程式無法產生詞雲圖片，這是 ChatGPT 少數會產生的錯誤，應該是 generate_from_frequencies(freq) 函數的問題，所以請使用筆者前面章節的方法建立詞雲圖片。

習題實作題

ex18_1.ipynb：請參考 ch18_1.py，建立含白色背景的詞雲。(18-4 節)

ex18_2.ipynb：請參考 ch18_2.py，建立含白色背景的詞雲，同時使用 OLDENGL.tff 檔案。
(18-4 節)

ex18_3.ipynb：請參考 ch18_7.py，然後建立詞雲圖案，所使用的文字檔案請自行設計，此例筆者使用 edata18_3.txt 文字檔案，圖檔使用 pict.gif。(18-6 節)

ex18_4.ipynb：請參考 ch18_8.py，然後建立詞雲圖案，所使用的文字檔案請自行設計，此例筆者使用 edata18_1.txt 文字檔案，圖檔使用 me.gif。(19-6 節)

第 19 章

使用 Python 處理 CSV 文件

CSV 是一個縮寫，它的英文全名是 Comma-Seperated Values，由字面意義可以解說是**逗號分隔值**，當然逗號是主要資料欄位間的分隔值，不過目前也有非逗號的分隔值。這是一個純文字格式的文件，沒有圖片、不用考慮字型、大小、顏色 … 等。

簡單的說，CSV 數據是指同一**列** (row) 的資料彼此用**逗號** (或其它符號) 隔開，同時每一列 (row) 數據資料是一筆 (record) 資料，幾乎所有試算表 (Excel)、文字編輯器與資料庫檔案均支援這個文件格式。本章將講解操作此檔案的基本知識，同時也將講解如何將 Excel 的工作表改存成 CSV 檔案、將 CSV 檔案內容改成用 Excel 儲存，以及講解讀取與輸出 Excel 檔案的方法。

> **註** 其實目前網路開放資訊大都有提供 CSV 檔案的下載，未來讀者在工作時也可以將 Excel 工作表改用 CSV 格式儲存。

19-1　建立一個 CSV 文件

為了更詳細解說，筆者先用 ch19 資料夾的 report.xlsx 檔案產生一個 CSV 文件，未來再用這個文件做說明。目前視窗內容是 report.xlsx，如下所示：

	A	B	C	D	E	F	G	H
1	名字	年度	產品	價格	數量	業績	城市	
2	Diana	2025年	Black Tea	10	600	6000	New York	
3	Diana	2025年	Green Tea	7	660	4620	New York	
4	Diana	2026年	Black Tea	10	750	7500	New York	
5	Diana	2026年	Green Tea	7	900	6300	New York	
6	Julia	2025年	Black Tea	10	1200	12000	New York	
7	Julia	2026年	Black Tea	10	1260	12600	New York	
8	Steve	2025年	Black Tea	10	1170	11700	Chicago	
9	Steve	2025年	Green Tea	7	1260	8820	Chicago	
10	Steve	2026年	Black Tea	10	1350	13500	Chicago	
11	Steve	2026年	Green Tea	7	1440	10080	Chicago	

請執行**檔案 / 另存新檔**，然後選擇目前 D:\Python\ch19 資料夾。**存檔類型**選 CSV(逗號分隔)(*.csv)，然後將**檔案名稱**改為 **csvReport**。按儲存鈕後，會出現下列訊息。

請按**是**鈕，可以得到下列結果。

	A	B	C	D	E	F	G	H
1	名字	年度	產品	價格	數量	業績	城市	
2	Diana	2025年	Black Tea	10	600	6000	New York	
3	Diana	2025年	Green Tea	7	660	4620	New York	
4	Diana	2026年	Black Tea	10	750	7500	New York	
5	Diana	2026年	Green Tea	7	900	6300	New York	
6	Julia	2025年	Black Tea	10	1200	12000	New York	
7	Julia	2026年	Black Tea	10	1260	12600	New York	
8	Steve	2025年	Black Tea	10	1170	11700	Chicago	
9	Steve	2025年	Green Tea	7	1260	8820	Chicago	
10	Steve	2026年	Black Tea	10	1350	13500	Chicago	
11	Steve	2026年	Green Tea	7	1440	10080	Chicago	

我們已經成功的建立一個 CSV 檔案了，檔名是 csvReport.csv，可以關閉上述 Excel 視窗了。

19-2 用記事本開啟 CSV 檔案

CSV 檔案的特色是幾乎可以在所有不同的試算表內編輯，當然也可以在一般的文字編輯程式內查閱使用，如果我們現在使用記事本開啟這個 CSV 檔案，可以看到這個檔案的原貌。

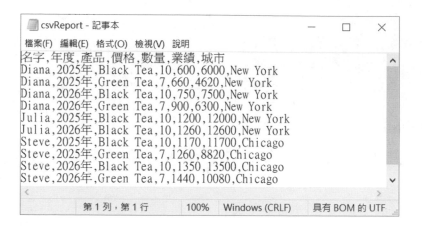

19-3　csv 模組

Python 有內建 csv 模組，導入這個模組後，可以很輕鬆讀取 CSV 檔案，方便未來程式的操作，所以本章程式前端要加上下列指令。

import csv

19-4　讀取 CSV 檔案

19-4-1　使用 open( ) 開啟 CSV 檔案

在讀取 CSV 檔案前第一步是使用 open( ) 開啟檔案，語法格式如下：

with open(檔案名稱, encoding=method) as csvFile
    相關系列指令

上述是建議的方法，未來可以不必執行 close( ) 關閉檔案動作，csvFile 是可以自行命名的檔案物件，上述 encoding 參數觀念和第 14-1 節觀念相同。

19-4-2　建立 Reader 物件

有了 CSV 檔案物件後，下一步是可以使用 csv 模組的 reader( ) 建立 Reader 物件，使用 Python 可以使用 list( ) 將這個 Reader 物件轉換成串列 (list)，現在我們可以很輕鬆的使用這個串列資料了。

程式實例 ch19_1.ipynb：開啟 csvReport.csv 檔案，讀取 csv 檔案可以建立 Reader 物件 csvReader，再將 csvReader 物件轉成**串列資料**，最後用 for 迴圈輸出串列內容。

```
1  # ch19_1.ipynb
2  import csv
3
4  fn = 'csvReport.csv'
5  with open(fn, encoding='utf-8') as csvFile:  # 開啟csv檔案
6      csvReader = csv.reader(csvFile)              # 讀檔案建立Reader物件
7      listReport = list(csvReader)                 # 將資料轉成串列
8  for row in listReport:
9      print(row)                                   # 輸出串列
```

執行結果

```
['\ufeff名字', '年度', '產品', '價格', '數量', '業績', '城市']
['Diana', '2025年', 'Black Tea', '10', '600', '6000', 'New York']
['Diana', '2025年', 'Green Tea', '7', '660', '4620', 'New York']
['Diana', '2026年', 'Black Tea', '10', '750', '7500', 'New York']
['Diana', '2026年', 'Green Tea', '7', '900', '6300', 'New York']
['Julia', '2025年', 'Black Tea', '10', '1200', '12000', 'New York']
['Julia', '2026年', 'Black Tea', '10', '1260', '12600', 'New York']
['Steve', '2025年', 'Black Tea', '10', '1170', '11700', 'Chicago']
['Steve', '2025年', 'Green Tea', '7', '1260', '8820', 'Chicago']
['Steve', '2026年', 'Black Tea', '10', '1350', '13500', 'Chicago']
['Steve', '2026年', 'Green Tea', '7', '1440', '10080', 'Chicago']
```

上述程式需留意是，程式第 6 列所建立的 Reader 物件 csvReader，只能在 with 關鍵區塊內使用，此例是 5 ～ 7 列，未來我們要繼續操作這個 CSV 檔案內容，需使用第 7 列所建的串列 listReport 或是重新開檔與讀檔。

如果再仔細看輸出的內容，可以看到這是串列資料，串列內的元素也是串列，也就是原始 csvReport.csv 內的一列資料是一個元素。

註　上述執行結果可以看到，原先數值資料在轉換成串列時變成了字串，所以未來要讀取 CSV 檔案時，必需要將數值字串轉換成數值格式。

19-4-3　使用串列索引讀取 CSV 內容

我們也可以使用串列索引知識，讀取 CSV 內容。

程式實例 ch19_2.ipynb：使用索引列出串列內容。

```
1  # ch19_2.ipynb
2  import csv
3
4  fn = 'csvReport.csv'
5  with open(fn,encoding='utf-8') as csvFile:  # 開啟csv檔案
6      csvReader = csv.reader(csvFile)          # 建立Reader物件
```

```
7        listReport = list(csvReader)        # 將資料轉成串列
8
9  print(listReport[0][1], listReport[0][2])
10 print(listReport[1][2], listReport[1][5])
11 print(listReport[2][3], listReport[2][6])
```

執行結果

```
年度 產品
Black Tea 6000
7 New York
```

19-4-4　DictReader( )

這也是一個讀取 CSV 檔案的方法，不過傳回的是**排序字典** (OrderedDict) 類型，所以可以用**欄位名稱當索引**方式取得資料。在美國許多文件以 CSV 檔案儲存時，常常人名的 Last Name(姓) 與 First Name(名) 是分開以不同欄位儲存，讀取時可以使用這個方法，可參考 ch19 資料夾的 csvPeople.csv 檔案。

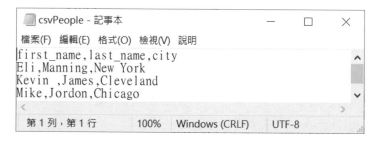

程式實例 ch19_3.ipynb：使用 DictReader( ) 讀取 csv 檔案，然後列出 DictReader 物件內容。

```
1  # ch19_3.ipynb
2  import csv
3
4  fn = 'csvPeople.csv'
5  with open(fn) as csvFile:                 # 開啟csv檔案
6      csvDictReader = csv.DictReader(csvFile) # 讀檔案建立DictReader物件
7      for row in csvDictReader:              # 列出DictReader各列內容
8          print(row)
```

執行結果

```
{'first_name': 'Eli', 'last_name': 'Manning', 'city': 'New York'}
{'first_name': 'Kevin ', 'last_name': 'James', 'city': 'Cleveland'}
{'first_name': 'Mike', 'last_name': 'Jordon', 'city': 'Chicago'}
```

上述字典資料，可以使用下列方法讀取。

程式實例 ch19_4.ipynb：將 csvPeople.csv 檔案的 last_name 與 first_name 解析出來。

```
1  # ch19_4.ipynb
2  import csv
3
4  fn = 'csvPeople.csv'
5  with open(fn) as csvFile:                    # 開啟csv檔案
6      csvDictReader = csv.DictReader(csvFile)   # 讀檔案建立DictReader物件
7      for row in csvDictReader:                 # 列出DictReader各列內容
8          print(row['first_name'], row['last_name'])
```

執行結果

```
Eli Manning
Kevin  James
Mike Jordon
```

19-5 寫入 CSV 檔案

19-5-1 開啟欲寫入的檔案 open( ) 與關閉檔案 close( )

想要將資料寫入 CSV 檔案，可以使用 with 關鍵字，如下所示：

with open('檔案名稱', 'w', newline= ' ',encoding='utf-8') as csvFile:
　　…

如果開啟的檔案只能寫入，則可以加上參數 'w'，這表示是 write only 模式。

19-5-2 建立 writer 物件

如果應用前一節的 csvFile 物件，接下來需建立 writer 物件，語法如下：

with open('檔案名稱', 'w', newline= ' ') as csvFile:
　　outWriter = csv.writer(csvFile)
　　…

上述開啟檔案時多加參數 newline=' '，可避免輸出時每列之間多空一列。

19-5-3 輸出串列 writerow( )

writerow( ) 可以輸出串列資料。

程式實例 ch19_5.ipynb：輸出串列資料的應用。

```
1   # ch19_5.ipynb
2   import csv
3
4   fn = 'out19_5.csv'
5   with open(fn,'w',newline='') as csvFile:   # 開啟csv檔案
6       csvWriter = csv.writer(csvFile)         # 建立Writer物件
7       csvWriter.writerow(['姓名', '年齡', '城市'])
8       csvWriter.writerow(['Hung', '35', 'Taipei'])
9       csvWriter.writerow(['James', '40', 'Chicago'])
```

執行結果

註　上述如果用 Excel 開啟會有亂碼，這是因為上述預設是用 "utf-8" 的編碼格式。

程式實例 ch19_6.ipynb：複製 CSV 檔案，這個程式會讀取檔案，然後將檔案寫入另一個檔案方式，達成拷貝的目的。

```
1    # ch19_6.ipynb
2    import csv
3
4    infn = 'csvReport.csv'               # 來源檔案
5    outfn = 'out19_6.csv'                # 目的檔案
6    with open(infn) as csvRFile:          # 開啟csv檔案供讀取
7        csvReader = csv.reader(csvRFile)  # 讀檔案建立Reader物件
8        listReport = list(csvReader)      # 將資料轉成串列
9
10   with open(outfn,'w',newline='') as csvOFile:
11       csvWriter = csv.writer(csvOFile)  # 建立Writer物件
12       for row in listReport:            # 將串列寫入
13           csvWriter.writerow(row)
```

執行結果　讀者可以開啟 out19_6.csv 檔案，內容將和 csvReport.csv 檔案相同。

19-5-4　delimiter 關鍵字

delimiter 是分隔符號，這個關鍵字是用在 writer( ) 方法內，將資料寫入 CSV 檔案時預設同一列區隔欄位是逗號，用這個符號將區隔欄位的分隔符號改為逗號。

程式實例 ch19_7.ipynb：將分隔符號改為定位點字元 (\t)。

```
1   # ch19_7.ipynb
2   import csv
3
4   fn = 'out19_7.csv'
5   with open(fn, 'w', newline = '') as csvFile:          # 開啟csv檔案
6       csvWriter = csv.writer(csvFile, delimiter='\t') # 建立Writer物件
7       csvWriter.writerow(['Name', 'Age', 'City'])
8       csvWriter.writerow(['Hung', '35', 'Taipei'])
9       csvWriter.writerow(['James', '40', 'Chicago'])
```

執行結果　下列是用記事本開啟 out19_7.csv 的結果。

當用 '\t' 字元取代逗號後，Excel 視窗開啟這個檔案時，會將每列資料擠在一起，所以最好方式是用記事本開啟這類的 CSV 檔案。

19-5-5　寫入字典資料 DictWriter( )

DictWriter( ) 可以寫入字典資料，其語法格式如下：

dictWriter = csv.DictWriter(csvFile, fieldnames=fields)

上述 **dictWriter** 是字典的 Writer 物件，在上述指令前我們需要先設定 fields 串列，這個串列將包含未來字典內容的鍵 (key)。

程式實例 ch19_8.ipynb：使用 DictWriter( ) 將字典資料寫入 CSV 檔案。

```
1   # ch19_8.ipynb
2   import csv
3
4   fn = 'out19_8.csv'
5   with open(fn, 'w', newline = '') as csvFile:                # 開啟csv檔案
6       fields = ['Name', 'Age', 'City']
7       dictWriter = csv.DictWriter(csvFile,fieldnames=fields)  # 建立Writer物件
8
9       dictWriter.writeheader()                                # 寫入標題
10      dictWriter.writerow({'Name':'Hung', 'Age':'35', 'City':'Taipei'})
11      dictWriter.writerow({'Name':'James', 'Age':'40', 'City':'Chicago'})
```

執行結果 　下方左圖是用 Excel 開啟 out19_8.csv 的結果。

	A	B	C	D
1	Name	Age	City	
2	Hung	35	Taipei	
3	James	40	Chicago	
4				

上述程式第 9 列的 writeheader( ) 主要是寫入我們在第 7 列設定的 fieldname。

19-6　Python 與 Microsoft Excel

　　Python 在數據處理時，也可以將數據儲存在 Microsoft Office 家族的 Excel，若是將 Excel 和 CSV 做比較，Excel 多了可以為數據增加字型格式與樣式的處理。這一節筆者將分別介紹寫入 Excel 的模組與讀取 Excel 的模組。本節所介紹的模組非常簡單，可以直接以 xls 當作副檔名儲存 Excel 檔案。

註 　有關更完整 Python 操作 Excel 知識可以參考筆者所著，深智公司出版，Python 操作 Excel 最強入門邁向辦公室自動化之路王者歸來。

19-6-1　將資料寫入 Excel 的模組

首先必須使用下列方法安裝模組。

　　pip install xlwt

幾個將資料寫入 Excel 的重要的功能如下：

❑　建立活頁簿

　　　活頁簿物件 = xlwt.Workbook( )

上述傳回活頁簿物件。

❑　建立工作表

　　　工作表物件 = 活頁簿物件.add_sheet(sheet, cell_overwrite_ok=True)

上述第 2 個參數設為 True，表示可以重設 Excel 的儲存格內容。

❑　將資料寫入儲存格

　　　工作表物件.write(row, col, data)

上述表示將 data 寫入工作表 (row, col) 位置。

❑　儲存活頁簿

　　將資料儲存後，可以使用下列方式儲存活頁簿為 Excel 檔案。

程式實例 ch19_9.ipynb：建立 Excel 檔案 out19_9.xls。

```
1  # ch19_9.ipynb
2  import xlwt
3
4  fn = 'out19_9.xls'
5  datahead = ['Phone', 'TV', 'Notebook']
6  price = ['35000', '18000', '28000']
7  wb = xlwt.Workbook()
8  sh = wb.add_sheet('sheet1', cell_overwrite_ok=True)
9  for i in range(len(datahead)):
10     sh.write(0, i, datahead[i])      # 寫入datahead list
11 for j in range(len(price)):
12     sh.write(1, j, price[j])         # 寫入price list
13
14 wb.save(fn)
```

執行結果 下列是開啟 out19_19.xls 的畫面。

	A	B	C
1	Phone	TV	Notebook
2	35000	18000	28000
3			

19-6-2　讀取 Excel 的模組

首先必須使用下列方法安裝模組。

```
pip install xlrd
```

幾個讀取 Excel 檔案的重要的功能如下：

❑ **開啟 Excel 檔案供讀取**

```
活頁簿物件 = xlrd.open_workbook( )
```

上述可以傳回活頁簿物件。

❑ **建立工作表物件**

```
工作表物件 = 活頁簿物件.sheets( )[index]
```

上述傳回指定工作表的物件。

❑ **傳回工作表 row 數**

```
rows = 工作表物件.nrows
```

❑ **傳回工作表 col 數**

```
cols = 工作表物件.ncols
```

❑ **讀取某 rows 的數據**

```
list_data = 工作表物件.row_values(rows)
```

將指定工作表 rows 的值以串列格式傳回給 list_data。

程式實例 ch19_10.ipynb：讀取 out19_9.xls 檔案，同時列印。

```
1  # ch19_10.ipynb
2  import xlrd
3
4  fn = 'out19_9.xls'
5  wb = xlrd.open_workbook(fn)
6  sh = wb.sheets()[0]
7  rows = sh.nrows
8  for row in range(rows):
9      print(sh.row_values(row))
```

執行結果

```
['Phone', 'TV', 'Notebook']
['35000', '18000', '28000']
```

19-7 ChatGPT 輔助學習

1： 請說明 csv 檔案的特色。

 請說明csv檔案的特色

CSV (Comma Separated Values) 是一種純文本格式，用於將表格數據存儲和交換。CSV 檔案由多行記錄組成，每行記錄包含一個或多個欄位，欄位之間以逗號作為分隔符號。因為 CSV 檔案是純文本格式，所以可以被許多不同的應用程式和平台所支持，且易於閱讀和編輯。

CSV 檔案的主要特色包括：

1. 純文本格式：CSV 檔案是純文本格式，可以被文本編輯器、試算表軟體、數據庫等多種應用程式所支持。
2. 跨平台性：由於 CSV 檔案是純文本格式，可以在不同的平台和操作系統之間輕易地進行交換和共享。
3. 結構簡單：CSV 檔案的結構簡單，只包含行和列，易於閱讀和編輯。

4. 易於導入和導出：CSV 檔案可以輕易地導入和導出到試算表軟體、數據庫和其他應用程式中，便於進行數據分析和處理。

5. 可擴展性：CSV 檔案可以根據需求進行擴展和定製，例如可以添加標題、註釋和分隔符號等元素。

由於 CSV 檔案的特點，它被廣泛應用於數據交換、數據導入和導出、數據備份等領域。在 Python 中，可以使用內建的 `csv` 模組進行 CSV 檔案的讀寫和處理。

2：　請用 Python 設計輸入與輸出 csv 檔案的實例。

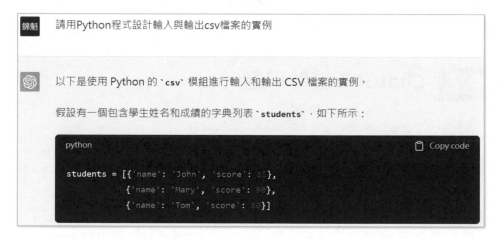

錦魁　請用Python程式設計輸入與輸出csv檔案的實例

以下是使用 Python 的 `csv` 模組進行輸入和輸出 CSV 檔案的實例。

假設有一個包含學生姓名和成績的字典列表 `students`，如下所示：

```python
students = [{'name': 'John', 'score': 85},
            {'name': 'Mary', 'score': 90},
            {'name': 'Tom', 'score': 80}]
```

```
1  import csv
2
3  with open('students.csv', 'w', newline='') as file:
4      writer = csv.writer(file)
5      writer.writerow(['name', 'score'])
6      for student in students:
7          writer.writerow([student['name'], student['score']])
```

在這個程式中，我們首先使用 `open` 函數打開一個名為 `students.csv` 的檔案，並指定 `w` 模式表示寫入模式。`newline` 參數用於控制換行符號，設置為空字符串表示使用系統默認的換行符號。

接著，我們使用 `csv.writer` 函數創建一個寫入器對象 `writer`，並使用 `writerow` 方法寫入表頭和每個學生的姓名和成績。

要讀取 CSV 檔案中的數據，可以使用以下程式碼：

```
1   import csv
2
3   with open('students.csv', 'r') as file:
4       reader = csv.reader(file)
5       header = next(reader)
6       students = []
7       for row in reader:
8           student = {'name': row[0], 'score': int(row[1])}
9           students.append(student)
10
11  print(students)
```

在這個程式中，我們首先使用 `open` 函數打開名為 `students.csv` 的檔案，並指定 `r` 模式表示讀取模式。然後，我們使用 `csv.reader` 函數創建一個讀取器對象 `reader`，並使用 `next` 方法讀取表頭行。

接著，我們遍歷讀取器對象 `reader` 中的每一行，使用行中的第一列作為學生姓名，使用第二列作為學生成績，並將它們存儲到字典中。最後，我們將每個字典存儲到列表 `students` 中，並輸出列表。

以上就是使用 Python 的 `csv` 模組進行 CSV 檔案輸入和輸出的基本實例。

習題實作題

ex19_1.ipynb：請參考 ex19 資料夾的 csvReport.csv 檔案，分別計算 2025 年和 2026 年的業績。(19-4 節)

```
Total Revenue of 2025 =   43140
Total Revenue of 2026 =   49980
```

ex19_2.ipynb：請參考 ex19 資料夾的 csvReport.csv 檔案，分別計算 Steve 在 2025 年和 2026 年的業績。(19-4 節)

```
Steve's Total Revenue of 2025 =   20520
Steveis Total Revenue of 2026 =   23580
```

第 20 章

數據圖表的設計

進階的 Python 或數據科學的應用過程，許多時候需要將**資料視覺化**，方便可以直覺看到目前的數據，所使用的工具是 **matplotlib** 繪圖庫模組，如果是使用 Python Shell 環境，使用前需先安裝：

pip install matplotlib

Google Colab 環境則可以省略安裝上述模組步驟。

matplotlib 是一個龐大的繪圖庫模組，本章我們只導入其中的 **pyplot** 子模組就可以完成許多圖表繪製。

import matplotlib.ipynbplot as plt

當導入上述 matplotlib.ipynbplot 模組後，系統會建立一個畫布 (Figure)，同時預設會將畫布當作一個**軸物件 (axes)**，所謂的軸物件可以想像成一個座標軸空間，這個軸物件的預設名稱是 plt，我們可以使用 **plt** 呼叫相關的繪圖方法，就可以在畫布 (Figure) 內繪製圖表。**註**：未來筆者會介紹一個畫布內有多個子圖的應用。

註　如果想要了解完整的 matplotlib，可以參考筆者所著：matplotlib 2D 到 3D 資料視覺化王者歸來。

20-1 　認識 **matplotlib.ipynbplot** 模組的主要函數

下列是**繪製圖表**常用函數。

函數名稱	說明
plot(系列資料)	繪製折線圖
scatter(系列資料)	繪製散點圖
bar(系列資料)	繪製長條圖
hist(系列資料)	繪製直方圖
pie(系列資料)	繪製圓餅圖

下列是**座標軸設定**的常用函數。

函數名稱	說明
title(標題)	設定座標軸的標題
axis( )	可以設定座標軸的最小和最大刻度範圍

函數名稱	說明
xlim(x_Min, x_Max)	設定 x 軸的刻度範圍
ylim(y_Min, y_Max)	設定 y 軸的刻度範圍
label(名稱)	設定圖表標籤圖例
xlabel(名稱)	設定 x 軸的名稱
ylabel(名稱)	設定 y 軸的名稱
xticks(刻度值)	設定 x 軸刻度值
yticks(刻度值)	設定 y 軸刻度值
tick_params( )	設定座標軸的刻度大小、顏色
legend( )	設定座標的圖例
text( )	在座標軸指定位置輸出字串
grid( )	圖表增加格線
show( )	顯示圖表，每個程式末端皆有此函數
cla( )	清除圖表

下列是**圖片的讀取與儲存**函數。

函數名稱	說明
imread(檔案名稱)	讀取圖片檔案
savefig(檔案名稱)	將圖片存入檔案
save(檔案名稱 , 儲存方法)	儲存動態圖表

20-2　繪製簡單的折線圖 plot( )

這一節將從最簡單的折線圖開始解說，常用語法格式如下：

　plot(x, y, lw=x, ls='x', label='xxx', color)

x：x 軸系列值，如果省略系列自動標記 0, 1, …，可參考 20-2-1 節。

y：y 軸系列值，可參考 20-2-1 節。

lw：lw 是 linewidth 的縮寫，折線圖的線條寬度，可參考 20-2-2 節。

ls：ls 是 linestyle 的縮寫，折線圖的線條樣式，可參考 20-2-5 節。

color：縮寫是 c，可以設定色彩，可參考 20-2-5 節。

label：圖表的標籤，可參考 20-2-7 節。

20-2-1　畫線基礎實作

應用方式是將含數據的串列當參數傳給 plot( )，串列內的數據會被視為 y 軸的值，x 軸的值會依串列值的索引位置自動產生。

程式實例 ch20_1.ipynb：繪製折線的應用，square[ ] 串列有 9 筆資料代表 y 軸值，這個實例使用串列生成式建立 x 軸數據。第 7 列是 show( )，可以顯示圖表。

```
1  # ch20_1.ipynb
2  import matplotlib.pyplot as plt
3
4  x = [x for x in range(9)]        # 產生0, 1, ... 8串列
5  squares = [0, 1, 4, 9, 16, 25, 36, 49, 64]
6  plt.plot(x, squares)             # 串列squares數據是y軸的值
7  plt.show()
```

執行結果

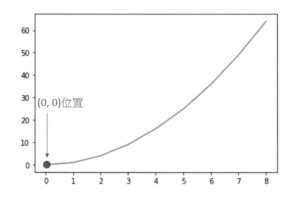

第 6 列用畫布預設的軸物件 plt 呼叫 plot( ) 函數繪製線條，預設顏色是**藍色**，更多相關設定 20-2-5 節會解說。如果 x 軸的數據是 0, 1, … n 時，在使用 plot( ) 時省略 x 軸數據 (第 4 列)，可以得到一樣的結果，讀者可以自己練習，筆者將練習結果放在 ch20_1_1.ipynb。

從上述執行結果可以看到左下角的軸刻度不是 (0,0)，我們可以使用 axis( ) 設定 x,y 軸的最小和最大刻度，這個函數的語法如下：

　　axis([xmin, xmax, ymin, ymax])

axis( ) 函數的參數是元組 [xmin, xmax, ymin, ymax]，分別代表 x 和 y 軸的最小和最大座標。

程式實例 ch20_2.ipynb：將軸刻度 x 軸設為 0- 8，y 軸刻度設為 0- 70。

```
1  # ch20_2.ipynb
2  import matplotlib.pyplot as plt
3
4  squares = [0, 1, 4, 9, 16, 25, 36, 49, 64]
5  plt.plot(squares)           # 串列squares數據是y軸的值
6  plt.axis([0, 8, 0, 70])     # x軸刻度0-8, y軸刻度0-70
7  plt.show()
```

執行結果 可以參考下方左圖。

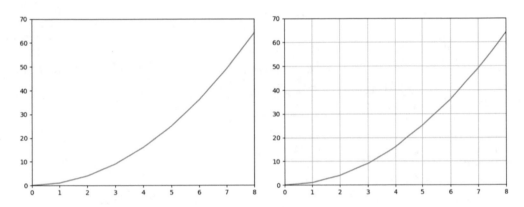

在做資料分析時，有時候會想要在圖表內增加格線，這可以讓整個圖表 x 軸對應的 y 軸值更加清楚，可以使用 grid( ) 函數。

程式實例 ch20_3.ipynb：增加格線重新設計 ch20_2.ipynb，此程式的重點是增加第 7 列。

```
7  plt.grid()
```

執行結果 可以參考上方右圖。

20-2-2 線條寬度 linewidth

使用 plot( ) 時預設線條寬度是 1，可以多加一個 linewidth(縮寫是 lw) 參數設定線條的粗細，相關實例將在下一小節。

20-2-3 標題的顯示

目前 matplotlib 模組預設不支援中文顯示，筆者將在 20-6-1 節講解更改字型，讓圖表可以顯示中文，下列是幾個圖表重要的方法。

title(標題名稱, fontsize=字型大小)	# 圖表標題
xlabel(標題名稱, fontsize=字型大小)	# x軸標題
ylabel(標題名稱, fontsize=字型大小)	# y軸標題

上述方法可以顯示預設大小是 12 的字型，但是可以使用 fontsize 參數更改字型大小。

程式實例 ch20_4.ipynb：使用預設字型大小為圖表與 x/y 軸建立標題，同時將線條寬度改為 10(lw = 5)。

```
1  # ch20_4.ipynb
2  import matplotlib.pyplot as plt
3
4  squares = [0, 1, 4, 9, 16, 25, 36, 49, 64]
5  plt.plot(squares, lw=5)      # squares是y軸的值，線條寬度是5
6  plt.title('Test Chart')
7  plt.xlabel('Value')
8  plt.ylabel('Square')
9  plt.show()
```

執行結果　可參考下方左圖。

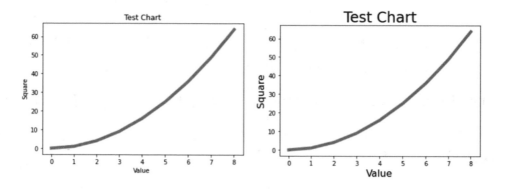

程式實例 ch20_5.ipynb：使用設定字型大小 24 與 16 分別為圖表與 x/y 軸建立標題。

```
6  plt.title('Test Chart', fontsize=24)
7  plt.xlabel('Value', fontsize=16)
8  plt.ylabel('Square', fontsize=16)
```

執行結果　可參考上方右圖。

20-2-4　多組數據的應用

目前所有的圖表皆是只有一組數據，其實可以擴充多組數據，只要在 plot( ) 內增加數據串列參數即可。此時 plot( ) 的參數如下：

plot(seq, 第一組數據, seq, 第二組數據, …)

程式實例 ch20_6.ipynb：設計多組數據圖的應用。

```
1   # ch20_6.ipynb
2   import matplotlib.pyplot as plt
3
4   data1 = [1, 4, 9, 16, 25, 36, 49, 64]        # data1線條
5   data2 = [1, 3, 6, 10, 15, 21, 28, 36]        # data2線條
6   seq = [1,2,3,4,5,6,7,8]
7   plt.plot(seq, data1, seq, data2)             # data1&2線條
8   plt.title("Test Chart", fontsize=24)
9   plt.xlabel("x-Value", fontsize=14)
10  plt.ylabel("y-Value", fontsize=14)
11  plt.show()
```

執行結果

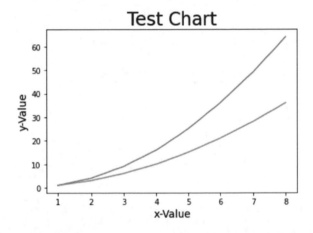

上述以不同顏色顯示線條是系統預設，我們也可以自訂線條色彩。

20-2-5 線條色彩與樣式

如果想設定線條色彩，可以在 plot( ) 內增加下列 color 顏色參數設定，下列是常見的色彩表。

色彩字元	色彩說明	色彩字元	色彩說明
'b'	blue(藍色)	'm'	magenta(品紅)
'c'	cyan(青色)	'r'	red(紅色)
'g'	green(綠色)	'w'	white(白色)
'k'	black(黑色)	'y'	yellow(黃色)

下列是常見的樣式表。

字元	說明	字元	說明
'-' 或 "solid"	這是預設實線	'>'	右三角形
'--' 或 'dashed'	虛線	's'	方形標記
'-.' 或 'dashdot'	虛點線	'p'	五角標記
':' 或 'dotted'	點線	'*'	星星標記
'.'	點標記	'+'	加號標記
','	像素標記	'-'	減號標記
'o'	圓標記	'x'	X 標記
'v'	反三角標記	'H'	六邊形 1 標記
'^'	三角標記	'h'	六邊形 2 標記
'<'	左三角形		

上述可以混合使用，例如：'r-.' 代表紅色虛點線。

程式實例 ch20_7.ipynb：採用不同色彩與線條樣式繪製圖表。

```
1  # ch20_7.ipynb
2  import matplotlib.pyplot as plt
3
4  data1 = [1, 2, 3, 4, 5, 6, 7, 8]              # data1線條
5  data2 = [1, 4, 9, 16, 25, 36, 49, 64]         # data2線條
6  data3 = [1, 3, 6, 10, 15, 21, 28, 36]         # data3線條
7  data4 = [1, 7, 15, 26, 40, 57, 77, 100]       # data4線條
8
9  seq = [1, 2, 3, 4, 5, 6, 7, 8]
10 plt.plot(seq,data1,'g--',seq,data2,'r-.',seq,data3,'y:',seq,data4,'k.')
11 plt.title("Test Chart", fontsize=24)
12 plt.xlabel("x-Value", fontsize=14)
13 plt.ylabel("y-Value", fontsize=14)
14 plt.show()
```

執行結果　可以參考下方左圖。

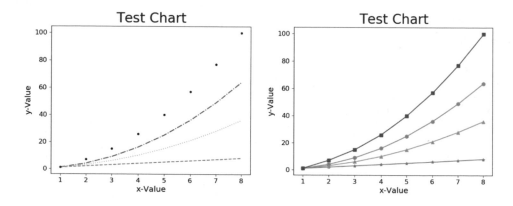

在上述第 10 列最右邊 'k.' 代表繪製黑點而不是繪製線條,由這個觀念讀者應該可以使用不同顏色繪製散點圖 (20-3 節會介紹另一個方法 scatter( ) 繪製散點圖)。上述格式應用是很活的,如果我們使用 '-*' 可以繪製線條,同時在指定點加上星星標記。

註:如果沒有設定顏色,系統會自行配置顏色。

程式實例 ch20_8.ipynb:重新設計 ch20_7.ipynb 繪製線條,同時為各個點加上標記,程式重點是第 10 列。

```
10   plt.plot(seq,data1,'-*',seq,data2,'-o',seq,data3,'-^',seq,data4,'-s')
```

執行結果 可以參考上方右圖。

20-2-6 刻度設計

目前所有繪製圖表 x 軸和 y 軸的刻度皆是 plot( ) 方法針對所輸入的參數採用預設值設定,請先參考下列實例。

程式實例 ch20_9.ipynb:假設 3 大品牌車輛 2021-2023 的銷售數據如下:

Benz	3367	4120	5539
BMW	4000	3590	4423
Lexus	5200	4930	5350

請使用上述方法將上述資料繪製成圖表。

```
1   # ch20_9.ipynb
2   import matplotlib.pyplot as plt
3
4   Benz = [3367, 4120, 5539]              # Benz線條
5   BMW = [4000, 3590, 4423]               # BMW線條
6   Lexus = [5200, 4930, 5350]             # Lexus線條
7   seq = [2021, 2022, 2023]               # 年度
8
9   plt.plot(seq, Benz, '-*', seq, BMW, '-o', seq, Lexus, '-^')
10  plt.title("Sales Report", fontsize=24)
11  plt.xlabel("Year", fontsize=14)
12  plt.ylabel("Number of Sales", fontsize=14)
13  plt.show()
```

執行結果 可以參考下方左圖。

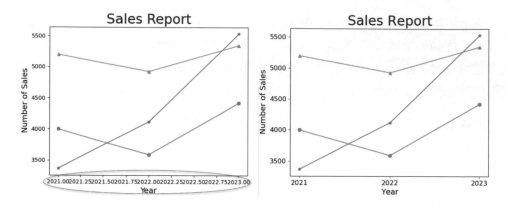

上述程式最大的遺憾是 x 軸的刻度,對我們而言,其實只要有 2021-2023 這 3 個年度的刻度即可,還好可以使用 pyplot 模組的 xticks( )/yticks( ) 分別設定 x/y 軸刻度,可參考下列實例。

程式實例 ch20_10.ipynb:重新設計 ch20_9.ipynb,自行設定刻度,這個程式的重點是增加第 8 列,將 seq 串列當參數放在 plt.xticks( ) 內。

```
8  plt.xticks(seq)
```

執行結果 可以參考上方右圖。

20-2-7 圖例 legend( )

本章至今所建立的圖表,坦白說已經很好了,缺點是缺乏各種線條代表的意義,在 Excel 中稱圖例 (legend),下列筆者將直接以實例說明。

程式實例 ch20_11.ipynb:為 ch20_10.ipynb 建立圖例。

```
1  # ch20_11.ipynb
2  import matplotlib.pyplot as plt
3
4  Benz = [3367, 4120, 5539]              # Benz線條
5  BMW = [4000, 3590, 4423]               # BMW線條
6  Lexus = [5200, 4930, 5350]            # Lexus線條
7
8  seq = [2021, 2022, 2023]               # 年度
9  plt.xticks(seq)                        # 設定x軸刻度
10 plt.plot(seq, Benz, '-*', label='Benz')
11 plt.plot(seq, BMW, '-o', label='BMW')
12 plt.plot(seq, Lexus, '-^', label='Lexus')
13 plt.legend(loc='best')
14 plt.title("Sales Report", fontsize=24)
15 plt.xlabel("Year", fontsize=14)
16 plt.ylabel("Number of Sales", fontsize=14)
17 plt.show()
```

執行結果

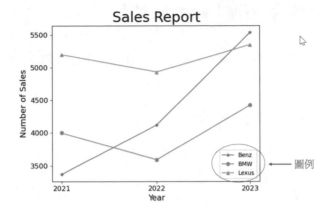

這個程式最大不同在第 10-12 列，下列是以第 10 列解說。

plt.plot(seq, Benz, '-*', label='Benz')

上述呼叫 plt.plot( ) 時需同時設定 label，最後使用第 13 列方式執行 legend( ) 圖例的呼叫。其中參數 loc 可以設定圖例的位置，預設是設定 loc='best'，相當於 matplotlib 模組會自行判斷最好的位置放置此圖例。

20-2-8 保存與開啟圖檔

圖表設計完成，可以使用 savefig( ) 保存圖檔，這個方法需放在 show( ) 的前方，表示先儲存再顯示圖表。

程式實例 ch20_12.ipynb：擴充 ch20_11.ipynb，在螢幕顯示圖表前，先將圖表存入目前資料夾的 out20_12.jpg。

```
17  plt.savefig('out20_12.jpg')
18  plt.show()
```

執行結果 可以在 Files 工作區看到 out20_12.jpg 檔案，請下載到 ch20 資料夾。

要開啟圖檔可以使用 matplotlib.image 模組的 imread( )，可以參考下列實例。

程式實例 ch20_13.ipynb：請上傳 out20_12.jpg 檔案到 Files 工作區，然後開啟。

```
1  # ch20_13.ipynb
2  import matplotlib.pyplot as plt
3  import matplotlib.image as img
4
5  fig = img.imread('out20_12.jpg')
6  plt.imshow(fig)
7  plt.show()
```

執行結果 上述程式可以順利開啟 out20_12.jpg 檔案。

20-3　繪製散點圖 scatter( )

　　儘管我們可以使用 plot( ) 繪製散點圖，不過本節仍將介紹繪製散點圖常用的方法 scatter( )。

20-3-1　基本散點圖的繪製

　　繪製散點圖可以使用 scatter( )，最基本語法應用如下：

　　　　scatter(x, y, s, marker, color, cmap)　　　　　　# 更多參數應用未來幾小節會解說

x, y：上述相當於可以在 (x,y) 位置繪圖。

s：是繪圖點的大小，預設是 20。

marker：點的樣式，可以參考 20-2-6 節。

color(或 c)：是顏色，可以參考 20-2-6 節。

cmap：彩色圖表，可以參考 20-5 節。

　　如果我們想繪製系列點，可以將系列點的 x 軸值放在一個串列，y 軸值放在另一個串列，然後將這 2 個串列當參數放在 scatter( ) 即可。

程式實例 ch20_14.ipynb：繪製系列點的應用。

```
1  # ch20_14.ipynb
2  import matplotlib.pyplot as plt
3
4  xpt = [1,2,3,4,5]
5  ypt = [1,4,9,16,25]
6  plt.scatter(xpt, ypt)
7  plt.show()
```

執行結果　可以參考下方左圖。

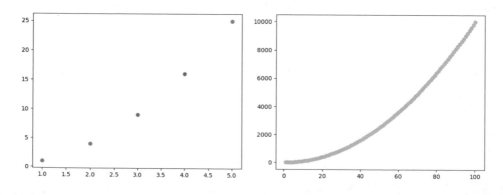

20-3-2　系列點的繪製

在程式設計時，有些系列點的座標可能是由程式產生，其實應用方式是一樣的。另外，可以在 scatter( ) 內增加 **color**(也可用 **c**) 參數，可以設定點的顏色。

程式實例 ch20_15.ipynb：繪製黃色的系列點，這個系列點有 100 個點，x 軸的點由 range(1,101) 產生，相對應 y 軸的值則是 x 的平方值。

```
1  # ch20_15.ipynb
2  import matplotlib.pyplot as plt
3
4  xpt = list(range(1,101))      # 建立1-100序列x座標點
5  ypt = [x**2 for x in xpt]     # 以x平方方式建立y座標點
6  plt.scatter(xpt, ypt, color='y')
7  plt.show()
```

執行結果　可以參考上方右圖，因為點密集存在，看起來像是線條。

20-4　Numpy 模組基礎知識

Numpy 是 Python 的一個擴充模組，主要是可以高速度的支援多維度空間的陣列與矩陣運算，以及一些數學運算，本節筆者將使用其最簡單產生陣列功能做解說，這個功能可以擴充到數據圖表的設計。Numpy 模組的第一個字母模組名稱 n 是小寫，使用前我們需導入 numpy 模組，如下所示：

import numpy as np

20-4-1　建立一個簡單的陣列 linspace( ) 和 arange( )

這在 Numpy 模組中最基本的就是 linspace( ) 方法，這個方法可以產生相同等距的陣列，它的語法如下：

linspace(start, end, num)　　　　# 這是最常用簡化的語法

start 是起始值，end 是結束值，num 是設定產生多少個等距點的陣列值，num 的預設值是 50。

另一個常看到產生陣列的方法是 arange( )，語法如下：

arange(start, stop, step)　　　　# start和step是可以省略

arange( ) 函數的 arange 其實是 array range 的縮寫，意義是陣列範圍。start 是起

始值如果省略預設值是 0，stop 是結束值但是所產生的陣列不包含此值，step 是陣列相鄰元素的間距如果省略預設值是 1。

程式實例 ch20_16.ipynb：建立 0, 1, …, 9, 10 的陣列。

```
1  # ch20_16.ipynb
2  import numpy as np
3
4  x1 = np.linspace(0, 10, num=11)      # 使用linspace()產生陣列
5  print(type(x1), x1)
6  x2 = np.arange(0,11,1)               # 使用arange()產生陣列
7  print(type(x2), x2)
8  x3 = np.arange(11)                   # 簡化語法產生陣列
9  print(type(x3), x3)
```

執行結果
```
<class 'numpy.ndarray'> [ 0.  1.  2.  3.  4.  5.  6.  7.  8.  9. 10.]
<class 'numpy.ndarray'> [ 0  1  2  3  4  5  6  7  8  9 10]
<class 'numpy.ndarray'> [ 0  1  2  3  4  5  6  7  8  9 10]
```

20-4-2　繪製波形

在國中數學中我們有學過 sin( ) 和 cos( ) 觀念，其實有了陣列數據，我們可以很方便繪製 sin 和 cos 的波形變化。

程式實例 ch20_17.ipynb：繪製 sin( ) 和 cos( ) 的波形，在這個實例中呼叫 plt.scatter( ) 方法 2 次，相當於也可以繪製 2 次波形圖表。

```
1  # ch20_17.ipynb
2  import matplotlib.pyplot as plt
3  import numpy as np
4
5  xpt = np.linspace(0, 10, 500)     # 建立含500個元素的陣列
6  ypt1 = np.sin(xpt)                # y陣列的變化
7  ypt2 = np.cos(xpt)
8  plt.scatter(xpt, ypt1)            # 用預設顏色
9  plt.scatter(xpt, ypt2)            # 用預設顏色
10 plt.show()
```

執行結果　可以參考下方左圖。

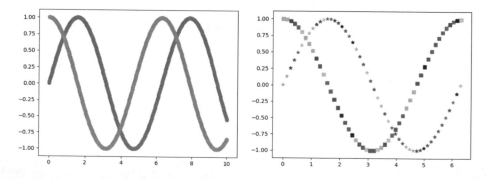

上述實例雖然是繪製點，但是 x 軸在 0-10 之間就有 500 個點 (可以參考第 5 列)，會產生好像繪製線條的效果。

20-4-3 點樣式與色彩的應用

程式實例 ch20_18.ipynb：使用 scatter( ) 函數時可以用 marker 設定點的樣式，也可以建立色彩數列，相當於為每一個點建立一個色彩，可以參考第 6 – 9 列。這是在 0 ~ 2 π 之間建立 50 個點，所以可以看到虛線的效果。

```python
1   # ch20_18.ipynb
2   import matplotlib.pyplot as plt
3   import numpy as np
4
5   N = 50                                       # 色彩數列的點數
6   colorused = ['b','c','g','k','m','r','y']    # 定義顏色
7   colors = []                                  # 建立色彩數列
8   for i in range(N):                           # 隨機設定顏色
9       colors.append(np.random.choice(colorused))
10  x = np.linspace(0.0, 2*np.pi, N)             # 建立 50 個點
11  y1 = np.sin(x)
12  plt.scatter(x, y1, c=colors, marker='*')     # 繪製 sine
13  y2 = np.cos(x)
14  plt.scatter(x, y2, c=colors, marker='s')     # 繪製 cos
15  plt.show()
```

執行結果 可以參考上方右圖。

20-4-4 使用 plot( ) 繪製波形

其實一般在繪製波形時，比較常用的還是 plot( ) 方法。

程式實例 ch20_19.ipynb：使用系統預設顏色，繪製不同波形的應用。

```python
1   # ch20_19.ipynb
2   import matplotlib.pyplot as plt
3   import numpy as np
4
5   left = -2 * np.pi
6   right = 2 * np.pi
7   x = np.linspace(left, right, 100)
8   f1 = 2 * np.sin(x)              # 波形 1
9   f2 = np.sin(2*x)               # 波形 2
10  f3 = 0.5 * np.sin(x)           # 波形 3
11  plt.plot(x, f1)
12  plt.plot(x, f2)
13  plt.plot(x, f3)
14  plt.show()
```

執行結果 可以參考下方左圖。

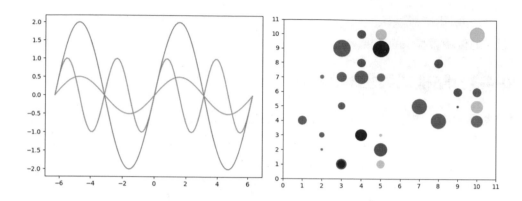

20-4-5　建立不等大小的散點圖

在 scatter( ) 方法中，(x,y) 的資料可以是串列也可以是矩陣，預設所繪製點大小 s 的值是 20，這個 s 可以是一個值也可以是一個陣列資料，當它是一個陣列資料時，利用更改陣列值的大小，我們就可以建立不同大小的散點圖。

程式實例 ch20_20.ipynb：繪製大小不一的散點，可以參考第 12 列。

```
1  # ch20_20.ipynb
2  import matplotlib.pyplot as plt
3  import numpy as np
4
5  points = 30
6  colorused = ['b','c','g','k','m','r','y']      # 定義顏色
7  colors = []                                     # 建立色彩數列
8  for i in range(points):                         # 隨機設定顏色
9      colors.append(np.random.choice(colorused))
10 x = np.random.randint(1,11,points)            # 建立 x
11 y = np.random.randint(1,11,points)            # 建立 y
12 size = (30 * np.random.rand(points))**2       # 散點大小數列
13 plt.scatter(x, y, s=size, c=colors)           # 繪製散點
14 plt.xticks(np.arange(0,12,step=1.0))          # x 軸刻度
15 plt.yticks(np.arange(0,12,step=1.0))          # y 軸刻度
16 plt.show()
```

執行結果 可以參考上方右圖。

上述程式第 12 列 np.random.rand(points) 是建立 30(第 5 列有設定 points 等於 30) 個 0 – 1 之間的隨機數。程式另一個重點是第 14 和 15 列，使用了 np.arange( ) 函數建立 x 和 y 軸的刻度。上述第 9 列呼叫了 np.random.choice( ) 函數，雖然是 Numpy 模組，但是用法觀念和 13-5-4 節的 choice( ) 函數相同，可以從色彩串列 colorused 參數中隨機選擇一種色彩。

20-4-6　填滿區間 Shading Regions

在繪製波形時，有時候想要填滿區間，此時可以使用 matplotlib 模組的 fill_between( ) 方法，基本語法如下：

　　　fill_between(x, y1, y2, color, alpha, options, …)　　　　# options是其它參數

上述函數會填滿所有相對 x 軸數列 y1 和 y2 的區間，如果不指定填滿顏色會使用預設的線條顏色填滿，通常填滿顏色會用較淡的顏色，所以可以設定 alpha 參數將顏色調淡。

程式實例 ch20_21.ipynb：填滿「0」和「y」區間的應用，所使用的 y 軸值函數是 sin(3x)。

```
1  # ch20_21.ipynb
2  import matplotlib.pyplot as plt
3  import numpy as np
4
5  left = -np.pi
6  right = np.pi
7  x = np.linspace(left, right, 100)
8  y = np.sin(3*x)                  # y陣列的變化
9
10  plt.plot(x, y)
11  plt.fill_between(x, 0, y, color='green', alpha=0.1)
12  plt.show()
```

執行結果　可以參考下方左圖。

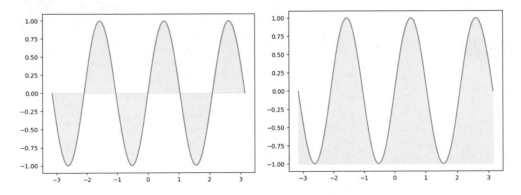

程式實例 ch20_22.ipynb：重新設計 ch20_21.ipynb，用黃色填滿「-1」和「y」區間，alpha 值是 0.3。

```
11  plt.fill_between(x, -1, y, color='yellow', alpha=0.3)
```

執行結果　可以參考上方右圖。

使用 fill_between( ) 函數時也可以增加 where 參數設定 x 軸資料顯示的空間。

程式實例 ch20_23_1.ipynb：假設有 2 個函數分別如下，請繪製 $f(x)$ 和 $g(x)$ 函數圍住的區間。

$$f(x) = x^2 - 2$$

$$g(x) = -x^2 + 2x + 2$$

```
1  # ch20_23.ipynb
2  import matplotlib.pyplot as plt
3  import numpy as np
4
5  # 函數f(x)的係數
6  a1 = 1
7  c1 = -2
8  x = np.linspace(-2, 3, 1000)
9  y1 = a1*x**2 + c1
10 plt.plot(x, y1, color='b')        # 藍色是 f(x)
11
12 # 函數g(x)的係數
13 a2 = -1
14 b2 = 2
15 c2 = 2
16 x = np.linspace(-2, 3, 1000)
17 y2 = a2*x**2 + b2*x + c2
18 plt.plot(x, y2, color='g')        # 綠色是 g(x)
19
20 # 繪製區間
21 plt.fill_between(x, y1=y1, y2=y2, where=(x>=-1)&(x<=2),
22                  facecolor='yellow')
23
24 plt.grid()
25 plt.show()
```

執行結果

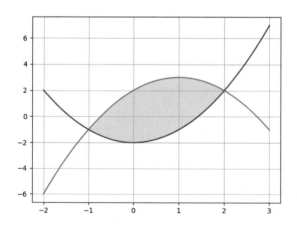

20-5 色彩映射 color mapping

在前面的實例，為了要產生數列內有不同的色彩必須建立色彩串列。在色彩的使用中是允許色彩也是陣列 (或串列) 隨著數據而做變化，此時色彩的變化是根據所設定的**色彩映射值** (color mapping) 而定，例如有一個**色彩映射值**是 rainbow 內容如下：

數值低   數值高

在陣列 (或串列) 中，數值低的值顏色在左邊，會隨者數值變高顏色往右邊移動。當然在程式設計中，我們需在 scatter( ) 中增加 c 參數設定，這時可以設定數值顏色是依據 x 軸或 y 軸變化，c 就變成一個色彩陣列 (或串列)。然後我們需增加參數 **cmap**(英文是 color map)，這個參數主要是指定使用那一種**色彩映射值**。

程式實例 ch20_24.ipynb：使用 rainbow 色彩映射表，將色彩改為依 x 軸值變化，繪製下列公式，固定點的寬度為 50 的線條。

$$y = 1 - 0.5|(x - 2)|$$

```
1   # ch20_24.ipynb
2   import matplotlib.pyplot as plt
3   import numpy as np
4
5   x = np.linspace(0, 5, 500)                      # 含500個元素的陣列
6   y = 1 - 0.5*np.abs(x-2)                          # y陣列的變化
7   plt.scatter(x,y,s=50,c=x,cmap='rainbow')        # 色彩隨 x 軸值變化
8   plt.show()
```

執行結果 可以參考下方左圖。

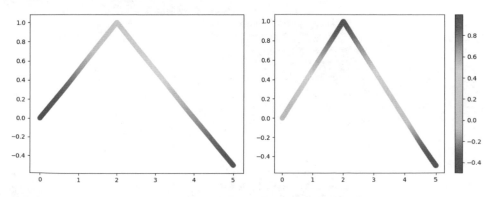

函數 colorbar( ) 可以建立色彩條，色彩條可以標記色彩的變化。

程式實例 ch20_25.ipynb：重新設計 ch20_24.ipynb，主要是將將色彩改為依 y 軸值變化，同時使用不同的色彩條。

```
7  plt.scatter(x,y,s=50,c=y,cmap='rainbow')   # 色彩隨 y 軸值變化
8  plt.colorbar()                             # 色彩條
9  plt.show()
```

執行結果　如上方右圖。

目前 matplotlib 協會所提供的色彩映射內容如下：

❑　**序列色彩映射表**

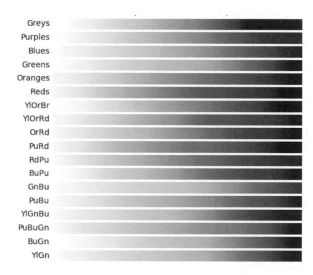

❑　**序列 2 色彩映射表**

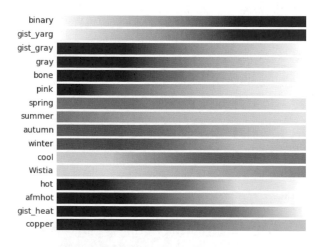

❏ 直覺一致的色彩映射表

❏ 發散式的色彩映射表

❏ 定性色彩映射表

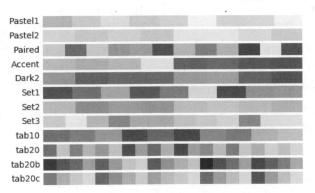

❏　**雜項色彩映射表**

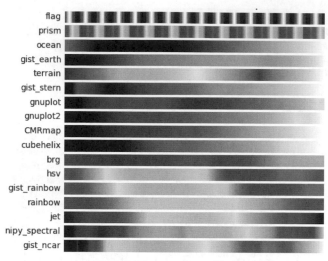

資料來源 matplotlib 協會
http://matplotlib.org/examples/color/colormaps_reference.html

　　如果有一天你做大數據研究時,當收集了無數的數據後,可以將數據以圖表顯示,然後用色彩判斷整個數據趨勢。

　　我們也可以針對隨機數的特性,讓每個點隨著隨機數的變化產生有序列的隨機移動,經過大量值的運算後,每次均可產生不同但有趣的圖形。

程式實例 ch20_26.ipynb:隨機數移動的程式設計,這個程式在設計時,最初點的起始位置是 (0,0),程式第 7 列可以設定下一個點的 x 軸是往右移動 3 或是往左移動 3,程式第 9 列可以設定下一個點的 y 軸是往上移動 1 或 5 或是往下移動 1 或 5。

```
1   # ch20_26.ipynb
2   import matplotlib.pyplot as plt
3   import random
4
5   def loc(index):
6       ''' 處理座標的移動 '''
7       x_mov = random.choice([-3, 3])          # 隨機x軸移動值
8       xloc = x[index-1] + x_mov               # 計算x軸新位置
9       y_mov = random.choice([-5, -1, 1, 5])   # 隨機y軸移動值
10      yloc = y[index-1] + y_mov               # 計算y軸新位置
11      x.append(xloc)                          # x軸新位置加入串列
12      y.append(yloc)                          # y軸新位置加入串列
13
14  num = 10000                                 # 設定隨機點的數量
15  x = [0]                                     # 設定第一次執行x座標
16  y = [0]                                     # 設定第一次執行y座標
```

```
17
18  for i in range(1, num):               # 建立點的座標
19      loc(i)
20  t = x                                 # 色彩隨x軸變化
21  plt.scatter(x, y, s=2, c=t, cmap='brg')
22  plt.axis('off')                       # 隱藏座標
23  plt.show()
```

執行結果 下列是執行 2 次的結果。

上述第 22 列 **plt.axis('off')** 可以隱藏座標。

20-6 　繪製多個圖表

20-6-1　顯示中文

有關在 Python Shell 視窗設計含中文的圖表可以參考附錄 A-7。

使用 matplotlib 模組時要顯示中文，觀念和 17-8 節一樣，需將中文字型下載到 Colab 環境的 Files 工作區，接著需要使用 matplotlib.font_manager 模組的 addfont( ) 方法加入此字型，如下所示：

> !wget-O 字型檔案名稱 URL
> Import matplotlib as mpl
> from matplotlib.font_manager import fontManager
> fontManager.addfont('字型檔案名稱')
> mpl.rc('font', family='字型名稱')

如果省略「!wget」則需將中文字型檔案字型上傳至 Colab 的 Files 工作區，這一章主要是參考 ch17_23.ipynb 方式，從網路下載思源字型，然後應用在程式實例。

程式實例 ch20_27.ipynb：簡單圖表含中文字的設計。

```
1   # ch20_27.ipynb
2   !wget -O TaipeiSansTCBeta-Regular.ttf https://drive.google.com/uc?id
3
4   import matplotlib as mpl
5   import matplotlib.pyplot as plt
6   from matplotlib.font_manager import fontManager
7
8   fontManager.addfont('TaipeiSansTCBeta-Regular.ttf')
9   mpl.rc('font', family='Taipei Sans TC Beta')
10
11  #fontManager.addfont('msjhl.ttc')
12  #mpl.rc('font', family='Microsoft JhengHei')
13
14  #fontManager.addfont('NotoSansTC-Bold.otf')
15  #mpl.rc('font', family='Noto Sans TC')
16
17  squares = [0, 1, 4, 9, 16, 25, 36, 49, 64]
18  plt.plot(squares, lw=10)     # 串列squares數據是y軸的值，線條寬度是10
19  plt.title('圖表')
20  plt.xlabel('X 軸值')
21  plt.ylabel('平方')
22  plt.show()
```

執行結果

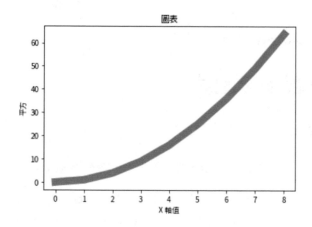

　　上述第 11 ~ 12 列或是第 14 ~ 15 列，分別是微軟正黑體 msjhl.ttc 和思源體 NotoSansTC-Bold.otf，如果是手動上傳這個字體時，可以使用的方式。

20-6-2　subplot( ) 語法

　　函數 subplot( ) 可以在視窗圖表 (Figure) 內建立子圖表 (axes)，有時候也可稱此為子圖或軸物件，又或是對於當下繪製的圖表而言其實就是一個圖表，所以也簡稱為圖表，此函數基本語法如下：

plt.subplot(nrows, ncols, index)

上述函數會回傳一個子圖表物件，函數內參數預設是 (1, 1, 1)，相關意義如下：

❑ (nrows, ncols, index)：這是 3 個整數，nrows 是代表上下 (垂直要繪幾張子圖)，ncols 是代表左右 (水平要繪幾張子圖)，index 代表是第幾張子圖。如果規劃是一個 Figure 繪製上下 2 張子圖，那麼 subplot( ) 的應用如下：

```
┌─────────────────────────────┐
│                             │
│       subplot(2, 1, 1)      │
│                             │
└─────────────────────────────┘

┌─────────────────────────────┐
│                             │
│       subplot(2, 1, 2)      │
│                             │
└─────────────────────────────┘
```

如果規劃是一個 Figure 繪製左右 2 張子圖，那麼 subplot( ) 的應用如下：

```
┌──────────────────┐  ┌──────────────────┐
│                  │  │                  │
│  subplot(1, 2, 1)│  │  subplot(1, 2, 2)│
│                  │  │                  │
└──────────────────┘  └──────────────────┘
```

如果規劃是一個 Figure 繪製上下 2 張子圖，左右 3 張子圖，那麼 subplot( ) 的應用如下：

```
┌─────────────┐ ┌─────────────┐ ┌─────────────┐
│subplot(2,3,1)│ │subplot(2,3,2)│ │subplot(2,3,3)│
└─────────────┘ └─────────────┘ └─────────────┘

┌─────────────┐ ┌─────────────┐ ┌─────────────┐
│subplot(2,3,4)│ │subplot(2,3,5)│ │subplot(2,3,6)│
└─────────────┘ └─────────────┘ └─────────────┘
```

❑ 3 個連續數字：可以解釋為分開的數字，例如：subplot(231) 相當於 subplot(2, 3, 1)。subplot(111) 相當於 subplot(1, 1, 1)，這個更完整的寫法是 subplot(nrows=1, ncols=1, index=1)。

20-6-3 含子圖表的基礎實例

程式實例 ch20_28.ipynb：在一個 Figure 內繪製上下子圖的應用。

```
1   # ch20_28.ipynb
2   !wget -O TaipeiSansTCBeta-Regular.ttf https://drive
3   import matplotlib as mpl
4   from matplotlib.font_manager import fontManager
5   import matplotlib.pyplot as plt
6   import numpy as np
7
8   fontManager.addfont('TaipeiSansTCBeta-Regular.ttf')
9   mpl.rc('font', family='Taipei Sans TC Beta')
10
11  # 建立衰減數列.
12  x1 = np.linspace(0.0, 5.0, 50)
13  y1 = np.cos(3 * np.pi * x1) * np.exp(-x1)
14  # 建立非衰減數列
15  x2 = np.linspace(0.0, 2.0, 50)
16  y2 = np.cos(3 * np.pi * x2)
17
18  plt.subplot(2,1,1)
19  plt.title('衰減數列')
20  plt.plot(x1, y1, 'go-')
21  plt.ylabel('衰減值')
22
23  plt.subplot(2,1,2)
24  plt.plot(x2, y2, 'm.-')
25  plt.xlabel('時間(秒)')
26  plt.ylabel('非衰減值')
27
28  plt.show()
```

執行結果 可以參考下方左圖。

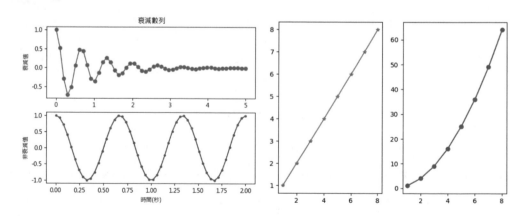

程式實例 ch20_29.ipynb：在一個 Figure 內繪製左右子圖的應用。

```
1   # ch20_29.ipynb
2   import matplotlib.pyplot as plt
3
4   data1 = [1, 2, 3, 4, 5, 6, 7, 8]        # data1線條
```

```
5   data2 = [1, 4, 9, 16, 25, 36, 49, 64]    # data2線條
6   seq = [1, 2, 3, 4, 5, 6, 7, 8]
7   plt.subplot(1, 2, 1)                      # 子圖1
8   plt.plot(seq, data1, '-*')
9   plt.subplot(1, 2, 2)                      # 子圖2
10  plt.plot(seq, data2, 'm-o')
11  plt.show()
```

執行結果 　可以參考上方右圖。

20-6-4　子圖配置的技巧

程式實例 ch20_30.ipynb：使用 2 列繪製 3 個子圖的技巧。

```
1   # ch20_30.ipynb
2   !wget -O TaipeiSansTCBeta-Regular.ttf https://drive.google
3   import matplotlib as mpl
4   import matplotlib.pyplot as plt
5   from matplotlib.font_manager import fontManager
6   import numpy as np
7
8   fontManager.addfont('TaipeiSansTCBeta-Regular.ttf')
9   mpl.rc('font', family='Taipei Sans TC Beta')
10
11  def f(t):
12      return np.exp(-t) * np.sin(2*np.pi*t)
13
14  x = np.linspace(0.0, np.pi, 100)
15  plt.subplot(2,2,1)            # 子圖 1
16  plt.plot(x, f(x))
17  plt.title('子圖 1')
18  plt.subplot(2,2,2)            # 子圖 2
19  plt.plot(x, f(x))
20  plt.title('子圖 2')
21  plt.subplot(2,2,3)            # 子圖 3
22  plt.plot(x, f(x))
23  plt.title('子圖 3')
24  plt.show()
```

執行結果

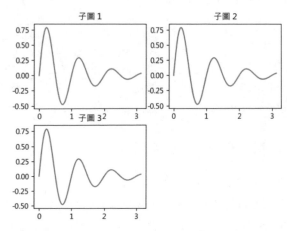

上述我們完成了使用 2 列顯示 3 個子圖的目的,請留意第 17 列 subplot( ) 函數的第 3 個參數。此外,也可以將上述第 11、14、17 列改為 3 位數字格式,例如:plt. subplot(221),plt.subplot(222),plt.subplot(223),讀者可以參考 ch20_30_1.ipynb。

程式實例 ch20_31.ipynb:設定第 3 個子圖可以佔據整個列,讀者可以留意第 17 列 subplot( ) 函數的參數設定。

```
21  plt.subplot(2,1,2)          # 子圖 3
```

執行結果

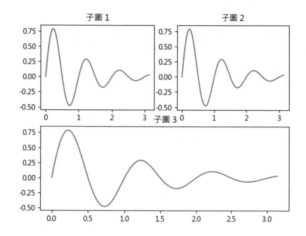

20-7　建立畫布與子圖表物件

至今筆者所述建立圖表皆是使用預設的 plt 畫布物件,其實 matplotlib 模組也提供自建畫布與子圖表 (或稱軸物件) 的功能。

函數名稱	說明
fig = plt.figure(figsize=(w, h))	建立寬是 w(預設是 6.4)、高是 h(預設是 4.8) 的畫布物件 fig,單位是英寸
ax = fig.add_subplot(nrow, ncol, index)	建立 nrow x ncol 個畫布,子圖是 index
fig, ax = plt.subplots(nrows, ncols)	建立 nrows x ncols 個畫布 fig,有 ax 多維個子圖。

20-7-1　pyplot 的 API 與 OO API

20-6 節 (含) 以前使用的繪圖函數皆算是 pyplot 模組的 API 函數,matplotlib 模組另外提供了物件導向 (Object Oritented) 的 API 函數可以供我們使用。下表是建立圖表常用的 API 函數，不過 OO API 是使用圖表物件調用。

Pyplot API	OO API	說明
text	text	在座標任意位置增加文字
annotate	annotate	在座標任意位置增加文字和箭頭
xlabel	set_xlabel	設定 x 軸標籤
ylabel	set_ylabel	設定 y 軸標籤
xlim	set_xlim	設定 x 軸範圍
ylim	set_ylim	設定 y 軸範圍
title	set_title	設定圖表標題
figtext	text	在圖表任意位置增加文字
suptitle	suptitle	在圖表增加標題
axis	set_axis_off	關閉圖表標記
axis('equal')	set_aspect('equal')	定義 x 和 y 軸的單位長度相同
xticks( )	xaxis.set_ticks( )	設定 x 軸刻度
yticks( )	yaxis.set_ticks( )	設定 y 軸刻度

20-7-2　自建畫布與建立子圖表

程式實例 ch20_32.ipynb：使用自建畫布觀念繪製 sin 波形。

```
1  # ch20_32.ipynb
2  !wget -O TaipeiSansTCBeta-Regular.ttf https://drive.google.com/uc?id=
3  import matplotlib as mpl
4  import matplotlib.pyplot as plt
5  from matplotlib.font_manager import fontManager
6  import numpy as np
7
8  fontManager.addfont('TaipeiSansTCBeta-Regular.ttf')
9  mpl.rc('font', family='Taipei Sans TC Beta')
10
11 N = 50                                      # 色彩數列的點數
12 colorused = ['b','c','g','k','m','r','y']   # 定義顏色
13 colors = []                                 # 建立色彩數列
14 for i in range(N):                          # 隨機設定顏色
15     colors.append(np.random.choice(colorused))
16 x = np.linspace(0.0, 2*np.pi, N)            # 建立 50 個點
17 y = np.sin(x)
18 fig = plt.figure()                          # 建立畫布物件
19 ax = fig.add_subplot()                      # 建立子圖(或稱軸物件)ax
20 ax.scatter(x, y, c=colors, marker='*')      # 繪製 sin
21 ax.set_title("建立畫布與軸物件,使用OO API繪圖", fontsize=16)
22 plt.show()
```

執行結果

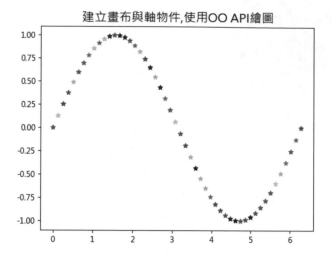

上述第 19 列的 add_subplot( ) 函數內沒有參數，表示只有一個子圖物件。其實上述程式第 18 列的 figure( ) 和第 19 列的 add_subplot( ) 函數，也可以直接使用 subplots( ) 函數取代，這個函數右邊有 s，表示可以回傳多個子圖，這時可以使用索引方式繪製子圖。

程式實例 ch20_33.ipynb：使用 OO API 函數繪製 4 個子圖的實例。

```
1  # ch20_33.ipynb
2  !wget -O TaipeiSansTCBeta-Regular.ttf https://drive.goo
3  import matplotlib as mpl
4  import matplotlib.pyplot as plt
5  from matplotlib.font_manager import fontManager
6  import numpy as np
7
8  fontManager.addfont('TaipeiSansTCBeta-Regular.ttf')
9  mpl.rc('font', family='Taipei Sans TC Beta')
10 fig, ax = plt.subplots(2, 2)              # 建立4個子圖
11 x = np.linspace(0, 2*np.pi, 300)
12 y = np.sin(x**2)
13 ax[0, 0].plot(x, y,'b')                   # 子圖索引 0,0
14 ax[0, 0].set_title('子圖[0, 0]')
15 ax[0, 1].plot(x, y,'g')                   # 子圖索引 0,1
16 ax[0, 1].set_title('子圖[0, 1]')
17 ax[1, 0].plot(x, y,'m')                   # 子圖索引 1,0
18 ax[1, 0].set_title('子圖[1, 0]')
19 ax[1, 1].plot(x, y,'r')                   # 子圖索引 1,1
20 ax[1, 1].set_title('子圖[1, 1]')
21 fig.suptitle("4個子圖的實作",fontsize=16)  # 圖表主標題
22 plt.tight_layout()                        # 緊縮佈局
23 plt.show()
```

執行結果

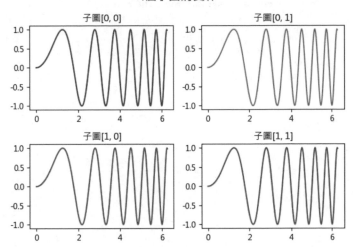

上述第 21 列的 suptitle( ) 函數可以繪製圖表物件標題，第 22 列的 tight_layout( ) 函數則是可以緊縮佈局，可以避免子圖間的標題重疊。

20-7-3　建立寬高比

使用 matplotlib 模組時，圖表會自行調整長與寬，有時我們想要調整寬高比，可以使用 axis( ) 或是 ast_aspect( ) 函數，使用 'equal' 參數，例如：函數 axis("equal") 或是 set_aspect('equal') 可以建立圖表的寬高單位長度相同。

程式實例 ch20_34.ipynb：繪製半徑是 5 個圓，(0,0) 子圖是使用預設，其他皆有設定寬高比相同，觀察執行結果。

```
1  # ch20_34.ipynb
2  !wget -O TaipeiSansTCBeta-Regular.ttf https://drive.go
3  import matplotlib as mpl
4  import matplotlib.pyplot as plt
5  from matplotlib.font_manager import fontManager
6  import numpy as np
7
8  fontManager.addfont('TaipeiSansTCBeta-Regular.ttf')
9  mpl.rc('font', family='Taipei Sans TC Beta')
10 # 繪製半徑 5 的圓
11 angle = np.linspace(0, 2*np.pi, 100)
12 fig, ax = plt.subplots(2, 2)     # 建立 2 x 2 子圖
13
14 ax[0, 0].plot(5 * np.cos(angle), 5 * np.sin(angle))
15 ax[0, 0].set_title('繪圖形, 看起來像橢圓')
16 ax[0, 1].plot(5 * np.cos(angle), 5 * np.sin(angle))
17 ax[0, 1].axis('equal')
```

```
18   ax[0, 1].set_title('寬高比相同, 是圓形')
19   ax[1, 0].plot(5 * np.cos(angle), 5 * np.sin(angle))
20   ax[1, 0].axis('equal')
21   ax[1, 0].set(xlim=(-5, 5), ylim=(-5, 5))
22   ax[1, 0].set_title('設定寬和高相同區間')
23   ax[1, 1].plot(5 * np.cos(angle), 5 * np.sin(angle))
24   ax[1, 1].set_aspect('equal', 'box')
25   ax[1, 1].set_title('設定寬高比相同')
26   fig.tight_layout()
27   plt.show()
```

執行結果　可以參考下方左圖。

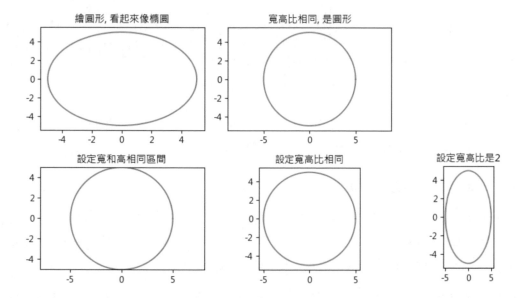

上述 (1,1) 子圖，因為第 24 列增加 'box' 參數，子圖以正方形盒子顯示。現在上述參數是使用 'equal'，如果改為數值，則此數值代表寬高比。

若是將第 24 列程式碼函數改為 set_aspect(2)，表示寬度 1 單位相當於高度 2 單位，這時將得到上方右圖的結果，筆者將此實例存至 ch20_34_1.py。

20-8　長條圖的製作 bar( )

20-8-1　bar( )

在長條圖的製作中，我們可以使用 bar( ) 方法，常用的語法如下：

```
bar(x, y, width)
```

x 是一個**串列**主要是長條圖 x 軸位置，y 是**串列**代表 y 軸的值，width 是長條圖的寬度，預設是 0.85。

程式實例 ch20_35.ipynb：有一個選舉，James 得票 135、Peter 得票 412、Norton 得票 397，用長條圖表示。

```
1   # ch20_35.ipynb
2   !wget -O TaipeiSansTCBeta-Regular.ttf https://drive.goo
3   import matplotlib as mpl
4   import matplotlib.pyplot as plt
5   from matplotlib.font_manager import fontManager
6   import numpy as np
7
8   fontManager.addfont('TaipeiSansTCBeta-Regular.ttf')
9   mpl.rc('font', family='Taipei Sans TC Beta')
10  votes = [135, 412, 397]           # 得票數
11  N = len(votes)                    # 計算長度
12  x = np.arange(N)                  # 長條圖x軸座標
13  width = 0.35                      # 長條圖寬度
14  plt.bar(x, votes, width)          # 繪製長條圖
15
16  plt.ylabel('得票數')
17  plt.title('選舉結果')
18  plt.xticks(x, ('James', 'Peter', 'Norton'))
19  plt.yticks(np.arange(0, 450, 30))
20  plt.show()
```

執行結果

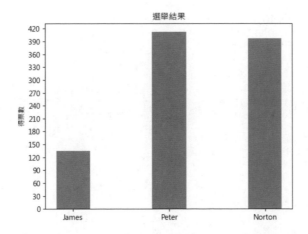

上述程式第 16 列是列印 y 軸的標籤，第 17 列是列印長條圖的標題，第 18 列則是列印 x 軸各長條圖的標籤，第 19 列是設定 y 軸刻度。

20-8-2　hist( )

這也是一個直方圖的製作，特別適合在統計分佈數據繪圖，它的基本語法如下：

h = **hist**(x, bins, color)   # 傳回值h可有可無

在此只介紹常用的參數，x 是一個串列或陣列 (23 章會解說陣列) 是每個 bins 分佈的數據。bins 則是箱子 (可以想成長條) 的個數或是可想成組別個數。color 則是設定長條顏色。

傳回值 h 是元組，可以不理會，如果有設定傳回值，則 h 值所傳回的 h[0] 是 bins 的數量陣列，每個索引記載這個 bins 的 y 軸值，由索引數量也可以知道 bins 的數量，相當於是直方長條數。h[1] 也是陣列，此陣列記載 bins 的 x 軸 bin 的切割位置值。

程式實例 ch20_36.ipynb：以 hist 長條圖列印擲骰子 10000 次的結果，需留意由於是隨機數產生骰子的 6 個面，所以每次執行結果皆會不相同，這個程式同時列出 hist( ) 的傳回值，也就是骰子出現的次數。

```
1  # ch20_36.ipynb
2  !wget -O TaipeiSansTCBeta-Regular.ttf https://drive.google
3  import matplotlib as mpl
4  import matplotlib.pyplot as plt
5  from matplotlib.font_manager import fontManager
6  from random import randint
7
8  fontManager.addfont('TaipeiSansTCBeta-Regular.ttf')
9  mpl.rc('font', family='Taipei Sans TC Beta')
10 def dice_generator(times, sides):
11     ''' 處理隨機數 '''
12     for i in range(times):
13         ranNum = randint(1, sides)        # 產生1-6隨機數
14         dice.append(ranNum)
15
16 times = 10000                             # 擲骰子次數
17 sides = 6                                 # 骰子有幾面
18 dice = []                                 # 建立擲骰子的串列
19 dice_generator(times, sides)              # 產生擲骰子的串列
20 h = plt.hist(dice,sides)                  # 繪製hist圖
21 print("bins的y軸 ",h[0])
22 print("bins的x軸 ",h[1])
23 plt.ylabel('次數')
24 plt.title('測試 10000 次')
25 plt.show()
```

執行結果 可以參考下方左圖。

```
bins的y軸  [1641. 1721. 1669. 1633. 1675. 1661.]
bins的x軸  [1.         1.83333333 2.66666667 3.5        4.33333333 5.16666667
 6.        ]
```

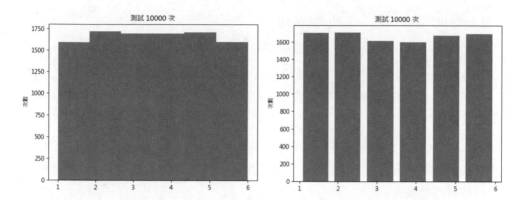

上述直方圖的長條彼此連接，如果在第 20 列的 plt.hist( ) 函數內增加 rwidth=0.8，可以設定寬度是 8 成，則可以建立各直方長條間有間距，可以參考上方右圖，讀者可以自我練習，筆者將結果存入 ch20_36_1.ipynb。如果在 hist( ) 函數內設定 cumulative=True，可以讓直方長條具有累加效果，下列是同時設定 rwidth=0.5，可以得到下列結果，細節讀者可以參考 ch20_36_2.ipynb。

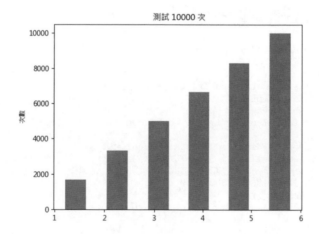

20-9　圓餅圖的製作 pie( )

在圓餅圖的製作中，我們可以使用 pie( ) 方法，常用的語法如下：

　　pie(x, options, …)

x 是一個**串列**，主要是圓餅圖 x 軸的資料，options 代表系列選擇性參數，可以是下列參數內容。

❑ labels：圓餅圖項目所組成的串列。

❑ colors：圓餅圖項目顏色所組成的串列，如果省略則用預設顏色。

❑ explode：可設定是否從圓餅圖分離的串列，0 表示不分離，一般可用 0.1 分離，數值越大分離越遠，例如：讀者在程式實例 ch20_39.ipynb 可改用 0.2 測試，效果不同，預設是 0。

❑ autopct：表示項目的百分比格式，基本語法是 "% 格式 %%"，例如："%d%%" 表示整數百分比，"%1.2f%%" 表示整數 1 位數，小數 2 位數，當整數部分不足時會自動擴充。

❑ labeldistance：項目標題與圓餅圖中心的距離是半徑的多少倍，預設是 1.1 倍。

❑ center：圓中心座標，預設是 0。

❑ shadow：True 表示圓餅圖形有陰影，False 表圓餅圖形沒有陰影，預設是 False。

20-9-1　國外旅遊調查表設計

程式實例 ch20_37.ipynb：國外旅遊調查表。

```
1  # ch20_37.ipynb
2  !wget -O TaipeiSansTCBeta-Regular.ttf https://drive.goo
3  import matplotlib as mpl
4  import matplotlib.pyplot as plt
5  from matplotlib.font_manager import fontManager
6
7  fontManager.addfont('TaipeiSansTCBeta-Regular.ttf')
8  mpl.rc('font', family='Taipei Sans TC Beta')
9  area = ['大陸','東南亞','東北亞','美國','歐洲','澳紐']
10 people = [10000,12600,9600,7500,5100,4800]
11 plt.pie(people,labels=area)
12 plt.title('五月份國外旅遊調查表',fontsize=16,color='b')
13 plt.show()
```

執行結果

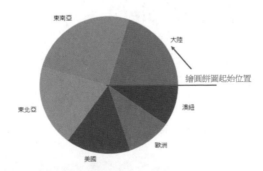

五月份國外旅遊調查表

上述讀者可以看到旅遊地點標籤在圓餅圖外，這是因為預設 labeldistance 是 1.1，如果要將旅遊地點標籤放在圓餅圖內需設定此值是小於 1.0。

20-9-2　增加百分比的國外旅遊調查表

參數 autopct 可以增加百分比，一般百分比是設定到小數 2 位。

程式實例 ch20_38.ipynb：使用含 2 位小數的百分比，重新設計 ch20_37.ipynb。

```
11   plt.pie(people,labels=area,autopct="%1.2f%%")
```

執行結果　可以參考下方左圖。

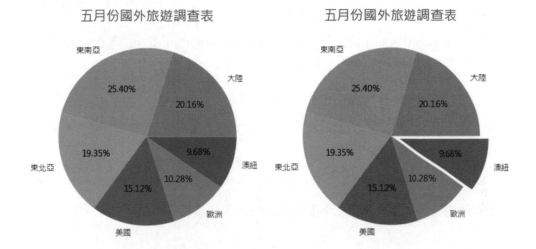

20-9-3　突出圓餅區塊的數據分離

設計圓餅圖時可以將需要特別關注的圓餅區塊分離，這時可以使用 explode 參數，不分離的區塊設為 0.0，要分離的區塊可以設定小數值，例如：可以設定 0.1，數值越大分離越大。

程式實例 ch20_39.ipynb：設定澳紐圓餅區塊分離 0.1，基本上是增加第 11 列，原 pie( ) 方法增加「explode=exp」參數。

```
10   people = [10000,12600,9600,7500,5100,4800]
11   exp = [0.0,0.0,0.0,0.0,0.0,0.1]
12   plt.pie(people,labels=area,explode=exp,autopct="%1.2f%%")
```

執行結果　可以參考上方右圖。

20-10 設計 2D 動畫

使用 matplotlib 模組除了可以繪製靜態圖表，也可以繪製動態圖表，這一節將講解繪製動態圖表常用的 animation 模組。

20-10-1　FuncAnimation( ) 函數

FuncAnimation 函數名稱其實是 Function+Animation 的縮寫，他的工作原理是在一定時間間隔不斷地調用動畫參數，以達到動畫的效果，為了要使用 FuncAnimation( ) 函數，需要導入 animation 模組，如下所示：

　　import matplotlib.animation as animation

未來 FuncAnimation( ) 需使用 animation.FuncAnimaiton( ) 方式調用。或是使用下列方式直接導入 FuncAnimation( ) 函數。

　　from matplotlib.animation import FuncAnimation

導入上述模組後，就可以直接使用 FuncAnimation( ) 函數設計動態圖表，此函數語法如下：

　　animation.FuncAnimation(fig, func, frames=None, init_func=None,save_count=None)

上述動畫的運作規則，主要是重複調用 func 函數參數來製作動畫，各參數意義如下：

❑ fig：用於顯示動態圖形物件。

❑ func：每一個幀調用的函數，透過第一個參數給幀的下一個值，程式設計師習慣用 animate( ) 或是 update( ) 為函數名稱，當做 func 參數。

❑ frames：可選參數，這是可以迭代的，主要是傳遞給 func 的動畫數據來源。如果所給的是整數，系統會使用 range(frames) 方式處理。

❑ init_func：這是起始函數，會在第一個幀之前被調用一次，主要是繪製清晰的框架。這個函數必須回傳物件，以便重新繪製。

❑ save_count：這是可選參數，這是從幀到緩存的後備，只有在無法推斷幀數時使用，預設是 100。

❑ interval：這是可選參數，每個幀之間的延遲時間，預設是 100，相當於 0.1 秒。

❑ repeat：當串列內的系列幀顯示完成時，是否繼續，預設是 True。

❑ blit：是否優化繪圖，預設是 False。

下列各節主要是使用各種實例介紹 matplotlib 模組各類動畫的應用。

20-10-2 設計移動的 sin 波

程式實例 ch20_40.ipynb：設計會移動的 sin 波形，同時將此 sin 波動畫存至 sin.gif 檔案內。

```
1  # ch20_40.ipynb
2  import matplotlib.pyplot as plt
3  import numpy as np
4  from matplotlib.animation import FuncAnimation
5
6  # 建立最初化的 line 資料 (x, y)
7  def init():
8      line.set_data([], [])
9      return line,
10 # 繪製 sin 波形, 這個函數將被重複調用
11 def animate(i):
12     x = np.linspace(0, 2*np.pi, 500)       # 建立 sin 的 x 值
13     y = np.sin(2 * np.pi * (x - 0.01 * i))  # 建立 sin 的 y 值
14     line.set_data(x, y)                     # 更新波形的資料
15     return line,
16
17 # 建立動畫需要的 Figure 物件
18 fig = plt.figure()
19 # 建立軸物件與設定大小
20 ax = plt.axes(xlim=(0, 2*np.pi), ylim=(-2, 2))
21 # 最初化線條 line, 變數, 須留意變數 line 右邊的逗號',' 是必須的
22 line, = ax.plot([], [], lw=3, color='g')
23 # interval = 20, 相當於每隔 20 毫秒執行 animate()動畫
24 ani = FuncAnimation(fig, animate,
25                     frames = 200,
26                     init_func = init,
27                     interval = 20)         # interval是控制速度
28 ani.save('sin.gif', writer='pillow')       # 儲存 sin.gif 檔案
29 plt.show()
```

執行結果 點選 sin.gif 可以產生下方左圖的動畫。

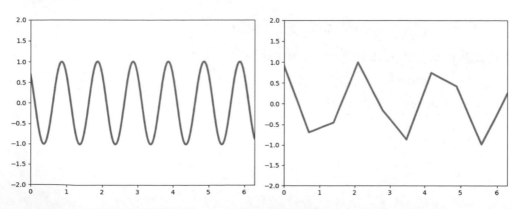

上述程式第 18 列 figure( ) 函數是建立 Figure 物件，然後第 20 列 axes( ) 函數是在此 Figure 物件內建立軸物件，此函數內的 xlim( ) 是設定軸物件的 x 軸寬度，ylim( ) 是設定軸物件 y 軸的高度。

程式第 22 列內容如下：

```
line, = ax.plot([ ], [ ], lw=3, color='g')
```

這個 line 右邊的 ',' 不可省略，我們可以將此 line 視為是變數，未來只要填上參數 [ ],[ ] 值，這個動畫就會執行。動畫的基礎是 animate( ) 函數，這個函數會被重複調用，第 11 列是 animate(i) 函數名稱，其中 i 的值第一次被呼叫時是 0，第二次被呼叫時是 1，其餘可依此類推遞增，因為 FuncAnimation( ) 函數內的參數 frames 值是 200，相當於會重複調用函數 animati(i)200 次，超過 200 次後 i 計數又會重新開始。在第 12 列會設定變數 line 所需的 x，第 13 列是設定變數所需的 y 值，需留意在 y 值公式中有使用變數 i，這也是造成每一次調用會產生新的 y 值。第 14 列會使用 line.set_data( ) 函數，這個函數會將 x 和 y 資料填入變數 line，因為 y 值不一樣了所以會產生新的波形。

```
line.set_data(x, y)
```

第 28 列則是使用 save( ) 函數將 sin 波動畫存至 sin.gif 檔案內，此函數第一個參數是所存的檔案名稱，第 2 個參數是寫入的方法，預設是 'ffmpeg'，此例是使用 pillow 方法。

程式實例 ch20_41.ipynb：上述程式 ch20_40.ipynb 第 12 列筆者採用 x 軸 $0 - 2\pi$ 區間有 500 個點，如果點數不足，無法建立完整的 sin 波形，但是也將產生有趣的動畫，此動畫將存入 sin2.gif 檔案內。

```
12      x = np.linspace(0, 2*np.pi, 10)          # 建立 sin 的 x 值
```

執行結果 　可以參考上方右圖。

20-10-3　設計球沿著 sin 波形移動

程式實例 ch20_42.ipynb：設計紅色球在 sin 波形上移動。

```
1  # ch20_42.ipynb
2  import numpy as np
3  import matplotlib.pyplot as plt
4  from matplotlib.animation import FuncAnimation
5
6  # 建立最初化點的位置
7  def init():
8      dot.set_data(x[0], y[0])           # 更新紅色點的資料
9      return dot,
```

```
10  # 繪製 sin 波形, 這個函數將被重複調用
11  def animate(i):
12      dot.set_data(x[i], y[i])          # 更新紅色點的資料
13      return dot,
14
15  # 建立動畫需要的 Figure 物件
16  fig = plt.figure()
17  N = 200
18  # 建立軸物件與設定大小
19  ax = plt.axes(xlim=(0, 2*np.pi), ylim=(-1.5, 1.5))
20  # 建立和繪製 sin 波形
21  x = np.linspace(0, 2*np.pi, N)
22  y = np.sin(x)
23  line, = ax.plot(x, y, color='g',linestyle='-',linewidth=3)
24  # 建立和繪製紅點
25  dot, = ax.plot([],[],color='red',marker='o',
26                  markersize=15,linestyle='')
27  # interval = 20, 相當於每隔 20 毫秒執行 animate()動畫
28  ani = FuncAnimation(fig=fig, func=animate,
29                      frames=N,
30                      init_func=init,
31                      interval=20,
32                      blit=True,
33                      repeat=True)
34  ani.save('sinball.gif', writer='pillow')   # 儲存 sinball.gif 檔案
35  plt.show()
```

執行結果　請執行 sinball.gif。

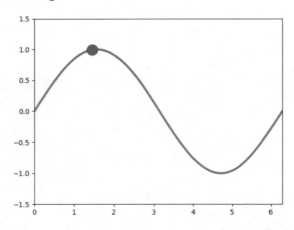

20-11 專題：數學表達式 / 輸出文字 / 圖表註解

20-11-1　圖表的數學表達式

在建立圖表過程，我們很可能需要表達一些數學符號：

$$\propto \quad \beta \quad \pi \quad \mu \quad \frac{2}{5x} \quad \sqrt{x}$$

❑ 圓周率的表達方式是 \pi。

❑ 如果數學表達式內有**數字**，數字需使用大括號 { } 包夾。

❑ 鍵盤上的英文字母或是數學符號，可以直接放在金錢符號 "$" 內即可。

❑ 符號 "^" 可以建立上標。

❑ 符號 "_" 可以建立下標。

❑ 分數符號表達方式是 \frac{ }{ }，其中左邊 { } 是分子，右邊 { } 是分母。

❑ 開根號可以使用 \sqrt[ ]{ } 表示，[ ] 是開根號的次方，如果是開平方根則此 [ ] 符號可以省略，{ } 則是根號內容。

下列是建立數學符號會需要的小寫希臘字母撰寫方式。

α \alpha	β \beta	χ \chi	δ \delta	ε \digamma	ε \epsilon
η \eta	γ \gamma	我 \iota	κ \kappa	λ \lambda	μ \mu
ν \nu	ω \omega	φ \phi	π \pi	ψ \psi	ρ \rho
σ \sigma	τ \tau	θ \theta	υ \upsilon	ε \varepsilon	ε \varkappa
φ \varphi	ϖ \varpi	ϱ \varrho	ε \varsigma	ϑ \vartheta	ξ \xi
ζ \zeta					

上述符號表取材自 matplotlib 官方網站

程式實例 ch20_43.ipynb：建立衰減函數的標題。

```
1   # ch20_43.ipynb
2   !wget -O TaipeiSansTCBeta-Regular.ttf https://drive.goog
3   import matplotlib as mpl
4   import matplotlib.pyplot as plt
5   from matplotlib.font_manager import fontManager
6   import numpy as np
7
8   fontManager.addfont('TaipeiSansTCBeta-Regular.ttf')
9   mpl.rc('font', family='Taipei Sans TC Beta')
10  # 建立衰減數列.
11  x = np.linspace(0.0, 5.0, 50)
12  y = np.cos(3 * np.pi * x) * np.exp(-x)
```

```
13
14  plt.title(r'衰減數列 cos($3\pi x * e^{x})$',fontsize=20)
15  plt.plot(x, y, 'go-')
16  plt.ylabel('衰減值')
17  plt.show()
```

執行結果

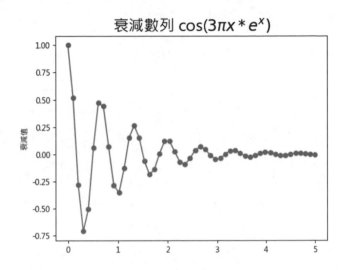

程式實例 ch20_44.ipynb：在圖表內建立數學符號的應用。

```
1  # ch20_44.ipynb
2  import matplotlib.pyplot as plt
3
4  plt.title(r'$\frac{7}{9}+\sqrt{7}+\alpha\beta$',fontsize=20)
5  plt.show()
```

執行結果

$$\frac{7}{9} + \sqrt{7} + \alpha\beta$$

20-11-2　在圖表內輸出文字 text( )

在繪製圖表過程有時需要在圖上標記文字，這時可以使用 text( ) 函數，此函數基本使用格式如下：

　　plt.text(x, y, s)

❑ x, y：是文字輸出的左下角座標，x, y 不是絕對刻度，這是相對座標刻度，大小會隨著座標刻度增減。

❑ s：是輸出的字串。

程式實例 ch20_45.ipynb：圖表 (1, 0) 位置輸出文字 sin(x) 的應用。

```
1  # ch20_45.ipynb
2  import matplotlib.pyplot as plt
3  import numpy as np
4
5  x = np.linspace(0, 2*np.pi, 100)
6  y = np.sin(x)
7  plt.plot(1,0,'bo')                  # 輸出藍點
8  plt.text(1,0,'sin(x)',fontsize=20)  # 輸出公式
9  plt.plot(x,y)
10 plt.grid()
11 plt.show()
```

執行結果

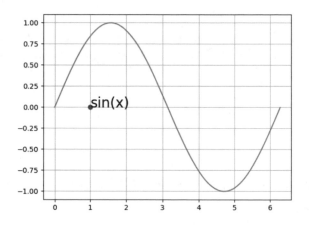

20-11-3　增加圖表註解

模組 matplotlib 的 annotate( ) 函數除了可以在圖表上增加文字註解，也可以支持箭頭之類的工具，此函數基本語法如下：

　　plt.annotate(text, xy, xytext, xycoords)

上述函數最簡單的格式是在 xy 座標位置輸出 text 文字，也可以從文字位置加上箭頭指向特定位置。上述參數意義如下：

❑ text：註解文字。

❑ xy：文字箭頭指向的座標點，這是元組 (x, y)。

❑ xytext：在 (x, y) 輸出文字註解。

❑ arrowprops：箭頭樣式，預設顏色參數 facecolor 是 black(黑色)。

程式實例 ch20_46.ipynb：建立圖表註解的應用。

```
1   # ch20_46.ipynb
2   !wget -O TaipeiSansTCBeta-Regular.ttf https://drive.google
3   import matplotlib as mpl
4   import matplotlib.pyplot as plt
5   from matplotlib.font_manager import fontManager
6   import numpy as np
7
8   fontManager.addfont('TaipeiSansTCBeta-Regular.ttf')
9   mpl.rc('font', family='Taipei Sans TC Beta')
10  x = np.linspace(0.0, np.pi, 500)
11  y = np.cos(2 * np.pi * x)
12  plt.plot(x, y, 'm', lw=2)
13  plt.annotate('局部極大值',
14              xy=(2, 1),
15              xytext=(2.5, 1.2),
16              arrowprops=dict(arrowstyle='->',
17                              facecolor='black'))
18  plt.annotate('局部極小值',
19              xy=(1.5, -1),
20              xytext=(2.0, -1.25),
21              arrowprops=dict(arrowstyle='-'))
22  plt.text(0.8,1.2,'Annotate的應用',fontsize=20,color='b')
23  plt.ylim(-1.5, 1.5)
24  plt.show()
```

執行結果

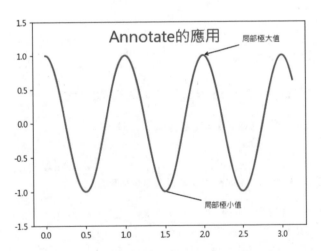

上述實例重點是第 10 – 14 列建立了有含箭頭 (->) 的線條與註解文字，文字內容是局部極大值。第 15 – 18 列是建立不含箭頭 (-) 的線條與註解文字，文字內容是局部極小值。

20-12　ChatGPT 輔助學習

1：　請說明 matplotlib 可以生成 3D 圖表的種類。

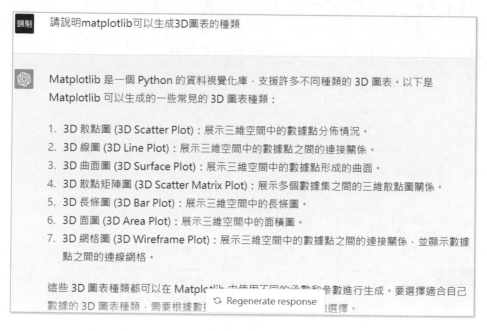

錦魁　請說明matplotlib可以生成3D圖表的種類

Matplotlib 是一個 Python 的資料視覺化庫，支援許多不同種類的 3D 圖表。以下是 Matplotlib 可以生成的一些常見的 3D 圖表種類：

1. 3D 散點圖 (3D Scatter Plot)：展示三維空間中的數據點分佈情況。
2. 3D 線圖 (3D Line Plot)：展示三維空間中的數據點之間的連接關係。
3. 3D 曲面圖 (3D Surface Plot)：展示三維空間中的數據點形成的曲面。
4. 3D 散點矩陣圖 (3D Scatter Matrix Plot)：展示多個數據集之間的三維散點圖關係。
5. 3D 長條圖 (3D Bar Plot)：展示三維空間中的長條圖。
6. 3D 面圖 (3D Area Plot)：展示三維空間中的面積圖。
7. 3D 網格圖 (3D Wireframe Plot)：展示三維空間中的數據點之間的連接關係，並顯示數據點之間的連線網格。

這些 3D 圖表種類都可以在 Matplotlib 中使用不同的函數和參數進行生成。要選擇適合自己數據的 3D 圖表種類，需要根據數據的特性和目的進行選擇。

2：　請自行產生數據，用 Python 程式實例說明 3D 網格圖。

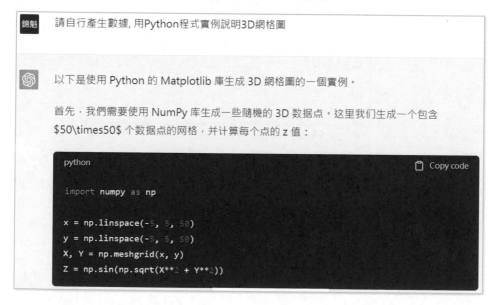

錦魁　請自行產生數據, 用Python程式實例說明3D網格圖

以下是使用 Python 的 Matplotlib 庫生成 3D 網格圖的一個實例。

首先，我們需要使用 NumPy 庫生成一些隨機的 3D 數據点。这里我们生成一个包含 50×50 个数据点的网格，并计算每个点的 z 值：

```python
import numpy as np

x = np.linspace(-5, 5, 50)
y = np.linspace(-5, 5, 50)
X, Y = np.meshgrid(x, y)
Z = np.sin(np.sqrt(X**2 + Y**2))
```

这里，我们使用 `np.linspace` 函数在 x 和 y 轴上均匀生成 50 个数据点，然后使用 `np.meshgrid` 函数将它们组成网格。接下来，我们计算每个网格点的 z 值，这里我们选择计算一个三维 sin 函数。

然后，我们使用 Matplotlib 库的 `mplot3d` 模块中的 `Axes3D` 类来创建一个 3D 坐标系，并使用 `plot_wireframe` 函数生成 3D 网格图：

```python
import matplotlib.pyplot as plt
from mpl_toolkits.mplot3d import Axes3D

fig = plt.figure()
ax = fig.add_subplot(111, projection='3d')
ax.plot_wireframe(X, Y, Z)
plt.show()
```

在这个程序中，我们首先创建了一个空的 3D 坐标系，并将其存储在 `ax` 变量中。然后，我们使用 `plot_wireframe` 函数绘制 3D 网格图，并将其显示在屏幕上。

完整的程序如下所示：

```
1   import numpy as np
2   import matplotlib.pyplot as plt
3   from mpl_toolkits.mplot3d import Axes3D
4
5   # Generate 3D data
6   x = np.linspace(-5, 5, 50)
7   y = np.linspace(-5, 5, 50)
8   X, Y = np.meshgrid(x, y)
9   Z = np.sin(np.sqrt(X**2 + Y**2))
10
11  # Create 3D plot
12  fig = plt.figure()
13  ax = fig.add_subplot(111, projection='3d')
14  ax.plot_wireframe(X, Y, Z)
15
16  # Show plot
17  plt.show()
```

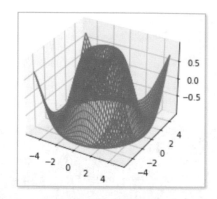

3: 請自行產生數據，用 Python 程式產生 3D 旋轉的網格圖。在這個實例中，一直發生 ChatGPT 使用簡體中文回答問題，筆者告知 ChatGPT 沒有使用繁體中文回答，ChatGPT 才使用繁體中文產生 3D 旋轉程式。

```
1  def animate(i):
2      ax.clear()
3      ax.view_init(elev=10., azim=i)
4      Z = np.sin(np.sqrt(X**2 + Y**2 + i/10.))
5      ax.plot_surface(X, Y, Z, cmap=plt.cm.coolwarm, alpha=0.5)
6
7  # 創建 3D 图表
8  fig = plt.figure()
9  ax = fig.add_subplot(111, projection='3d')
10 ani = animation.FuncAnimation(fig, animate, frames=360, interval=20)
11
12 # 显示图表
13 plt.show()
```

> 在 `animate` 函数中，我们首先清空当前的 3D 坐标系并使用 `ax.view_init` 函数设置视
> 角。然后，我们使用 `np.sin` 函数计算每个数据点的新 z 值，并将其传递给 `plot_surface`
> 函数。最后，我们使用 `animation.FuncAnimation` 函数创建一个动画，并将其显示在屏幕
> 上。

 你沒有用繁體中文回答我的問題

非常抱歉，我之前沒有使用繁體中文回答您的問題。以下是用繁體中文回答的完整程式碼：

```
1  import numpy as np
2  import matplotlib.pyplot as plt
3  from mpl_toolkits.mplot3d import Axes3D
4  import matplotlib.animation as animation
5
6  # 創建數據
7  X = np.arange(-10, 10, 0.25)
8  Y = np.arange(-10, 10, 0.25)
9  X, Y = np.meshgrid(X, Y)
10 R = np.sqrt(X**2 + Y**2)
11 Z = np.sin(R)
12
13 # 定義動畫函數
14 def animate(i):
15     # 清空當前的 3D 坐標系
16     ax.clear()
17     # 設置視角
18     ax.view_init(elev=10., azim=i)
19     # 計算新的 z 值
20     R = np.sqrt(X**2 + Y**2)
21     Z = np.sin(R + i / 100)
22     # 繪製 3D 網格圖
23     ax.plot_surface(X, Y, Z, rstride=1, cstride=1, cmap=plt.cm.coolwarm, alpha=0.5)
24
25 # 創建 3D 圖表
26 fig = plt.figure()
27 ax = fig.add_subplot(111, projection='3d')
28 ani = animation.FuncAnimation(fig, animate, frames=360, interval=20)
29
30 # 顯示圖表
31 plt.show()
```

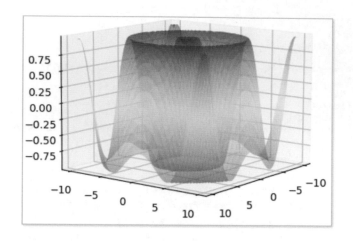

註　這個程式在 Colab 無法執行，但是可以在 Python Shell 環境執行。

習題實作題

ex20_1.ipynb：請參考 ch20_10.py，增加 2024-2025 年數據如下：(20-2 節)

Benz	6020	6620
BMW	4900	4590
Lexus	6200	6930

然後繪製圖表，請參考下方左圖。

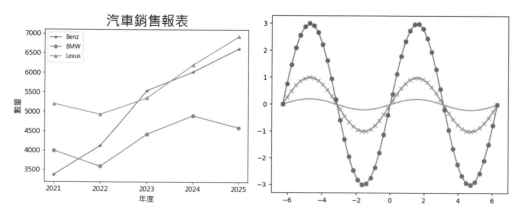

ex20_2.ipynb：請參考 ch20_19.py 建立下列函數：(20-4 節)

> f1 = 3 * np.sin(x)
> f2 = np.sin(x)
> f3 = 0.2.sin(x)

　　將線條點數改為 50，同時標注各點。f1 需用不同的預設顏色綠色標注圓點，這時需執行 2 次 plot( )。f2 則用相同線條顏色 'x' 標注，請參考上方右圖。

ex20_3.ipynb：請參考程式實例 ch20_22.py，將函數改為 sin(2x)，以預設的線條顏色繪製下列含填滿區間的波形，請參考下方左圖。(20-4 節)

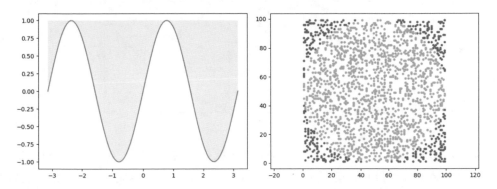

ex20_4.ipynb：請參考 13-10-1 節蒙地卡羅模擬，如果點落在圓內繪黃色點，如果落在圓外繪綠色點。由於繪圖會需要比較多時間，所以這一題測試 2000 次，請參考上方右圖。(20-4 節)

ex20_5.ipynb：繪製下列二次函數區間，x 軸是從 -2 到 4 區間的圖形，請參考下方左圖。(20-4 節)

$$y = -x^2 + 2x$$

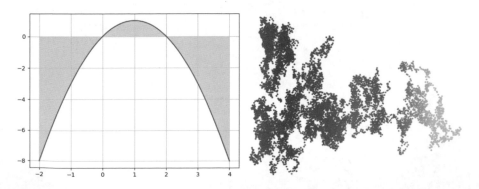

ex20_6.ipynb：請重新設計 ch20_26.py，將 x 軸移動方式改為 [-3,-2,-1, 1, 2, 3]，將 y 軸移動方式改為 [-5,-3,-1, 1, 3, 5]，然後列出一次結果即可，請參考上方右圖。(20-5 節)

ex20_7.ipynb：請重新設計 ch20_7.py，將 4 組資料繪在 Figure1 內以 4 個子圖方式顯示。(20-6 節)

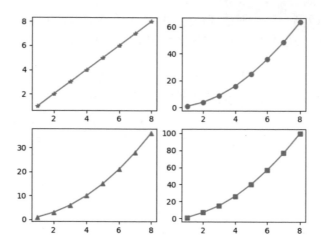

ex20_8.ipynb：請為 ch20_7.py 再增加 data5 數據，內容是 [1, 6, 11, 16, 21, 26, 31, 36]，然後將這 5 組數據繪在 Figure 1 內分成 5 個子圖，其中橫向有 3 個子圖，直向有 2 個子圖，第 5 個子圖跳過，直接繪在第 6 個圖的位置，data5 數據的樣式是反三角標記。(20-6 節)

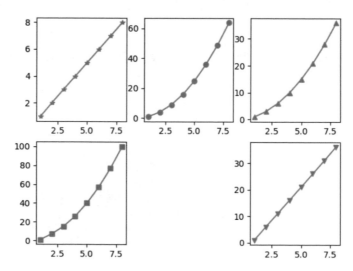

ex20_9.ipynb：擲骰子的機率設計，一個骰子有 6 面分別記載 1, 2, 3, 4, 5, 6，這個程式會用隨機數計算 600 次，每個數字出現的次數，同時用直條圖表示，為了讓讀者有不同體驗，筆者將圖表顏色改為綠色，請參考下方左圖。

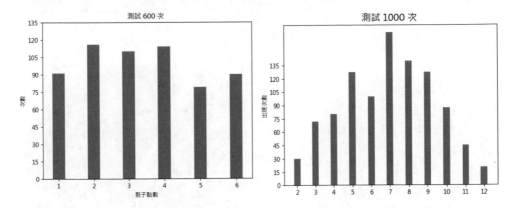

ex20_10.ipynb：請讀者將程式實例 ex20_9.ipynb，處理成有 2 個骰子，所以可以計算 2-12 間每個數字的出現次數，請測試 1000 次，以長條圖表示，請參考上方右圖。(20-8 節)

ex20_11.ipynb：請讀者參考程式實例 ex20_9.ipynb，在賭場最常見到的是用 3 個骰子，所以可以計算 3-18 間每個數字的出現次數，請測試 1000 次，以長條圖表示，請參考上方右圖。(20-7 節)

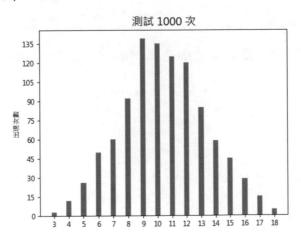

ex20_12.ipynb：下表是某年度台灣學生留學國外的統計數字表。(20-9 節)

美國	澳洲	日本	歐洲	英國
10543	2105	1190	3346	980

請繪製圓餅圖，並將日本區塊分離出來。

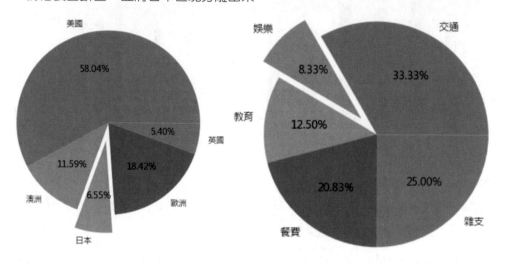

ex20_13.ipynb：下表是個人開銷統計數字表。(20-9 節)

交通	娛樂	教育	餐費	雜支
8000	2000	3000	5000	6000

請繪製圓餅圖，並將**娛樂**區塊分離出來，請參考上方右圖。(20-9 節)

第 21 章

網路爬蟲

一般我們將從網路搜尋資源的程式稱之為**網路爬蟲**，一些著名的搜尋引擎公司就是不斷地送出網路爬蟲搜尋網路最新訊息，以保持搜尋引擎的熱度。

21-1　下載網頁資訊使用 requests 模組

在 Python Shell 環境 requests 是第三方模組，需使用下列指令下載此模組。

　　pip install requests

不過在 Colab 環境已經內建安裝，所以可以省略此安裝步驟。

21-1-1　下載網頁使用 requests.get( ) 方法

requests.get( ) 方法內需放置欲下載網頁資訊的網址當參數，這個方法可以傳回網頁的 HTML 原始檔案。

程式實例 ch21_1.ipynb：下載明志科大網頁內容做測試，這個程式會列出傳回值的資料型態。

```
1  # ch21_1.ipynb
2  import requests
3
4  url = 'http://www.mcut.edu.tw'
5  htmlfile = requests.get(url)
6  print(type(htmlfile))
```

執行結果

```
<class 'requests.models.Response'>
```

由上述可以知道使用 requests.get( ) 之後的傳回的資料型態是 Response 物件。

21-1-2　認識 Response 物件

Response 物件內有下列幾個重要屬性：

status_code：如果值是 requests.codes.ok，表示獲得的網頁內容成功。

text：網頁內容。

程式實例 ch21_2.ipynb：列出是否取得網頁成功，如果成功則輸出網頁內容大小。

```
1    # ch21_2.ipynb
2    import requests
3
4    url = 'http://www.mcut.edu.tw'
5    htmlfile = requests.get(url)
6    if htmlfile.status_code == requests.codes.ok:
7        print("取得網頁內容成功")
8        print("網頁內容大小 = ", len(htmlfile.text))
9    else:
10       print("取得網頁內容失敗")
```

執行結果

```
取得網頁內容成功
網頁內容大小 =   46862
```

程式實例 ch21_3.ipynb：重新設計 ch21_2.ipynb，列印網頁的原始碼，然後可以看到密密麻麻的網頁內容。**註**：上述只要修該第 8 列即可。

```
8        print(htmlfile.text)              # 列印網頁內容
```

執行結果

```
取得網頁內容成功
<!DOCTYPE html>
<html lang="zh-tw">
<head>

<meta http-equiv="Content-Type" content="text/html; charset=utf-8">
<meta http-equiv="X-UA-Compatible" content="IE=edge,chrome=1" />
<meta name="viewport" content="initial-scale=1.0, user-scalable=1,
```

21-1-3 搜尋網頁特定內容

繼續先前的內容，網頁內容下載後，如果我們想要搜尋特定字串，可以使用許多方法，下列將簡單的用 2 個方法處理。

程式實例 ch21_4.ipynb：這個程式執行時，如果網頁內容下載成功，會要求輸入欲搜尋的字串，將此字串放入 pattern 變數。使用 2 種方法搜尋，方法 1 會列出搜尋成功或失敗，方法 2 會列出搜尋到此字串的次數。

```
1    # ch21_4.ipynb
2    import requests
3    import re
4
5    url = 'http://www.mcut.edu.tw'
6    htmlfile = requests.get(url)
```

```
7   if htmlfile.status_code == requests.codes.ok:
8       pattern = input("請輸入欲搜尋的字串 : ")        # 讀取字串
9   # 使用方法1
10      if pattern in htmlfile.text:                    # 方法1
11          print(f"搜尋 {pattern} 成功")
12      else:
13          print(f"搜尋 {pattern} 失敗")
14      # 使用方法2，如果找到放在串列name內
15      name = re.findall(pattern, htmlfile.text)       # 方法2
16      if name:
17          print(f"{pattern} 出現 {len(name)} 次")
18      else:
19          print(f"{pattern} 出現 0 次")
20  else:
21      print("網頁下載失敗")
```

執行結果

請輸入欲搜尋的字串 : 王永慶
搜尋 王永慶 成功
王永慶 出現 1 次

請輸入欲搜尋的字串 : 洪錦魁
搜尋 洪錦魁 失敗
洪錦魁 出現 0 次

21-1-4　下載網頁失敗的異常處理

　　有時候我們輸入網址錯誤或是有些網頁有反爬蟲機制，造成下載網頁失敗，其實建議可以使用第 15 章程式除錯與異常處理觀念處理這類問題。Response 物件有 raise_for_status( )，可以針對網址正確但是後續檔案名稱錯誤的狀況產生異常處理。下列將直接以實例解說。

程式實例 ch21_5.ipynb：下載網頁錯誤的異常處理，由於不存在 file_not_existed 造成這個程式異常發生。

```
1   # ch21_5.ipynb
2   import requests
3
4   url = 'http://mcut.edu.tw/file_not_existed' # 不存在的內容
5   try:
6       htmlfile = requests.get(url)
7       htmlfile.raise_for_status()                 # 異常處理
8       print("下載成功")
9   except Exception as err:                        # err是系統內建的錯誤訊息
10      print(f"網頁下載失敗: {err}")
11  print("程式繼續執行 ... ")
```

執行結果

網頁下載失敗: HTTPConnectionPool(host='mcut.edu.tw', port=80):
程式繼續執行 ...

　　從上述可以看到，即使網址錯誤，程式還是依照我們設計的邏輯執行。

21-1-5　網頁伺服器阻擋造成讀取錯誤

現在有些網頁也許基於安全理由，或是不想讓太多網路爬蟲造訪造成網路流量增加，因此會設計程式阻擋網路爬蟲擷取資訊，碰上這類問題就會產生 400 錯誤，如下所示：

程式實例 ch21_6.ipynb：網頁伺服器阻擋造成編號 400 錯誤，無法擷取網頁資訊。

```
1  # ch28_8.py
2  import requests
3
4  url = 'https://www.kingstone.com.tw/'
5  htmlfile = requests.get(url)
6  htmlfile.raise_for_status()
```

執行結果

```
--------------------------------------------------------------
HTTPError                                 Traceback (most recent call last)
<ipython-input-1-d91cbfd4e4fe> in <module>
      4 url = 'https://www.kingstone.com.tw/'
      5 htmlfile = requests.get(url)
----> 6 htmlfile.raise_for_status()

/usr/local/lib/python3.9/dist-packages/requests/models.py in raise_for_status(self)
    958
    959         if http_error_msg:
--> 960             raise HTTPError(http_error_msg, response=self)
    961
    962     def close(self):

HTTPError: 400 Client Error: Bad Request for url: https://www.kingstone.com.tw/
```

上述程式第 6 列的 raise_for_status( ) 主要是如果 Response 物件 htmlfile 在前一行擷取網頁內容有錯誤碼時，將可以列出錯誤原因，400 錯誤就是網頁伺服器阻擋。用這列程式碼，可以快速中斷協助我們偵錯程式的錯誤。

21-1-6　爬蟲程式偽成裝瀏覽器

其實我們使用 requests.get( ) 方法到網路上讀取網頁資料，這類的程式就稱網路爬蟲程式，甚至你也可以將各大公司所設計的搜尋引擎稱為網路爬蟲程式。為了解決爬蟲程式被伺服器阻擋的困擾，我們可以將所設計的爬蟲程式偽裝成瀏覽器，方法是在程式前端加上 headers 內容。

程式實例 ch21_7.ipynb：使用偽裝瀏覽器方式，重新設計 ch21_6.ipynb。

```
1  # ch21_7.ipynb
2  import requests
3
```

```
4  headers = { 'User-Agent':'Mozilla/5.0 (Windows NT 6.1; WOW64)\
5              AppleWebKit/537.36 (KHTML, like Gecko) Chrome/45.0.2454.101\
6              Safari/537.36', }
7  url = 'https://www.kingstone.com.tw/'
8  htmlfile = requests.get(url, headers=headers)
9  htmlfile.raise_for_status()
10 print("偽裝瀏覽器擷取網路資料成功")
```

執行結果　　　　　偽裝瀏覽器擷取網路資料成功

　　上述的重點是第 4-6 列的敘述，其實這是一個標題 (headers) 宣告，第 4 和 5 列末端的反斜線 "\" 主要表達下一行與這一行是相同敘述，也就是處理同一敘述太長時分行撰寫，Python 會將 4-6 列視為同一敘述。然後第 8 列呼叫 requests.get( ) 時，第 2 個參數需要加上 "headers=headers"，這樣這個程式就可以偽裝成瀏覽器，可以順利取得網頁資料了。

　　其實將 Pythont 程式偽裝成瀏覽器比想像的複雜，上述 headers 宣告碰上安全機制強大的網頁也可能失效，更詳細的解說超出本書範圍。

21-1-7　儲存下載的網頁

　　使用 requests.get( ) 獲得網頁內容時，是儲存在 Response 物件類型內，如果要將這類型的物件存入硬碟內，需使用 Response 物件的 iter_content( ) 方法，這個方法是採用重複迭代方式將 Response 物件內容寫入指定的檔案內，每次寫入指定磁區大小是以 Bytes 為單位，一般可以設定 1024*5 或 1024*10 或更多。

程式實例 ch21_8.ipynb：下載電腦圖書著名的天瓏書局網頁，同時將網頁內容存入 out21_8.txt 檔案內。

```
1  # ch21_8.ipynb
2  import requests
3
4  url = 'http://www.tenlong.com.tw'                          # 天瓏書局網址
5  try:
6      htmlfile = requests.get(url)
7      print("下載成功")
8  except Exception as err:
9      print("網頁下載失敗: %s" % err)
10 # 儲存網頁內容
11 fn = 'out21_8.txt'
12 with open(fn, 'wb') as file_Obj:                            # 以二進位儲存
13     for diskStorage in htmlfile.iter_content(10240):        # Response物件處理
14         size = file_Obj.write(diskStorage)                  # Response物件寫入
15         print(size)                                         # 列出每次寫入大小
16     print("以 %s 儲存網頁HTML檔案成功" % fn)
```

執行結果 下列執行結果太長,筆者分兩頁擷取畫面。

```
10240
10240
3527
以 out21_8.txt 儲存網頁HTML檔案成功
```

由於這個網頁檔案內容比較大,所以筆者將每次寫入檔案大小設為 10240bytes,程式第 12 列所開啟的是以二進位可寫入 "wb" 方式開啟。程式第 13-15 列是一個迴圈,這個迴圈會將 Response 物件 htmlfile 以迴圈方式寫入所開啟的 file_Obj,最後是存入第 11 列設定的 out21_8.txt 檔案內。程式第 14 列每次使用 write( ) 寫入 Response 物件時會回傳所寫入網頁內容的大小,所以 15 列會列出當次迴圈所寫入的大小。

21-2 檢視網頁原始檔

前一節筆者教導讀者利用 requests.get( ) 取得網頁內容的原始 HTML 檔,其實也可以使用瀏覽器取得網頁內容的原始檔。檢視網頁的原始檔目的不是要模仿設計相同的網頁,主要是掌握幾個關鍵重點,然後擷取我們想要的資料。

21-2-1 建議閱讀書籍

也許你不必徹底了解 HTML 網頁設計,但是若有 HTML、CSS 等相關知識更佳,下列是筆者所著的跨平台網頁設計書籍,以821 個程式實例講解網頁設計,可供讀者參考。

21-2-2　以 Chrome 瀏覽器為實例

此例是使用 Chrome 開啟深智數位公司網頁，在網頁內按一下滑鼠右鍵，出現快顯功能表時，執行檢視網頁原始檔 (View page source) 指令。

就可以看到此網頁的原始 HTML 檔案。

21-2-3　檢視原始檔案的重點

如果我們現在要下載某個網頁的所有圖片檔案,可以進入該網頁,例如:如果想要下載深智公司網頁(http://deepmind.com.tw)的圖檔,可以開啟該網頁的 HTML 檔案,然後請執行 Find(尋找),再輸入 '<img',接著可以了解該網頁圖檔的狀況。

可以看到有28張圖檔
目前選取第6張

由上圖可以看到圖檔是在 "~wp-content/uploads/2022/07/" 資料夾內,其實我們也可以使用 " 網址 + 檔案路徑 ",列出圖檔的內容。

21-2-4　列出重點網頁內容

假設讀者進入 "http://www.xzw.com/fortune/" 網頁,可以針對要了解的網頁內容按一下滑鼠右鍵,再執行**檢查**,可以在視窗右邊看到 HTML 格式的網頁的內容,如下所示:

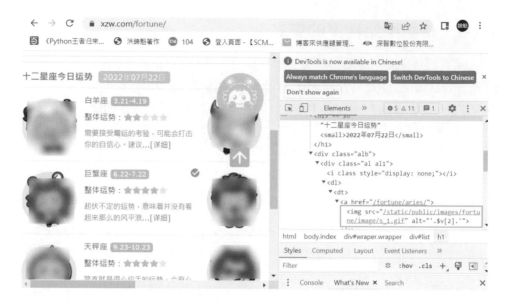

　　從上述右邊小視窗可以看到一些網頁設計的訊息，這些訊息可以讓我們設計相關爬蟲程式，未來 21-4 節會進一步解說上述訊息。

21-3　解析網頁使用 BeautifulSoup 模組

　　從前面章節讀者應該已經瞭解了如何下載網頁 HTML 原始檔案，也應該對網頁的基本架構有基本認識，本節要介紹的是使用 BeautifulSoup 模組解析 HTML 文件。目前這個模組是第 4 版，模組名稱是 beautifulsoup4，在 Python Shell 環境可以用下列方式安裝：

　　pip install beautifulsoup4

雖然安裝是 beautifulsoup4，但是導入模組時是用下列方式：

　　import bs4

註　在 Colab 環境因為已經安裝了，所以可以省略安裝模組步驟。

21-3-1　建立 BeautifulSoup 物件

　　可以使用下列語法建立 BeautifulSoup 物件。

```
htmlFile = requests.get('http://deepmind.com.tw')    # 下載深智公司網頁內容
objSoup = bs4.BeautifulSoup(htmlFile.text, 'lxml')    # lxml是解析HTML文件方式
```

上述是以下載深智公司網頁為例，當網頁下載後，將網頁內容的 Response 物件傳給 bs4.BeautifulSoup( ) 方法，就可以建立 BeautifulSoup 物件。至於另一個參數 "lxml" 目的是註明解析 HTML 文件的方法，常用的有下列方法。

　　'html.parser'：這是老舊的方法 (3.2.3 版本前)，相容性比較不好。

　　'lxml'：速度快，相容性佳，這是本書採用的方法。

　　'html5lib'：速度比較慢，但是解析能力強，在 Python Shell 需另外安裝 html5lib。

　　　pip install html5lib

在 Colab 環境則不需安裝 html5lib。

程式實例 ch21_9.ipynb：解析深智公司網頁 http://deepmind.com.tw，主要是列出資料型態。

```
1  # ch21_9.ipynb
2  import requests, bs4
3
4  htmlFile = requests.get('https://deepmind.com.tw')
5  objSoup = bs4.BeautifulSoup(htmlFile.text, 'lxml')
6  print("列印BeautifulSoup物件資料型態 ", type(objSoup))
```

執行結果
```
列印BeautifulSoup物件資料型態  <class 'bs4.BeautifulSoup'>
```

從上述我們獲得了 BeautifulSoup 的資料類型了，表示我們獲得初步成果了。

21-3-2　基本 HTML 文件解析 - 從簡單開始

真實世界的網頁是很複雜的，所以筆者想先從一簡單的 HTML 文件開始解析網頁。在 ch21_9.ipynb 程式第 5 列第一個參數 htmlFile.text 是網頁內容的 Response 物件，我們可以在 ch21 資料夾放置一個簡單的 HTML 文件，然後先學習使用 BeautifulSoup 解析此 HTML 文件。

程式實例 myhtml.html：在 ch21 資料夾有 myhtml.html 文件，這個文件內容如下：

```
1  <!doctype html>
2  <html>
3  <head>
4     <meta charset="utf-8">
5     <title>洪錦魁著作</title>
```

```
 6     <style>
 7         h1#author { width:400px; height:50px; text-align:center;
 8            background:linear-gradient(to right,yellow,green);
 9         }
10         h1#content { width:400px; height:50px;
11            background:linear-gradient(to right,yellow,red);
12         }
13         section { background:linear-gradient(to right bottom,yellow,gray); }
14     </style>
15 </head>
16 <body>
17 <h1 id="author">洪錦魁</h1>
18 <img src="hung.jpg" width="100">
19 <section>
20     <h1 id="content">一個人的極境旅行 - 南極大陸北極海</h1>
21     <p>2015/2016年<strong>洪錦魁</strong>一個人到南極</p>
22     <img src="travel.jpg" width="300">
23 </section>
24 <section>
25     <h1 id="content">HTML5+CSS3王者歸來</h1>
26     <p>本書講解網頁設計使用HTML5+CSS3</p>
27     <img src="html5.jpg" width="300">
28 </section>
29 </body>
30 </html>
```

執行結果

　　本節有幾個小節將會解析此份 HTML 文件，如果將 myhtml.html 文件的相關屬性用節點表示，上述 HTML 文件可以用下圖顯示：

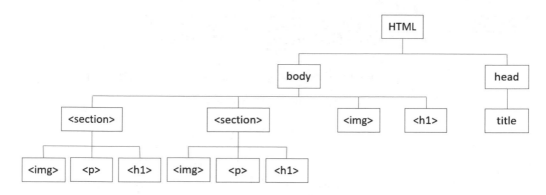

　　Beautiful Soup 解析上述 HTML 文件時是用相對位置觀念解析，上述由右到左表示程式碼從上到下，接下來會詳細說明，相關指令所獲得的結果。

程式實例 ch21_10.ipynb：解析本書 ch21 資料夾的 myhtml.html 檔案，列出物件類型。

```
1   # ch21_10.ipynb
2   import bs4
3
4   htmlFile = open('myhtml.html', encoding='utf-8')
5   objSoup = bs4.BeautifulSoup(htmlFile, 'lxml')
6   print("列印BeautifulSoup物件資料型態 ", type(objSoup))
```

執行結果
```
列印BeautifulSoup物件資料型態   <class 'bs4.BeautifulSoup'>
```

　　上述可以看到解析 ch21 資料夾的 myhtml.html 檔案初步是成功的。

註　在 Colab 環境需要先將 myhtml.html 檔案上傳至 Files 工作區，此觀念需應用持續到 ch21_22.ipynb，因為這些程式均需要解析 myhtml.html 檔案。

21-3-3　網頁標題 title 屬性

　　BeautifulSoup 物件的 title 屬性可以傳回網頁標題的 <title> 標籤內容。

程式實例 ch21_11.ipynb：使用 title 屬性解析 myhtml.html 檔案的網頁標題，本程式會列出物件類型與內容。

```
1   # ch21_11.ipynb
2   import bs4
3
4   htmlFile = open('myhtml.html', encoding='utf-8')
5   objSoup = bs4.BeautifulSoup(htmlFile, 'lxml')
6   print("物件類型   = ", type(objSoup.title))
7   print("列印title = ", objSoup.title)
```

執行結果

```
物件類型  =  <class 'bs4.element.Tag'>
列印title =  <title>洪錦魁著作</title>
```

從上述執行結果可以看到所解析的 objSoup.title 是一個 HTML 標籤物件，若是用 HTML 節點圖顯示，可以知道 objSoup.title 所獲得的節點如下：

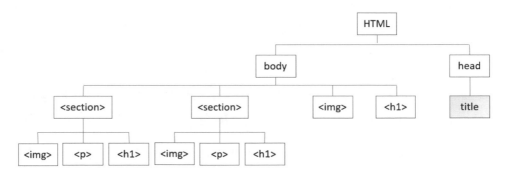

21-3-4　去除標籤傳回文字 text 屬性

前一節實例的確解析了 myhtml.html 文件，傳回解析的結果是一個 HTML 的標籤，不過我們可以使用 text 屬性獲得此標籤的內容。

程式實例 ch21_12.ipynb：擴充 ch21_11.ipynb，列出解析的標籤內容。

```
1  # ch21_12.ipynb
2  import bs4
3
4  htmlFile = open('myhtml.html', encoding='utf-8')
5  objSoup = bs4.BeautifulSoup(htmlFile, 'lxml')
6  print("列印title = ", objSoup.title)
7  print("title內容 = ", objSoup.title.text)
```

執行結果

```
列印title =  <title>洪錦魁著作</title>
title內容 =  洪錦魁著作
```

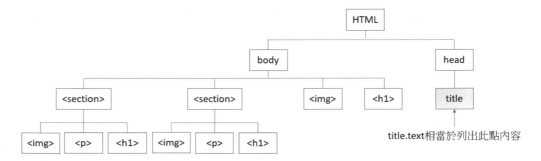

title.text相當於列出此點內容

21-3-5　傳回所找尋第一個符合的標籤 find( )

這個函數可以找尋 HTML 文件內第一個符合的標籤內容，例如：find('h1') 是要找第一個 h1 的標籤。如果找到了就傳回該標籤字串我們可以使用 text 屬性獲得內容，如果沒找到就傳回 None。

程式實例 ch21_13.ipynb：傳回第一個 <h1> 標籤。

```
1   # ch21_13.ipynb
2   import bs4
3
4   htmlFile = open('myhtml.html', encoding='utf-8')
5   objSoup = bs4.BeautifulSoup(htmlFile, 'lxml')
6   objTag = objSoup.find('h1')
7   print("資料型態        = ", type(objTag))
8   print("列印Tag         = ", objTag)
9   print("Text屬性內容     = ", objTag.text)
10  print("String屬性內容   = ", objTag.string)
```

執行結果

```
資料型態        =   <class 'bs4.element.Tag'>
列印Tag         =   <h1 id="author">洪錦魁</h1>
Text屬性內容     =   洪錦魁
String屬性內容   =   洪錦魁
```

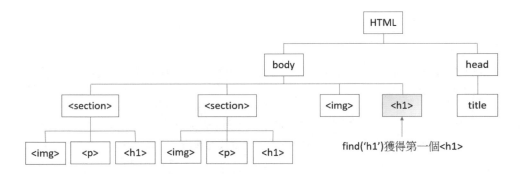

find('h1')獲得第一個<h1>

21-3-6　傳回所找尋所有符合的標籤 find_all( )

這個函數可以找尋 HTML 文件內所有符合的標籤內容，例如：find_all('h1') 是要找所有 h1 的標籤。如果找到了就傳回該標籤串列，如果沒找到就傳回空串列。

程式實例 ch21_14.ipynb：傳回所有的 <h1> 標籤。

```
1   # ch21_14.ipynb
2   import bs4
3
4   htmlFile = open('myhtml.html', encoding='utf-8')
```

```
5   objSoup = bs4.BeautifulSoup(htmlFile, 'lxml')
6   objTag = objSoup.find_all('h1')
7   print("資料型態     = ", type(objTag))        # 列印資料型態
8   print("列印Tag串列 = ", objTag)              # 列印串列
9   print("以下是列印串列元素 : ")
10  for data in objTag:                          # 列印串列元素內容
11      print(data.text)
```

執行結果

```
資料型態     = <class 'bs4.element.ResultSet'>
列印Tag串列 = [<h1 id="author">洪錦魁</h1>, <h1 id="content">一個人的極境旅行
以下是列印串列元素 :
洪錦魁
一個人的極境旅行 - 南極大陸北極海
HTML5+CSS3王者歸來
```

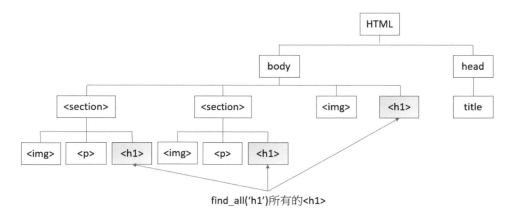

find_all('h1')所有的<h1>

　　此外 find_all( ) 基本上是使用迴圈方式找尋所有符合的標籤節點，也可以使用下列參數限制找尋的點數量：

　　　　limit = n　　　　　　　　　# 限制找尋最多n個標籤節點
　　　　recursive = False　　　　　# 限制找尋次一層次的節點

程式實例 ch21_15.ipynb：使用 limit 參數，限制最多找尋 2 個節點。

```
1   # ch21_15.ipynb
2   import bs4
3
4   htmlFile = open('myhtml.html', encoding='utf-8')
5   objSoup = bs4.BeautifulSoup(htmlFile, 'lxml')
6   objTag = objSoup.find_all('h1', limit=2)
7   for data in objTag:                          # 列印串列元素內容
8       print(data.text)
```

執行結果

```
洪錦魁
一個人的極境旅行 - 南極大陸北極海
```

21-3-7　認識 HTML 元素內容屬性與 getText( )

HTML 元素內容的屬性有下列 3 種。

textContent：內容，不含任何標籤碼。

innerHTML：元素內容，含子標籤碼，但是不含本身標籤碼。

outerHTML：元素內容，含子標籤碼，也含本身標籤碼。

如果有一個元素內容如下：

　　\<p>Marching onto the path of \Web Design Expert\\</p>

則上述 3 個屬性的觀念與內容分別如下：

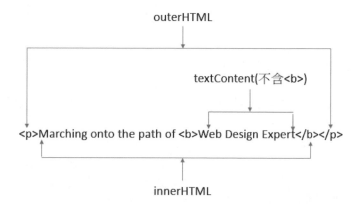

textContent：Web Design Expert

innerHTML：Marching onto the path of \Web Design Expert\

outerHTML：\<p>Marching onto the path of \Web Design Expert\\</p>

當使用 BeautifulSoup 模組解析 HTML 文件，如果傳回是串列時，也可以配合索引應用 getText( ) 取得串列元素內容，所取得的內容是 textContent。意義與 21-3-4 節的 text 屬性相同。

程式實例 ch21_16.ipynb：使用 getText( ) 重新擴充設計 ch21_15.ipynb。

```
1  # ch21_16.ipynb
2  import bs4
3
4  htmlFile = open('myhtml.html', encoding='utf-8')
5  objSoup = bs4.BeautifulSoup(htmlFile, 'lxml')
6  objTag = objSoup.find_all('h1')
```

```
7    print("資料型態    = ", type(objTag))       # 列印資料型態
8    print("列印Tag串列 = ", objTag)             # 列印串列
9    print("\n使用Text屬性列印串列元素 : ")
10   for data in objTag:                         # 列印串列元素內容
11       print(data.text)
12   print("\n使用getText()方法列印串列元素 : ")
13   for data in objTag:
14       print(data.getText())
```

執行結果

```
資料型態    = <class 'bs4.element.ResultSet'>
列印Tag串列 = [<h1 id="author">洪錦魁</h1>, <h1 id="content">一個人的極境旅行

使用Text屬性列印串列元素 :
洪錦魁
一個人的極境旅行 - 南極大陸北極海
HTML5+CSS3王者歸來

使用getText()方法列印串列元素 :
洪錦魁
一個人的極境旅行 - 南極大陸北極海
HTML5+CSS3王者歸來
```

21-3-8　HTML 屬性的搜尋

我們可以根據 HTML 標籤屬性執行搜尋，可以參考下列實例。

程式實例 ch21_17.ipynb：搜尋第一個含 id='author' 的節點。

```
1   # ch21_17.ipynb
2   import bs4
3
4   htmlFile = open('myhtml.html', encoding='utf-8')
5   objSoup = bs4.BeautifulSoup(htmlFile, 'lxml')
6   objTag = objSoup.find(id='author')
7   print(objTag)
8   print(objTag.text)
```

執行結果

```
<h1 id="author">洪錦魁</h1>
洪錦魁
```

程式實例 ch21_18.ipynb：搜尋含所有 id='content' 的節點。

```
1   # ch21_18.ipynb
2   import bs4
3
4   htmlFile = open('myhtml.html', encoding='utf-8')
5   objSoup = bs4.BeautifulSoup(htmlFile, 'lxml')
6   objTag = objSoup.find_all(id='content')
7   for tag in objTag:
8       print(tag)
9       print(tag.text)
```

執行結果

```
<h1 id="content">一個人的極境旅行 - 南極大陸北極海</h1>
一個人的極境旅行 - 南極大陸北極海
<h1 id="content">HTML5+CSS3王者歸來</h1>
HTML5+CSS3王者歸來
```

21-3-9　select( )

select( ) 主要是以 CSS 選擇器 (selector) 的觀念尋找元素，如果找到回傳的是串列 (list)，如果找不到則傳回空串列。下列是使用實例：

objSoup.select('p')：找尋所有 <p> 標籤的元素。

objSoup.select ('img')：找尋所有 <img> 標籤的元素。

objSoup.select ('.happy')：找尋所有 CSS class 屬性為 happy 的元素。

objSoup.select ('#author')：找尋所有 CSS id 屬性為 author 的元素。

objSoup.select ('p #author')：找尋所有 <p> 且 id 屬性為 author 的元素。

objSoup.select ('p .happy')：找尋所有 <p> 且 class 屬性為 happy 的元素。

objSoup.select ('div strong')：找尋所有在 <section> 元素內的 <strong> 元素。

objSoup.select ('div > strong')：所有在 <section> 內的 <strong> 元素，中間沒有其他元素。

objSoup.select ('input[name]')：找尋所有 <input> 標籤且有 name 屬性的元素。

程式實例 ch21_19.ipynb：找尋 id 屬性是 author 的內容。

```
1   # ch21_19.ipynb
2   import bs4
3
4   htmlFile = open('myhtml.html', encoding='utf-8')
5   objSoup = bs4.BeautifulSoup(htmlFile, 'lxml')
6   objTag = objSoup.select('#author')
7   print("資料型態      = ", type(objTag))          # 列印資料型態
8   print("串列長度      = ", len(objTag))           # 列印串列長度
9   print("元素資料型態 = ", type(objTag[0]))        # 列印元素資料型態
10  print("元素內容      = ", objTag[0].getText())   # 列印元素內容
```

執行結果

```
資料型態      = <class 'bs4.element.ResultSet'>
串列長度      = 1
元素資料型態 = <class 'bs4.element.Tag'>
元素內容      = 洪錦魁
```

上述在使用時如果將元素內容當作參數傳給 str( )，將會傳回含開始和結束標籤的字串。

程式實例 ch21_20.ipynb：將解析的串列元素傳給 str( )，同時列印執行結果。

```
1  # ch21_20.ipynb
2  import bs4
3
4  htmlFile = open('myhtml.html', encoding='utf-8')
5  objSoup = bs4.BeautifulSoup(htmlFile, 'lxml')
6  objTag = objSoup.select('#author')
7  print("列出串列元素的資料型態     = ", type(objTag[0]))
8  print(objTag[0])
9  print("列出str()轉換過的資料型態 = ", type(str(objTag[0])))
10 print(str(objTag[0]))
```

執行結果

```
列出串列元素的資料型態     = <class 'bs4.element.Tag'>
<h1 id="author">洪錦魁</h1>
列出str()轉換過的資料型態 = <class 'str'>
<h1 id="author">洪錦魁</h1>
```

　　儘管上述第 8 列與第 10 列輸出的結果是相同，但是第 10 列是純字串，第 8 列是標籤字串，意義不同，更多觀念將在 21-3-10 節說明。

　　串列元素有 attrs 屬性，如果使用此屬性可以得到一個字典結果。

程式實例 ch21_21.ipynb：將 attrs 屬性應用在串列元素，列出字典結果。

```
1  # ch21_21.ipynb
2  import bs4
3
4  htmlFile = open('myhtml.html', encoding='utf-8')
5  objSoup = bs4.BeautifulSoup(htmlFile, 'lxml')
6  objTag = objSoup.select('#author')
7  print(str(objTag[0].attrs))
```

執行結果

```
{'id': 'author'}
```

　　在 HTML 文件中常常可以看到標籤內有子標籤，如果查看 myhtml.html 的第 21 列，可以看到 <p> 標籤內有 <strong> 標籤，碰上這種狀況若是列印串列元素內容時，可以看到子標籤存在。但是，若是使用 getText( ) 取得元素內容，可以得到沒有子標籤的字串內容。

程式實例 ch21_22.ipynb：搜尋 <p> 標籤，最後列出串列內容與不含子標籤的元素內容。

```
1  # ch21_22.ipynb
2  import bs4
3
4  htmlFile = open('myhtml.html', encoding='utf-8')
5  objSoup = bs4.BeautifulSoup(htmlFile, 'lxml')
6  pObjTag = objSoup.select('p')
7  print("含<p>標籤的串列長度 = ", len(pObjTag))
8  for pObj in pObjTag:
```

```
9    print(str(pObjTag))           # 內部有子標籤<strong>字串
10   print(pObj.getText())         # 沒有子標籤
11   print(pObj.text)              # 沒有子標籤
```

執行結果

```
含<p>標籤的串列長度 =  2
[<p>2015/2016年<strong>洪錦魁</strong>一個人到南極</p>, <p>本書講解網頁設計使用HTML
2015/2016年洪錦魁一個人到南極
2015/2016年洪錦魁一個人到南極
[<p>2015/2016年<strong>洪錦魁</strong>一個人到南極</p>, <p>本書講解網頁設計使用HTML
本書講解網頁設計使用HTML5+CSS3
本書講解網頁設計使用HTML5+CSS3
```

21-3-10 標籤字串的 get( )

假設我們現在搜尋 <img> 標籤，請參考下列實例。

程式實例 ch21_23.ipynb：搜尋 <img> 標籤，同時列出結果。

```
1  # ch21_23.ipynb
2  import bs4
3
4  htmlFile = open('myhtml.html', encoding='utf-8')
5  objSoup = bs4.BeautifulSoup(htmlFile, 'lxml')
6  imgTag = objSoup.select('img')
7  print("含<img>標籤的串列長度 = ", len(imgTag))
8  for img in imgTag:
9      print(img)
```

執行結果

```
含<img>標籤的串列長度 =  3
<img src="hung.jpg" width="100"/>
<img src="travel.jpg" width="300"/>
<img src="html5.jpg" width="300"/>
```

<img> 是一個插入圖片的標籤，沒有結束標籤，所以沒有內文，如果讀者嘗試使用 text 屬性列印內容 "print(imgTag[0].text)" 將看不到任何結果。<img> 對網路爬蟲設計是很重要，因為可以由此獲得網頁的圖檔資訊。從上述執行結果可以看到對我們而言很重要的是 <img> 標籤內的屬性 src，這個屬性設定了圖片路徑。這個時候我們可以使用標籤字串的 img.get( ) 取得或是 img['src'] 方式取得。

程式實例 ch21_24.ipynb：擴充 ch21_23.ipynb，取得 myhtml.html 的所有圖檔。

```
1   # ch21_24.ipynb
2   import bs4
3
4   htmlFile = open('myhtml.html', encoding='utf-8')
5   objSoup = bs4.BeautifulSoup(htmlFile, 'lxml')
6   imgTag = objSoup.select('img')
7   print("含<img>標籤的串列長度 = ", len(imgTag))
8   for img in imgTag:
9       print("列印標籤串列 = ", img)
10      print("列印圖檔      = ", img.get('src'))
11      print("列印圖檔      = ", img['src'])
```

執行結果

```
含<img>標籤的串列長度 =  3
列印標籤串列 =  <img src="hung.jpg" width="100"/>
列印圖檔    =  hung.jpg
列印圖檔    =  hung.jpg
列印標籤串列 =  <img src="travel.jpg" width="300"/>
列印圖檔    =  travel.jpg
列印圖檔    =  travel.jpg
列印標籤串列 =  <img src="html5.jpg" width="300"/>
列印圖檔    =  html5.jpg
列印圖檔    =  html5.jpg
```

上述程式最重要是第 10 列的 img.get('src')，這個方法可以取得標籤字串的 src 屬性內容。在程式實例 ch21_22.ipynb，筆者曾經說明標籤字串與純字串 (str) 不同就是在這裡，純字串無法呼叫 get( ) 方法執行上述將圖檔字串取出。

21-4　網路爬蟲實戰

其實筆者已經用 HTML 文件解說網路爬蟲的基本原理了，在真實的網路世界一切比上述實例複雜與困難。

延續 21-2-4 節，若是放大網頁內容，在每個星座描述的 <div> 內有 <dt> 標籤，這個 <dt> 標籤內有星座圖片的網址，我們可以經由取得網址，再將此圖片下載至我們指定的目錄內。

```
▼<div id="list">
  ▶<h1>…</h1>
  ▼<div class="alb">
    ▼<div class="al al1">
       <i style="display: none;"></i>
    ▼<dl>
      ▼<dt>
        ▼<a href="/fortune/aries/">
           <img src="/static/public/images/fortune/image/
           s_1.gif" alt="'.$v[2].'">
         </a>
      </dt>
```

圖片網址是由 2 個部分組成：

http://www.xzw.com

和

/static/public/images/fortune/image/s_1.gif

上述是以白羊座為例，有了上述觀念，就可以設計下載十二星座的圖片了。

程式實例 ch21_25.ipynb：下載十二星座所有圖片，所下載的圖片將放置在 out21_25 資料夾內。

```
1   # ch21_25.ipynb
2   import requests, bs4, os
3
4   url = 'http://www.xzw.com/fortune/'
5   htmlfile = requests.get(url)
6   objSoup = bs4.BeautifulSoup(htmlfile.text, 'lxml')          # 取得物件
7   constellation = objSoup.find('div', id='list')
8   cons = constellation.find('div', 'alb').find_all('div')
9
10  pict_url = 'http://www.xzw.com'
11  photos = []
12  for con in cons:
13      pict = con.a.img['src']
14      photos.append(pict_url+pict)
15
16  destDir = 'out21_25'
17  if os.path.exists(destDir) == False:                # 如果沒有此資料夾就建立
18      os.mkdir(destDir)
19  print("搜尋到的圖片數量 = ", len(photos))           # 列出搜尋到的圖片數量
20  for photo in photos:                                # 迴圈下載圖片與儲存
21      picture = requests.get(photo)                   # 下載圖片
22      picture.raise_for_status()                      # 驗證圖片是否下載成功
23      print("%s 圖片下載成功" % photo)
24  # 先開啟檔案，再儲存圖片
25      pictFile = open(os.path.join(destDir, os.path.basename(photo)), 'wb')
26      for diskStorage in picture.iter_content(10240):
27          pictFile.write(diskStorage)
28      pictFile.close()                                # 關閉檔案
```

執行結果 讀者可以得到下列結果，此外也可以在 Colab 環境的 Files 工作區看到 out21_25 子資料夾，看到所下載的圖片。

```
搜尋到的圖片數量 =  12
http://www.xzw.com/static/public/images/fortune/image/s 1.gif 圖片下載成功
http://www.xzw.com/static/public/images/fortune/image/s 2.gif 圖片下載成功
http://www.xzw.com/static/public/images/fortune/image/s 3.gif 圖片下載成功
http://www.xzw.com/static/public/images/fortune/image/s 4.gif 圖片下載成功
http://www.xzw.com/static/public/images/fortune/image/s 5.gif 圖片下載成功
http://www.xzw.com/static/public/images/fortune/image/s 6.gif 圖片下載成功
http://www.xzw.com/static/public/images/fortune/image/s 7.gif 圖片下載成功
http://www.xzw.com/static/public/images/fortune/image/s 8.gif 圖片下載成功
http://www.xzw.com/static/public/images/fortune/image/s 9.gif 圖片下載成功
http://www.xzw.com/static/public/images/fortune/image/s 10.gif 圖片下載成功
http://www.xzw.com/static/public/images/fortune/image/s 11.gif 圖片下載成功
http://www.xzw.com/static/public/images/fortune/image/s 12.gif 圖片下載成功
```

程式實例 ch21_26.ipynb：找出台灣彩券公司最新一期期威力彩開獎結果。這個程式在設計時，第 12 列我們列出先找尋 Class 是 "contents_box02"，因為我們發現這裡會記錄威力彩最新一期的開獎結果。

結果程式第 13 列發現有 4 組 Class 是 "contents_box02"，程式第 14-15 列則列出這 4 組串列。

```
1   # ch21_26.ipynb
2   import bs4, requests
3
4   url = 'http://www.taiwanlottery.com.tw'
5   html = requests.get(url)
6   print("網頁下載中 ...")
7   html.raise_for_status()                        # 驗證網頁是否下載成功
8   print("網頁下載完成")
9
10  objSoup = bs4.BeautifulSoup(html.text, 'lxml')  # 建立BeautifulSoup物件
11
12  dataTag = objSoup.select('.contents_box02')    # 尋找class是contents_box02
13  print("串列長度", len(dataTag))
14  for i in range(len(dataTag)):                  # 列出含contents_box02的串列
15      print(dataTag[i])
16
17  # 找尋開出順序與大小順序的球
18  balls = dataTag[0].find_all('div', {'class':'ball_tx ball_green'})
19  print("開出順序 : ", end='')
20  for i in range(6):                             # 前6球是開出順序
21      print(balls[i].text, end='   ')
22
23  print("\n大小順序 : ", end='')
24  for i in range(6,len(balls)):                  # 第7球以後是大小順序
25      print(balls[i].text, end='   ')
26
27  # 找出第二區的紅球
28  redball = dataTag[0].find_all('div', {'class':'ball_red'})
29  print("\n第二區   :", redball[0].text)
```

執行結果	

```
網頁下載中 ...
網頁下載完成
串列長度 4
<div class="contents_box02">
<div id="contents_logo_02"></div><div class="contents_mine_tx02"><span class="font_black15">112/3/20 第112000023期 </
</div>
<div class="contents_box02">
<div id="contents_logo_03"></div><div class="contents_mine_tx02"><span class="font_black15">112/3/20 第112000023期 </
</div>
<div class="contents_box02">
<div id="contents_logo_04"></div><div class="contents_mine_tx02"><span class="font_black15">112/3/21 第112000035期 </
</div>
<div class="contents_box02">
<div id="contents_logo_05"></div><div class="contents_mine_tx02"><span class="font_black15">112/3/21 第112000035期 </
</div>
開出順序 : 38    06    20    09    29    36
大小順序 : 06    09    20    29    36    38
第二區   : 03
```

由於我們發現最新一期威力彩是在第一個串列，所以程式第 18 列，使用下列指令。

balls = dataTag[0].find_all('div', {'class':ball_tx ball_green'})

dataTag[0] 代表找尋第 1 組串列元素，find_all( ) 是找尋所有標籤是 'div'，此標籤類別 class 是 "ball_tx ball_green" 的結果。經過這個搜尋可以得到 balls 串列，然後第 20-21 列輸出開球順序。程式第 24-25 列是輸出號碼球的大小順序。

程式第 21 列也可以改用 find( )，因為只有一個紅球是特別號。這是找尋所有標籤是 'div'，此標籤類別 class 是 "ball_red" 的結果。

21-5 ChatGPT 輔助學習

1： 請說明網路爬蟲和搜尋引擎差異。

習題實作題

ex21_1.ipynb：請擷取自己學校的網頁，下列是以美國密西西比大學為例。(21-1 節)

```
<!doctype html>
<html lang="en">
<head>
<meta charset="utf-8">
<title>University of Mississippi | Ole Miss</title>
<meta name="Description" content="Founded in 1848, the University of Mississippi is
<link rel="apple-touch-icon" sizes="180x180" href="/favicons/apple-touch-icon.png">
<link rel="icon" type="image/png" sizes="32x32" href="/favicons/favicon-32x32.png">
<link rel="icon" type="image/png" sizes="16x16" href="/favicons/favicon-16x16.png">
```

ex21_2.ipynb：當讀者購買本書時，請下載最新一期大樂透彩券號碼，需有開獎順序與從小到大排序。(21-5 節)

```
開出順序 : 30    20    03    45    11    41
大小順序 : 03    11    20    30    41    45
特別號   : 28
```

ex21_3.ipynb：請擷取自己學校網頁的所有圖片，下列是以明志科技大學為例，所有產生的圖片將儲存在 Files 工作區的 ex21_3 資料夾內，下列是下載畫面。(21-5 節)

```
網頁下載中 ...
網頁下載完成
搜尋到的圖片數量 =  26
http://www.mcut.edu.tw//var/file/0/1000/img/678/logo.png 圖片下載中 ...
http://www.mcut.edu.tw//var/file/0/1000/img/678/logo.png 圖片下載成功
http://www.mcut.edu.tw//var/file/0/1000/img/678/robot.png 圖片下載中 ...
http://www.mcut.edu.tw//var/file/0/1000/img/678/robot.png 圖片下載成功
http://www.mcut.edu.tw//var/file/0/1000/img/678/fb.png 圖片下載中 ...
```

第 22 章

人工智慧破冰之旅
-KNN 演算法

KNN 的全名是 K-Nearest Neighbor，中文可以翻譯為 K- 近鄰演算法或最近鄰居法，這是一種用於分類和迴歸的統計方法，這一章主要是基本觀念，未來第 24 章會更完整介紹。雖是聽起來嚇人的統計，不過讀者不用擔心，本章筆者將知識化成淺顯的觀念，用最白話方式講解將此演算法應用在人工智慧基礎。

22-1　將畢氏定理應用在性向測試

22-1-1　問題核心分析

有一家公司的人力部門錄取了一位新進員工，同時為新進員工做了英文和社會的性向測驗，這位新進員工的得分，分別是英文 60 分、社會 55 分。

公司的編輯部門有人力需求，參考過去編輯部門員工的性向測驗，英文是 80 分，社會是 60 分。

行銷部門也有人力需求，參考過去行銷部門員工的性向測驗，英文是 40 分，社會是 80 分。

如果你是主管，應該將新進員工先轉給哪一個部門？

這類問題可以使用座標軸做在分析，我們可以將 x 軸定義為英文，y 軸定義為社會，整個座標說明如下：

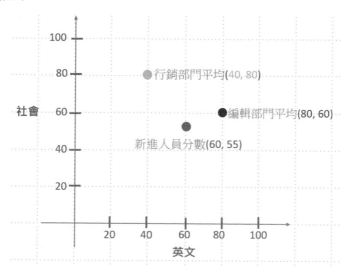

這時可以使用新進人員的分數點比較靠近哪一個部門平均分數點，然後將此新進人員安插至性向比較接近的部門。

22-1-2　數據運算

❏　計算新進人員分數和編輯部門平均分數的距離

可以使用**畢氏定理**執行**新進人員分數**與**編輯部門平均分數**的距離分析：

計算方式如下：

$$c^2 = (80 - 60)^2 + (60 - 55)^2 = 425$$

開根號可以得到下列距離結果。

$$c = 20.6155$$

❏　計算新進人員分數和行銷部門平均分數的距離

可以使用**畢氏定理**執行**新進人員分數**與**行銷部門平均分數**的距離分析：

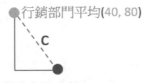

計算方式如下：

$$c^2 = (40 - 60)^2 + (80 - 55)^2 = 1025$$

開根號可以得到下列距離結果。

$$c = 32.0156$$

❏　結論

因為新進人員的性向測驗分數與編輯部門比較接近，所以新進人員比較適合進入編輯部門。

22-1-3　將畢氏定理應用在三維空間

假設一家公司新進人員的性向測驗除了**英文**、**社會**，另外還有**數學**，這時可以使用三度空間的座標表示：

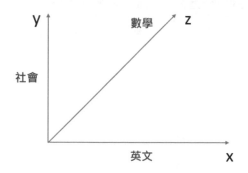

這個時候畢氏定理仍可以應用，此時距離公式如下：

$$\sqrt{(\text{dist\_x})^2 + (dist\_y)^2 + (dist\_z)^2}$$

在此例，可以用下列方式表達：

$$\sqrt{(英文差距)^2 + (社會差距)^2 + (數學差距)^2}$$

上述觀念主要是說明在三維空間下，要計算 2 點的距離，可以計算 x、y、z 軸的差距的平方，先相加，最後**開根號**即可以獲得兩點的距離。

22-2　電影分類

每年皆有許多電影上市，也有一些視頻公司不斷在自己頻道上推出新片上市，同時有些視頻公司追蹤到用戶所看影片，同時可以推薦類似電影給用戶。這一節筆者就是要解說使用 Python 加上 KNN 演算法，判斷相類似的影片。

22-2-1　規劃特徵值

首先我們可以將影片分成下列**特徵** (feature)，每個特徵給予 0-10 的分數，如果影片某特徵很強烈則給 10 分，如果幾乎無此特徵則給 0 分，下列是筆者自訂的特徵表。未來讀者熟悉後，可以自訂這部分特徵表。

影片名稱	愛情、親情	跨國拍攝	出現刀、槍	飛車追逐	動畫
xxx	0-10	0-10	0-10	0-10	0-10

下列是筆者針對影片**玩命關頭**打分數的特徵表。

影片名稱	愛情、親情	跨國拍攝	出現刀、槍	飛車追逐	動畫
玩命關頭	5	7	8	10	2

上述針對影片特徵打分數，又稱**特徵提取** (feature extraction)，此外，特徵定義越精確，對未來分類可以更精準。下列是筆者針對最近影片的特徵表。

影片名稱	愛情、親情	跨國拍攝	出現刀、槍	飛車追逐	動畫
復仇者聯盟	2	8	8	5	6
決戰中途島	5	6	9	2	5
冰雪奇緣	8	2	0	0	10
雙子殺手	5	8	8	8	3

22-2-2　將 KNN 演算法應用在電影分類的精神

有了影片特徵表後，如果我們想要計算某部影片與玩命關頭的相似度，可以使用畢氏定理觀念。在計算公式中，如果我們使用 2 部影片與玩命關頭做比較，則稱 **2 近鄰演算法**，上述我們使用 4 部影片與玩命關頭做比較，則稱 **4 近鄰演算法**。例如：下列是計算復仇者聯盟與玩命關頭的相似度公式：

$$\text{dist} = \sqrt{(5-2)^2 + (7-8)^2 + (8-8)^2 + (10-5)^2 + (2-6)^2}$$

上述 dist 是兩部影片的相似度，接著我們可以為 4 部影片用同樣方法計算與玩命關頭之相似度，dist 值**越低**代表兩部影片**相似度越高**，所以我們可以經由計算獲得其他 4 部影片與玩命關頭的相似度。

22-2-3　專案程式實作

程式實例 ch22_1.ipynb：列出 4 部影片與玩命關頭的相似度，同時列出那一部影片與玩命關頭的相似度最高。

```
1   # ch22_1.ipynb
2   import math
3
4   film = [5, 7, 8, 10, 2]              # 玩命關頭特徵值
5   film_titles = [                      # 比較影片片名
6       '復仇者聯盟',
7       '決戰中途島',
8       '冰雪奇緣',
9       '雙子殺手',
10  ]
11  film_features = [                    # 比較影片特徵值
12      [2, 8, 8, 5, 6],
13      [5, 6, 9, 2, 5],
14      [8, 2, 0, 0, 10],
15      [5, 8, 8, 8, 3],
16  ]
17
18  dist = []                            # 儲存影片相似度值
19  for f in film_features:
20      distances = 0
21      for i in range(len(f)):
22          distances += (film[i] - f[i]) ** 2
23      dist.append(math.sqrt(distances))
24
25  min_ = min(dist)                     # 求最小值
26  min_index = dist.index(min_)         # 最小值的索引
27
28  print(f"與玩命關頭最相似的電影 : {film_titles[min_index]}")
29  print(f"相似度值 : {dist[min_index]}")
30  for i in range(len(dist)):
31      print(f"影片 : {film_titles[i]}, 相似度 : {dist[i]:6.2f}")
```

執行結果

```
與玩命關頭最相似的電影 : 雙子殺手
相似度值 : 2.449489742783178
影片 : 復仇者聯盟, 相似度 :    7.14
影片 : 決戰中途島, 相似度 :    8.66
影片 : 冰雪奇緣, 相似度 :   16.19
影片 : 雙子殺手, 相似度 :    2.45
```

從上述可以得到**雙子殺手**與**玩命關頭**最相似，冰雪奇緣與玩命關頭差距最遠。

22-2-4　電影分類結論

了解以上結果，其實還是要提醒電影**特徵值**的**項目**與**評分**，最為關鍵，只要有良好的篩選機制，我們可以獲得很好的結果，如果您從事影片推薦工作，可以由本程式篩選出類似影片推薦給讀者。

22-3 ChatGPT 輔助學習

1： 請說明畢氏定理在人工智慧定用。

 請說明畢氏定理在人工智慧的應用

畢氏定理是一個幾何定理，它關注直角三角形的三邊之間的關係，表明了三邊之間的數學關係。在人工智慧領域，畢氏定理可以應用在很多方面，例如：

1. 圖像處理：在圖像處理中，畢氏定理可以用來計算圖像中物體的實際大小和距離，從而實現物體測量和定位。
2. 路徑規劃：在機器人和自動駕駛等領域中，畢氏定理可以用來計算機器人或車輛行進的路徑和方向，從而實現智能導航和路徑規劃。
3. 模式識別：在模式識別中，畢氏定理可以用來計算數據之間的相似性和差異性，從而實現特徵提取和分類。
4. 數據分析：在數據分析中，畢氏定理可以用來分析數據之間的相關性和相似性，從而實現數據探索和分析。

總之，畢氏定理在人工智慧的應用中具有廣泛的應用價值，可以幫助機器學習系統更好地理解數據之間的數學關係和規律，進而實現更精確和高效的人工智慧應用。

2： 請說明 KNN 演算法。

 請說明KNN演算法

KNN（K-Nearest Neighbor）演算法是一種監督式學習演算法，用於解決分類和回歸問題。其基本思想是在訓練數據集中找到與測試數據最相似的K個樣本，然後通過這些樣本進行預測。KNN演算法的步驟如下：

1. 讀取數據集：將訓練數據集讀取到程序中。
2. 處理數據集：對數據集進行預處理，例如標準化、特徵選擇等。
3. 計算距離：計算測試數據和每個訓練數據之間的距離。
4. 選擇K值：選擇一個K值，通常K值是一個奇數。
5. 決定分類：選擇K個最近的樣本，並將測試數據分類為這些樣本中出現最多的類別。如果是回歸問題，則可以使用這些樣本的平均值進行預測。

> KNN演算法的優點是簡單易懂，容易實現。缺點是需要計算距離，當數據集較大時，計算量會非常大。此外，KNN演算法還需要選擇適當的K值，這也是一個挑戰。
>
> KNN演算法在許多領域都有應用，例如圖像分類、文本分類、推薦系統等。

習題實作題

ex22_1.ipynb：參考 22-2 節，增加**特徵值**欄位**背景年代**，指的是故事背景的年代，此特徵值對個影片得分如下：(22-3 節)

　　玩命關頭：8

　　復仇者聯盟：10

　　決戰中途島：6

　　冰雪奇緣：2

　　雙子殺手：8

請計算那一部電影和玩命關頭最相似，同時列出所有影片與玩命關頭的相似度。

```
與玩命關頭最相似的電影 ： 雙子殺手
相似度值 ： 2.449489742783178
影片 ： 復仇者聯盟, 相似度 ： 　 7.42
影片 ： 決戰中途島, 相似度 ： 　 8.89
影片 ： 冰雪奇緣, 相似度 ： 17.26
影片 ： 雙子殺手, 相似度 ： 　 2.45
```

第 23 章

迴歸分析基礎觀念

迴歸分析是一種統計分析方法，用於研究兩個或多個變量之間的關係。其中一個變量被稱為因變量（dependent variable），另一個或多個變量被稱為自變量（independent variable）。

迴歸分析的目的是通過對自變量和因變量之間的關係進行建模，來預測因變量的值。這種關係通常被表示為一條直線，稱為迴歸線，它代表因變量隨自變量的變化而變化的趨勢。

迴歸分析中的基本觀念包括：

1： 簡單線性迴歸：當只有一個自變量和一個因變量時，我們使用簡單線性迴歸，這一章的重點。

2： 多元線性迴歸：當有多個自變量和一個因變量時，我們使用多元線性迴歸。

3： R 平方值：R 平方值（R-squared）用於評估迴歸模型的擬合程度，其取值範圍為 0 到 1，越接近 1 代表模型的擬合程度越好。**註**：將在下一章解說。

23-1　相關係數 (Correlation Coefficient)

在數據分析過程，我們計算兩組數據集之間相關係的程度，稱**相關係數**，相關係數值是在 -1（含）和 1（含）之間，有下列 3 種情況：

1： >= 0，表示**正相關**，下列是正相關的散點圖。

正相關

2： = 0，表示**無關**，下列是無相關的散點圖。

無關

3： <= 0，表示**負相關**，下列是負相關的散點圖。

負相關

如果相關係數的絕對值小於 0.3 表示**低度相關**，介於 0.3 和 0.7 之間表示**中度相關**，大於 0.7 表示**高度相關**。

假設相關係數是 r，則此相關係數的數學公式如下：

$$r = \frac{\displaystyle\sum_{i=1}^{n}(x_i - \overline{x})(y_i - \overline{y})}{\sqrt{\displaystyle\sum_{i=1}^{n}(x_i - \overline{x})^2}\sqrt{\displaystyle\sum_{i=1}^{n}(y_i - \overline{y})^2}}$$

Numpy 模組的 corrcoef(x, y) 函數，參數 x 是 x 軸值，y 是 y 軸值，回傳是一個相關係數矩陣，下列實例會做說明。

程式實例 ch23_1.ipynb：天氣氣溫與冰品銷售的相關係數計算，第 14 列使用 round(2) 函數是計算到小數第 2 位。

```
1   # ch23_1.ipynb
2   !wget -O TaipeiSansTCBeta-Regular.ttf https://drive.google.com/uc?id
3   import matplotlib as mpl
4   from matplotlib.font_manager import fontManager
5   import matplotlib.pyplot as plt
6   import numpy as np
7
8   fontManager.addfont('TaipeiSansTCBeta-Regular.ttf')
9   mpl.rc('font', family='Taipei Sans TC Beta')
10
11  temperature = [25,31,28,22,27,30,29,33,32,26]          # 天氣溫度
12  rev = [900,1200,950,600,720,1000,1020,1500,1420,1100]  # 營業額
13
14  print(f"相關係數 = {np.corrcoef(temperature,rev).round(2)}")
15  plt.scatter(temperature, rev)
16  plt.title('天氣溫度與冰品銷售')
17  plt.xlabel("溫度", fontsize=14)
18  plt.ylabel("營業額", fontsize=14)
19  plt.show()
```

執行結果

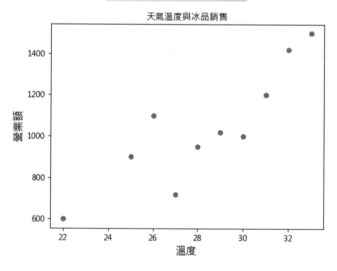

```
相關係數 = [[1.    0.87]
 [0.87 1.   ]]
```

從上述圖表我們可以很明顯感受到，天氣溫度與冰品銷售呈現正相關，下列是筆者用表格顯示相關係數的數據。

相關係數數據	天氣溫度	冰品銷售營業額
天氣溫度	1	0.87
冰品銷售營業額	0.87	1

上述是一個 2 x 2 的矩陣，天氣溫度與冰品銷售營業額與自己的相關係數結果是 1，這是必然。天氣溫度與冰品銷售的相關係數是 0.87，這也表示彼此是**高度相關**。

23-2　建立線性迴歸模型與數據預測

Numpy 模組的 polyfit( ) 函數可以建立迴歸直線，此函數的基本語法如下：

polyfit(x, y, deg)

上述 deg 是多項式的最高次方，如果是一次多項式此值是 1。現在我們可以使用此函數建立前一小節的迴歸模型函數。這時我們還需要使用 Numpy 的 poly1d( ) 函數，這兩個函數用法如下：

```
coef = np.polyfit(temperature, rev, 1)          # 建立迴歸模型係數
reg = np.poly1d(coef)                            # 建立迴歸直線函數
```

程式實例 ch23_2.ipynb：延續前一個程式，使用 ch23_1.ipynb 的天氣溫度與冰品銷售數據，建立迴歸直線方程式。

```
1  # ch23_2.ipynb
2  import numpy as np
3
4  temperature = [25,31,28,22,27,30,29,33,32,26]          # 天氣溫度
5  rev = [900,1200,950,600,720,1000,1020,1500,1420,1100]  # 營業額
6
7  coef = np.polyfit(temperature, rev, 1)                 # 迴歸直線係數
8  reg = np.poly1d(coef)                                  # 線性迴歸方程式
9  print(coef.round(2))
10 print(reg)
```

執行結果

```
[  71.63 -986.22]
71.63 x - 986.2
```

從上述我們可以得到下列迴歸直線：

$$y = 71.63x - 986.2$$

有了迴歸方程式，就可以做數據預測。

程式實例 ch23_3.ipynb：擴充前一個程式，預測當溫度是 35 度時，冰品銷售的業績。

```
1  # ch23_3.ipynb
2  import numpy as np
3
4  temperature = [25,31,28,22,27,30,29,33,32,26]          # 天氣溫度
5  rev = [900,1200,950,600,720,1000,1020,1500,1420,1100]   # 營業額
6
7  coef = np.polyfit(temperature, rev, 1)                 # 迴歸直線係數
8  reg = np.poly1d(coef)                                  # 線性迴歸方程式
9  print(f"當溫度是 35 度時冰品銷售金額 = {reg(35).round(0)}")
```

執行結果

當溫度是 35 度時冰品銷售金額 = 1521.0

當讀者瞭解上述迴歸觀念與銷售預測後，可以使用圖表表達，整個觀念可以更加清楚。

程式實例 ch23_4.ipynb：擴充前一個程式，使用圖表繪製散點圖與迴歸方程式。

```
1  # ch23_4.ipynb
2  !wget -O TaipeiSansTCBeta-Regular.ttf https://drive.google.com/uc?id=1eG
3  import matplotlib as mpl
4  from matplotlib.font_manager import fontManager
5  import matplotlib.pyplot as plt
6  import numpy as np
7
8  fontManager.addfont('TaipeiSansTCBeta-Regular.ttf')
9  mpl.rc('font', family='Taipei Sans TC Beta')
10 temperature = [25,31,28,22,27,30,29,33,32,26]          # 天氣溫度
11 rev = [900,1200,950,600,720,1000,1020,1500,1420,1100]   # 營業額
12
13 coef = np.polyfit(temperature, rev, 1)                 # 迴歸直線係數
14 reg = np.poly1d(coef)                                  # 線性迴歸方程式
15
16 plt.scatter(temperature, rev)
17 plt.plot(temperature,reg(temperature),color='red')
18 plt.title('天氣溫度與冰品銷售')
19 plt.xlabel("溫度", fontsize=14)
20 plt.ylabel("營業額", fontsize=14)
21 plt.show()
```

執行結果

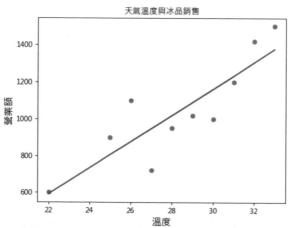

23-3　二次函數的迴歸模型

　　當然二次函數的觀念也可以應用在天氣溫度與冰品的銷售，不過在繪製二次函數圖形時，必須先將數據依溫度重新排序，否則所繪製的迴歸線條將有錯亂，同時第 13 列需設定 deg 參數為 2)。

程式實例 ch23_5.ipynb：建立天氣溫度與冰品銷售的二次函數與迴歸線條，註：下列數據有依溫度重新排序。

```
1   # ch23_5.ipynb
2   !wget -O TaipeiSansTCBeta-Regular.ttf https://drive.google.com/uc?id=1eG
3   import matplotlib as mpl
4   from matplotlib.font_manager import fontManager
5   import matplotlib.pyplot as plt
6   import numpy as np
7
8   fontManager.addfont('TaipeiSansTCBeta-Regular.ttf')
9   mpl.rc('font', family='Taipei Sans TC Beta')
10  temperature = [22,25,26,27,28,29,30,31,32,33]          # 天氣溫度
11  rev = [600,900,1100,720,950,1020,1000,1200,1420,1500]  # 營業額
12
13  coef = np.polyfit(temperature, rev, 2)                 # 迴歸直線係數
14  reg = np.poly1d(coef)                                  # 線性迴歸方程式
15  print(reg)
16  plt.scatter(temperature, rev)
17  plt.plot(temperature,reg(temperature),color='red')
18  plt.title('天氣溫度與冰品銷售')
19  plt.xlabel("溫度", fontsize=14)
20  plt.ylabel("營業額", fontsize=14)
21  plt.show()
```

執行結果

```
        2
4.642 x - 185.7 x + 2531
```

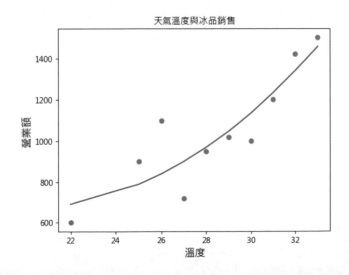

從上述執行結果可以得到天氣溫度與冰品銷售的二次函數如下：

$$y = 4.64x^2 - 187x + 2531$$

23-4 ChatGPT 輔助學習

1：　請說明相關係數 Correlation coefficient。

錦魁　請說明相關係數Correlation coefficient

相關係數（Correlation coefficient）是用於衡量兩個變量之間相關程度的統計量，通常用r表示。相關係數的取值範圍為-1到1之間，當r=1時，表示兩個變量之間存在完全正相關；當r=-1時，表示兩個變量之間存在完全負相關；當r=0時，表示兩個變量之間不存在線性相關。

相關係數的計算方法通常是基於協方差（covariance）的計算，協方差是衡量兩個變量之間的變化趨勢是否一致的統計量。協方差的取值範圍沒有限制，但是其大小受到變量單位的影響。因此，為了消除單位的影響，通常會將協方差除以兩個變量的標準差，得到標準化的相關係數。

相關係數的應用十分廣泛，例如在金融領域中，可以用相關係數衡量不同資產之間的相關程度；在生物學領域中，可以用相關係數衡量基因之間的相關程度。但是需要注意的是，相關係數只能衡量變量之間的線性相關程度，無法衡量非線性相關或因果關係。此外，相關係數也不能用於衡量變量之間的因果關係，因為相關係數只是描述變量之間的相關程度，無法判斷因果關係。

↻ Regenerate response

2：　請用實例說明線性迴歸模型。

錦魁　請用實例說明線性迴歸模型

假設我們有一組資料，代表了某個城市的房屋價格隨著其大小的變化。我們可以使用線性迴歸模型來分析這個城市房屋價格和其大小的關係。以下是一個簡單的 Python 程式碼範例，用來實現線性迴歸模型：

```
1  import numpy as np
2  import matplotlib.pyplot as plt
3  from sklearn.linear_model import LinearRegression
4
5  # 輸入資料
6  x = np.array([1400, 1600, 1700, 1875, 1100, 1550, 2350, 2450, 1425, 1700])
7  y = np.array([245000, 312000, 279000, 308000, 199000, 219000, 405000, 324000, 319000, 255000])
8
9  # 轉換資料形狀
10 x = x.reshape((-1, 1))
11
12 # 定義模型
13 model = LinearRegression()
14
15 # 擬和模型
16 model.fit(x, y)
17
18 # 預測新資料
19 x_new = np.array([1600, 1800, 2000, 2200, 2400]).reshape((-1, 1))
20 y_new = model.predict(x_new)
21
22 # 繪圖
23 plt.scatter(x, y)
24 plt.plot(x_new, y_new, color='red')
25 plt.show()
```

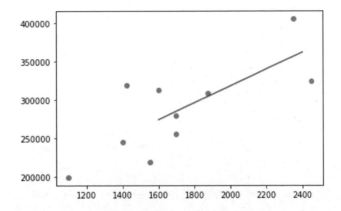

在這個範例中，我們輸入了 10 筆資料，代表了某個城市 10 個不同房屋的價格和大小。我們使用 `LinearRegression` 模型來進行擬合，並且將資料繪製在坐標系上。最後，我們使用模型來預測新的房屋大小所對應的價格，並將預測結果顯示在坐標系上。

線性迴歸模型是一種機器學習模型，可用於預測一個變量與其他變量之間的關係。該模型假設變量之間存在線性關係，並使用最小二乘法來擬合一條直線，該直線可以用來預測一個變量的值。在實際應用中，線性迴歸模型通常用於預測一個連續變量，例如股票價格、房價等等。

習題實作題

ex23_1.ipynb：有一個國際證照考卷銷售數據如下：(23-2 節)

	拜訪次數 (單位：100)	國際證照考卷銷售張數
第 1 年	1	500
第 2 年	2	1000
第 3 年	3	2000

假設要達到 2500 張考卷銷售，需要拜訪客戶幾次，同時繪製此圖表。

拜訪次數 ＝ 377

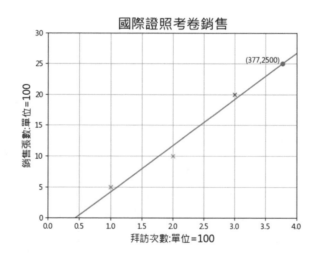

第 24 章
機器學習使用
scikit-learn 入門

24-1 網路購物數據調查

有時候我們收集的數據資料不適合一次或二次線性函數，這時可以考慮更高次數的線性函數，這一小節筆者將 24 小時購物網站當作實例解說，下列是時間與購物人數表。

點鐘	人數	點鐘	人數	點鐘	人數	點鐘	人數
1	100	7	55	13	68	19	88
2	88	8	56	14	71		
3	75	9	58	15	71	21	93
4	60	10	58	16	75	22	97
5	50	11	61	17	76	23	97
6	55	12	63			24	100

註 上述 18 點和 20 點有空白，這是本章未來要做預測之用。

在 23-2 和 23-3 節筆者分別介紹了一次和二次函數的迴歸模型，如果要建立三次函數，主要是在 np.polyfit( ) 函數的第 3 個參數輸入 3，如下所示：

```
coef = polyfit(x, y, 3)        # 建立3次函數的迴歸模型係數
reg = poly1d(coef)             # 建立迴歸曲線函數
```

以上述實例而言，polyfit( ) 函數的參數 x 是點鐘，y 是購物人數。

程式實例 ch24_1.ipynb：建立網購數據的三次函數，同時繪製此函數的迴歸曲線。

```
1  # ch24_1.ipynb
2  !wget -O TaipeiSansTCBeta-Regular.ttf https://drive.google.com/uc?id=1eGA
3  import matplotlib as mpl
4  from matplotlib.font_manager import fontManager
5  import matplotlib.pyplot as plt
6  import numpy as np
7
8  fontManager.addfont('TaipeiSansTCBeta-Regular.ttf')
9  mpl.rc('font', family='Taipei Sans TC Beta')
10
11 x = [1,2,3,4,5,6,7,8,9,10,11,12,13,14,15,16,17,19,21,22,23,24]
12 y = [100,88,75,60,50,55,55,56,58,58,61,63,68,71,71,75,76,88,93,97,97,100]
13
14 coef = np.polyfit(x, y, 3)              # 迴歸直線係數
15 model = np.poly1d(coef)                 # 線性迴歸方程式
16 reg = np.linspace(1,24,100)
17
18 plt.scatter(x,y)
19 plt.title('網路購物調查')
20 plt.xlabel("點鐘", fontsize=14)
21 plt.ylabel("購物人數", fontsize=14)
22 plt.plot(reg,model(reg),color='red')
23
24 plt.show()
```

執行結果

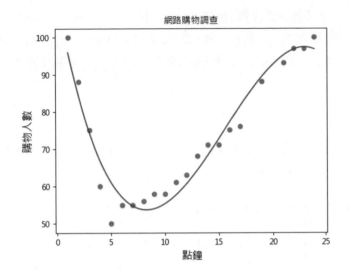

24-2 使用 scikit-learn 模組計算決定係數

24-2-1 安裝 scikit-learn

　　scikit-learn 是一個機器學習常用的模組，這一章將簡單介紹此機器學習模組，使用此模組前需要安裝此模組，在 Python Shell 環境由於筆者電腦安裝多個 Python 版本，目前使用下列指令安裝此模組：

　　py –m pip install scikit-learn

　　如果你的電腦沒有安裝多個版本，可以只寫 pip install scikit-learn。

　　在 Colab 環境因為內部已經安裝，所以讀者不用安裝，可以直接使用。

24-2-2 計算決定係數評估模型

　　24-1 節我們建立了三次函數的迴歸模型，究竟是好的或是不好的模型，有幾個評估指標，scikit-learn 有提供幾種評估指標的方法：

　　1：平均值平方差 (mean square error)

　　2：平均絕對值誤差 (mean absolute error)

　　3：中位數絕對誤差 (median absolute error)

　　4：R 平方決定係數 (coefficient of determination)

本節將使用 R 平方決定係數 (coefficient of determination) 做評估，此方法簡單的說就是計算資料與迴歸線的貼近程度。此決定係數的範圍是 0 – 1 之間，0 表示無關，1 表示 100% 相關，相當於值越大此迴歸模型預測能力越好，此 R 平方決定係數公式如下：

$$R^2(y, \hat{y}) = 1 - \frac{\sum_{i=0}^{n-1}(y_i - \hat{y}_i)^2}{\sum_{i=0}^{n-1}(y_i - \bar{y})^2}$$

上述 n 是數據量，$\hat{y}_i$ 意義是迴歸函數的值，scikit-learn 模組的 R 平方決定係數函數是 r2_score(y 值 , 迴歸 y 值)。

程式實例 ch24_2.ipynb：延續先前實例，計算決定係數。

```
1  # ch24_2.ipynb
2  from sklearn.metrics import r2_score
3  import numpy as np
4
5  x = [1,2,3,4,5,6,7,8,9,10,11,12,13,14,15,16,17,19,21,22,23,24]
6  y = [100,88,75,60,50,55,55,56,58,58,61,63,68,71,71,75,76,88,93,97,97,100]
7
8  coef = np.polyfit(x, y, 3)          # 迴歸直線係數
9  model = np.poly1d(coef)             # 線性迴歸方程式
10 print(r2_score(y, model(x)).round(3))
```

執行結果

```
0.944
```

從上述評估值可以得到 0.944，所以可以得到這是很好的迴歸模型。

24-3 預測未來值

有了好的迴歸模型，我們就可以使用此預測未來的值。

程式實例 ch24_3.ipynb：預測 18 點和 20 點的值。

```
1  # ch24_3.ipynb
2  from sklearn.metrics import r2_score
3  import numpy as np
4
5  x = [1,2,3,4,5,6,7,8,9,10,11,12,13,14,15,16,17,19,21,22,23,24]
6  y = [100,88,75,60,50,55,55,56,58,58,61,63,68,71,71,75,76,88,93,97,97,100]
7
8  coef = np.polyfit(x, y, 3)          # 迴歸直線係數
9  model = np.poly1d(coef)             # 線性迴歸方程式
10 print(f"18點購物人數預測 = {model(18).round(2)}")
11 print(f"20點購物人數預測 = {model(20).round(2)}")
```

執行結果

```
18點購物人數預測 = 85.63
20點購物人數預測 = 92.62
```

上述我們推估了 18 點和 20 點的購物人數，購物人數應該是整數，但是筆者保留小數，這是因為未來讀者所面對的數值會非常龐大，所以保留小數可以讓數據更真實。上述預測用繪圖表示，可以得到下列結果。

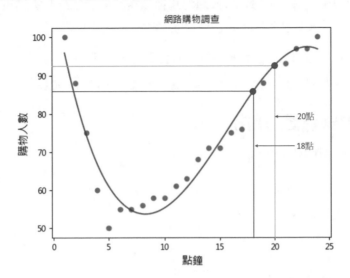

24-4　人工智慧、機器學習、深度學習

其實在人工智慧時代，最先出現的觀念是人工智慧，然後是機器學習，機器學習成為人工智慧的重要領域後，在機器學習的概念中又出現了一個重要分支 ：深度學習 (Deep Learning)，其實深度學習也驅動機器學習與人工智慧研究領域的發展，成為當今資訊科學界最熱門的學科。

上述也是這 3 個名詞彼此的關係。

24-4-1　認識機器學習

機器學習的原始理論主要是設計和分析一些可以讓電腦自動學習的演算法，進而產生可以**預測未來趨勢**或是**尋找數據間的規律**然後獲得我們想要的結果。若是用演算法看待，可以將機器學習視為是滿足下列的系統。

1：　機器學習是一個**函數**，函數模型是由**真實數據訓練產生**。

2：　機器學習函數模型產生後，可以**接收輸入數據，映射結果數據**。

24-4-2　機器學習的種類

機器學習的種類有下列 3 種。

1：　**監督學習** (supervised learning)

2：　**無監督學習** (unsupervised learning)

3：　**強化學習** (reinforcement learning)

24-4-3　監督學習

對於監督學習而言會有一批**訓練數據** (training data)，這些訓練數據有輸入 (也可想成**數據的特徵**)，以及相對應的輸出數據 (也可想成**目標**)，然後使用這些訓練數據可以建立機器學習的模型。

```
x1 -> y1
x2 -> y2
x3 -> y3
...
...
xn -> yn
```
訓練數據　　　　建立機器學習模型　　　　　　　$y = ax + b$　　　　機器學習模型

接下來可以給**測試數據** (testing data)，將測試數據輸入**機器學習的模型**，然後可以產生**結果數據**。

測試數據　　　　機器學習模型　　　　假設結果值

24-4-4 無監督學習

訓練數據沒有答案，由這些訓練數據的特性系統可以自行摸索建立**機器學習的模型**。例如：根據數據特性所做的**群集** (clustering) 分析，就是一個典型的**無監督學習**的方法。

假設有一系列數據資料如下方左圖：

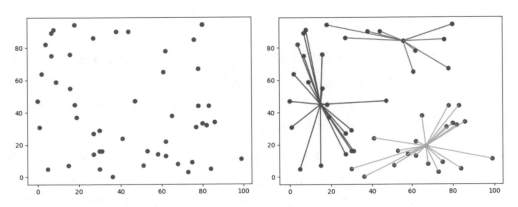

經過**群集** (clustering) **分析**的結果，可以得到上方右圖的結果。

24-4-5 強化學習

這類方法沒有訓練資料與標準答案供探測未知的領域，機器必須在給予的環境中自我學習，然後評估每個行動所獲得的回饋是**正面**或**負面**，進而調整下一次的行動，類似這個讓機器逐步調整探索最後正確解答的方式稱**強化學習**。例如：打敗世界圍棋棋王的 AlphaGo 就是典型的強化學習的實例。

24-5 認識 scikit-learn 數據模組 datasets

機器學習 scikit-learn 模組內有 datasets 模組，這個模組內含有許多適用於機器學習的數據集，例如：

load_iris：鳶尾花數據

load_diabetes：糖尿病數據

load_digits：數字及數據

load_linnerud：linnerud 物理鍛鍊數據

load_wine：葡萄酒數據

load_breast_cancer：乳癌數據

24-6　監督學習 – 線性迴歸

24-6-1　訓練數據與測試數據

在機器學習中，我們可以將實際觀測數據分為**訓練數據**與**測試數據**，一般常將 **80%**(或 70%) **數據用於訓練**，**20%**(或 30%) **數據用於測試**。在學習過程，我們可以使用 scikit-learn 模組內的 datasets 模組，直接使用這些數據。或是也可以使用 datasets 模組內的相關函數建立**訓練數據**與**測試數據**。

簡單的說**訓練數據**是建立迴歸模型，**測試數據**是判斷所建立的迴歸模型是否足夠好。在前面的章節我們建立了迴歸模型，同時也做了數據預測，這一節我們將數據分為**訓練數據**與**測試數據**，訓練數據是建立迴歸模型，然後將測試數據代入迴歸模型，然後比對迴歸模型的結果與測試數據的結果，依此判斷此迴歸模型是否足夠好，可以參考下圖。

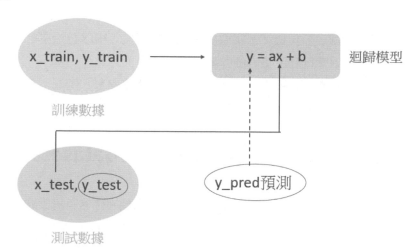

最後使用 R 平方決定係數函數計算 y_test 和 y_pred 預測數據，判斷所得到的迴歸模型是不是好的模型。上述函數需留意是，迴歸模型不一定是 y = ax + b，我們也可以建立多次函數的迴歸模型或是多元變數的回歸模型。

24-6-2　使用 make_regression( ) 函數準備迴歸模型數據

我們也可以使用 datasets 模組內的 make_regression( ) 函數建立線性迴歸的數據，這個函數的數據也是本節實例的重點，這個函數參數如下：

參數	資料型態	預設值	說明
n_samples	int	100	樣本數
n_features	int	100	變數特徵數量
n_informative	int	10	線性模型的特徵數量
n_targets	int	1	建立線性模型的特徵數量
bias	float	0.0	偏置
effective_rank	int	None	解釋輸入數據所需奇異向量的數量
tail_strength	float	0.5	奇異值之相對重要性
noise	float	0.0	雜訊標準偏差
shuffle	bool	True	隨機排列是否打散
coef	bool	False	是否回傳基礎線性模型係數
random_state	int	None	是否使用隨機數的種子

程式實例 ch24_4.ipynb：使用 make_regression( ) 函數，noise = 20，n_samples = 100 (使用預設)，n_features = 1，同時使用 scatter( ) 散點圖繪製這些點，np.random. seed(3) 未來可以產生相同的隨機數數據。

```
1  # ch24_4.ipynb
2  import matplotlib.pyplot as plt
3  import numpy as np
4  from sklearn import datasets
5
6  np.random.seed(3)                    # 設計隨機數種子
7  x, y = datasets.make_regression(n_samples=100,
8                                   n_features=1,
9                                   noise=20)
10 plt.xlim(-3, 3)
11 plt.ylim(-150, 150)
12 plt.scatter(x,y)
13 plt.show()
```

執行結果

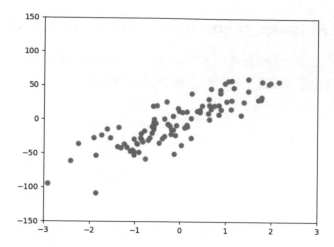

24-6-3　建立訓練數據與測試數據使用 train_test_split( )

有了數據後，可以使用 train_test_split( ) 函數將數據分成訓練數據與測試數據，這個函數常用參數如下：

> from sklearn.model_selection import train_test_split
> …
> train_test_split(x, y, train_size=None, shuffle=True)

上述 (x, y) 是要分割的數據，train_size 可以設定有多少比例是訓練數據，shuffle 則是設定數據是否打散重排，預設是 True，上述函數所回傳的數據可以參考下列實例第 18 列。

程式實例 ch24_5.ipynb：設定訓練數據是 80%，測試數據是 20%，繪製散點圖時用不同顏色顯示訓練數據與測試數據。

```
1   # ch24_5.ipynb
2   !wget -O TaipeiSansTCBeta-Regular.ttf https://drive.google.com/uc?id=1(
3   import matplotlib as mpl
4   from matplotlib.font_manager import fontManager
5   import matplotlib.pyplot as plt
6   import numpy as np
7   from sklearn import datasets
8   from sklearn.model_selection import train_test_split
9
10  fontManager.addfont('TaipeiSansTCBeta-Regular.ttf')
11  mpl.rc('font', family='Taipei Sans TC Beta')
12
13  np.random.seed(3)                              # 設計隨機數種子
14  x, y = datasets.make_regression(n_samples=100,
15                                  n_features=1,
```

```
16                                        noise=20)
17  # 數據分割為x_train,y_train訓練數據, x_test,y_test測試數據
18  x_train, x_test, y_train, y_test = train_test_split(x,y,test_size=0.2)
19
20  plt.xlim(-3, 3)
21  plt.ylim(-150, 150)
22  plt.scatter(x_train,y_train,label="訓練數據")
23  plt.scatter(x_test,y_test,label="測試數據")
24  plt.legend()
25  plt.show()
```

執行結果

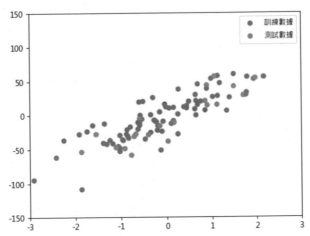

24-6-4 獲得線性函數的迴歸係數與截距

sickit-learn 模組內的 linear_model.LinearRegression 類別可以建立迴歸模型的物件，有了這個物件可以使用 fit( ) 函數取得線性函數的模型，然後使用下列屬性獲得迴歸係數 (可想成斜率) 與截距。

coef_：迴歸係數

intercept_：截距

瞭解了以上觀念，我們可以使用 linear_model.LinearRegression( ) 函數和 fit( ) 函數設計回歸模型方程式。

程式實例 ch24_6.ipynb：有一家便利商店記錄了天氣溫度與飲料的銷量，如下所示：

氣溫 x	22	26	24	28	27	24	30
銷量 y	15	35	21	62	48	101	86

使用上述數據計算氣溫 31 度時的飲料銷量，同時標記此圖表。使用 linear_model. LinearRegression( ) 函數和 fit( ) 函數執行溫度與銷售預測。

```
1   # ch24_6.ipynb
2   import matplotlib.pyplot as plt
3   import numpy as np
4   from sklearn import linear_model
5
6   x = np.array([[22],[26],[23],[28],[27],[32],[30]])   # 溫度
7   y = np.array([[15],[35],[21],[62],[48],[101],[86]])  # 飲料銷售數量
8
9   e_model = linear_model.LinearRegression()            # 建立線性模組物件
10  e_model.fit(x, y)
11  a = e_model.coef_[0][0]                              # 取出斜率
12  b = e_model.intercept_[0]                            # 取出截距
13  print(f'斜率  = {a.round(2)}')
14  print(f'截距  = {b.round(2)}')
15
16  y2 = a*x + b
17  plt.scatter(x, y)                                    # 繪製散佈圖
18  plt.plot(x, y2)                                      # 繪製迴歸直線
19
20  sold = a*31 + b
21  print(f"氣溫31度時的銷量 = {int(sold)}")
22  plt.plot(31, int(sold), '-o')
23  plt.show()
```

執行結果

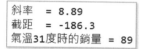

```
斜率  = 8.89
截距  = -186.3
氣溫31度時的銷量 = 89
```

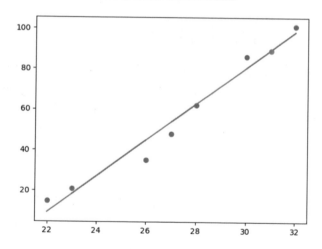

下列實例是延續 ch24_5.ipynb 的數據建立訓練數據線性函數的迴歸係數與截距。

程式實例 ch24_7.ipynb：擴充設計 ch24_5.ipynb，建立訓練數據的迴歸模型，同時列出迴歸直線的迴歸係數 (可想成斜率) 與截距。

```
1   # ch24_7.ipynb
2   import matplotlib.pyplot as plt
3   import numpy as np
4   from sklearn import datasets
```

```
5  from sklearn.model_selection import train_test_split
6  from sklearn import linear_model
7
8  np.random.seed(3)                                    # 設計隨機數種子
9  x, y = datasets.make_regression(n_samples=100,
10                                  n_features=1,
11                                  noise=20)
12 # 數據分割為x_train,y_train訓練數據, x_test,y_test測試數據
13 x_train, x_test, y_train, y_test = train_test_split(x,y,test_size=0.2)
14
15 e_model = linear_model.LinearRegression()            # 建立線性模組物件
16 e_model.fit(x_train, y_train)
17 print(f'斜率  = {e_model.coef_[0].round(2)}')
18 print(f'截距  = {e_model.intercept_.round(2)}')
```

執行結果

```
斜率  = 27.39
截距  = 0.33
```

24-6-5 predict( ) 函數

在 linear_model.LinearRegression 類別內的 predict( ) 函數，這個方法可以回傳預測的 y_pred 值，通常可以使用下列方法獲得迴歸模型測試數據的 y_pred 值。

y_pred = e_model.predict(x_test)   # e_model是訓練數據的迴歸模型

x_test 是測試數據，上述可以得到預測的 y_pred 值。有了預測的 y_pred 值，可以參考 24-2 節的 R 平方決定係數，計算 y_test 和 y_pred 可以獲得決定係數，由這個決定係數可以判斷迴歸模型是否符合需求。

對照 24-2 節的 R 平方決定係數公式，y_pred = e_model.predict(x_test) 的結果 y_pred 就是 $\hat{y}_i$ 值。

24-6-6 迴歸模型判斷

程式實例 ch24_8.ipynb：擴充 ch24_7.ipynb 繪製 (x_test, y_pred) 的迴歸直線，同時計算決定係數。

```
1  # ch24_8.ipynb
2  !wget -O TaipeiSansTCBeta-Regular.ttf https://drive.google.com/uc?id=1
3  import matplotlib as mpl
4  from matplotlib.font_manager import fontManager
5  import matplotlib.pyplot as plt
6  import numpy as np
7  from sklearn import datasets
8  from sklearn.model_selection import train_test_split
9  from sklearn import linear_model
10 from sklearn.metrics import r2_score
11
```

```
12  fontManager.addfont('TaipeiSansTCBeta-Regular.ttf')
13  mpl.rc('font', family='Taipei Sans TC Beta')
14
15  np.random.seed(3)                                  # 設計隨機數種子
16  x, y = datasets.make_regression(n_samples=100,
17                                  n_features=1,
18                                  noise=20)
19  # 數據分割為x_train,y_train訓練數據，x_test,y_test測試數據
20  x_train, x_test, y_train, y_test = train_test_split(x,y,test_size=0.2)
21
22  e_model = linear_model.LinearRegression()          # 建立線性模組物件
23  e_model.fit(x_train, y_train)
24  print(f'斜率   = {e_model.coef_[0].round(2)}')
25  print(f'截距   = {e_model.intercept_.round(2)}')
26
27  y_pred = e_model.predict(x_test)
28  plt.xlim(-3, 3)
29  plt.ylim(-150, 150)
30  plt.scatter(x_train,y_train,label="訓練數據")
31  plt.scatter(x_test,y_test,label="測試數據")
32  # 使用測試數據 x_test 和此 x_test 預測的 y_pred 繪製迴歸直線
33  plt.plot(x_test, y_pred, color="red")
34
35  # 將測試的 y 與預測的 y_pred 計算決定係數
36  r2 = r2_score(y_test, y_pred)
37  print(f'決定係數 = {r2.round(2)}')
38
39  plt.legend()
40  plt.show()
```

執行結果

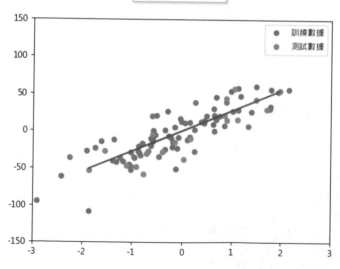

```
斜率   = 27.39
截距   = 0.33
決定係數 = 0.75
```

　　上述獲得了決定係數是 0.75，決定係數越接近 1，表示迴歸模型更好，由 0.75 可以得到這也是一個不錯的模型。

24-7 scikit-learn 產生數據

監督學習一個重要的功能是數據分類，有了數據分類模型，未來有新資料，透過模型就可以給予分類。

24-7-1 使用 make_blobs( ) 函數準備群集數據

在 scikit-learn 模組，可以使用 make_blobs( ) 函數建立群集的數據，這個函數的數據也是本節實例的重點，這個函數語法與常用參數如下：

> from sklearn.datasets import make_bolbs
>
> …
>
> make_bolbs(n_samples, n_features, centers, cluste_std,random_state, shuffle)

上述參數意義如下：

❑ n_samples：預設是 100 個樣本數。

❑ n_features：預設是 2 變數特徵數量。

❑ cluster_std：預設是 1.0，群集的標準差。

❑ centers：介於 (-10.0-10.0) 之間，模型的特徵數量。

❑ shuffle：預設是 True，隨機排列是否打散。

❑ random_state：隨機數的種子，可保持結果一致。

程式實例 ch24_9.ipynb：建立 5 筆測試數據，特徵數量是 2，標籤數量是 2 類，為了保持未來數據相同，所以設定 random_state=0。

```
1  # ch24_9.ipynb
2  from sklearn.datasets import make_blobs
3
4  data, label = make_blobs(n_samples=5,n_features=2,
5                           centers=2,random_state=0)
6  print(data)
7  print(f"分類 : {label}")
```

執行結果

```
[[0.87305123 4.71438583]
 [2.19931109 2.35193717]
 [2.81630525 1.01933868]
 [1.9263585  4.15243012]
 [2.84382807 3.32650945]]
分類 : [0 1 1 0 0]
```

當讀者瞭解上述 make_bolbs( ) 函數所建立的資料結構後，現在我們可以建立 200個點，同時繪製散點圖。

程式實例 ch24_10.ipynb：延續前面實例的觀念，繪製 200 個點的散點圖。

```
1  # ch24_10.ipynb
2  import matplotlib.pyplot as plt
3  from sklearn.datasets import make_blobs
4
5  data, label = make_blobs(n_samples=200,n_features=2,
6                           centers=2,random_state=0)
7  plt.scatter(data[:,0], data[:,1], c=label, cmap='bwr')
8  plt.grid(True)
9  plt.show()
```

執行結果 可以參考下方左圖。

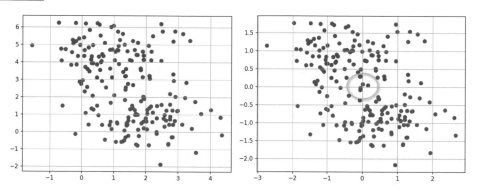

24-7-2　標準化資料

有時候使用上述產生的數據，特徵資料的差異會很大，這時可以使用下列標準化函數，將資料標準化。

from sklearn.preprocessing import StandardScaler

...

StandardScalar( ).fit_transform(data)

上述函數可以將 data 資料標準化為平均數是 0，變異數是 1。

程式實例 ch24_11.ipynb：延續前一個實例，將 data 標準化。

```
1   # ch24_11.ipynb
2   import matplotlib.pyplot as plt
3   from sklearn.datasets import make_blobs
4   from sklearn.preprocessing import StandardScaler
5
6   data, label = make_blobs(n_samples=200,n_features=2,
7                            centers=2,random_state=0)
8   d_sta = StandardScaler().fit_transform(data)    # 標準化
9   plt.scatter(d_sta[:,0], d_sta[:,1], c=label, cmap='bwr')
10  plt.grid(True)
11  plt.show()
```

執行結果 可以參考上方右圖，同時可以看到中心點已經改為 (0,0)。

24-7-3 分割訓練資料與測試資料

這一節要敘述的 train_test_split( ) 函數其實在 24-6-3 節已經用過，但是用法不同，所以筆者再做說明。這個函數主要是將數據分割成**訓練資料** (train data) 和**測試資料** (test data)，整個語法如下：

train_test_split(data, label, test_size, random_state)

上述各參數意義如下：

❑ data：完整的特徵數據。
❑ label：完整的標籤數據。
❑ test_size：測試資料的比例。
❑ random_state：隨機數的種子，可保持結果一致。

程式實例 ch24_12.ipynb：分割數據 80% 為訓練數據，20% 為測試數據。

```
1  # ch24_12.ipynb
2  from sklearn.datasets import make_blobs
3  from sklearn.preprocessing import StandardScaler
4  from sklearn.model_selection import train_test_split
5
6  data, label = make_blobs(n_samples=200,n_features=2,
7                           centers=2,random_state=0)
8  d_sta = StandardScaler().fit_transform(data)      # 標準化
9  # 分割數據為訓練數據和測試數據
10 dx_train, dx_test, label_train, label_test = train_test_split(d_sta,
11                    label,test_size=0.2,random_state=0)
12
13 print(f"特徵數據外形 : {d_sta.shape}")
14 print(f"訓練數據外形 : {dx_train.shape}")
15 print(f"測試數據外形 : {dx_test.shape}")
16 print(f"標籤數據外形 : {label.shape}")
17 print(f"訓練數據外形 : {label_train.shape}")
18 print(f"測試數據外形 : {label_test.shape}")
```

執行結果

```
特徵數據外形 : (200, 2)
訓練數據外形 : (160, 2)
測試數據外形 : (40, 2)
標籤數據外形 : (200,)
訓練數據外形 : (160,)
測試數據外形 : (40,)
```

從上述可以知道，因為我們設定了 test_size=0.2，相當於 20% 是測試數據，80% 是訓練數據，所以可以得到上述結果。

24-8 常見的監督學習分類器

24-8-1 KNN(K-Nearest Neighbor) 演算法

❏ 演算法原理

前一章筆者簡單的介紹 KNN 演算法,這是一個簡單好用的機器學習的模型,在做數據分類預測時步驟如下:

1: 計算訓練數據和新數據的距離。

2: 取出 K 個數據最接近的數據和新數據做比較。

3: 由 K 個數據的分類當作此新數據的分類。

假設是使用 5 – Nearest Neighbor 方法,相當於 K=5,請參考下圖:

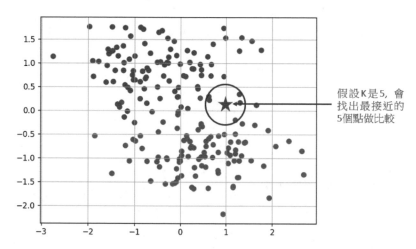

假設 K 是 5, 會找出最接近的 5 個點做比較

從上圖可以看到最接近星星外形的 5 個點,其中有 4 個藍點、1 個紅點,所以依據 KNN 方法這是星星是歸類於藍色點。KNN 是一個容易理解的演算法,不過在使用 KNN 演算法時需留意,K 值越大可以獲得越精確的分類,但是所花的計算成本會比較高。

❏ 建立 KNN 演算法與實例

讀者必需導入模組如下:

```
from sklearn.neighbors import KNeighborsClassifier
    ...
k_model = KNeighborsClassifier(n_neighbors)
```

上述筆者是將 KNN 的模型物件設為 k_model，參數 n_neighbors 就是 K 值。有了 k_model 物件後就可以呼叫 fit( ) 方法為訓練數據做訓練，程式碼如下：

```
k_model.fit(dx_train, label_train)          # 建立訓練模型
pred = k_model.predict(dx_test)             # 對測試數據做預測
```

有了上述預測後，就可以對訓練資料和測試資料作準確性的計算。

```
k_model.score(dx_train, label_train)
k_model.score(dx_test, label_test)
```

程式實例 ch24_13.ipynb：KNN 演算法的實作與準確性輸出。

```
1  # ch24_13.ipynb
2  from sklearn.datasets import make_blobs
3  from sklearn.preprocessing import StandardScaler
4  from sklearn.model_selection import train_test_split
5  from sklearn.neighbors import KNeighborsClassifier
6
7  data, label = make_blobs(n_samples=200,n_features=2,
8                           centers=2,random_state=0)
9  d_sta = StandardScaler().fit_transform(data)     # 標準化
10 # 分割數據為訓練數據和測試數據
11 dx_train, dx_test, label_train, label_test = train_test_split(d_sta,
12                          label,test_size=0.2,random_state=0)
13 # 建立分類模型
14 k_model = KNeighborsClassifier(n_neighbors=5)      # k = 5
15 # 建立訓練數據模型
16 k_model.fit(dx_train, label_train)
17 # 對測試數據做預測
18 pred = k_model.predict(dx_test)
19 # 輸出測試數據的 label
20 print(label_test)
21 # 輸出預測數據的 label
22 print(pred)
23 # 輸出準確性
24 print(f"訓練資料的準確性 = {k_model.score(dx_train, label_train)}")
25 print(f"測試資料的準確性 = {k_model.score(dx_test, label_test)}")
```

執行結果
```
[1 1 0 0 0 1 0 0 0 0 1 1 1 1 0 0 1 1 1 1 0 0 1 1 1 1 0 0 0 1 0 1 0 0 0 0
 0 0]
[1 1 0 0 0 1 0 0 0 0 1 1 1 1 0 0 1 1 1 1 0 1 1 1 1 1 0 0 0 1 0 1 0 0 0 0
 0 0]
訓練資料的準確性 = 0.975
測試資料的準確性 = 0.975
```

24-8-2　邏輯迴歸 (Logistic regression) 演算法

❑　演算法原理

　　邏輯函數 (logistic function) 是一種常見的 S(Sigmoid) 函數，這個函數是**皮埃爾** (Pierre) 在 1844 年或 1845 年研究此函數與人口增長關係時命名的，這個函數的特色是因變數 y 的值是落在 0 - 1 之間。

$$y = f(x) = \frac{1}{1+e^{-x}}$$

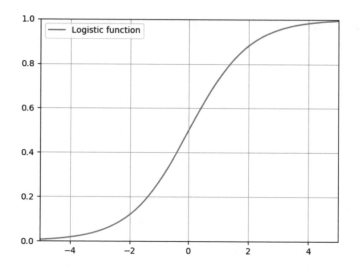

　　所有數據資料經過邏輯函數計算後值會在 S 曲線上，如果 Y 值大於 0.5，則歸類為藍色點，如果小於 0.5 則歸類為紅色點，如下所示。

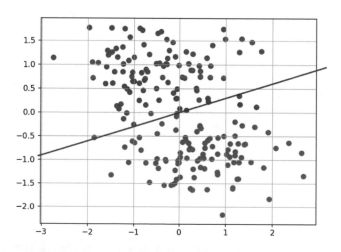

❑ 建立邏輯迴歸演算法與實例

讀者必需導入邏輯迴歸模組如下：

from sklearn.linear_model import **LogisticRegression**

　…

lo_model = **LogisticRegression**( )

有了上述邏輯迴歸模型後，其他觀念和 KNN 演算法相同，因為複雜的運算 scikit-learn 模組已經為讀者處理隱藏了。

程式實例 ch24_14.ipynb：邏輯迴歸演算法的實作與準確性輸出。

```
1  # ch24_14.ipynb
2  from sklearn.datasets import make_blobs
3  from sklearn.preprocessing import StandardScaler
4  from sklearn.model_selection import train_test_split
5  from sklearn.linear_model import LogisticRegression
6
7  data, label = make_blobs(n_samples=200,n_features=2,
8                           centers=2,random_state=0)
9  d_sta = StandardScaler().fit_transform(data)    # 標準化
10 # 分割數據為訓練數據和測試數據
11 dx_train, dx_test, label_train, label_test = train_test_split(d_sta,
12                 label,test_size=0.2,random_state=0)
13 # 建立分類模型
14 lo_model = LogisticRegression()
15 # 建立訓練數據模型
16 lo_model.fit(dx_train, label_train)
17 # 對測試數據做預測
18 pred = lo_model.predict(dx_test)
19 # 輸出測試數據的 label
20 print(label_test)
21 # 輸出預測數據的 label
22 print(pred)
23 # 輸出準確性
24 print(f"訓練資料的準確性 = {lo_model.score(dx_train, label_train)}")
25 print(f"測試資料的準確性 = {lo_model.score(dx_test, label_test)}")
```

執行結果

```
[1 1 0 0 0 1 0 0 0 0 1 1 1 1 0 0 1 1 1 1 0 0 1 1 1 1 0 0 0 1 0 1 0 0 0 0
 0 0 0]
[1 1 0 0 0 1 0 0 0 0 1 1 1 1 0 1 1 1 1 1 0 0 1 1 1 1 0 0 0 1 0 1 0 0 0 0
 0 0 0]
訓練資料的準確性 = 0.96875
測試資料的準確性 = 0.975
```

24-8-3　線性支援向量機 (Linear SVM)

❑　演算法原理

支援向量機的全名是 Support Vector Machine，簡稱 SVM，這是除了 KNN 和邏輯迴歸演算法外，也是很常見的方法。

基本觀念是將數據投射到更高維的空間，藉此找出超平面可以分割資料。這個就好像，在升旗典禮時，因為我們是在台下無法看清楚有多少個班級參加此典禮。可是師長是在台上，從高往下看可以一目了然區分每個班級。

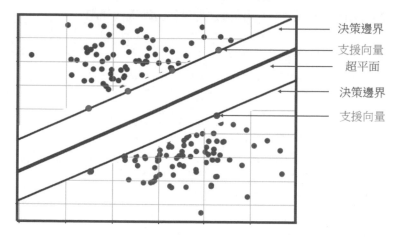

為了找尋超平面，SVM 演算法會盡量擴大兩側決策邊界的距離，讓超平面到決策邊界的距離大於最近的距離，而在決策邊界上的點稱**支援向量**，相關說明可以參考上圖。

因為增加了維度，可以讓 SVM 可以有比較好的數據分類，可是也會比較耗費電腦計算的資源，所以如果對於比較大的數據量，建議可以使用前兩節的 KNN 或是邏輯迴歸演算法。

❑　建立 SVM 演算法與實例

讀者必需導入線性支援向量機模組如下：

```
from sklearn.svm import LinearSVC
    …
s_model = LinearSVC( )
```

有了上述線性支援向量機模型後，其他觀念和 KNN 演算法相同，因為複雜的運算 scikit-learn 模組已經為讀者處理隱藏了。

程式實例 ch24_15.ipynb：支援向量機 (SVM) 演算法的實作與準確性輸出。

```
1   # ch24_15.ipynb
2   from sklearn.datasets import make_blobs
3   from sklearn.preprocessing import StandardScaler
4   from sklearn.model_selection import train_test_split
5   from sklearn.svm import LinearSVC
6
7   data, label = make_blobs(n_samples=200,n_features=2,
8                            centers=2,random_state=0)
9   d_sta = StandardScaler().fit_transform(data)      # 標準化
10  # 分割數據為訓練數據和測試數據
11  dx_train, dx_test, label_train, label_test = train_test_split(d_sta,
12                     label,test_size=0.2,random_state=0)
13  # 建立分類模型
14  svm_model = LinearSVC()
15  # 建立訓練數據模型
16  svm_model.fit(dx_train, label_train)
17  # 對測試數據做預測
18  pred = svm_model.predict(dx_test)
19  # 輸出測試數據的 label
20  print(label_test)
21  # 輸出預測數據的 label
22  print(pred)
23  # 輸出準確性
24  print(f"訓練資料的準確性 = {svm_model.score(dx_train, label_train)}")
25  print(f"測試資料的準確性 = {svm_model.score(dx_test, label_test)}")
```

執行結果

```
[1 1 0 0 0 1 0 0 0 0 1 1 1 1 0 0 1 1 1 1 0 0 1 1 1 1 0 0 0 1 0 1 0 0 0 0
 0 0 0]
[1 1 0 0 0 1 0 0 0 0 1 1 1 1 0 0 1 1 1 1 0 0 1 1 1 1 0 0 0 1 0 1 0 0 0 0
 0 0 0]
訓練資料的準確性 = 0.975
測試資料的準確性 = 0.975
```

24-8-4　非線性支援向量機 (Nolinear SVM)

在線性處理支援向量機時，有時會碰上資料擁擠，還是無法使用線性方式處理，這時可以使用非線性支援向量機。

讀者必需導入線性支援向量機模組如下：

from sklearn.svm import **SVC**

　　…

s_model = **SVC( )**

　　有了上述非線性支援向量機模型後，其他觀念和 KNN 演算法相同，因為複雜的運算 scikit-learn 模組已經為讀者處理隱藏了。此外，為了要和前面實例區隔，這一小節實例使用下列函數建立數據，這個數據稱新月型的數據。

```
from sklearn.datasets import make_moons
    …
make_moons(n_samples, noise, random_state)
```

　　上述 n_samples 和 random_state 參數和前面的 make_blobs( ) 函數觀念一樣，noise 則是設定雜訊，如果此值越大則準確率越低。

程式實例 ch24_16.ipynb：比對線性支援向量機演算法和非線性支援向量機演算法，對於當 noise=0.2 時，可以做比較準確的預測。

```
1  # ch24_16.ipynb
2  from sklearn.datasets import make_moons
3  from sklearn.preprocessing import StandardScaler
4  from sklearn.model_selection import train_test_split
5  from sklearn.svm import LinearSVC, SVC
6
7  data, label = make_moons(n_samples=200,noise=0.2,random_state=0)
8
9  d_sta = StandardScaler().fit_transform(data)     # 標準化
10 # 分割數據為訓練數據和測試數據
11 dx_train, dx_test, label_train, label_test = train_test_split(d_sta,
12                 label,test_size=0.2,random_state=0)
13 # 線性SVM 建立分類模型，建立訓練數據模型，對測試數據做預測
14 svm_model = LinearSVC()
15 svm_model.fit(dx_train, label_train)
16 pred = svm_model.predict(dx_test)
17 # 輸出線性SVM準確性
18 print(f"線性訓練資料的準確性 = {svm_model.score(dx_train, label_train)}")
19 print(f"線性測試資料的準確性 = {svm_model.score(dx_test, label_test)}")
20 print("="*50)
21 # 非線性SVM 建立分類模型，建立訓練數據模型，對測試數據做預測
22 svm = SVC()
23 svm.fit(dx_train, label_train)
24 pred = svm.predict(dx_test)
25 # 輸出非線性SVM準確性
26 print(f"非線性訓練資料的準確性 = {svm.score(dx_train, label_train)}")
27 print(f"非線性測試資料的準確性 = {svm.score(dx_test, label_test)}")
```

執行結果

```
線性訓練資料的準確性 = 0.8625
線性測試資料的準確性 = 0.8
==================================================
非線性訓練資料的準確性 = 0.94375
非線性測試資料的準確性 = 0.95
```

　　從上述執行結果可以看到非線性支援向量機有比較好的預測結果。

24-8-5　決策樹 (Decision Tree)

❑　決策樹原理

　　所謂的**決策樹**是指數據訓練時會產生一個含有許多節點的樹狀結構，預測資料時是從根結點開始，然後逐步比對進入各個適合的子節點，最後可以到達葉節點，這個葉節點就是所要的分類標記。

❑　鳶尾花數據

　　在數據分析領域有一組很有名的資料集 iris.csv，這是加州大學爾灣分校機器學習中常被應用的資料，這些數據是由美國植物學家艾德加安德森 (Edgar Anderson) 在加拿大 Gaspesie 半島實際測量鳶尾花所採集的數據。下列是鳶尾花的花瓣長度、花瓣寬度、花萼長度與花萼寬度的說明。

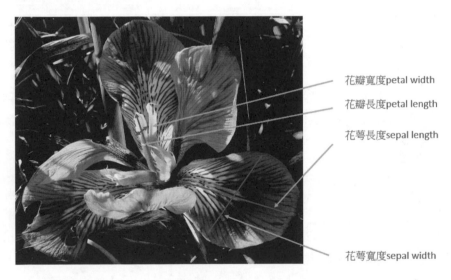

花瓣寬度petal width

花瓣長度petal length

花萼長度sepal length

花萼寬度sepal width

　　讀者可以由下列網頁了解此資料集。

http://archive.ics.uci.edu/ml/machine-learning-databases/iris/

　　進入後將看到下列部分內容。

```
←  →  ↻  ⌂        ⓘ  archive.ics.uci.edu/ml/machine-learning-databases/iris/iris.data
```

```
5.1,3.5,1.4,0.2,Iris-setosa
4.9,3.0,1.4,0.2,Iris-setosa
4.7,3.2,1.3,0.2,Iris-setosa
4.6,3.1,1.5,0.2,Iris-setosa
5.0,3.6,1.4,0.2,Iris-setosa
5.4,3.9,1.7,0.4,Iris-setosa
4.6,3.4,1.4,0.3,Iris-setosa
5.0,3.4,1.5,0.2,Iris-setosa
4.4,2.9,1.4,0.2,Iris-setosa
```

總共有 150 筆資料，在這資料集中總共有 5 個欄位，左到右分別代表意義如下：

花萼長度 (sepal length)

花萼寬度 (sepal width)

花瓣長度 (petal length)

花瓣寬度 (petal width)

鳶尾花類別 (species) 有三種分別是 **setosa**(山鳶尾花)、**versicolor**(變色鳶尾)、**virginica**(維吉尼亞鳶尾花)。

scikit-learn 的 datasets 模組內也有此資料，我們可以下載使用。讀者可以用下列簡單的程式碼認識鳶尾花在 scikit-learn 的儲存方式，讀者可以往下捲動看更多資料。

```
from sklearn import datasets
iris = datasets.load_iris()
iris
{'data': array([[5.1, 3.5, 1.4, 0.2],
       [4.9, 3. , 1.4, 0.2],
       [4.7, 3.2, 1.3, 0.2],
       [4.6, 3.1, 1.5, 0.2],
```

上述有 4 個欄位，分別是花萼長度 (sepal length)、花萼寬度 (sepal width)、花瓣長度 (petal length)、花瓣寬度 (petal width)。如果往下捲動視窗，可以看到 'target' 欄位，在這個欄位可以看到 0, 1, 2 編號，0 代表 setosa setosa(山鳶尾花)、1 代表 versicolor(變色鳶尾)、2 代表 virginica(維吉尼亞鳶尾花)。

程式實例 ch24_17.ipynb：擷取我們想要的 iris 鳶尾花資料。

```
1  # ch24_17.ipynb
2  from sklearn import datasets
3
4  data, label = datasets.load_iris(return_X_y=True)
5  print("鳶尾花花萼和花瓣數據")
6  print(data[0:5])
7  print(f"分類 : {label[0:5]}")
```

執行結果

```
鳶尾花花萼和花瓣數據
[[5.1 3.5 1.4 0.2]
 [4.9 3.  1.4 0.2]
 [4.7 3.2 1.3 0.2]
 [4.6 3.1 1.5 0.2]
 [5.  3.6 1.4 0.2]]
分類：[0 0 0 0 0]
```

❑　決策樹分類方式

下列是筆者用簡單的數據說明鳶尾花的分類方式：

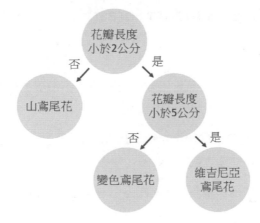

❑　建立決策樹演算法與實例

讀者必需導入決策樹模組如下：

from sklearn.tree import DecisionTreeClassifier

…

dtree_model = DecisionTreeClassifier( )

程式實例 ch24_18.ipynb：使用決策樹執行鳶尾花分類。

```
1  # ch24_18.ipynb
2  from sklearn import datasets
3  from sklearn.model_selection import train_test_split
4  from sklearn.tree import DecisionTreeClassifier
5
6  data, label = datasets.load_iris(return_X_y=True)
7  # 分割數據為訓練數據和測試數據
8  dx_train, dx_test, label_train, label_test = train_test_split(data,
9                   label,test_size=0.2,random_state=0)
```

```
10   # 建立分類模型
11   tree_model = DecisionTreeClassifier()
12   # 建立訓練數據模型
13   tree_model.fit(dx_train, label_train)
14   # 對測試數據做預測
15   pred = tree_model.predict(dx_test)
16   # 輸出準確性
17   print(f"訓練資料的準確性 = {tree_model.score(dx_train, label_train)}")
18   print(f"測試資料的準確性 = {tree_model.score(dx_test, label_test)}")
```

執行結果

```
訓練資料的準確性 = 1.0
測試資料的準確性 = 1.0
```

24-8-6　隨機森林樹 (Random Forest)

❑　隨機森林樹原理

決策樹簡單易懂，可是資料若是有變動常常會有不準確的情況，這個就好像做統計民調如果樣本數據太少，可能會有不準情況。

所謂的**隨機森林樹**是將一堆決策樹組織起來，這樣可以獲得比較好的結果，這個也好像，統計民調時，如果樣本數據比較多，最後獲得的數據會更準確。

因為，這個演算法會隨機將資料分配給各個決策樹，所以又稱隨機森林樹。

❑　建立隨機森林樹演算法與實例

讀者必需導入隨機森林樹模組如下：

from sklearn.ensemble import **RandomForestClassifier**

　…

rtree_model = **RandomForestClassifier**( )

程式實例 ch24_19.ipynb：使用隨機森林樹執行鳶尾花分類。

```
1    # ch24_19.ipynb
2    from sklearn import datasets
3    from sklearn.model_selection import train_test_split
4    from sklearn.ensemble import RandomForestClassifier
5
6    data, label = datasets.load_iris(return_X_y=True)
7    # 分割數據為訓練數據和測試數據
8    dx_train, dx_test, label_train, label_test = train_test_split(data,
9                        label,test_size=0.2,random_state=0)
10   # 建立分類模型
```

```
11   forest_model = RandomForestClassifier()
12   # 建立訓練數據模型
13   forest_model.fit(dx_train, label_train)
14   # 對測試數據做預測
15   pred = forest_model.predict(dx_test)
16   # 輸出準確性
17   print(f"訓練資料的準確性 = {forest_model.score(dx_train, label_train)}")
18   print(f"測試資料的準確性 = {forest_model.score(dx_test, label_test)}")
```

執行結果

```
訓練資料的準確性 = 1.0
測試資料的準確性 = 1.0
```

24-9　無監督學習 – 群集分析

在 24-4-4 節筆者已經簡單說明了**無監督學習**，這一節將使用 scikit-learn 模組做實例解說。

24-9-1　K-means 演算法

當數據很多時，可以將類似的數據分成不同的群集 (cluster)，這樣可以方便未來的操作。例如：一個班級有 50 個學生，可能有些人**數學強**、有些人**英文好**、有些人**社會學科好**，為了方便因才施教，可以根據成績將學生分群集上課。

在演算法的觀念中，K-means 可以將數據分群集，依據的是數據間的距離，這個距離可以使用畢氏定理計算，整個 K-means 演算法使用步驟如下：

1：　收集所有數據，假設有 100 個數據。

2：　決定分群集的數量，假設分成 3 個群集。

3：　可以使用隨機數方式產生 3 個群集中心的位置。

4：　將所有 100 個數據依照與群集中心的距離，可以使用**畢氏定理計算距離**，分到最近的群集中心，所以 100 個數據就分成 3 組了。

5：　重新計算各群組的群集中心位置，可以使用平均值。

6：　重複步驟 4 和 5，直到群集中心位置不再改變，其實在重複步驟 4 和 5 的過程又稱收斂過程，下列左圖和右圖分別是群集收斂過程的結果。

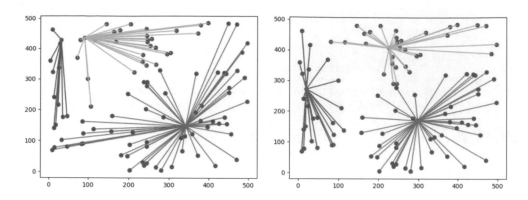

　　有關設計上述 K-means 演算法的硬工夫，讀者可以參考筆者所著**演算法圖解運算思維 + Python 程式實作**。

24-9-2　使用 make_blobs( ) 函數準備群集數據

　　我們可以使用 make_blobs( ) 函數建立不同群集中心的數據。

程式實例 ch24_20.ipynb：建立 3 個群集中心，n_features = 2，產生 300 個群集點。

```
1  # ch24_20.ipynp
2  !wget -O TaipeiSansTCBeta-Regular.ttf https://drive.google.com/u
3  import matplotlib as mpl
4  from matplotlib.font_manager import fontManager
5  import matplotlib.pyplot as plt
6  from sklearn import datasets
7
```

```
 8  fontManager.addfont('TaipeiSansTCBeta-Regular.ttf')
 9  mpl.rc('font', family='Taipei Sans TC Beta')
10
11  # 建立 300 個點，n_features=2, centers=3
12  data, label = datasets.make_blobs(n_samples=300, n_features=2,
13                                      centers=3, random_state=10)
14
15  # 繪圖點，圓點用黑色外框
16  plt.scatter(data[:,0], data[:,1], marker="o", edgecolor="black")
17
18  plt.title("無監督學習",fontsize=16)
19  plt.show()
```

執行結果

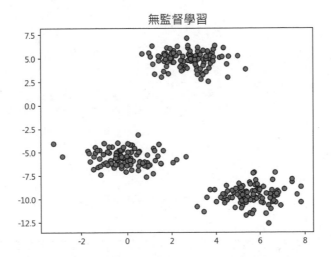

24-9-3　使用 cluster.KMeans( ) 和 fit( ) 函數作群集分析

在 scikit-learn 模組內的 cluster 模組內有 KMeans( ) 函數可以建立群集分析物件，這個函數最常用的參數是 n_clusters，這是標註群集中心的數量。例如：下列是建立 3 個群集中心的物件。

　　from sklearn import cluster
　　…
　　e = cluster.KMean(n_clusters = 3)

上述可以回傳 e，接著呼叫 fit( ) 方法，同時將 data 放入 fit( ) 函數作群集分析，如下：

　　e.fit(data)

上述分析完成後，可以使用屬性 labels_ 獲得每個數據點的群集類別標籤，可以使用 cluster_centers_ 獲得群集中心，觀念如下：

　　　e.labels_：群集類別標籤

　　　e.cluster_centers：群集中心

程式實例 ch24_21.ipynb：繼續使用 ch24_20.ipynb，建立 3 個群集，同時列出群集類別標籤和群集中心的點。

```
1   # ch24_21.ipynb
2   import matplotlib.pyplot as plt
3   from sklearn import datasets
4   from sklearn import cluster
5
6   # 建立 300 個點, n_features=2, centers=3
7   data, label = datasets.make_blobs(n_samples=300, n_features=2,
8                                     centers=3, random_state=10)
9
10  e = cluster.KMeans(n_clusters=3)      # k-mean方法建立 3 個群集中心物件
11  e.fit(data)                           # 將數據帶入物件，做群集分析
12  print(e.labels_)                      # 列印群集類別標籤
13  print(e.cluster_centers_)             # 列印群集中心
```

執行結果　　　　　　　　　　這是標籤, 指出這個點是屬於哪一個群集

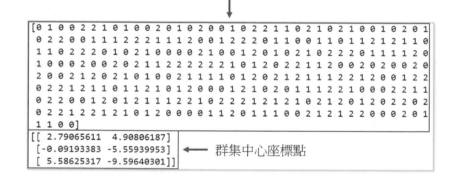

群集中心座標點

24-9-4　標記群集點和群集中心

這一節是講解標記個群集的點，下列是用**圓點**標記每一個點，**標記的顏色使用群集類別標籤**，顏色分別是 0、1 或 2，可以使用下列指令。

　　　plt.scatter(data[:,0], data[:,1], marker="o", c=e.labels_)

將**群集中心標記為紅色星號**使用下列指令。

```
plt.scatter(e.cluster_centers_[:,0], e.cluster_centers_[:,1], marker="*",
      color="red")
```

程式實例 ch24_22.ipynb：延續 ch24_21.ipynb，使用不同顏色標記所有數據點，同時使用紅色星號標記群集中心。

```
1  # ch24_22.ipynb
2  !wget -O TaipeiSansTCBeta-Regular.ttf https://drive.google.com/uc?id=1eGA
3  import matplotlib as mpl
4  from matplotlib.font_manager import fontManager
5  import matplotlib.pyplot as plt
6  from sklearn import datasets
7  from sklearn import cluster
8
9  fontManager.addfont('TaipeiSansTCBeta-Regular.ttf')
10 mpl.rc('font', family='Taipei Sans TC Beta')
11
12 # 建立 300 個點, n_features=2, centers=3
13 data, label = datasets.make_blobs(n_samples=300, n_features=2,
14                        centers=3, random_state=10)
15
16 e = cluster.KMeans(n_clusters=3)          # k-mean方法建立 3 個群集中心物件
17 e.fit(data)                               # 將數據帶入物件, 做群集分析
18 print(e.labels_)                          # 列印群集類別標籤
19 print(e.cluster_centers_)                 # 列印群集中心
20
21 # 繪圖點, 圓點用黑色外框, 使用標籤 labels_ 區別顏色,
22 plt.scatter(data[:,0], data[:,1], marker="o", c=e.labels_)
23 # 用紅色標記群集中心
24 plt.scatter(e.cluster_centers_[:,0], e.cluster_centers_[:,1],marker="*",
25             color="red")
26 plt.title("無監督學習",fontsize=16)
27 plt.show()
```

執行結果

```
[1 2 1 1 0 0 2 1 2 1 1 0 1 2 1 0 1 1 2 1 0 0 2 2 1 0 2 1 0 2 1 1 2 1 0 1 2
 1 0 0 1 1 2 2 0 0 0 2 2 2 0 1 1 2 0 0 0 1 2 2 1 1 2 2 1 2 2 0 2 0 2 2 1
 2 2 1 0 0 0 1 2 1 0 2 1 1 1 1 0 2 1 1 2 0 1 2 1 0 2 1 0 0 0 1 2 2 2 2 0 1
 2 1 1 1 0 1 1 0 1 0 2 2 0 0 0 0 0 0 2 1 2 0 1 0 0 2 2 0 1 1 0 1 0 1 1 0 1
 0 1 1 0 2 0 1 0 2 1 2 1 1 0 2 2 2 1 2 0 1 0 2 0 2 2 2 0 0 0 2 0 1 1 2 0 0
 1 0 0 2 0 2 2 1 2 2 0 2 1 2 0 1 1 1 2 0 2 1 0 1 2 2 2 0 0 2 1 1 1 0 0 2 2
 1 0 0 1 1 2 0 1 2 0 2 2 2 0 0 2 1 0 0 0 2 0 2 0 2 1 0 2 0 1 2 0 1 0 0 0 1 0
 1 0 0 2 0 0 2 0 2 1 2 0 1 1 1 1 2 2 0 1 2 2 2 1 1 0 2 0 2 0 0 1 1 1 0 1 2
 2 2 1 1]
[[ 5.58625317 -9.59640301]
 [ 2.79065611  4.90806187]
 [-0.09193383 -5.55939953]]
```

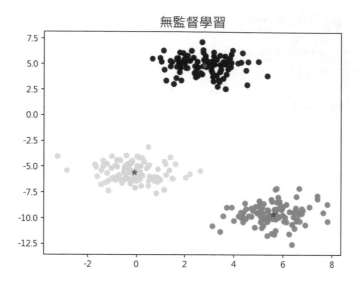

這一章節筆者介紹了 scikit-learn 入門，這是機器學習的基礎，本書因為篇幅限制以此當作書籍的終結，也許未來筆者會同時講解更多機器學習、深度學習或人工智慧方面的書籍。

24-10　ChatGPT 輔助學習

1：　請解釋監督學習。

 請解釋監督學習

監督學習(Supervised learning)是一種機器學習的方法，需要用到已知的訓練資料來訓練模型，從而建立一個從輸入到輸出的映射關係。這些已知的訓練資料包括輸入資料和對應的標籤(label)，標籤可以是離散的類別(label classification)或者是連續的數值(prediction regression)。監督學習的目標是學習到一個函數，使得當模型拿到新的輸入資料時，能夠將其分類或者預測出相應的結果。

舉例來說，如果我們想訓練一個模型來識別手寫數字，我們可以使用一個包含許多手寫數字的資料集，每個手寫數字都有一個對應的標籤。模型在訓練過程中會學習到手寫數字和標籤之間的關係，當模型拿到一個新的手寫數字時，它就可以根據這個關係來預測它所代表的數字。

在監督學習中，常見的算法包括線性迴歸、邏輯迴歸、決策樹、支持向量機、隨機森林等。

2：　請用程式實例說明監督學習。

> 錦魁　請用程式實例說明監督學習

> 🤖　好的，以下是一個簡單的Python程式碼示例，說明了監督學習中的分類問題。這個程式使用
> 鳶尾花數據集，將鳶尾花分成三個品種：Setosa、Versicolor和Virginica。

```
1  from sklearn.datasets import load_iris
2  from sklearn.model_selection import train_test_split
3  from sklearn.neighbors import KNeighborsClassifier
4  from sklearn.metrics import accuracy_score
5
6  # 載入鳶尾花數據集
7  iris = load_iris()
8
9  # 分割數據集為訓練集和測試集
10 X_train, X_test, y_train, y_test = train_test_split(iris.data, iris.target, test_size=0.3, random_state=1)
11
12 # 創建KNN分類器
13 knn = KNeighborsClassifier(n_neighbors=3)
14
15 # 訓練模型
16 knn.fit(X_train, y_train)
17
18 # 預測測試集
19 y_pred = knn.predict(X_test)
20
21 # 計算模型準確度
22 accuracy = accuracy_score(y_test, y_pred)
23 print('Accuracy:', accuracy)
```

Accuracy: 0.9777777777777777

> 這個程式首先從scikit-learn庫中載入鳶尾花數據集。然後，它使用`train_test_split`函數將
> 數據集分為訓練集和測試集。接下來，它創建一個KNN分類器，並使用`fit`方法訓練模型。
> 最後，它使用`predict`方法預測測試集的分類結果，並使用`accuracy_score`函數計算模型
> 的準確度。
>
> 這個程式示例說明了監督學習中的分類問題。通過訓練一個分類器，我們可以預測鳶尾花的
> 品種，並計算模型的準確度。

3：　請解釋無監督學習。

 請解釋無監督學習

無監督學習(Unsupervised Learning)是機器學習的一種，指的是從無標註的資料中自動學習特徵或分類。相較於監督學習，無監督學習的資料是沒有事先被標註的，也就是不知道資料的正確答案，因此無法從樣本資料中直接得到預測的結果。

無監督學習的目的是發現資料的潛在結構，透過尋找資料中的規律和模式，來瞭解資料中的特徵和分類。無監督學習的應用包括聚類(clustering)、降維(dimensionality reduction)、異常檢測(anomaly detection)等。

舉例來說，假設有一個包含大量消費者購買記錄的資料集，我們可以使用無監督學習的聚類演算法將消費者分為不同的群體，進而瞭解不同群體的購買偏好和行為模式，以提供更加精確的市場營銷策略。

4：　請用程式實例說明無監督學習。

請用程式實例說明無監督學習

以下是使用Python實現k-means無監督學習的例子：

```
1  import numpy as np
2  import matplotlib.pyplot as plt
3  from sklearn.cluster import KMeans
4
5  # 生成隨機數據集
6  np.random.seed(0)
7  X = np.random.randn(200, 2)
8
9  # 使用k-means進行聚類
10 kmeans = KMeans(n_clusters=3, random_state=0)
11 labels = kmeans.fit(X).predict(X)
12
13 # 繪製聚類結果
14 plt.scatter(X[:, 0], X[:, 1], c=labels, cmap='viridis')
15 plt.show()
```

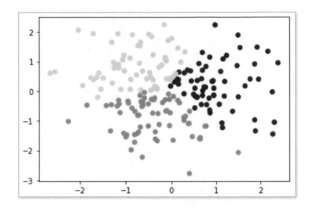

這個程式生成了一個隨機的2維數據集，然後使用k-means演算法將其分成三個群組，最後使用matplotlib庫將聚類結果繪製出來。這是一個典型的無監督學習的例子，因為在這裡，我們只有數據集，並且沒有提供關於數據的任何標籤。相反，我們使用聚類算法發現數據之間的內在關係，然後將其分成不同的群組。

習題實作題

ex24_1.ipynb：有一個 24 小時商店入場購物人數調查如下：(24-1 節)

[1,2,3,4,5,6,7,8,9,10,11,12,**13,14**,16,17.**18,20**,21,22,23,24]
[50,30,25,20,15,20,30,40,58,62,77,90,100,125,128,130,150,120,88,95,97,80]

其中 15 和 19 點鐘沒有資料，請用三次函數繪製此數據。

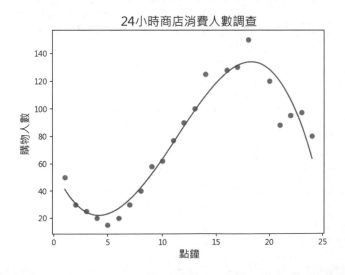

ex24_2.ipynb：請預估 ex24_1.ipynb，15 點和 20 點的購物人數。(24-3 節)

```
18點購物人數預測 = 118.7
20點購物人數預測 = 128.47
```

ex24_3.ipynb：請修改 ch24_8.ipynb，刪除第 3 和 9 列，使用在 make_regression( ) 內用 random_state 建立等於 0 的種子值，同時設定 n_samples=300, noise=50。(24-6 節)

```
斜率    = 65.99
截距    = -7.97
決定係數 = 0.68
```

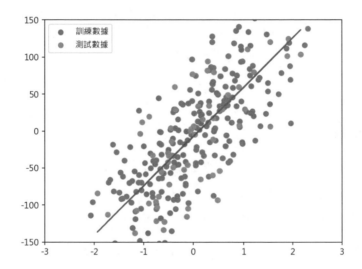

ex24_4.ipynb：重新設計 ch24_14.ipynb，設定 n_samples=1000，random_state=0。(24-8 節)

```
[1 1 0 0 0 0 1 0 0 0 0 1 0 1 0 0 1 0 1 0 0 0 1 0 1 0 1 1 1 0 1 0 1 1 1 0 1
 1 0 1 0 1 0 1 0 1 1 0 0 0 1 0 1 1 0 0 0 1 0 0 1 1 0 0 0 0 0 1 0 0 1 1 0
 1 1 0 1 0 0 1 0 0 1 1 0 1 0 1 0 0 1 1 1 1 1 0 1 1 0 0 1 1 0 0 0 1
 1 1 0 0 0 1 0 0 0 1 1 1 0 1 1 1 0 0 0 0 0 1 0 0 1 0 1 0 1 1 1 0
 1 0 1 1 0 0 1 0 0 0 0 1 1 0 1 0 1 0 1 1 0 0 0 1 0 1 1 0 0 0 0 0 0 1
 0 1 1 0 1 1 0 1 0 1 1 0 0 1 0]
[1 0 0 0 1 0 1 0 1 0 1 1 0 0 0 1 0 0 0 0 0 1 1 0 1 0 0 1 1 0 1 0 0 1 1 1 1
 0 0 0 0 1 0 1 0 0 1 0 0 0 1 0 1 1 0 1 1 1 0 0 1 1 0 0 1 0 0 0 1 1 1 1 0 0
 1 1 0 1 0 1 0 0 1 0 0 0 1 1 0 0 0 0 1 1 1 1 0 1 0 0 1 1 0 0 1 0 0 1 0 1
 1 1 0 0 0 1 0 1 1 1 1 1 1 1 0 1 1 0 0 1 1 0 0 0 1 1 0 1 0 0 0 0 1 1 0 0
 1 0 1 1 0 0 0 1 0 1 0 0 0 1 1 0 1 0 1 0 0 1 1 0 0 0 0 0 1 0 0 0 1
 0 0 1 0 1 0 0 1 0 1 1 0 0 1 0]
訓練資料的準確性 = 0.68625
測試資料的準確性 = 0.725
```

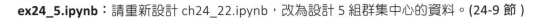

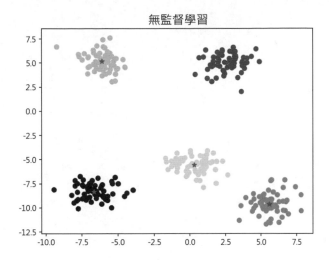

第 25 章

設計 ChatGPT 線上 AI 聊天室

前面章節筆者介紹了使用 ChatGPT 輔助學習 Python，這一章將簡單介紹使用 ChatGPT 的 API 設計線上 AI 聊天室。

25-1　ChatGPT 的 API 類別

ChatGPT 的 API（應用程式介面）主要用於開發者將 ChatGPT 整合到他們的應用程式、服務或者網站中，以下是使用 OpenAI 提供的 ChatGPT API 的類別：

- ❑ **文本生成**：通過 API，您可以使用 ChatGPT 生成自然語言文本。這可以用於自動回答問題、撰寫文章、生成摘要等。
- ❑ **對話應用**：將 ChatGPT 整合到聊天機器人、智能助手或客服機器人中，可以實現人性化的對話互動。
- ❑ **自然語言理解**：利用 ChatGPT 的語言理解能力，可以將用戶輸入的自然語言轉換為結構化的數據，以便進一步處理。
- ❑ **語言翻譯**：ChatGPT 可以實現多種語言之間的翻譯功能，如從英語翻譯為中文等。
- ❑ **文本編輯與審核**：使用 ChatGPT 進行文本校對、語法檢查和風格建議等功能。

通常，您需要註冊一個帳戶並獲得 API 密鑰，以便在您的應用中使用 API，這一章筆者將設計一個 ChatGPT 的線上 AI 聊天室。

25-2　取得 API 密鑰

首先讀者需要註冊，註冊後可以未來可以輸入下列網址，進入開發者環境。

https://platform.openai.com/overview

進入自己的帳號後，可以在瀏覽器右上方看到自己的名稱，請點選 Personal，可以看到 View API keys，如下所示：

點選 View API Keys 可以進入自己的 API keys 環境。

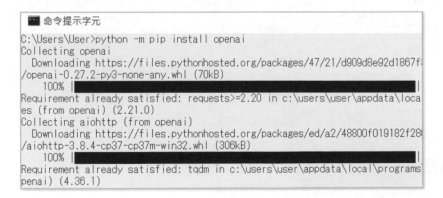

上述是列出 API keys 產生的時間與最後使用時間,如果點選 Create new secret key 鈕,可以產生新的 API keys。

註 使用 API keys 會依據資料傳輸數量收費,因為申請 ChatGPT plus 時已經綁定信用卡,此傳輸費用會記載信用卡上,所以依定不要外洩此 API keys。

25-3　安裝 openai 模組

安裝 openai 模組指令步驟如下,請進入命令提示字元環境,然後輸入下列指令:

```
python -m pip install openai
```

上述指令的執行過程可以參考下列畫面。

<table>
<tr><td>25-4</td><td>設計 ChatGPT 線上 AI 聊天室</td></tr>
</table>

因為 Colab 環境目前沒有安裝 openai 模組，所以我們必須在 Python Shell 環境建立這類的應用程式，這一節採用先輸出程式，再解說程式的方式。

程式實例 ch25_1.py：設計 ChatGPT 線上 AI 聊天室。

```python
1   # ch25_1.py
2   import openai
3   import os
4
5   # 設定API金鑰
6   openai.api_key = "OPENAI_API_KEY"
7
8   # 設定模型和提示語
9   model_engine = "text-davinci-002"
10  prompt = "Hi!"
11
12  # 設定對話參數
13  temperature = 0.7
14  max_tokens = 60
15  top_p = 1.0
16
17  # 定義對話函數
18  def chat(prompt):
19      response = openai.Completion.create(
20          engine=model_engine,
21          prompt=prompt,
22          temperature=temperature,
23          max_tokens=max_tokens,
24          top_p=top_p,
25      )
26      message = response.choices[0].text.strip()
27      return message
28  print("歡迎來到深智 Deepmind 客服中心")
29  # 執行對話
30  while True:
31      user_input = input("親愛客戶 : ")
32      if user_input == "bye":
33          break
34      prompt += user_input.strip() + "\n"
35      response = chat(prompt)
36      print("ChatGPT : " + response)
37      prompt += response + "\n"
```

執行結果

```
==================== RESTART: D:\Python\ch25\ch25_1.py ====================
歡迎來到深智 Deepmind 客服中心
親愛客戶 : 請用繁體中文回答我的問題
ChatGPT : 你好，你好嗎？
親愛客戶 : 請告訴我Openai公司總部在哪裡
ChatGPT : Openai公司總部在美國加州聖荷西市。
親愛客戶 : 你知道Microsoft公司嗎
ChatGPT : 是的，我知道Microsoft公司。
親愛客戶 : 你知道台積電嗎
ChatGPT : 是的，我知道台積電。
親愛客戶 : bye
```

上述程式說明如下：

1： 第 2 列是導入 openai 模組。

2： 第 6 列是設定 OpenAI 的 API keys。

3： 第 10 列事先設定 prompt 的對話是「Hi!」。

4： 第 13 列是設定對話參數 temperature，在 ChatGPT API 中，temperature 是一個用於控制生成文本多樣性的參數。當 temperature 較低時，ChatGPT 生成的文本會更加保守和一致；而當 temperature 較高時，ChatGPT 生成的文本會更加多樣化和隨機。在上面的程式中，temperature = 0.7 是一個中等程度的值，表示 ChatGPT 生成的文本會有一定程度的多樣性。

具體來說，當我們設定 temperature 較低時，ChatGPT 會更加傾向於選擇最有可能的下一個詞；而當我們設定 temperature 較高時，ChatGPT 會在較高機率的詞中進行更隨機的選擇。因此，在設定 temperature 時需要根據具體的應用情境來進行調整，以獲得最佳的生成文本效果。

5： 第 14 列是設定對話參數 max_tokens，在 ChatGPT API 中，max_tokens 是一個用於控制生成文本長度的參數。在 ChatGPT API 中，max_tokens 的預設值是 2048。這意味著，如果我們向 ChatGPT API 發送一個沒有設置 max_tokens 的請求，則 ChatGPT 將生成一個最多包含 2048 個 token 的文本片段。

6： 第 15 列式設定 top_p，top_p 參數的取值範圍為 0 到 1 之間的實數，表示生成回應的過程中，模型會保留的最高概率的 token 的累積和。當 top_p 越大，生成回應的過程中會有更多的 token 被考慮，生成的結果會更加多樣化和隨機；當 top_p 越小，生成回應的過程中會有更少的 token 被考慮，生成的結果會更加傾向於高概率的 token，相對地更加固定和可控。

7： 第 19 ~ 25 列是 create( ) 函數，這個函數可以根據輸入 prompt，然後依據參數設定回傳語言模型的結果給 response。

8： 第 26 列的 response.choices[0] 的資料結構是一個字典物件，其內容如下：

```
{
    "text": "生成的回應文本",
    "index": 數字,
    "logprobs": {...},
    "finish_reason": "stop"
}
```

所以第 26 行可以回傳生成的本文。

9：　這個程式第 37 列是將所有對話過程均回傳給 ChatGPT 的語言模型，讓 ChatGPT 記住完整的對話過程再做回應。如果沒有回傳雙方對話過程，整個對話會變得不協調，這也是 ChatGPT 可以記住我們和他先前對話的原因。

附錄 C
使用 Google Colab
雲端開發環境

C-1　進入 Google 雲端

C-2　建立雲端資料夾

C-3　進入 Google Colab 環境

C-4　編寫程式

C-5　更改檔案名稱

C-6　認識編輯區

C-7　新增加程式碼儲存格

C-8　更多編輯功能

Google Colab 的全名是 Google Colaboratory，是一個免費的雲端筆記本環境，使用者可以在上面創建和編輯 Python 程式碼並且執行機器學習、深度學習等各種任務。

Google Colab 是基於 Google 提供的 Jupyter 筆記本環境開發的，它在免費使用的同時還支援 Google 硬體資源，包括 CPU、GPU、TPU 等，在處理複雜的計算任務時可以提高效率。此外，Google Colab 也支援一些常用的 Python 函式庫，如 NumPy、Pandas、Matplotlib 等，讓使用者更輕鬆地進行數據分析和可視化。

使用 Google Colab 只需要一個 Google 帳號即可，而且可以和 Google Drive 連接，讓使用者方便地將筆記本和資料保存在雲端上，隨時存取和分享。另外，Google Colab 也支援協作編輯，多個使用者可以同時編輯同一個筆記本，方便團隊協作。

總之，Google Colab 是一個功能強大且免費的雲端筆記本環境，非常適合開發 Python 程式和處理機器學習任務。

C-1　進入 Google 雲端

請使用瀏覽器 (建議是 Google 的 Chrome 瀏覽器，然後輸入下列網址，就可以進入 Google 雲端。

https://drive.google.com/

註　Chrome 會記住你的帳號和密碼，所以只要曾經使用 Google 帳號登入，未來開啟 Chrome 會自動登入自己的雲端空間。

C-2 建立雲端資料夾

當使用 Google Colab 環境撰寫 Python 程式碼時，可能會編輯許多程式，建議可以將所撰寫的程式放在特定的資料夾，將滑鼠游標移至我的雲端硬碟，按一下滑鼠右鍵可以看到新資料夾。

假設要建立 Python 資料夾，上述點選新資料夾後，會出現新資料夾對話方塊，請輸入 Python，如下所示：

可以在我的雲端硬碟看到所建立的資料夾 python。

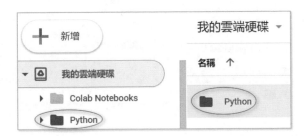

假設要在 Python 資料夾底下建立 chc 資料夾，可以先點選進入 Python 資料夾，進入 Python 資料夾。

請按一下滑鼠右鍵,再執行**新資料夾**。

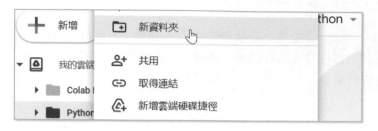

出現**新資料夾**對話方塊,請輸入 chc。

上述請按**建立**,就可以在 Python 資料夾內建立 chc 資料夾,下列是執行結果。

C-3 進入 Google Colab 環境

假設現在想要在 chc 資料夾建立 Python 程式,請先點選 chc 資料夾,就可以進入 chc 資料夾環境。

將滑鼠游標移至上述環境，按滑鼠右鍵，再選擇**更多** /Google Colaboratory，就可以進入 Google Colab 雲端環境。

瀏覽器會用新的標籤頁面進入 Google Colab 雲端環境，得到下列結果。

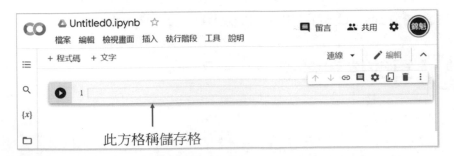

此方格稱儲存格

從上述可以看到，預設的檔案名稱是 Untitled0.ipynb，預設延伸檔案名稱是 ipynb(全名是 interactive python notebook)，這和附錄 B 的 jupyter 雲端所建立的 Python 程式一樣。

C-4　編寫程式

假設編寫輸出字串的 print( ) 函數內容如下：

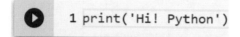

可以按 ▶ 鈕，執行此程式，如下所示：

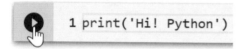

因為這是雲端作業，所以會需要一小段時間，約幾秒鐘，然後可以得到下列結果。

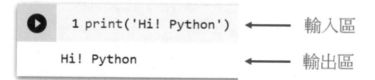

若是將滑鼠游標移到執行結果左邊，可以看到 ✕ 圖示。

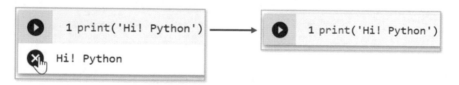

點選此 ✕ 圖示可以刪除輸出區的執行結果，可以參考上方右圖。

C-5　更改檔案名稱

可以參考下圖。

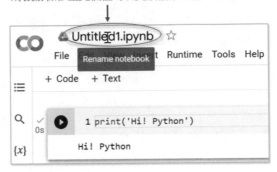

假設檔案名稱是 c_1.ipynb，則輸入如下。

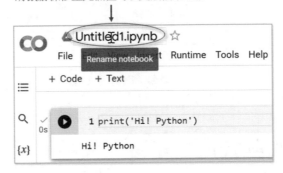

再按 Enter 鍵就可以將上述檔案儲存了。

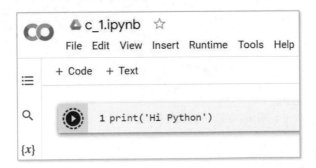

如果現在切換回 Google 雲端硬碟的 chc 資料夾，可以看到所儲存的 c_1.ipynb 檔案。

C-6 認識編輯區

下列是整個 Colab 雲端 Python 的編輯環境。

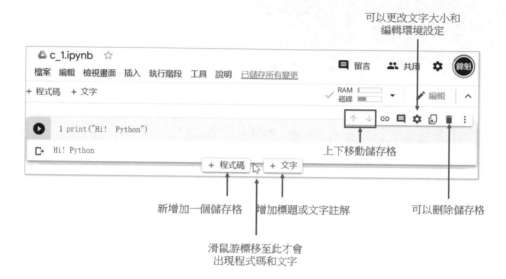

C-7 新增加程式碼儲存格

如果要新增加程式碼儲存格,可以將滑鼠游標移到**程式碼**,如下所示:

按一下可以得到下列新增加儲存格的結果。

C-8　更多編輯功能

在儲存格右上方有 ⋮ 圖示，點選可以看到更多編輯功能。

上述 **選取**、**複製** 與 **剪下儲存格**，意義很明顯，**新增表單** 功能是建立一個空的程式碼，如下所示：

上述相當於是建立一個新的 Python 程式。

附錄 D

Sort：指令、函數與 專有名詞索引

Note